MATLAB 面向对象和 C/C++编程

凌　云　张志涌　编著

扫描下载本书
示例程序代码

北京航空航天大学出版社

内 容 简 介

本书正文由两篇组成：A篇“MATLAB面向对象编程”和B篇“MATLAB面向C/C＋＋编程”。每篇各5章，各篇内容按照由浅入深的原则编排，篇中各章内容的设计，既有联系，又相对独立，以适应读者系统阅读和随时翻阅的不同需求。A篇的内容包括：MATLAB的类定义和基本操作、类对象数组、类方法的重载与覆盖、类的继承与组合，以及事件与响应。B篇的内容包括：MATLAB外部应用的数据接口、MATLAB对C/C＋＋程序的调用、C/C＋＋程序对MATLAB的MAT函数库的调用、C/C＋＋程序对MATLAB引擎函数库的调用、MATLAB编译器和独立应用程序的开发。

全书包含70多个示例。所有示例都由作者围绕叙述内容精心设计而成。示例的背景知识适于理工类高校任何专业的师生，适于理工类软件开发的各类专业从业人员。所有示例表述清晰、完整，关键程序代码都附有注释，便于读者阅读和理解；示例中的运行结果，都可被读者重现，以帮助读者建立学习信心。此外，本书每个示例的运行代码或程序都保证准确、完整。读者亲自实践本书示例时所需的代码，既可以直接循书本代码键入而得，也可以扫描二维码或按出版社提供的下载地址下载。

本书既可以作为理工类高校各专业师生的学习、教学用书，也可以用作科研院所各类研发人员的自学用书和参考手册。

图书在版编目(CIP)数据

MATLAB面向对象和C/C++编程 / 凌云，张志涌编著
. -- 北京 ：北京航空航天大学出版社，2018.3
ISBN 978-7-5124-2693-1

Ⅰ. ①M… Ⅱ. ①凌… ②张… Ⅲ. ①Matlab软件－程序设计②C语言－程序设计 Ⅳ. ①TP317②TP312.8

中国版本图书馆CIP数据核字(2018)第058764号

MATLAB面向对象和C/C++编程
凌　云　张志涌　编著
责任编辑　蔡　喆
*
北京航空航天大学出版社出版发行
北京市海淀区学院路37号(邮编100191)　http://www.buaapress.com.cn
发行部电话：(010)82317024　传真：(010)82328026
读者信箱：goodtextbook@126.com　邮购电话：(010)82316936
北京宏伟双华印刷有限公司印装　各地书店经销
*
开本：787×1 092　1/16　印张：27　字数：691千字
2018年3月第1版　2018年3月第1次印刷　印数：4 000册
ISBN 978-7-5124-2693-1　定价：58.00元

前　　言

1. 编写背景

经 30 多年的实践检验、市场筛选和时间凝炼，MATLAB 已经成为国际上广泛认可和普遍使用的数学分析和数值计算软件，也是教学、科研、工程界极可信赖的科学计算环境、标准仿真平台和十分可靠的数学资源库。

近年来，随着深度学习、大数据分析、人工智能的突破和迅速市场化，学术界、工程界、科研部门和开发机构所面临的软件建模和程序开发问题越来越复杂。它们或输入来源多种，或输出任务多样，或输入输出间关系错综复杂，或被处理数据规模庞大，或离散事件随机多发，或数学计算和多界面操控高度交叉。面对这类综合性问题，既不再能单凭一连串数学公式的“MATLAB 面向过程”编程所能解决，也不再可单凭“C/C＋＋面向对象”编程所能应对。于是，“MATLAB 面向对象”和“MATLAB 面向 C/C＋＋”编程的应用需求强烈凸显。这也促使高校本科和研究生的 MATLAB 教学必须向高层次方向发展。

另一方面，从书籍出版角度看，迄今可见的千余种 MATLAB 书籍，绝大多数只涉及数学计算、建模及“面向过程”的编程，论及“面向对象”或“面向 C/C＋＋”的书籍则屈指可数。

科技发展的需求和书籍出版的现实，驱使我们决心编写一本**以理工共通知识为素材、以系统阐述及具体示例为经纬、面向对象和面向 C/C＋＋**的 MATLAB 用书。我们希望此书能帮助已经学习和使用 MATLAB 的高校学生、科研人员较快地理解和掌握“面向对象”编程和“面向 C/C＋＋”编程。同时，我们也希望，具有 C/C＋＋编程基础的高校学生及科研开发人员能借助本书理解和掌握“C/C＋＋与 MATLAB”的联合编程。

2. 编写宗旨与特点

本书两位作者基于自身的长期教学和程序开发经验，对本书的内容组织和程序设计遵循如下宗旨：

- 在保持内容系统完整的前提下，充分体现 MATLAB 的特征。
  - ◇ 凡使用 MATLAB 进行过数值和科学计算的读者，都定会被 MATLAB 特有的高效便捷灵活的魅力所吸引。MATLAB 面向对象编程的概念、语法、结构和函数也同样展现其一贯的简洁友善的特性。这是因为 MATLAB 语言本身是由 C/C＋＋、JAVA 等原生型面向对象编程语言构建的。本书的内容组织将让读者充分体会 MATLAB 的这些优点，以较短的时间掌握面向对象编程的精髓。
  - ◇ 基于 MATLAB 数学计算以数组形式实施的本质，本书在面向对象编程的内容组织中，特别强调了类属性取值数组时类方法编写的注意事项，以及类对象数组的创建和应用。

◇ 基于 MATLAB 各类数据都采用同一种阵列形式组织的基础性特征，本书在面向 C/C++编程的内容组织中，对专司 MATLAB 和 C/C++间数据交换的 mxArray 和 mwArray 阵列结构给予特别阐述。

● 在保证示例典范性的前提下，尽量使示例内容贴近大部分 MATLAB 用户的专业知识。

◇ 本书示例都是作者围绕演示目的精心设计的。所涉知识都由 MATLAB 各类专业用户通识的复数、极坐标、向量、加减法等构成。

◇ 读者学习和实践本书示例时，一方面可免受专业隔阂的心理影响，另一方面可从通识要素的应用中得到向其专业拓展的启示。

● 在保证内容系统性的前提下，尽量保证示例的独立性。

◇ 全书章节内容按其自身逻辑和认知过程编排，保证内容的连贯性、系统性，以利读者系统阅读学习。

◇ 各章节示例设计遵循三个原则：一，示例内容和代码围绕所在章节内容设计；二，对可能生疏的非本章节命令或函数，给予简明注释；三，保证示例程序代码的可运行性、可验证性。在非系统学习的情况，读者可根据需要挑选示例在电脑上进行实际的演练体验。读者还可根据本书示例结果是否被重现，而修整自己可能的失误，建立起理解和掌握本书内容的自信。

● 全书 A、B 两篇的章节内容，按各自内在关系由浅入深编排。

◇ 本书每篇最前的一两个示例，都较简单而不失综合性。初学读者，通过这些示例就可感受或触摸到该篇内容的轮廓特点。

◇ 几乎每章的最后，都安排了较为综合的示例，以向读者提供进一步的联想和启示。

3. 全书结构梗概

全书由正文、附录和参考文献组成。

● A 篇　MATLAB 面向对象编程

"第 1 章　类的定义和基本操作"的内容是全篇的基础。它包括：类和对象概念；类定义的基本框架；属性及其秉质；方法及其秉质；构造函数编写准则及典型结构等。通过本章的学习，读者就可初步具备以"面向对象"的思维解题编程的能力。

"第 2 章　对象数组"的内容包括：对象数组的创建；对象数组的编址及寻访；特殊对象数组生成；对象数组的常用操作。由于 MATLAB 自身的各种运算是建立在数组基础上的，所以，相较于 C/C++等而言，本章内容在 MATLAB 面向对象编程中具有特殊意义。

"第 3 章　重载与覆盖"的主要内容有：重载与覆盖在类设计中的意义；算符与对应的后台控制函数；改变对象显示的重载和覆盖技术。

"第 4 章　类的继承与组合"系统介绍：类继承定义和子父类关系；继承的多态性；抽象类概念及应用；属性包含型类组合。此外，本章最后，以示例形式展现很常用的"界面类＋算法类"程序设计模式。

"第 5 章　事件与响应"的内容有：事件/响应机制；响应函数的型式；事件发布方/响应函数之间的数据传递与侦听件。该章最后采用综合示例形式介绍事件和响应在客户端/服务器

(C/S)架构软件设计与开发中的应用。

● B篇 MATLAB面向C/C++编程

“第6章 数据接口”集中叙述MATLAB与C/C++等交换信息所依赖的mxArray、mwArray等两种阵列结构的创建、读取、赋值和删除等函数的具体调用格式，并着重阐述指针、引用、堆内存管理在相关函数设计和具体调用中的作用。本章内容具有较强的查阅功能。

“第7章 MATLAB调用C/C++程序”围绕在MATLAB中调用由C/C++源文件编译而来的MEX文件展开。具体内容有：MEX文件的定义；源文件的构成和格式；MEX文件的生成；MEX文件执行流程；MEX函数库。该章最后叙述在Visual Studio环境中编译、调试MEX文件。

“第8章 C/C++程序调用MAT函数库”的内容为：MATLAB的MAT函数库，以及在MATLAB环境和Visual Studio环境内编译调用MAT函数库的C/C++程序。

“第9章 C/C++程序调用MATLAB引擎”系统阐述：MATLAB引擎概念和功用；引擎函数库；在MATLAB环境和Visual Studio环境内编译调用引擎函数库的C/C++程序。该章最后以综合示例形式介绍“C/C++程序+MATLAB引擎”联合开发模式的在线调试方法。

“第10章 MATLAB编译器”专述：如何将MATLAB函数编译生成可独立运行的程序或动态链接库；MATLAB编译器的外部C/C++编译器配置；生成外用文件的mcc命令和应用编译器。该章最后以综合示例展示：MFC应用程序框架及其综合应用。

● 附 录

“附录A 基础准备与入门”包含两节，“A.1：MATLAB的配置及入门”和“A.2：Visual Studio集成开发环境入门”。A.1节为不熟悉MATLAB的读者而设，用于简介：MATLAB的安装启动；在Windows中对MATLAB的设置；MATLAB桌面和编辑器的使用入门。A.2节为不熟悉C/C++的读者而设。简介Visual Studio 2010的安装启动；简介Visual Studio集成开发环境的使用入门。

“附录B 索引”汇集了本书所涉及的所有MATLAB和C/C++函数及命令。所有函数及命令按英文字母的次序排列，并列出与之对应的章节序号。该索引可为读者提供另一条据英文关键词检索本书内容的途径。

● “参考文献”

列出了本书成文的文献基础。读者如有疑惑或想寻根问源，这部分资料十分有用。

4. 读者对象和使用建议

本书的编写动机和本书的内容组织，决定了本书的读者对象为：理工类高校的本科生、研究生；科研机构中从事数学仿真或应用开发的科技人员。

为帮助读者阅读、使用，本书作者提出如下建议。

● A篇的内容组织和阅读建议：

◇ A篇适于循章节次序，由浅入深，循序渐进，但也不必拘泥于连续通读、一气到底。

◇ 实际上，在A篇第1章仔细阅读并实践示例后，读者就不难理解“面向对象”编程的思维模式，而顺利跨入“面向对象”编程的大门。

◇ 其余章节,读者完全可以根据自己需要挑选阅读。本书的内容组织及示例命令后的注释说明,都能有力地帮助读者克服理解困难。

● B篇的内容组织和阅读建议:

◇ 第6章数据接口的内容主要用于各种函数的调用格式介绍。该章内容是为读者查阅使用方便而编写的,因此不必系统阅读。读者只要浏览几节,能理解 mxArray 和 mwArray 阵列结构在 MATLAB 和 C/C++之间交换数据中的作用便可。

◇ 其余各章内容之间没有前后关联,相互独立。因此,读者可以根据需要,分章学习。本书作者建议读者,认真阅读各示例的相关说明和命令后的注解,并静下心来在机器上对示例进行操作实践。这样,定能事半功倍地掌握 MATLAB 与 C/C++的联合编程。

5. 致 谢

本书成稿历经3年。在这期间,周围朋友、同事及相关部门领导的期盼、鼓励,帮助作者克服了困惑、犹豫和疲怠。在这不短的成稿期间,作者之所以能有独立的空间、专心静思的时间、无扰的环境从事本书的写作和试验,那都因为背后有着家人的理解、支持、帮助、鼓励和默默的付出。值此本书出版之际,作者向他们一并表示诚挚的感谢。

最后,还要感谢北京航空航天大学出版社对我们完稿时间一再后延的宽容和理解,并感谢他们为本书出版所做的一切。

本书虽历时3年,几经易稿,示例几经修改和验证,并最终在 MATLAB R2017b 和 Visual Studio 2010 环境下定稿,但仍难免缺陷,或发生因版本变更引起的不适性错误。对此,我们恳请各相关方面专家和广大读者不吝指正,以便再次印刷时加以修正。联系的电子邮箱为:ly00519@126.com;zyzh@njupt.edu.cn。

凌 云 张志涌

2018年1月于南京

目　　录

A篇　MATLAB面向对象编程

附　录

版权声明

资料下载说明

本书为读者免费提供书中示例程序源代码，请扫描二维码下载。读者也可以通过以下网址从百度云盘下载全部资料：

https://pan.baidu.com/s/1S-7HTXpxZIOgvLxWmIMS6Q

如您阅读本书时遇到任何问题，或者有好的意见和建议，请发送电子邮件至 goodtextook@126.com，或致电 010-82317036 咨询处理。

二维码使用提示：使用手机微信或浏览器扫描二维码，可将资料保存到用户自己的"百度网盘"中，未安装"百度网盘"的用户可以直接下载使用。

A 篇

MATLAB 面向对象编程

过程和对象是客观世界中的真实存在。对象自身的运动、变化都以过程的形式体现；不同对象之间的交流也多以过程实施。所以，在为实际项目构建仿真模型时，既要有“面向对象”的思维框架，又要有“面向过程”的细致分析。现在，“面向对象”和“面向过程”的编程思想、实践和应用，几乎已相互交织地构成了所有成功的软件产品。MATLAB 自身就是以“面向对象”框架组织的，而其成千上万的使用者都便捷地使用 MATLAB 语言进行着各式各样的“面向过程”的编程。

随着模式识别、深度学习、大数据分析等日益广泛地应用于各种场合，其软件模型已经越来越难以仅凭“面向过程”的思维进行编程。然而，不论是正在接受 MATLAB 教学的高校学生，还是已经熟练运用

MATLAB的高校教师和各类科研人员，他们中相当一部分人也都只学习或仅使用传统而经典的“MATLAB面向过程”编程。

本篇是作者在考虑现实需求后专门为学习和使用MATLAB软件的理工科高校师生及科研人员编写的，专门讲述MATLAB面向对象编程。作者编写本篇内容时，充分考虑了本书读者的知识背景，书中所用的术语、函数命令、叙述风格和所涉数学知识都是理工科专业最易理解和接受的。

全篇共5章，所有示例都在MATLAB R2017b下验证通过。

第1章是全篇的基础。它涉及面向对象编程的各种基本概念和基本要素。学过本章后，读者就可初步具备以“面向对象”的思维进行解题编程的能力。

第2章“对象数组”是MATLAB面向对象编程的特色所在。与C/C++等语言不同，MATLAB的各种运算是建立在数组基础上的。

第3、4、5章讲述“重载与覆盖”“类的继承与组合”“事件与响应”。它们充分体现了与“面向过程”编程的不同，鲜明地反映出“面向对象”编程的灵活和优势。

本篇最后一个示例采用MATLAB和C/C++联合开发的客户端/服务器(C/S)架构软件。此例比较综合，可供读者进一步深入学习。

第 1 章

类定义和基本操作

本章专门阐述 MATLAB 面向对象编程的基础性内容。本章共分 8 节。第 1.1 节通过对比，着重阐述面向对象编程的思想。第 1.2 节从概念着手，介绍类和对象的关系。第 1.3 节给出了类定义的框架性结构，以帮助读者了解类定义的梗概。

从第 1.4 节起，用 3 节篇幅分节详述类属性、类方法及类对象构造函数。第 1.4 节不仅详细阐述了属性、属性秉质的概念、设置及使用含义，而且还着重表述了查询/赋值函数 get/set 的配用模式。第 1.5 节详述类方法的构建、秉质设置；此外，专辟节次叙述类方法的点调用格式、函数调用格式以及它们与类方法程序代码的适配。第 1.6 节专述类对象构造函数的特殊定义格式和重要性，详述构造函数的自编准则和典型结构。

第 1.7 节对比性地描述了 MATLAB 的两大基类——全值类和句柄类在定义、内涵、操作性状上的差异；归纳性地叙述全值类和句柄类的不同应用场合。

本章最后一节是为 MATLAB 的数组运算本质而专设的，该节专论当类属性值为数组时，如何设计类方法。

1.1 引　导

1.1.1 面向过程的程序设计方法概述

"面向过程的程序设计(Procedure Oriented Programming)"的编程思想以过程为中心。该方法从分析解决问题所需的步骤着手，然后用模块依次实现这些步骤，使用时再顺序调用那些模块。

面向过程是人们解决问题的一种直观思考方式。当程序规模不很大时，面向过程的设计方法很具优势：程序流程清晰，模块组织结构简明，特别适合于时序性的单任务问题的解决。以数据接收处理为例，整个过程如图 1.1－1 所示。

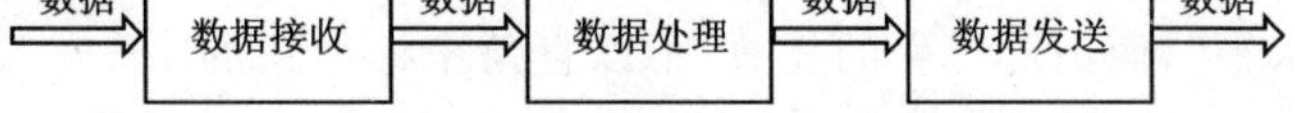

图 1.1－1　数据接收处理系统流程

处理过程涉及数据接收、数据处理、数据发送三个模块。这三个模块严格按照时序节拍运行；首先运行"数据接收"模块，随后"数据处理"模块工作，最后运行"数据发送"模块；各模块运行所需的数据被严格按照时间顺序传递。在这种以过程为核心的编程思想中，编程人员的主要任务就是：编写各种模块实现过程中的各个步骤。在这种设计方式中，模块的作用至关重要，而数据只起辅助的串接作用。

面向过程的程序设计方法，首先关心的是功能，强调以模块(过程)为中心，采用模块化、自顶向下、逐步求精的设计过程。系统是实现模块功能的函数和过程的集合，结构清晰、设计简单、可读性好。然而，用户需求的更改和软硬件技术的不断发展，会引发模块间流动数据的改变，轻则局部修改作为系统基本组成部分的功能模块，重则需完全重建系统，进而导致软件维护和升级的困难。因此，采用面向过程方法设计的系统，前期开发入手快、后期不得不频繁改动的案例，在实际应用中屡见不鲜。

1.1.2 面向对象的程序设计方法概述

"面向对象的程序设计(Object Oriented Programming)"的编程思想以对象为中心。该设计方法以类和继承为构造机制，通过类对象的构造、组合、互动来认识、理解和刻画客观世界。

现实生活中很多事物都可以理解为由单个或多个对象组合而成。例如几个人组合成一个家庭，多个家庭组合成社区，多个社区组合成城市等等。这里，每个人可以看成一个对象，都有身高、体重之类的属性以及代表人行为能力的对象方法。

面向对象的程序设计方法，首先把对象的各种属性和行为进行抽象，进而形成类。类的设计以数据(类属性)为中心，并为这些数据的操作提供各种接口(类方法)。类的属性作为类的核心数据，一般不对外开放，外部只能通过类的接口来访问这些数据。这样的设计有三大优点。

- 类使用的方便：用户只需要了解类的对外公共接口函数，而不需要过多了解类内部的详细设计。
- 类属性的相对稳定：用户不能直接对类属性进行修改，有的属性甚至不能访问，从而避免了用户的误操作所引起的系统错误。
- 类及系统的维护、升级方便。

类、对象、继承、组合等概念的引入使用，显然令面向对象的设计方法具有一定的优势，能为生产可重用的软件构件和解决软件的复杂性问题提供一条有效的途径，特别是在具有界面的人机交互操作系统和软件出现之后，面向对象的程序设计方法得到了极快的发展。

1.1.3 面向过程和面向对象程序设计的区别

前面两小节介绍了面向过程和面向对象程序设计方法的基本概念，本小节将以复数表达和复数加法为例，向读者简略而完整地展示：在MATLAB环境中，面向过程的编程思维形式和程序格局；面向对象的编程思维形式和程序格局。

例【1.1-1】 要求编写出的程序有以下功能：在MATLAB环境中，数据的赋值、保存、运算保持在"双精度水平"，而由此产生的复数，不以直角坐标形式的 $x+\mathrm{j}y$ 显示，而以极坐标形式的 $A\angle\theta°$ 显示；极坐标表示法中的 θ 应以度数为单位，而不是弧度单位；加法运算应采用通常习惯的"+"符号进行，而不采用调用M函数的方式进行。

1) 复数的数学表述方式

为读者理解方便，先把理论数学教学和应用中复数的常见表达方式归纳如下：

- 实虚部形式：
  - ◇ 直角坐标表达：$c=x+\mathrm{j}y$；
  - ◇ 三角函数表达：$c=A(\cos\theta+\mathrm{j}\sin\theta)$。
- 模幅角形式：

◇ 指数函数表达：$c = Ae^{-j\theta}$；

◇ 极坐标表达：$c = A\angle\theta$。

这四种表达形式是等价的，其中各标志量之间存在以下关系：

$x = A\cos\theta, y = A\sin\theta$；

$A = \sqrt{x^2 + y^2}, \theta = \arctan\frac{y}{x}$。

2) 复数的 MATLAB 表述和显示

在 MATLAB 环境中，上述表述方式的前三种形式都可以用于对复数的输入和赋值。比如复数 $c = 1 + j\sqrt{3}$，在 MATLAB 中可采用如下任何一种形式赋值。

```
c = 1 + j * sqrt(3)                    % 直角坐标表达
c = 2 * (cos(pi/3) + j * sin(pi/3))    % 三角函数表达
c = 2 * exp(j * pi/3)                  % 指数函数表达
```

上述命令在 MATLAB 命令窗的运行结果，无论实部还是虚部都以具有 16 位有效数字的双精度保存，但结果则采用默认短数字格式的"直角坐标"显示。具体如下：

```
c =
   1.0000 + 1.7321i
```

换句话说，MATLAB 的输出结果都不可能显示为本例题目所要求的那种"幅角用度数表示的极坐标形式"，也不会在内存中保存表达复数的"模"和"幅角"。

3)"面向过程编程"如何实现题目要求

在 MATLAB 环境中，数值赋值和运算都默认在双精度意义上进行，因此"面向过程"的最简单解题路径是：

- 首先专门编写一个后台函数 Aexm010101PopPolar.m，它用于计算复数的模和(度数单位的)幅角，并用于生成复数的极坐标形式字符串。该函数应放置在 MATLAB 的当前文件夹或搜索路径上，即放置于后台。
- 然后在指令窗中(前台)按如下步骤编写"前台"指令，再运行之。

创建参与加运算的双精度变量，借助"＋"算符实现双精度加法运算，调用 Aexm010101PopPolar 函数，由双精度复数算出模、幅角以及极坐标形式字符串，以供显示。

具体解题步骤是：

① 先编写如下后台函数 Aexm010101PopPolar.m。

```
function [cp,m,a]=Aexm010101PopPolar(cv)
% 本函数可把 double 类的复数显示成"幅角以度数为单位的极坐标形式"
% 输入量 cv,可采用 MATLAB 允许的任何一种形式表达
% 输出量cp          是字符串。它以极坐标形式表示复数,且幅角以度数为单位
%         m         是复数的模
%         a         是复数以度数计量的幅角

m=abs(cv);                          %计算复数模
a=angle(cv) * 180/pi;               %计算以度数为单位的复数幅角
cp=sprintf('%.2f%s%.2f%s',m,char(8736),a,char(176));   %产生极坐标表达字符串
```

② 把编写好的 Aexm010101PopPolar 函数文件放置在 MATLAB 的当前目录或搜索路

径上，然后在前台(MATLAB命令窗中)运行以下指令。

```
clear all
format long                                   % 16位有效数字显示格式
g01 = 2 * exp(j * pi/3);                      % 创建被加量g01
g02 = 0.5 * exp(j * pi/4);                    % 创建被加量g02
[g1,m1,a1] = Aexm010101PopPolar(g01);         % 由后台函数算出g01的模、幅角、极坐标字符串
[g2,m2,a2] = Aexm010101PopPolar(g02);         % 由后台函数算出g02的模、幅角、极坐标字符串
g03 = g01 + g02;                              % g01、g02进行双精度数值相加
[g3,m3,a3] = Aexm010101PopPolar(g03);         % 由后台函数算出g03的模、幅角、极坐标字符串
g1,g2,g3                                      % 复数g01，g02，g03的极坐标字符串变量显示
```

```
g1 =
'2.00∠60.00°'

g2 =
'0.50∠45.00°'

g3 =
'2.49∠57.02°'
```

③ 在MATLAB命令窗中运行whos，便可看到在MATLAB工作空间中保存着如下列表中的变量。

Name	Size	Bytes	Class	Attributes
a1	1x1	8	double	
a2	1x1	8	double	
a3	1x1	8	double	
g01	1x1	16	double	complex
g02	1x1	16	double	complex
g03	1x1	16	double	complex
g1	1x12	24	char	
g2	1x12	24	char	
g3	1x12	24	char	
m1	1x1	8	double	
m2	1x1	8	double	
m3	1x1	8	double	

4) "面向对象编程"如何实现题目要求

采用"面向对象编程"解算本题的思路是：

- 在后台设计一个特殊函数Aexm010101OopPolar.m(所谓的类定义函数)，用于创建极坐标类对象。该对象能一直以双精度的模和(度数单位)幅角保存复数，并一直以极坐标形式显示，总可采用"+"算符实施加运算。该后台类定义函数应放置在MATLAB的当前文件夹或搜索路径上。
- 在指令窗中(前台)按以下步骤编写指令，再运行之。
  以双精度复数为输入，由类定义函数创建参与加运算的极坐标对象→借助"+"算符完

成对象加运算，并直接显示出极坐标形式的结果。

具体解题步骤是：

① 先编写如下极坐标类的定义文件。

```
% Aexm010101OopPolar.m        极坐标类定义文件
classdef Aexm010101OopPolar
    properties
        m       % 复数的模(Modulus)，双精度正值
        a       % 复数的幅角(Angle)，以度数为单位的双精度值
    end

    methods
        function obj=Aexm010101OopPolar(cv)
        % 极坐标类构造函数
        % cv  以任意形式输入的复数值
            obj.m=abs(cv);                %计算模
            obj.a=angle(cv)*180/pi;     %计算以度数为单位的幅角
        end

        function disp(obj)
        % 采用极坐标记述法显示"极坐标对象"obj
            fprintf('%.2f%s%.2f%s\n', obj.m, char(8736), obj.a, char(176))
        end

        function obj3=plus(obj1,obj2)
        % 该函数执行 obj3=obj1+obj2 的运算
        % obj1,obj2 是极坐标对象
            z=obj1.m*exp(1j*obj1.a*pi/180)+obj2.m*exp(1j*obj2.a*pi/180);
            obj3=Aexm010101OopPolar(z);
        end
    end
end
```

② 把该文件放置在当前目录或 MATLAB 的搜索路径上，在 MATLAB 命令窗中运行以下命令，就可以给出与此前"面向过程编程"命令类似的结果。

```
clear all
format long                                       % 为显示双精度数据
format compact                                    % 以紧凑格式显示数据结果
d1 = Aexm010101OopPolar(2 * exp(j * pi/3))        % 创建 d1 极坐标对象，并显示之
d2 = Aexm010101OopPolar(0.5 * exp(j * pi/4))      % 创建 d2 极坐标对象，并显示之
d3 = d1 + d2                                      % 坐标对象相加，直接以极坐标形式显示"和"
```

```
d1 =
2.00∠60.00°
```

```
d2 =
0.50∠45.00°
d3 =
2.49∠57.02°
```

此后，如在MATLAB命令窗中运行whos，则显示出：在MATLAB工作空间中，包含d1、d2、d3这3个Aexm010101OopPolar类变量，具体如下。

```
whos

  Name      Size            Bytes  Class                  Attributes
  d1        1x1                 8  Aexm010101OopPolar
  d2        1x1                 8  Aexm010101OopPolar
  d3        1x1                 8  Aexm010101OopPolar
```

值得指出：内存中的每个对象都以双精度的模和幅角保存相应的复数。这个事实可验证如下。

```
md3 = d3.m                    % 显示“复数和”的模(双精度)
ad3 = d3.a                    % 显示“复数和”的幅角的度数(双精度)


md3 =
   2.486332972990170
ad3 =
  57.016501258026850
```

说明

- 由本例可看出两种编程思维的区别：
  - ◇ 对面向过程编程而言，无论是后台函数还是前台指令，都是采用现成的MATLAB数据类实施赋值、算符运算以及调用(现成或自编)函数的。
  - ◇ 对于面向对象编程来说，其核心在于设计一个与“过程型M函数”不同的类定义函数。该函数位于后台，专门用于创建MATLAB所不能提供的类对象。在此类定义函数支持下，其前台应用指令则由调用类定义函数创建类对象、使用MATLAB惯用的算符和标点等指令构成，完成类对象间的计算，并显示。
- 由本例看出两种编程模式后台函数的区别：
  - ◇ 在面向过程模式中，自编函数Aexm010101PopPolar.m是以function关键词引导的人们习惯形式。该函数的作用是：计算双精度数的模和幅角，并据此显示出极坐标形式的字符串$A\angle\theta°$。
  - ◇ 在面向对象模式中，自编函数Aexm010101OopPolar.m是以classdef关键词引导的一种特殊函数。该函数包含Properties属性块、Methods方法块。属性块中定义模和幅角。而方法块中有三个function引导的函数，它们分别负责创建具体对象、以$A\angle\theta°$默认形式显示对象、采用“+”算符实现对象加运算。
- 由本例可看出两种编程模式前台指令的区别：
  - ◇ 在面向过程模式中，前台指令就是利用MATLAB现成的双精度类数据进行赋值，利用“+”算符进行双精度加运算，调用自编函数Aexm010101PopPolar算出复数模、幅角和显示用的 $A\angle\theta°$ 形式字符串。

◇ 在面向对象模式中，前台指令是据双精度输入生成极坐标对象，利用“+”算符进行对象间的加运算。假若运算表达式后不以分号“;”结尾，就显示出 $A\angle\theta°$ 形式的复数；而该复数的模和幅角则保存在对象的属性中。

● 由本例可看出两种编程模式产生的内存变量不同：

◇ 在面向过程模式中，前台指令运行后，MATLAB 工作空间中所保存的都是 MATLAB 现成的 double 双精度、char 字符串类型的变量。

◇ 在面向对象模式中，前台代码运行后，MATLAB 工作空间中所包含的只有用户自己定义的 Aexm010101OopPolar 类变量。而该对象的属性则包含着“复数和”的双精度表述的模和幅角。

1.2　类和对象

类和对象，是哲学意义上的“抽象和具体”，是数学意义上的“集合和元素”，是生产意义上的“制造模板和产品”。类是具有共同特性的所有对象的集合，是模制一类产品的性能指标、规格参数和制作模具；而对象是其所属类中的具有各别属性取值的元素、实例或个体，是按某一规格制作出来的产品。

比如，上节定义的 $A\angle\varphi°$ 极坐标类是“采用模和幅角表述的、极坐标上所有点的集合”；而 2.00∠60.00°、2.49∠57.02°等都是极坐标上的具体点，是极坐标类的具体对象。

在 MATLAB 中，“类”是由一组特定代码构成的、驻留在 MATLAB 当前目录或搜索路径上的 M 文件，即表征和描述“类定义”的模板文件。类定义文件的代码是创建类对象的“模板”，是“类对象生产母机”。而“对象”则是由类定义文件中构造函数运作后创建的变量，或由类方法运算衍生的变量，它驻留在 MATLAB 工作空间中。

比如，上节的 Aexm010101OopPolar.m 就是定义极坐标类的 M 文件，而 d1、d2 就是由构造函数创建的两个极坐标类对象，d3 是由对象 d1、d2 加运算后衍生出来的极坐标类对象。

1.3　类定义的基本结构

要利用对象编程，必须先创建对象；要创建对象，必须先有产生对象的模板，即类定义。在 MATLAB 中，由用户自己设计的“类定义(class definition)”，在代码上表现为如图 1.3-1 所示的“由属性块、方法块组成的类定义块”。具体如下：

(1) 类定义块(classdef…end)

◇ classdef 是类定义文件可执行代码的第一个识别符、关键词。它总位于类定义文件代码的第一行。当然在 classdef 开头的第一行可执行代码之前，允许存在以%号引导的、非执行的注释行。

◇ 类定义名(如图 1.3-1 中的 ClassName)紧随于 classdef 关键词之后。值得指出：该类定义保存为 m 文件时，所采用的文件名必须与类定义名一致。

◇ 类定义名后的“< handle”表示用户所创建的类属于 MATLAB 向用户提供的 2 个“超类(Superclass)”中的“handle 句柄超类”。若类定义后没有“< handle”，则表示用户将

创建的类属于"value 全值超类"。关于句柄类与全值类之间的区别，详见第 1.7 节。

◇ 每个类定义文件"有且只有"一个类定义块。

(2) 属性块(properties……end)

◇ 每个创建有意义对象的类定义必然包含属性块。属性块内的属性是类对象保存数据所用的变量名，它们被封装在对象中。

◇ 一个类定义可以包含多个属性块。每个属性块总以 properties 关键词开头，以 end 关键词结尾。

◇ 一个属性块可以包含多个属性。

(3) 方法块(methods……end)

◇ 一个类定义可以包含多个方法块。每个方法块总以 methods 关键词开头，以 end 关键词结尾。

◇ 一个方法块可以包含多个类方法。每个方法块中可包含多个"以 function 开头，以 end 为结尾"的类方法(Methods)。

◇ 每个有意义的类定义文件，通常总包含一个实现"类对象创建"的方法函数。该方法的名称必须与类定义名称相同。如在图 1.3-1 所示的名为 ClassName 的类定义的方法块中，包含一个名为 ClassName 的方法。因为该方法专门用于类对象的创建，故称为"类对象构造函数(Constructor)"。

◇ 当然，若用户刻意不写构造函数，那么 MATLAB 就会在用户创建对象时，自动调用一个后备的、不含任何输入量的构造函数去创建对象。详见本章 1.6.1 节。

◇ 此外，若类方法很多，出于管理考虑，类方法也可以独立的 M 函数文件存在于类定义文件之外。相关内容详见本章 1.5.1 节。

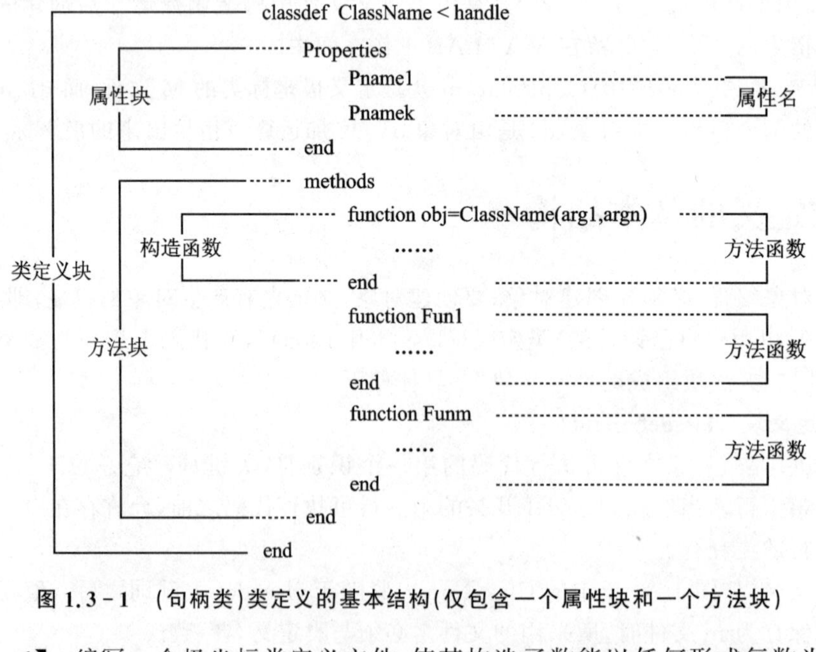

图 1.3-1 (句柄类)类定义的基本结构(仅包含一个属性块和一个方法块)

例【1.3-1】 编写一个极坐标类定义文件，使其构造函数能以任何形式复数为输入，而创建出一个以复数模和(以度数为单位的)幅角为属性的极坐标类对象。本例演示：类定义最基本结构；所创建类对象的创建、显示和保存。

1）编写极坐标类定义文件 Aexm010301.m

据题目要求，可编写出如下类定义文件。

```
% Aexm010301.m
classdef Aexm010301 < handle
    properties
        m       % 复数的模(Modulus),双精度正值
        a       % 复数的幅角(Angle),以度数为单位的双精度值
    end
    methods
        function obj= Aexm010301 (cv)
        % 极坐标类构造函数
        % cv  以任意形式输入的复数值
            obj.m=abs(cv);
            obj.a=angle(cv)*180/pi;
        end
    end
end
```

2）借助该类定义文件创建极坐标对象

先确认该文件放置在 MATLAB 的当前文件夹上，或放置在 MATLAB 的搜索路径上。然后在 MATLAB 命令窗中运行以下命令创建极坐标对象 Cobj，并显示出该对象的两个属性的数值，具体如下。

```
Cobj = Aexm010301(3 - 4j)          % 显示所建对象所属类别及其全部属性值

Cobj =
  Aexm010301 - 属性:

    m: 5
    a: -53.130102354155980
```

3）观察 MATLAB 内存中保存的变量

若在 MATLAB 命令窗中运行 whos 命令，那么在 MATLAB 工作空间中看到的只是对象 Cobj，而属性则被封装在该对象中，具体如下。

```
whos

  Name      Size          Bytes  Class         Attributes

  Cobj      1x1           8      Aexm010301
```

说明

- 本例典型地演示了类定义文件的最基本构成。
  - ◇ 类定义块中包含一个属性块和一个方法块。唯一的类方法用于类对象的创建。
  - ◇ 本例在以 classdef 开头的类定义块前，有一行文件名及其目的的注释行。

● 在没有专门定义类对象显示方法(如例1.1-1中的disp方法函数)的情况下,直接运行已建对象(如Cobj),就可显示该对象所属的类别及其全部属性值。

● MATLAB工作空间所呈现的情况:

◇ 在本例中,MATLAB基本空间中,只有一个Aexm010301类对象,那些属性值都被封装在这个对象变量中;

◇ 因为本例类定义关键词行classdef Aexm010301 < handle确定了Aexm010301继承于MATLAB的句柄(Handles)基类,所以该类对象所占据的内存一定是8字节;关于句柄类的更详细叙述请看第1.7节。

1.4 类的属性

1.4.1 属性块和属性

属性用于描写和表述类的性质,用于存储每个类对象的性质数据。在类定义文件中,属性总包含在properties……end属性块中,并且在一个类定义文件中允许包含多个属性块。

属性块的基本结构如图1.4-1所示。

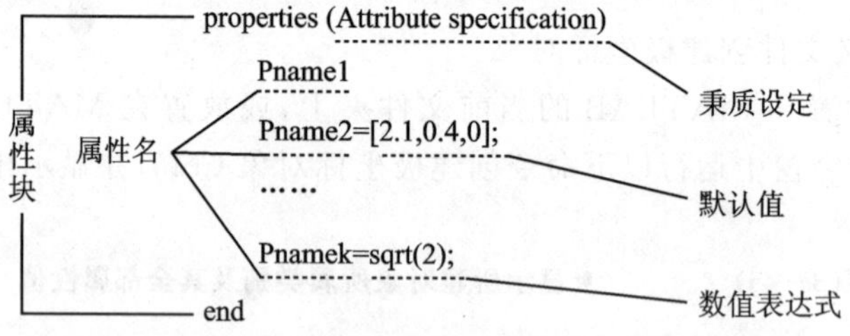

图1.4-1 属性块的基本结构

说明

● 在设计属性时,首先应保证对象各属性间的一致性、协调性。对于存在依从关系的那些属性,应该采用“从属”秉质加以设定。详细请见第2、6两小节。

● 属性块中所含属性(或称属性变量)的数目不受限制,属性名称的命名规则与变量相同。

● 属性的赋值:

◇ 在属性块中,属性可以用诸如数值、数值表达式、字符串、元胞等各类MATLAB数据进行赋值。

◇ 在属性块中,那些没有被(显式)赋值的属性,都被默认赋予“双精度的空,即[ ]”。

◇ 在属性块中被赋值的属性值,称之为“属性的默认值”。

● 属性块中的属性变量缺省值,在具体类对象创建时,都可以被类方法中的初始值所更新。

● 每个属性块都可以在秉质设定区内进行秉质(Attribute)设定。其详细表述请看第2小节。

1.4.2 属性块的秉质

就属性变量是否存储、是否可见及是否可访问等秉质而言，都可以在属性的秉质设定区采用以下任何格式进行设定。

(Attribute)　　仅用关键词描述的秉质设定的简捷格式

(Attribute1＝Value1，……，Attributek＝Valuek)　　采用赋值表达式描述的秉质设定的详尽格式

说明

- 秉质设定的描述语句应放在括号内。
- 最常用的秉质设定关键词见表1.4－1。在此，需要强调指出：所有表述秉质选项的英文词汇都必须由“小写英文字母”构成。

表1.4－1　属性的秉质设定关键词

Attribute（秉质名称）	Values（相应的秉质选项）	秉质含意
AbortSet（免触性）	false（缺省选项）	
	true	对于handle类而言，在此选项下，假如被赋新值与属性原值相同，即使为那属性编写了set属性赋值函数，这属性赋值函数也不会被触动；参见例1.4－1
Abstract（抽象性）	false（缺省选项）	该属性实际存在(Concrete)
	true	属性不能定义赋值和查询方法；属性不能设置缺省值和初始值。参见例1.4－1。
Access（存取性）	public（缺省选项）	该属性块中属性值的存、取操作不受限制。参见例1.4－1
	protected	只有在本类或其子类的方法的代码执行过程中，才能对属性进行存、取操作
	private	该属性块中属性值的存、取仅允许本类实施
Constant（不变性）	false（缺省选项）	该属性块中的属性的所有赋值，都是缺省值；这些属性值在此后都可以被重新赋值和修改
	true	该属性块中所赋的属性值将永不可变，除非对象自身被删除
Dependent（从属性）	false（缺省选项）	该属性块中属性是“独立”属性，它们的属性值被保存在相应的属性空间中
	true	该属性块中的属性是“非独立的从属”属性；该属性值不被存放于对象的属性空间中，而只是在该属性被访问时，借助MATLAB的get函数根据其他“独立”属性值即时地动态计算产生
Hidden（隐藏性）	false（缺省选项）	在查看对象时，该属性块中的属性可显示出来
	true	该属性块中的属性将被隐藏
无关键词		属性快中的属性将具有以上各种缺省秉质

1.4.3 对象属性名的获取和属性值的查询

本节介绍两个与对象属性有关的 MATLAB 命令。

PPN=properties(obj)　　列出对象 obj 的所有非隐藏的公开属性名

PV=obj.PN　　给出 obj 对象 PN 属性(变量)的值

说明

- 关于 properties 命令的说明:
  - ◇ 该命令只能列出 obj 对象的非隐藏、公开属性,而不可能列出隐藏或非公开的属性。
  - ◇ 该命令返回的输出量 PPN 是由字符串组成的元胞数组。
- 不管 obj 对象属性具有什么秉质(是否隐藏、是否从属),只要知道具体的属性(变量)名 PN,就可以借助 obj.PN 查询该 PN 的值。"注意:对象名 obj 与其属性名 PN 之间由(英文状态下的)"小黑点"连接。

例【1.4-1】 本例通过一个类定义函数的设计和运行,演示以下几方面实践内容:如何从物理背景衍生出编写类定义函数用的数学模型;如何设置类对象属性、属性秉质;如何使类对象构造函数接受不同数目的输入量;如何查访对象的隐藏属性;展示常数属性"只能读取、不能赋值"的特点;展示受保护属性"不能读取、不能赋值"的特点。

1) 本示例的物理背景

在交流稳态电路分析中,有一个最基础的工作:计算电阻、电容、电感的交流阻抗。这三个基本器件的交流阻抗具体计算公式如下

$$Z=\begin{cases} R \\ j\omega L \\ 1/j\omega C \end{cases} \tag{1.4-1}$$

式中:Z 是以欧姆(Ω)为单位的交流阻抗;R、L、C 分别是以欧姆(Ω)为单位的电阻量、以亨利(H)为单位的电感量、以法拉(F)为单位的电容量;$\omega=2\pi f$ 是稳态交流电压或电流的圆频率,而 f 是以赫兹为单位的频率;而 j 是复数中的"虚单元",即 $j=\sqrt{-1}$。

2) 本示例的数学模型抽象

本示例就是要编写一个类定义函数 Aexm010401.m,用于创建"器件对象"。该定义函数需要满足如下要求:

- 所建对象属性的处理:
  - ◇ 由于器件数值、名称符和工作频率是器件对象的原始独立参数,并且其中器件数值、名称符属性一旦在对象构造完毕后,其值将不能改变,因此其存取性秉质可以用"受保护秉质"表述;而工作频率的存取性秉质可借助"公开秉质"表述。出于演示目的,仅把器件数值的存取性秉质设置为"受保护秉质",而把名称符的存取性秉质进一步细分为读取秉质(GetAccess)用"公开秉质"表述,设置秉质(SetAccess)用"受保护秉质"表述。
  - ◇ 据 $\omega=2\pi f$ 计算的圆频率和据式(1.4-1)计算的复数阻抗,都是根据器件原始数据算出的。它们的数值随原始数据的变化而变化。因此,圆频率和复数阻抗应采用"从属属性"处理。

◇ 出于演示目的，在程序中使用常数隐藏属性表述 2π。

● 所建对象构造函数的多种输入格式处理：

◇ 无输入格式下，采用“器件值及名称的缺省属性值”，创建“100 欧姆电阻”的复数阻抗对象。

◇ 单输入格式下，采用“器件缺省名称属性值(电阻)及输入的电阻值”，创建“电阻”的复数阻抗对象。

◇ 三输入格式下，可根据“任何一种器件的原始独立参数”，创建复数阻抗对象。

● 从属属性的动态计算函数处理

◇ 动态计算复数阻抗的函数应能据不同的对象原始独立参数计算出复数阻抗。

◇ 动态计算圆频率的函数应能根据不同频率 f 计算相应值。

3) 编写类定义函数 Aexm010401.m

```
% Aexm010401.m
classdef Aexm010401 < handle
    properties(Access=protected)
        Value=100                   % 元件值——赋缺省值属性                    <4>
    end
    properties(GetAccess=public,SetAccess=protected)
        Name='R                     % 元件名——赋缺省值属性                    <7>
    end
    properties                                                               %   <9>
        f                           % 交流频率——无缺省值属性                  <10>
    end
    properties(Dependent)           % 从属属性                                <12>
        Z                           % 复数交流阻抗
    end
    properties(Constant, Hidden)    %常数隐藏属性                             <15>
        PIx2=2 * pi
    end
    %=================================================================
    methods
        function obj=Aexm010401(v,S,f)   % 复数阻抗对象构造函数
        % v  以欧姆或亨利或法拉为单位的元件值
        % S  代表元件是电阻、电感、电容的字符串 'R'、'L'、'C'
        % f  器件的工作频率(Hz)
            nv=nargin;              % 该函数被调用时的实际的输入量数目        <24>
            switch nv
                case 0
                case 1
                    obj.Value=v;
                case 3
                    obj.Value=v;
```

```
                obj.Name=S;
                obj.f=f;
            otherwise
                error('输入量的数目只能是 0 或 1 或 3。')
        end
    end
    function GZ=get.Z(obj)              % 从属属性 Z 查询函数首行           <37>
%       disp('!!从属属性 Z 被查访。它由 get.Z 函数动态算出。')        %   <38>
        S=obj.Name;
        v=obj.Value;
        if any(strcmp(S,{'R','r'}))                                    %   <41>
            GZ=v;
        else
            w=obj.PIx2 * obj.f;
            switch S
                case {'L','l'}
                    GZ=1j * w * v;
                case {'C','c'}
                    GZ=1/(1j * w * v);
                otherwise
                    disp('第二个输入量必须是字符串"R",或"L",或"C"!')
            end
        end
    end                                 % get.Z 查询函数的末行               <54>
  end
end
```

4）类定义函数 Aexm010401 的无输入调用

在这种调用格式下，所创建的器件对象的属性将由程序的第 <4>，<7>，<10> 行的缺省设置决定，具体如下。

```
Z0 = Aexm010401()                      % 不提供任何输入量调用格式所创建的缺省阻抗

Z0 =
  Aexm010401 - 属性:

    Name: 'R'
       f: []
       Z: 100
```

其中属性 Value 由于设置了受保护秉质，没有进行显示，通过属性 Z 的显示结果可以验证其已经被设置了缺省值。

5）类定义函数 Aexm010401 的三输入调用及结果显示

假设要为“在 400 Hz（赫兹）工作的 12 mH（毫亨）电感”创建阻抗对象，那么可以采用三输入格式调用实现。Aexm010401 函数在运行中，原先第 <4>，<7>，<10> 行的缺省设置都将被供给构造函数的输入量所替代。具体运行命令和显示结果如下。

```
Z1 = Aexm010401(12e-3,'L',400)        % 三输入调用格式所创建的阻抗对象

Z1 =
  Aexm010401 - 属性:

    Name: 'L'
       f: 400
       Z: 0.0000 + 30.1593i
```

6）隐藏属性的访问

以上对象创建命令运行结果中，并没有显示出 PIx2 属性，这是因为该属性的秉质被设置为“隐藏”的缘故。

如果事先不知道隐藏属性名，那么无论是直接运行对象名还是借助 properties 命令，都不可能获知隐藏的属性名。比如运行以下命令，仍是看不到对象 Z1 的隐藏属性的，具体如下。

```
properties(Z1)                 % 借助 properties 命令无法获知的 Z1 的隐藏属性

类 Aexm010401 的属性:

    Name
    f
    Z
```

当然，如果用户事先已知隐藏属性名，那么隐藏属性仍是可访问的。比如，再运行如下命令，都可以显示出 PIx2 属性值。

```
Z0.PIx2                        % 读取隐藏属性的方法之一

ans =
    6.2832

disp(Z1.PIx2)                  % 读取隐藏属性的方法之二。前后两个对象的该属性值不变

    6.2832
```

7）关于常数属性的只读性试验

由于属性 PIx2 被设置为常数秉质，因而由 Aexm010401 创建的任何对象的 PIx2 数值相同。这一结论已经由以上第 6)步中的 2 条试验命令的运行结果所验证。

此外，常数属性值在任何场合都“只能被读”，而不能修改。任何修改常数属性的命令，都将导致报错。这可由以下命令的运行结果加以验证。

```
Z0.PIx2 = pi                   % 企图在 Z0 对象创建后修改 PIx2 属性值

您无法设置 'Aexm010401' 的只读属性 'PIx2'。
```

8）关于受保护属性的读取性试验

由于属性 Value 被设置为受保护秉质，其属性值只能在本类或其子类的方法的代码执行过程中进行存、取操作，在其他场合既不能显示也不能修改，此时任何企图访问和修改受保护

属性的命令都将导致报错。这可由以下命令的运行结果加以验证。

```
Z0.Value                        % 企图在类外访问 Z0 对象的 Value 属性值

您无法获取 'Aexm010401' 的 'Value' 属性。

Z0.Value = 200                  % 企图在类外修改 Z0 对象的 Value 属性值

您无法设置 'Aexm010401' 的 'Value' 属性。
```

说明

● 属性块的秉质设定格式。

在 Aexm010401 类定义函数中,采用简略格式设定了具有 5 个不同秉质的属性块。为帮助读者更好地理解属性设定的详尽格式,下面给出其中 3 个采取简略格式进行设定的属性块的详尽设定命令。

◇ 第 <9> 行属性秉质设定命令 properties 的等价详尽格式命令是:
properties(Access=public)

◇ 第 <12> 行属性秉质命令 properties(Dependent)的等价详尽格式命令是:
properties(Dependent=true)

◇ 第 <15> 行属性秉质命令 properties(Constant, Hidden)的等价详尽格式命令是:
properties(Constant=true, Hidden=true)

◇ 顺便提醒注意:public、true、false 等秉质选项词汇都应由“小写英文字母”组成,否则将报错。

◇ 属性的简略格式设定显得简洁、容易理解,因为默认值都是 false,当用秉质名称显式地设定属性秉质时,表明其值为 true。唯一的例外是属性存取性秉质的设定,由于该名称有三个选项,因此不能用简略格式,而要用详尽格式来设定。

● 接受不同数目输入量的类对象构造函数。

◇ 因为 MATLAB 是弱类型检查语言,所以编写具有“接受不同数目输入量”功能的对象构造函数,就必须借助 MATLAB 函数 nargin 执行“实际输入量数目”的判断。

◇ 还要顺便提醒:调用 Aexm010401 时,输入量数目是根据输入量列表次序计数。换句话说,不管输入量数目多少,输入量列表的次序不能变动。关于 nargin 的具体使用实例参见本例 Aexm010401 的第 <24> 行。

● 关于隐藏属性的查访。

◇ 隐藏属性的用途:编程者把属性秉质设计为“隐藏”是不想让用户看到那些属性及相关程序细节,以免分散用户的注意力。而编程者自己,在进行类程序更新和升级时,可借助这些属性的隐藏性,使读者从外部调用时感觉不到任何异样和变化。

◇ 隐藏属性的查访:隐藏属性的查访或赋值只能通过属性名进行,而别无其他途径。

● 顺便指出:Aexm010401 第 <41> 行中 any(strcmp(S, {'R','r'}))的含义是:不管 S 所含字符是 'R' 还是 'r',经 strcmp 处理,总能产生[1,0]或[0,1]的二元逻辑数组,再经 any 作用,就可产生表示逻辑真的 1。当 S 为其他字符时,这段代码总给出表示逻辑假的 0。

1.4.4　属性赋值的三个不同阶段

对象从其被创建起到被删除为止的生存周期里，对象属性可在如下三个不同阶段被赋值或修改：

- 类定义属性块内的属性赋值：调用类定义函数之后，在其构造函数运行之前，类定义函数属性块运行，此时一方面给各属性分配空间，另一方面向各属性赋予“属性值”。这一属性值，可以是数值、字符、“空”等各种 MATLAB 的数据对象。由这种方式所赋的值就是所谓的“缺省值”。
- 类定义构造函数内的属性赋值：在构造函数运行时，不管属性的缺省值如何，都可以根据需要进行重新赋值，而覆盖掉缺省。该过程称为对象属性的“初始化”，而属性由此而获得的值则称为“初始值”。
- 在类定义外的已建对象属性赋值：在构造函数运行后，也即对象创建产生后，除常数属性外，其他可存取的对象属性也都可以被进行赋值或修改，就像 MATLAB 自己提供的各种数据类型的变量可以被赋值或修改那样。

1.4.5　属性赋值和 set 函数

除属性块中缺省赋值外，为确保属性赋值的正确性，避免误操作，就需要对被赋值进行类型、维度、规模、取值范围等检测和限制。MATLAB 提供的属性赋值函数 set 就具有这种功能。属性赋值函数的定义格式如下。

```
methods              % 没有具体的秉质限制(No methods attributes)的方法块
    function    set.PName(obj, v)            % 对于 MATLAB 的 Handle 基本类型
end

methods              % 没有具体的秉质限制(No methods attributes)的方法块
    function    obj=set.PName(obj, v)          % 对于 MATLAB 的 Value 基本类型
end
```

说明

- 属性赋值函数的名称，必须由 set、小黑点、属性名 PName 依次连接而成，即 set.PName。
- obj 是具有该被赋值属性的对象名称；v 是被赋之值（变量）。
- 当且仅当 PName 属性的 Abstract 秉质处于 false 缺省状态时，才有可能在类定义函数的不限定秉质的方法块中编写 set.PName 设置函数。
- 一旦定义了属性赋值函数，除几种特殊情况外，任何 PName 属性的赋值都将由 set.PName 执行。不调用 set.PName 属性赋值函数的例外情况如下：
  - ◇ 在类定义属性块中，向 PName 赋缺省值时；
  - ◇ 在类定义中，向 PName 所赋值与缺省值相同时；
  - ◇ 在 set.PName 函数的自己体内，向 PName 赋值时；
  - ◇ 在类定义外，向 PName 的新赋值与其原值相同时，假如 PName 属性的 AbortSet 秉质不是缺省的 false 而取 true。

● 至于句柄(handle)类和全值(Value)类的属性赋值函数 set 定义格式为什么不同，为什么句柄类 set 函数无输出，而全值类 set 函数又为什么必须设置与输入量同名的输出量，请参看第 1.7.2 节及例 1.7-3。

例【1.4-2】 本例演示：属性赋值函数 set 的编写、运行特点；属性秉质 Abstract、AbortSet 设置与 set 的关系。

1）编写包含属性赋值方法的类定义函数 Aexm010402

该文件由 Aexm010401 修改而得。修改内容如下：

● 对第三个属性块增加了免触秉质 AbortSet 设置，参见 Aexm010402 的第 <9> 行。

● 为显示对象属性的缺省赋值，在构造函数的执行命令之前，增添了 disp 显示命令和 pause 暂定命令，参见 Aexm010402 中的第 <22> ~ <26> 行。

● 在类定义中，增添了一个内含属性赋值函数的方法块，参见 Aexm010402 中的第 <58> ~ <79> 行。

```
% Aexm010402.m
classdef Aexm010402 < handle
    properties(Access=protected)
        Value=100                       % 元件值——赋缺省值属性                    <4>
    end
    properties(GetAccess=public,SetAccess=protected)
        Name='R'                        % 元件名——赋缺省值属性                    <7>
    end
    properties(Abstract=false, AbortSet=true)    % 非抽象、外赋值中断秉质           <9>
        f                               % 交流频率——无缺省值属性                  <10>
    end
    properties(Dependent)               % 从属属性                                <12>
        Z                               % 复数交流阻抗
    end
    properties(Constant, Hidden)        % 常数隐藏属性                            <15>
        PIx2=2*pi
    end
    %=======================================================================
    methods
        function obj=Aexm010402(v,S,f) % 复数阻抗对象构造函数
            % v、S、f 分别表示器件值、器件名称符、工作频率
            disp(obj);                  % 显示已被缺省设置的对象                  <22>
            disp('以上显示的是构造函数尚未执行前，由属性块所定义的属性缺省值。')
            disp('再按任意键，就执行构造函数的程序。')
            disp(' ')
            pause                       % 为便于观察而设置                        <26>
            nv=nargin;                  % 该函数被调用时的实际的输入量数目        <27>
            switch nv
                case 0
```

```
                case 1
                    obj.Value=v;
                case 3
                    obj.Value=v;
                    obj.Name=S;
                    obj.f=f;
                otherwise
                    error('输入量的数目只是 0 或 1 或 3。')
            end
        end
        function GZ=get.Z(obj)                    % 从属属性 Z 查询函数首行
            S=obj.Name;
            v=obj.Value;
            if any(strcmp(S,{'R','r'}))                                         %
                GZ=v;
            else
                w=obj.PIx2 * obj.f;
                switch S
                    case {'L','l'}
                        GZ=1j * w * v;
                    case {'C','c'}
                        GZ=1/(1j * w * v);
                    otherwise
                        disp('第二个输入量必须是字符串"R",或"L",或"C"!')
                end
            end
        end
    end
    methods                                       % 含属性赋值函数的方法块
        function set.Value(obj,v)
            if v < 0
                error('器件值必须非负!')
            end
                obj.Value=v;
        end
        function set.Name(obj,S)
            if~any(strcmp(S,{'R','L','C';'r','l','c'}))
                error('第 2 输入量器件名称字符只能取"R"或"L"或"C"!')
            end
            obj.Name=S;
        end
        function set.f(obj,f)
```

```
                disp('调用了 f 属性的属性赋值函数 set.f 方法。')
                if f < 0
                    error('第 3 输入量工作频率必须非负!')
                end
                obj.f=f;
            end
    end                                          % 含属性赋值函数的方法块结尾       <78>
end
```

2）在对象创建过程中属性的赋值试验

在确保 Aexm010402.m 在 MATLAB 的当前目录或搜索路径上的情况下，就可进行对象创建过程中的赋值试验。请在 MATLAB 命令窗中运行以下命令，并仔细观察所给出的结果。

```
ZL = Aexm010402(0.5,'L',100)

  Aexm010402 - 属性:

   Name: 'R'
      f: []
      Z: 100
```

以上显示的是构造函数尚未执行前，由属性块所定义的属性缺省值。

再按任意键，就执行构造函数的程序。

```
调用了 f 属性的属性赋值函数 set.f 方法。
ZL =
  Aexm010402 - 属性:

   Name: 'L'
      f: 100
      Z: 0.0000e+00 + 3.1416e+02i
```

3）已创建对象的实存属性的赋值试验

已建对象 ZL 有 4 个确实存储的“实存(Concrete)属性”。其中 PIx2 是隐藏的常数属性，它通常不可见也不可修改。下面仅以对象 ZL 的 f 属性为例进行赋值演示。

通过以下命令把对象 ZL 的 f 属性值修改为 200。于是，set.f 方法被调用，并在 get.Z 方法的配合下，使 Z 值作相应的变化。

```
ZL.f = 200

调用了 f 属性的属性赋值函数 set.f 方法。
ZL =
  Aexm010402 - 属性:

   Name: 'L'
      f: 200
      Z: 0.0000e+00 + 6.2832e+02i
```

4）新值与原有值相同时的赋值试验

在以上命令运行后，如果再重复运行这些命令，显示结果中就不再出现“调用 set. f”的提示信息。这表明 set. f 函数不再被调用，而直接显示原属性值，具体如下。

```
ZL.f = 200

ZL =
  Aexm010402 - 属性：

    Name：'L'
       f：200
       Z：0.0000e+00 + 6.2832e+02i
```

说明

- Aexm010402 第 9 行中的 Abstract＝false，表明该属性块中的所有属性都是“非抽象的、实际存在的”。当然这段代码实际上就是 Abstract 抽象性秉质的缺省设置，因此可以省略。在 Aexm010402 中之所以这样显式表达，就是为了强调 Abstract 抽象秉质与 set 属性赋值函数之间的关系：在 Abstract＝true 时，不可建立属性赋值函数。
- 由于 Aexm010402 第 9 行中 AbortSet 被设置为 true，所以在第 4 部分的试验中，才出现类定义外所赋新值与原值相同时，不调用 set. f 属性赋值函数的现象。

1.4.6 从属属性和 get/set 函数

假如把属性的从属秉质 Dependent 设置为真，那么此属性就是从属属性。从属属性的值取决于对象的其他实存属性，因此，为确保从属属性值与其他实存属性值之间的一致性，从属属性值不被存储，而只是在被查询时即刻计算出来。这意味着，从属属性必须与属性查询函数 get 配合使用。它们之间的配合主要有如下三种不同方式。

1. 从属属性查询的 get 基本配用模式

从属属性与 get 属性查询函数配合是最基本的组合模式（请参见例 1.4-1）。这种基本配用一般格式如下。

```
properties(Dependent)                    % 使属性块秉质为从属，即 Dependent＝true
    PName                                % 生成名为 PName 的从属属性
end

methods
    function v＝get.PName(obj)           % 从属属性 PName 的查询函数
        v＝Value_of_CalculateExpression;      % 由其他实存属性计算出属性值
    end
end
```

2. 带赋值提示的从属属性查询的 get/set 配用模式

由于从属属性的值由其他实存属性值决定，所以从属属性不能直接赋值。为此，MATLAB

针对从属属性的直接赋值操作，会自动给出"从属属性需要 set 方法才能赋值"的报错警告。若程序编写者希望针对从属属性赋值给出更加具体细致的警告信息，可参照下列的 get/set 一般配用格式(实例请参见 Aexm010403)。

```
properties(Dependent)
    PName                                  % 从属属性
end

methods
    function v=get.PName(obj)              % 从属属性查询函数
        v=Value_of_CalculateExpression;    % 由其他实存属性计算出属性值
    end
    function set.PName(obj,~)              % 从属属性赋值函数;注意第 2 输入量的写法
        error(' "此处可写更具体细致的提示内容"')
    end
end
```

3. 实现新老属性名替换的 get/set 配用模式

在外界情况变化、应用需求改变、程序版本升级的情况下，程序设计者经常会遇到"更改程序中原有属性名"的问题。对此，最直接的处理方式是把已有程序中的原属性名统统"替换"为新属性名。这种直接替换法，步骤固然简单，但不一定稳妥。对于规模较大、结构复杂、使用成熟的面向对象程序来说，一个简单稳妥的解决办法是：尽量不改变原程序，而只是为需要更改的原属性提供一个具有"中介"层的外封装，使外界只能看到新属性名，而内部的运行程序保持不变。下面介绍的"从属隐藏属性与 get/set 配用的一般格式"就为这种解决办法提供了实现的途径(实例参见例 1.4-3)。

```
properties                                 % 无秉质限制的属性块
    NewPName                               % 新属性名(可见、可查询、可赋值)
end
properties(Dependent, Hidden)              % 具有从属、隐藏秉质的属性块
    OldPName                               % 原属性名(不可见,内部实际使用)
end

methods                                    % 无秉质限制的属性块
    function v=get.OldName(obj)            % 原属性的查询函数
        v=obj.NewPName;                    % 从新属性取得值
    end
    function obj=set.OldPName(obj, Nv)     % 原属性的赋值函数
        obj.NewPName=Nv;                   % 向新属性赋值
    end
end
```

例【1.4-3】 与 Aexm010401.m 类定义函数相似，本例的 Aexm010403.m 程序也是用来创建“器件对象”的。与 Aexm010401.m 的第一个不同之处是：新类定义程序为所建对象的从属属性 Z 配置了 set 函数，以便在对 Z 直接赋值时给出更多提示信息。第二个不同之处是：类定义程序 Aexm010403 使用新的 RLC 属性名替代老属性名 Name，保存器件名称符('R' 或 'L' 或 'C')，但 Aexm010403 类定义程序内部仍沿用 Name 这个老属性名称。

1）编写 Aexm010403 类定义函数

该程序可由 Aexm010401 改造而得。具体修改如下：

- 把 Aexm010401 另存为 Aexm010403，并对类名作相应的修改。
- 新增属性 RLC，其属性秉质接收默认值，放在新增的第 <6> ～ <8> 行。
- 把老属性名 Name 属性秉质更改为“从属隐藏属性”。
- 新增第 <59> ～ <62> 行的从属属性 Z 的赋值函数 set.Z。
- 新增第 <65> ～ <73> 行的实现属性名替换的配用函数 get.Name 和 set.Name。

```
% Aexm010403.m
classdef Aexm010403 < handle                                          %      <2>
    properties(Access=protected)
        Value=100                     % 元件值——赋缺省值属性                  <4>
    end
    properties                                                        %      <6>
        RLC='R'                       % 新属性名
    end                                                               %      <8>
    properties(Dependent, Hidden)     % 从属隐藏属性块
        Name
    end
    properties                                                        %      <12>
        f                             % 交流频率——无缺省值属性
    end
    properties(Dependent)             % 从属属性                              <15>
        Z                             % 复数交流阻抗
    end
    properties(Constant, Hidden)      % 常数隐藏属性                          <18>
        PIx2=2*pi
    end
    %=============================================================
    %=============================================================
    methods
        function obj=Aexm010403(v,S,f) % 构造函数                             <24>
        % v、S、f 分别表示器件值、器件名称符、工作频率
            nv=nargin;
            switch nv
                case 0
                case 1
```

```
                obj. Value=v;
            case 3
                obj. Value=v;
                obj. Name=S;
                obj. f=f;
            otherwise
                error('输入量的数目只是 0 或 1 或 3。')
        end
    end
end
methods
    % ++++++对从属属性直接赋值给出更具体详细提示的 get/set 配用程序 +++++
    function GZ=get. Z(obj)                    % 从属属性 Z 的查询函数              <42>
        S=obj. Name;
        v=obj. Value;
        if any(strcmp(S,{'R','r'}))
            GZ=v;
        else
            w=obj. PIx2 * obj. f;
            switch S
                case {'L','l'}
                    GZ=1j * w * v;
                case {'C','c'}
                    GZ=1/(1j * w * v);
                otherwise
                    disp('第 2 输入量必须是字符串"R",或"L",或"C"!')
            end
        end
    end
    function set. Z(obj,~)                     % 从属属性 Z 的复制函数              <59>
        disp(['"Z  是从属属性,其当前值为  ',num2str(obj. Z),'"'])
        error('"您不能对从属属性 Z 直接赋值。"')
    end                                                                          % <62>
    % ++++++++++++++++++++++++++++++++++++++++++++++++++++++++
    % +++++++++++++++实现属性名替换的 get/set 配用程序 ++++++++++++++
    function SS=get. Name(obj)                 % 老属性查询函数                     <65>
        SS=obj. RLC;
    end                                                                          %    <67>
    function set. Name(obj,S)                  % 老属性赋值函数                     <68>
        if~any(strcmp(S,{'R','L','C';'r','l','c'}))
            error('第 2 输入量器件名称字符只能取"R"或"L"或"C"!')
        end
        obj. RLC=S;
```

```
        end                                                          %    <73>
        %++++++++++++++++++++++++++++++++++++++++++++++++++++++++++++++++++
    end
end
```

2) Aexm010403 创建具有新属性名对象的试验

使用数据 0.5、'L'、100 作为类定义函数 Aexm010403 的输入量，创建出对象 ZL。运行显示结果表明：对象 ZL 具有 3 个（可显示）属性，名称分别是 RLC、f、Z。其中 RLC 就是所希望的新属性名，具体情况如下。

```
ZL = Aexm010403(0.5,'L',100)              % 创建对象


ZL =
  Aexm010403 - 属性：

    RLC：'L'
      f：100
      Z：0.0000e+00 + 3.1416e+02i
```

3) 向从属属性 Z 直接赋值的试验

如果对已创建的 ZL 对象的从属属性 Z 重新赋值，那么程序 Aexm010403 中编写的 set.Z 属性赋值函数就能对这种误操作给予更多的提示信息（见如下显示结果中带引号的那行）。下面就是对 ZL.L 从属属性的赋值命令和相应的显示内容。其中，显示内容的第 2 行是由 MATLAB 自动给出的。

```
ZL.Z = 10                                 % 企图对 ZL 的从属属性直接赋值

“Z 是从属属性，其当前值为   0 + 314.1593i”
错误使用 Aexm010403/set.Z (line 61)
“您不能对从属属性 Z 直接赋值。”
```

4) 新老属性替换的进一步试验

在以上命令运行后，ZL 对象已经建立。通过向已建对象 ZL 的 RLC 属性赋予 'c' 新值，并对比本试验所得 Z 的值和本例第 2 部分试验所得 Z 的值，可以验证本例所进行的新老属性名称的替换是成功的。本试验的具体运行命令和所得结果如下。

```
ZL.RLC = 'c'                              % 对 ZL 对象的新属性 RLC 赋值


ZL =
  Aexm010403 - 属性：

    RLC：'c'
      f：100
      Z：0.0000 - 0.0032i
```

说明

- 本例给老属性 Name 增加了 get.Name 和 set.Name 函数，使得 Aexm010403 类内所有对 Name 的读取和存储都必须通过这两个函数，从而实现了既不用更改类内所有调

用 Name 属性的程序，又实现新老属性名替换的任务。

1.5 类的方法

1.5.1 方法块和方法的构成

方法与属性都是类的基本要素，是保证类的封装概念的基石。方法是一种函数，它用于规定类的行为，执行对象的创建、操作和处理。

类方法的一般定义规则如下：

- 一个类可以有多个方法块，每个方法块可以包含多个方法函数。
- 笼统而言，类方法函数可有两种不同的构建方式：一种是把方法函数直接构建在类定义块内，另一种是采用独立 M 文件，把方法函数构建在类定义块外。详见以下两小节。
- 不管采用哪种方式构成方法，都必须在 classdef……end 类定义的 methods……end 方法块中，或直接定义方法函数（构建方式一），或对方法函数给予声明（构建方式二）。
- 不管采用哪种方式构建方法，方法函数的本体都必须采用 function……end 方法函数块编写。注意：与一般的 M 函数不同，方法函数块必须以 end 为结尾。
- 按功能及行为方式的不同，方法可分为 7 类：一般方法（Ordinary methods）、构造函数（Constructor methods）、析构方法（Destructor methods）、属性值存取法（Property access methods）、静态方法（Static methods）、转换方法（Conversion methods）、抽象方法（Abstract methods）。
- 每个方法块都可以在秉质设定区内进行秉质设定（Attribute），以限定该方法块中所有方法的举止表现。方法秉质有：抽象性（Abstract）、寻访性（Access）、隐藏性（Hidden）、密闭性（Sealed）、静态性（Static）。
- 方法函数的命名：
  - ◇ 一般类方法的命名规则与普通 M 函数的命名规则相同。方法名必须以英文字母开头，字母分大小写，在第一个字母之后允许使用数字、下划连线符等。
  - ◇ 对于属性值的存取函数 set/get，以及类转换方法，允许在方法名中使用小黑点“.”。请参见第 1.4.5 和 1.4.6 节。

1. 由类定义块内函数构建的方法

图 1.5-1 所示为由类定义块中函数构建类方法的一般形式。其构建要点如下：

- 方法函数一定在类定义的方法块中。
- 方法函数的形式与 MATLAB 的一般 M 函数相似。每个方法块的第一行以关键词 function 起首，最后一行必须是关键词 end（注：一般 M 函数，是不需要用 end 结尾的）。
- 非静态（Static）方法函数的输入量列表中，至少要包含一个类对象变量，且尽可能把该对象变量放置在第 1 输入量位置，以适应于“对象点调用格式”（参看第 1.5.4 节）。
- 若类的方法函数较少或方法函数代码行较少，那么在类定义文件中直接编写方法函数是比较简洁利落的。如果类的方法函数比较多或方法函数代码行比较多，那么有些方法就不适宜放置在类定义文件中，而建议采用独立文件形式构建，相关内容请看下一小节。

● 最后值得指出：用户自编的类对象构造函数、删除函数以及所有带"小黑点"的函数（如转换函数、get/set 存取函数）等都必须放置在类定义的方法块中。

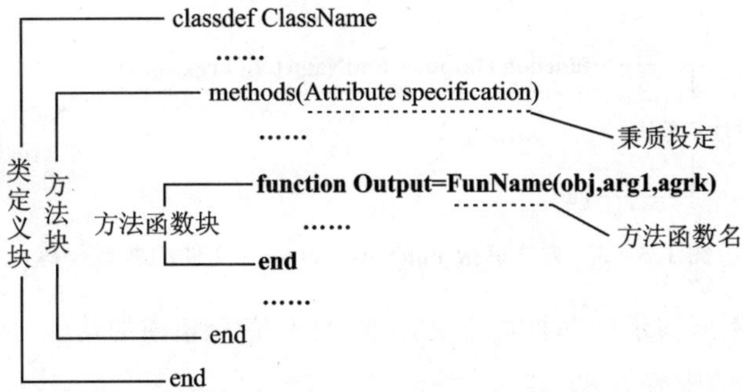

图 1.5－1　方法的构建方式一

2. 由类定义块外独立 M 函数文件构建的方法

正如前面所说，当类方法较多或方法函数的代码较长时，为阅读、组织和管理方便，应把一些方法以独立文件的形式构建。采用这种方式构建类方法的要点是：

● 必须先创建一个类定义文件夹。该文件夹的名称，必须"以@ 为前导，后面紧跟待建类的类名"。如对于图 1.5－2 中待建的 ClassName 类而言，类定义文件夹的名称必须是@ClassName。

● 类定义文件和构成方法的 M 函数文件必须都放置在类文件夹上。例如，图 1.5－2 所示的 ClassName. m 类定义文件和图 1.5－3 所示的 FunName. m 函数文件，都必须放置在@ClassName 文件夹上。

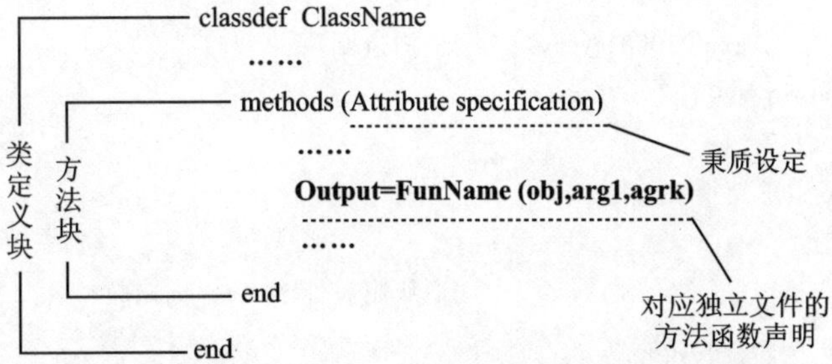

图 1.5－2　ClassName. m 类定义文件中的典型代码

● 如果独立文件方法函数具有秉质限制，那么该方法函数就必须在类定义的方法块中给予声明；如果独立文件方法函数不加任何限制，那么在类定义方法块中可以不予声明，但为保证阅读的严整性，仍然建议声明。如图 1.5－3 所示，独立文件方法函数在类定义方法块中给出了 Output＝FunName(obj, arg1, argk)的声明。当然，声明时，应保证函数名称、输入输出列表的一致性。

● 独立文件函数的编写格式参见图 1.5-3。至于函数代码最后一行的 end，是可以不写的（请参见例 1.5-1 中的独立 M 文件 plus.m）。但是，为强调该函数是方法函数，还是建议以 end 作为结束码。

● 为确保所建类在 MATLAB 中的正常使用，就必须把“类文件夹的父文件夹”放在 MATLAB 的搜索路径上，或直接把“类文件夹的父文件夹”设置为 MATLAB 的当前目录。

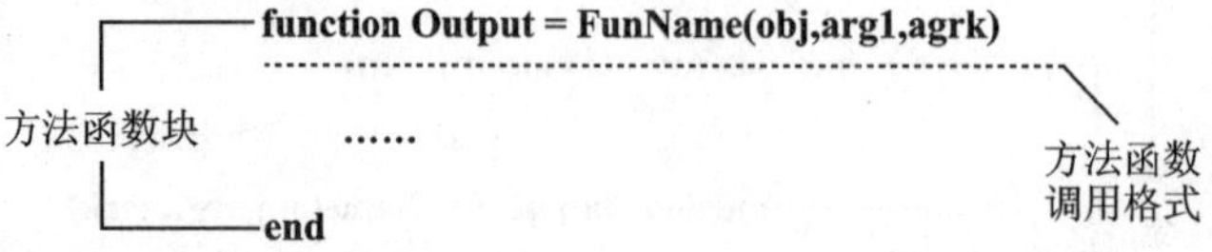

图 1.5-3　方法函数 FunName.m 独立文件的典型代码

例【1.5-1】 本例所演示的两种类定义函数，具有完全相同的功能，所不同的仅是 disp 和 plus 这两个方法函数的配置方式。

1）编写“方法函数内置的类定义”

下面的类定义函数体内配置了方法函数 disp 和 plus。

```
% Aexm010501A.m      形式一：     具有极坐标表述和加法运算功能的、
%                                 由单个文件生成的类定义
classdef Aexm010501A < handle                                          %  <3>
    properties
        Z
    end
    properties(Dependent)                  % 从属禀质的属性
        M                                  % 复数模
        A                                  % 复数幅角(以度为单位)
    end
    methods
        function X=Aexm010501A(cv)         % 构造函数                      <12>
            if nargin > 0                                              %  <13>
                X.Z=cv;
            end                                                        %  <15>
        end
        function ww=get.M(obj)             % 从属属性 M 的查询函数
            ww=abs(obj.Z);
        end
        function ww=get.A(obj)             % 从属属性 A 的查询函数
            ww=angle(obj.Z)*180/pi;
        end
    end
    methods
        function disp(X)                   % 极坐标显示方法函数
```

```
            fprintf('%.2f%s%.2f%s\n',X.M,char(8736),X.A,char(176))
        end
        function X3=plus(X1,X2)              % 两对象"加运算"方法函数
            X3=Aexm010501A(X1.Z+X2.Z);                                      %  <29>
        end                                  % 该 end 不可缺少
    end
end
```

2）编写“方法函数外置的类定义”

该类定义由放置在@Aexm010501B 文件夹上的 Aexm010501B.m、disp.m、plus.m 三个文件组成。三个文件的具体代码如下。

```
% Aexm010501B.m      形式二：      具有极坐标表述和加法运算功能的、
%                                  需 disp.m、plus.m 配合生成的类定义
classdef Aexm010501B < handle
    properties
        Z
    end
    properties(Dependent)
        M
        A
    end
    methods
        function X=Aexm010501B(cv)           % 构造函数
            if nargin > 0
                X.Z=cv;
            end
        end
        function ww=get.M(obj)               % 从属属性 M 的查询函数
            ww=abs(obj.Z);
        end
        function ww=get.A(obj)               % 从属属性 A 的查询函数
            ww=angle(obj.Z)*180/pi;
        end
    end
    methods                                                                 %  <24>
        disp(X)                              % 显示函数声明
        X3=plus(X1,X2);                      % 加法函数声明
    end                                                                     %  <27>
end
```

```
% disp.m           % 独立文件形式的显示方法函数
function disp(X)
    fprintf('%.2f%s%.2f%s\n',X.M,char(8736),X.A,char(176))
```

```
end

% plus.m             % 独立文件形式的加法运算函数
function X3=plus(X1,X2)
    X3=Aexm010501B(X1.Z+X2.Z);
```

3）类定义 Aexm010501A 创建对象、显示及求和运算

- 运行以下命令,直接生成极坐标复数对象 x1、x2

```
x1 = Aexm010501A(1),x2 = Aexm010501A(1j)

x1 =
1.00∠0.00°
x2 =
1.00∠90.00°
```

- 再执行加法运算,获得"和"对象 x3

```
x3 = x1 + x2

x3 =
1.41∠45.00°
```

说明

- 在确保@Aexm010501B 类文件夹放置在当前目录下的前提下,用户自己可以参照本例第 3)步中 Aexm010501A 的操作指令和显示结果,使用 Aexm010501B 进行试验,并可观察到相同的计算结果。
- 在本例的@Aexm010501B 的 plus.m 方法函数中,并没有使用 end 作为程序的尾行结束。
- 由于本例对方法函数 disp 和 plus 两种方法没有进行秉质限制,因此 Aexm010501B.m 类定义文件不必对这两个方法给予声明。读者可以通过把 Aexm010501B 第 <24> 到第 <27> 代码设置为"注释语句",进行验证试验。

1.5.2 方法块的秉质

在 methdos 关键词的同一行里可采用如下格式对该方法块中的方法定义秉质。

(Attribute)	仅用关键词描述的秉质设定的简捷格式
(Attribute1=Value1,……,Attributek=Valuek)	采用赋值表达式描述的秉质设定的详尽格式

说明

- 秉质设定的描述语句应放在括号内。
- 最常用的秉质设定关键词见表 1.5-1。在此需要强调指出:所有表述秉质选项的英文词汇都必须使用"小写英文字母"构成。

表 1.5-1　方法的秉质设定关键词

Attribute（秉质名称）	Values（相应的秉质选项）	秉质含意
Abstract（抽象性）	false(缺省选项)	该块中方法有具体函数块，并可以执行
	true	选用此项时，该方法只能有声明，不能包含 function……end 的具体函数块；方法不执行，只能由子类继承，并具体实现该方法
Access（存取性）	public(缺省选项)	可以无限制地寻访该块内的方法
	protected	仅允许本类及其子类寻访该块内的方法
	private	仅允许本类寻访该块内的方法
Hidden（隐藏性）	false(缺省选项)	可以借助 methods 或 methodsview 显示方法的名称
	true	该块中的方法名称不可显示和判别
Sealed（密闭性）	false(缺省选项)	允许子类对该块中方法再定义
	true	若选此项，该块中方法不能在子类中再定义
Static（静态性）	false(缺省选项)	
	true	若选此项，则块中方法仅与类有关，而与对象无关
无关键词		属性块中的属性将具有以上各种缺省秉质

1.5.3　类对象方法名的查询和获取

本节介绍查询和获取类对象方法名的 MATLAB 命令。

methods(Class_Obj_Name)	列出用户定义类的所有可公开的方法
s=methods(Class_Obj_Name)	以元胞数组形式给出“所有可公开方法的集合”，包括用户类自己定义方法及沿用于其父类的方法
methods(Class_Obj_Name,'-full')	按字母次序及调用次数罗列出所有可公开方法，包括用户类自己定义方法及沿用于其父类的方法
methodsview(Class_Obj_Name)	以独立界面形式，按字母次序及调用次数罗列出所有可公开方法，包括用户类自己定义方法及沿用于其父类的方法

说明

- 以上命令中的 Class_Obj_Name 是类名或对象名。
- 输出量 s 是一个元胞列数组，其中所列方法按字母排序。每种方法只出现一次。
- 注意：
  - ◇ 以上命令总会列出一个与类定义同名的类对象构造函数方法，而不管在类定义文件中是否显性地有构造函数与否。假若类定义中没有显性构造函数，那么所列出的构造函数就是由 MATLAB 默认提供的“无输入格式”的构造函数。
  - ◇ 以上命令不能列出具有非公开秉质或/和隐藏秉质方法块中的方法。

◇ 以上命令不能列出用于属性查询和赋值的由 get/set 构成的方法。

◇ 以上命令不能列出在类定义文件中但在 classdef……end 块外的由 function……end 块构成的类定义内用函数的名称。

例【1.5-2】 通过本例演示：methods、methodsview 等命令的使用方法及显示内容；为使 methods 等命令正常运行，用户自编类定义函数必须具有"无输入格式下创建对象"的能力。

1）编写类定义函数 Aexm010502

为演示 methdos 等命令正常运行对用户自设计该类定义函数的要求，先编写一个类定义函数 Aexm010502。该新设计类定义函数可由 Aexm010501A 修改而得。具体修改步骤为：

- 把 Aexm010501A.m 文件中第 <1><3><12><29> 四行中的 Aexm010501A 修改为 Aexm010502；
- 在 Aexm010501A 第 <13> 及第 <15> 行的行首添加注释符"%"，使这两行成为不被执行的注释行，修改后的构造函数如下。

```
function X= Aexm010502(cv)
%    if nargin> 0
         X.Z=cv;
%    end
end
```

- 把文件另存为 Aexm010502.m。

2）进行对象创建、显示和运算试验

试验中，先由新设计类定义函数 Aexm010502 为 1 和 1j 分别建立两个对象，然后再求这两个对象的"和"。

在试验进行前，一定要确保 Aexm010502.m 所在的目录，是 MATLAB 当前目录，或在 MATLAB 搜索路径上。

- 运行以下命令，直接生成极坐标对象 x1、x2。

```
y1 = Aexm010502(1),y2 = Aexm010502(1j)      % 创建并显示对象
```

```
y1 =
1.00∠0.00°
y2 =
1.00∠90.00°
```

- 执行加法运算，获得"和 y3"。

```
y3 = y1 + y2                                % 加法运算,并显示"和"
```

```
y3 =
1.41∠45.00°
```

3）利用 methods 观察 Aexm010502 类定义的方法将失败

以上试验表明：从"据输入数值创建对象"的能力看，新定义函数 Aexm010502 与修改前的原定义函数 Aexm010501A 毫无区别。但是，当 methods 等命令作用于以上两个类定义函数时，就会暴露出两个类定义之间的不同。请看下面两组命令和显示结果，在试验进行前，一定要确保 Aexm010502.m 和 Aexm010501A 所在的目录是 MATLAB 当前目录，或在 MAT-

LAB 搜索路径上。

```
methods(Aexm010501A)        % 查询原定义函数 Aexm010501A 所含的方法


类 Aexm010501A 的方法:

Aexm010501A   disp          plus

从 handle 继承的 Aexm010501A 的方法。

methods(Aexm010502)       % 企图查询新定义函数 Aexm010502 所含方法

输入参数的数目不足。
出错 Aexm010502 (line 14)
                X.Z = cv;
```

4）再利用 methodsview 获取方法信息

在 MATLAB 命令窗中，运行如下命令：

```
methodsview(Aexm010501A)
```

引出如图 1.5－4 所示的界面。界面不但列出了用户所编类定义函数中的三个方法函数 X＝Aexm010501A(cv)、disp(X)、X3＝plus(X1，X2)，还列出了 Aexm010501A 继承于 handle 超类的方法。

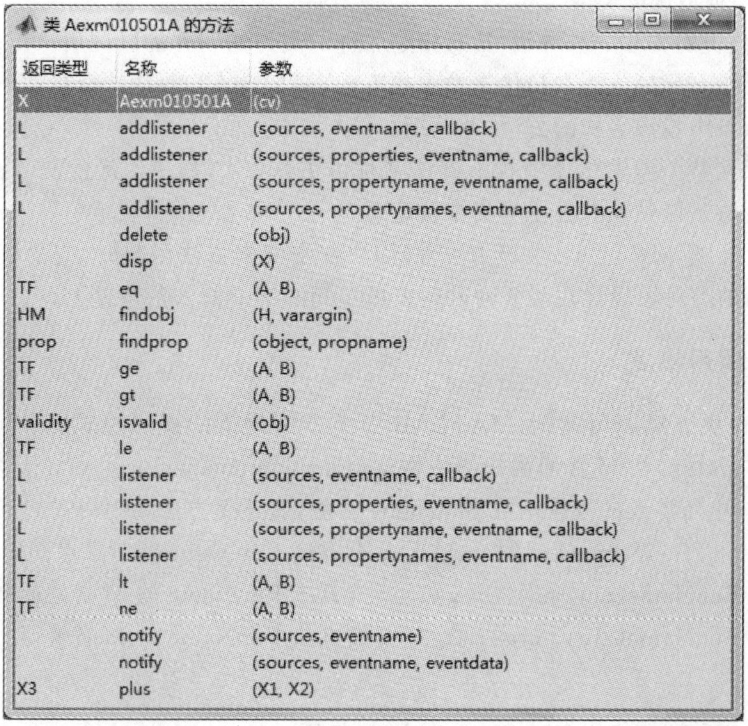

返回类型	名称	参数
X	Aexm010501A	(cv)
L	addlistener	(sources, eventname, callback)
L	addlistener	(sources, properties, eventname, callback)
L	addlistener	(sources, propertyname, eventname, callback)
L	addlistener	(sources, propertynames, eventname, callback)
	delete	(obj)
	disp	(X)
TF	eq	(A, B)
HM	findobj	(H, varargin)
prop	findprop	(object, propname)
TF	ge	(A, B)
TF	gt	(A, B)
validity	isvalid	(obj)
TF	le	(A, B)
L	listener	(sources, eventname, callback)
L	listener	(sources, properties, eventname, callback)
L	listener	(sources, propertyname, eventname, callback)
L	listener	(sources, propertynames, eventname, callback)
TF	lt	(A, B)
TF	ne	(A, B)
	notify	(sources, eventname)
	notify	(sources, eventname, eventdata)
X3	plus	(X1, X2)

图 1.5－4　由 methodsview 所引出的 Aexm010501A 类定义函数包含的所有类方法

说明

- 本例表明，仅当类定义函数具有“在无输入格式创建对象”能力时，methods、methodsview 等命令才能正常运行。注意：对类定义函数必须适应“无输入格式”的要求，不仅限于 methods 等命令，在向 MATLAB 工作空间装载对象变量、创建对象数组等其他场合也有同样的要求。
- 本例还验证了：methods 等命令所列出的方法中，不包含从属属性查询方法 get。

1.5.4 类方法的调用与程序设计

1. 类方法调用的 MATLAB 准则

正如 MATLAB 对于不同数据类型设计的“类方法”中有许多同名方法函数那样，用户自己设计的“类、子类”，也很可能会有许多与 MATLAB 内建函数同名的“类方法”。那么，在这种情况下，MATLAB 是遵循什么准则调用适当类方法的呢？

对于具有输入量列表的方法函数而言，MATLAB 的方法调用准则如下：

- 首先，在输入量列表中，找出优先级别最高的类对象，即主导输入量(Dominant Argument)，从而决定主导类。
  - ◇ MATLAB 总缺省地认为“用户自定义类”的优先级别高于“MATLAB 内建类”。
  - ◇ MATLAB 总缺省地认为“子类”优先级别高于“父类”。
  - ◇ 用户也可以通过专门的命令，人为地指定不同类的优先级别。
- 然后，根据最优先类或类对象：
  - ◇ 到“该类的方法”中，寻找“具有指定名称的类方法”，并加以调用。
  - ◇ 如果该名称的方法在最优先类中找不到，那么 MATLAB 就会在整个搜索路径的其他目录中找该名称的方法，并调用。
  - ◇ 如果在整个搜索路径中找不到该名称的方法，MATLAB 就会发出出错警告：该名称的方法函数没有在主导类中被定义。
- 据以上准则，MATLAB 又极力推荐：用户在定义类方法函数时，应尽可能地把优先级别最高的类对象设计在函数输入列表最左侧的第一输入量位置上。

2. 类方法的调用格式

根据约定的类方法调用准则，MATLAB 为类方法提供的调用格式有：对象点调用格式(Dot notation syntax)和 M 普通函数调用格式(Function notation syntax)。下面以图 1.5-1、1.5-2、1.5-3 中所涉及的方法函数 FunName 为例，表述类方法调用格式如下。

OutArg=obj.FunName(arg2, argk)	类方法 FunName 的对象点调用格式
OutArg=FunName(obj, arg2, argk)	类方法 FunName 的 M 普通函数调用格式一
OutArg=FunName(arg1, arg2, argk)	类方法 FunName 的 M 普通函数调用格式二

说明

- 在以上三种调用格式中，OutArg 是类方法 FunName 被调用运行后所产生的输出量。
- 对象点调用格式：

◇ 方法调用名 obj. FunName，由“对象变量名 ＋ 小黑点 ＋ 类方法函数名”构成。也就是说，类方法函数定义中的第一输入量 obj，在调用时被前置于类方法名之前。这种调用名称也称为“对象类方法的签名”。

◇ 在这种调用格式的输入列表中的 arg2、argk，就是该类方法函数定义中的第 2、第 k 个输入量，并且它们之间的相对次序不能改变。（参见图 1.5－1～1.5－3）

● M 普通函数调用格式一：

◇ 方法调用名就是类方法函数的定义名 FunName。

◇ 在输入列表中，第一输入量 obj 表示该类的类对象名，而 arg2、argk 等依次为第 2、k 输入量。（参见图 1.5－1～1.5－3）

● M 普通函数调用格式二：

◇ 方法调用名就是类方法函数的定义名 FunName。

◇ 调用格式中输入列表中的 arg1、arg2、argk 与类定义函数输入列表完全相同。

◇ 在全部输入量中，至少应有一个输入量是该类的类对象，但该输入量并不一定在第一输入量位置上。

● 须再次强调：这些调用格式的正确使用，是以类方法函数的正确编写为前提的。

例【1.5－3】 本例演示类方法调用的前两种格式：对象点调用格式和 M 普通函数调用格式一；介绍类方法 disp 和 plus 的功用。

为叙述方便，首先编写一个与例题编号相一致的类定义文件 Aexm010503，然后用此类定义函数进行演示。

1）编写类定义文件 Aexm010503.m

新类定义文件的所有代码与 Aexm010501A.m 几乎完全相同，不同的仅仅是文件名称，即把原文件中的 Aexm010501A 修改成新文件中的 Aexm010503。因此 Aexm010503.m 可由以下修改步骤很方便地产生。

● 把 Aexm010501A.m 文件中第 <1><3><12><29> 四行中的 Aexm010501A 修改为 Aexm010503。

● 后把修改文件另存为 Aexm010503.m。

● Aexm010503.m 的完整代码请见电子文档。

2）类方法 disp 和 plus 的程序代码

为便于读者进行类方法程序代码和调用格式的比照，下面列出涉及 disp 和 plus 的程序代码：

```
function disp(X)
    fprintf('%.2f%s%.2f%s\n', X.M, char(8736), X.A, char(176))
end

function X3=plus(X1, X2)
    X3=Aexm010503(X1.Z + X2.Z);
end
```

3）创建类对象

在保证 Aexm010503.m 位于 MATLAB 当前目录或搜索路径的前提下，运行以下命令创建类对象 x1、x2。

```
x1 = Aexm010503(1);x2 = Aexm010503(1j);
```

4）单输入量方法函数 disp(X)的调用

```
x1.disp                  % 单输入方法函数的“对象点调用格式”

1.00∠0.00°

disp(x2)                 % 单输入方法函数的“M普通函数调用格式”

1.00∠90.00°
```

5）双输入量方法函数 X3=plus(X1, X2)的调用

```
x3 = x1.plus(x2)         % 双输入方法函数的“对象点调用格式”

x3 =
1.41∠45.00°

xx3 = plus(x1,x2)        % 双输入方法函数的“M普通函数调用格式”

xx3 =
1.41∠45.00°
```

说明

- 调用格式特点比较：
  - ◇ 在大多数面向对象的语言环境中，类方法的调用都习惯使用“对象点调用格式”，因为它醒目地标出了对象及方法。
  - ◇ 对于熟悉面向过程编程的用户来说，可能更喜欢“M 普通函数调用格式”。
- 上述三种调用格式的适用性：
  - ◇ 除单输入类方法外，对于双输入及多输入类方法而言，以上三种类方法调用格式的正常使用都必须由类方法的程序编写加以保证。换句话说，类方法程序代码的不同，有可能导致某种调用格式报错。
  - ◇ 比较而言，“M 普通函数调用格式二”的适应性最强，当然相应类方法的代码也较复杂。详细请参见下一小节的例 1.5-4。
- 关于 disp 的说明：
  - ◇ 在 Aexm010503 类定义中的 disp 方法，是对 MATLAB 内建 disp 的重载（Overload），是专为采用特定格式显示类对象而设计的。
  - ◇ disp 在 MATLAB 中有如下两个应用场合：

    场合一：当 MATLAB 执行语句不以“；分号”结尾且语句执行后返回“结果值”时，MATLAB 就会自动调用 display 命令，在命令窗中显示接受计算值的变量（或 ans）名及“= 赋值号”；然后 display 调用 disp 显示该“计算结果值”。

    场合二：在程序代码中直接调用 disp 命令，显示“变量的值”。
  - ◇ 本例中的 disp 是专为显示 Aexm010503 对象的特殊表现形式而设计的。

● 关于 plus 的说明，请参见下一小节的例 1.5－4。

3. 类方法程序代码与调用格式的适配

前两小节叙述了类方法调用的准则和格式，本节则要进一步表述如何遵循准则，编写适用于以上调用格式的类方法。为叙述方便，本节以示例形式展开。

例【1.5－4】 本例通过三个不同类方法代码和一组试验演示：类方法函数编码与调用格式之间适配；MATLAB 的基本运算符“＋”与 plus 的关系。

1）编写三个类定义文件

为保证例题的完整性和叙述方便，先编写三个类定义文件：Aexm010504A.m、Aexm010504B.m、Aexm010504C.m。具体步骤如下：

● 这三个类定义文件都由 Aexm010503.m 修改而得。
  ◇ 它们的第 <1><3><12> 行中的类定义名称分别由 Aexm010503 改为 Aexm010504A、Aexm010504B、Aexm010504C。
  ◇ 把这三个文件分别另存为相应名称的文件。
  ◇ 三个类定义文件的完整代码，请见电子文档。

● 从第 <28> 行起，三个文件的 plus 方法的代码分别是：

```
function X3=plus(X1,X2)                    % Aexm010504A 的方法
% 输入量 X1, X2 都必须是 Aexm010504A 对象
% 输出量 X3 是 Aexm010504A 对象
    X3=Aexm010504A(X1.Z+X2.Z);            % X1、X2 都是相同的类对象
end

function X3=plus(X1,X2)                    % Aexm010504B 的方法
% 输入量 X1 必须是 Aexm010504B 对象
% 输入量 X2 可以是 double 双精度数或 Aexm010504B 对象
% 输出量 X3 是 Aexm010504B 对象
    if isa(X2,'double')                    % 若 X2 是双精度数值
        X2=Aexm010504B(X2);
    end
    X3=Aexm010504B(X1.Z+X2.Z);
end

function X3=plus(X1,X2)                    % Aexm010504C 的方法
% X1, X2    任何一个输入量，可以是 double 双精度数或 Aexm010504C 对象，
%           但至少有一个是 Aexm010504C 对象
% 输出量 X3 是 Aexm010504C 对象
    if isa(X1,'double')                    % 若 X1 是双精度数值
        X1=Aexm010504C(X1);
    elseif isa(X2,'double')                % 若 X2 是双精度数值
        X2=Aexm010504C(X2);
```

```
        end
        X3=Aexm010504C(X1.Z+X2.Z);
end
```

2）为每个类创建 2 个可能用于"加运算"的对象

```
xa1 = Aexm010504A(sqrt(3));xa2 = Aexm010504A(1j);
xb1 = Aexm010504B(sqrt(3));xb2 = Aexm010504B(1j);
xc1 = Aexm010504C(sqrt(3));xc2 = Aexm010504C(1j);
```

3）试验一：2 个相同类对象的求和运算

```
xa3 = plus(xa1,xa2)         % 在此输入情况下，该格式与 xa3 = xa1.plus(xa2)、xa3 = xa1 + xa2 等两种
                            % 调用格式等价
xb3 = xb1.plus(xb2)
xc3 = xc1 + xc2

xa3 =
2.00∠30.00°
xb3 =
2.00∠30.00°
xc3 =
2.00∠30.00°
```

4）试验二：第 1 输入量是对象，第 2 输入量是双精度数

```
xxa3 = plus(xa1,1j)           % Aexm010504A 的 plus 方法失败

结构体内容引用自非结构体数组对象。
出错 + (line 31)
            X3 = Aexm010504A(X1.Z + X2.Z);      % X1、X2 都是相同的类对象

xxb3 = xb1.plus(1j)           % Aexm010504B 的方法仍适应这种输入情况
xxc3 = xc1 + xc2              % Aexm010504C 的方法也适应

xxb3 =
2.00∠30.00°
xxc3 =
2.00∠30.00°
```

5）试验三：第 1 输入量是双精度数，第 2 输入量是对象

```
xxxa3 = plus(sqrt(3),xa2)   % Aexm010504A 的 plus 失败

结构体内容引用自非结构体数组对象。
出错 + (line 31)
            X3 = Aexm010504A(X1.Z + X2.Z);      % X1、X2 都是相同的类对象

xxxb3 = plus(sqrt(3),xb2)   % Aexm010504B 的 plus 也失败
```

```
结构体内容引用自非结构体数组对象。
出错 + (line 35)
        X3 = Aexm010504B(X1.Z + X2.Z);

xxxc3 = sqrt(3) + xc2           % Aexm010504C 的 plus 依然适应

xxxc3 =
2.00∠30.00°
```

6）试验四：多个对象和双精度的混合输入

```
xc35 = pi + sqrt(3) + ( - 4.02) + xc2 + (0.3 - 4.23j)                % <14>
                        % Aexm010504C 的 plus 依然适应

xc35 =
3.43∠ - 70.35°
```

说明

- 类方法调用格式和程序编码之间的协调考虑要领：
  - ◇ 只有当类方法应用场合能保证“第一输入量是对象”的情况下，类方法的设计者才能按“对象点调用格式”或“M 普通函数调用格式一”编写类方法代码。
  - ◇ 如果在类方法的应用场合不能保证“第一输入量是对象”，在设计类方法函数时，就应该按最一般、最通用的“M 普通函数调用格式二”编写程序。
  - ◇ 在实际应用中，许多场合无法确保“第一输入量是对象”，如本例试验四。针对这种情况的应用，类方法设计者必须在编程时认真地考虑。
- 关于 plus 的说明：
  - ◇ 在本例三个类定义中的 plus 方法，是对 MATLAB 内建 plus 的重载（Overload）。
  - ◇ 在 MATLAB 中，plus 主要被“＋”加运算符间接调用。plus 被显性调用的场合非常罕见。本例（还有上例）之所以显性形式调用 plus，纯粹出于演示目的。
- 关于“＋”加运算符的说明：
  - ◇ MATLAB 在遇到本例第 <14> 行运算命令时，首先对参与运算的所有量的类别进行检查。
  - ◇ 当发现有用户自定义类对象时，就会按第 1.5.4 节第 1 小节所述准则，去寻找用户自定义的 plus 类方法函数。当然，若运算量都是双精度，则会调用 MATLAB 内建的 plus 函数。
  - ◇ plus 函数，则依照在命令表达式中给定的变量（或数值）次序，先后把它们引作输入量。
  - ◇ 把运算结果对象返回给输出量（赋值号“＝”左边的变量），或返回给默认变量 ans（当没有赋值号时）。

1.6　类对象构造函数

简称“构造函数”的类对象构造函数，顾名思义，是类定义中的一个特殊方法，即一个专用于创建类对象的函数。不管数据有无，构造函数都必定产生一个初始类对象。在有数据输入的情况下，构造函数会用加工处理后的数据覆盖、替代对象属性中的原始数据。

每个类一定有且只能有一个构造函数，或是 MATLAB 提供的默认构造函数，或是用户自己定义的构造函数。只要用户定义了自己的构造函数，默认构造函数就会被屏蔽。

1.6.1 理解和应用默认构造函数

如前面所说，若类定义文件没有自编构造函数，MATLAB 就会自动提供默认的构造函数。那么默认构造函数究竟是什么样的？它们能生成什么样的对象？它们生成的这种对象能有什么实用价值吗？本节就为回答这些问题编写。为避免空泛，叙述内容以示例形式展开。

【例 1.6-1】 本例仍以创建极坐标形式复数对象为例，编写两个功能相同的类定义文件，一个含“空体”自编构造函数，另一个则没有自编构造函数。然后针对这两个类定义进行若干试验。本例的目的：用“空体”构造函数给出对默认构造函数的一种理解；展示默认构造函数所创建对象的特点；演示默认构造函数生成对象的应用价值。

1）编写一个含“空体”自编构造函数的类定义文件 Aexm010601A.m

```
% Aexm010601A.m            含“空体”自编构造函数的类定义
classdef Aexm010601A  <handle
    properties
        Z
    end
    properties(Dependent)
        M
        A
    end
    methods
        function X=Aexm010601A()   % 体内不含可执行代码的“空体”构造函数          <11>
                                                                          %  <12>
        end                                                               %  <13>
        function ww=get.M(obj)
            ww=abs(obj.Z);
        end
        function ww=get.A(obj)
            ww=angle(obj.Z)*180/pi;
        end
    end
    methods
        function disp(X)
            fprintf('%.2f%s%.2f%s\n',X.M,char(8736),X.A,char(176))
        end
        function X3=plus(X1,X2)
            if isa(X1,'double')
                w=X1;
```

```
                X1=Aexm010601A();     % 先创建缺省属性设置的对象                    <28>
                X1.Z=w;               % 再通过属性赋值,形成所需的对象 X1            <29>
            elseif isa(X2,'double')
                w=X2;
                X2=Aexm010601A();     % 先创建缺省属性设置的对象                    <32>
                X2.Z=w;               % 再通过属性赋值,形成所需的对象 X2            <33>
            end
            X3=Aexm010601A();         % 先创建缺省属性设置的对象                    <35>
            X3.Z=X1.Z+X2.Z;           % 两对象 Z 属性值相加,得到所需结果            <36>
        end
    end
end
```

2）编写一个没有自编构造函数的类定义文件 Aexm010601B. m

为理解和试验方便，再编写一个没有自编构造函数的类定义文件 Aexm010601B. m。Aexm010601B. m 文件的形成步骤如下。

- 把 Aexm010601A. m 另存为 Aexm010601B. m。
- 在第 <11><12><13> 行之行首添加注释符“%”，使这三行成为非执行语句。换句话说，就是在 Aexm010601B. m 类定文件中，连“空体”构造函数也不再存在。
- 把第 <1><3><28><32><35> 行中的 Aexm010601A 修改为 Aexm010601B。
- 再进行“保存”操作，便获得了没有自编构造函数的 Aexm010601B. m 类定义文件。

3）试验一：用 methods 检测两个类定义所包含的方法

```
methods(Aexm010601A)        % 检测有自编构造函数的 Aexm010601A 的类方法

类 Aexm010601A 的方法：

Aexm010601A   disp          plus

从 handle 继承的 Aexm010601A 的方法。

methods(Aexm010601B)        % 检测无自编构造函数的 Aexm010601B 的类方法

类 Aexm010601B 的方法：

Aexm010601B   disp          plus

从 handle 继承的 Aexm010601B 的方法。
```

4）试验二：两个类定义文件都只能在无输入格式下，创建具有缺省属性的对象

运行如下命令，两个类定义所产生的缺省属性对象的属性相同。由于本例的两个类定义文件没有设置属性缺省值，所以以下命令生成的对象属性值一定是“空”。

```
x = Aexm010601A(),xx = Aexm010601B()            % 产生缺省对象
```

```
x =
∠°
xx =
∠°
```

5）试验三：借助缺省对象创建用户实际所需的对象

利用前面生成的缺省对象，可通过以下命令进一步生成本例实际所需的对象，如生成Z属性值为“虚单位1j”的对象。

```
x.Z = 1j,xx.Z = 1j                % 通过向缺省对象的属性赋值生成所需的对象

x =
1.00∠90.00°
xx =
1.00∠90.00°
```

6）试验四：借助类的“加运算符＋”实现双精度数与对象间的求和运算

运行以下命令，进行混合求和运算。如求1＋xx的“和”。在此，1是双精度数，而xx是Z属性值为1j的对象。

```
xs = 1 + x,xxs = 1 + xx           % 双精度与对象间的求和运算

xs =
1.41∠45.00°
xxs =
1.41∠45.00°
```

说明

- 对默认构造函数的理解：
  - ◇ 本例所编写的两个类定义文件Aexm010601A.m和Aexm010601B.m之间的唯一区别在于：Aexm010601B.m本身不包含用户自编的构造函数。因此，Aexm010601B对象的创建依赖于“MATLAB自动提供的默认构造函数”。
  - ◇ Aexm010601A.m所含的构造函数是“空体”函数，即构造函数体内不存在任何可执行命令。
  - ◇ 试验一和试验二的结果表明：MATLAB提供的默认构造函数相当于一个“空体构造函数”，即只允许无输入格式调用、不进行任何命令运作、输出对象一定取属性缺省值。
- 试验一表明：不管类定义中有无用户编写的构造函数，methods等命令所列的类方法中始终都有该类的构造函数。当然，若类定义中没有用户编写的构造函数，那么methods等命令所列出的构造函数一定是MATLAB自动提供的默认构造函数。
- 试验二、试验三、试验四表明：
  - ◇ 不要以为默认构造函数所生成的类对象是没有意义的、无用的。
  - ◇ 借助默认构造函数创建用户所需对象的具体步骤是：先利用默认构造函数构建一个含属性缺省值的对象；然后，按照要求修改属性值，从而获得所需的类对象。
  - ◇ Aexm010601A和Aexm010601B的plus函数就展现了，默认构造函数的使用方法

和实用价值。

- 试验四表明：在没有自编构造函数的类定义中，只要类方法的设计得当，也同样可以实现对象间的许多运算和操作。比如，由于本例 Aexm010601B.m 采用了第 <28><29>、<32><33>、<35><36> 代码，所以保证该类方法"在没有自编构造函数"的情况下也能正常运作。
- 最后还要指出：试验二中创建对象 x、xx 的显示结果之所以为"空"，是因为相应类定义中的 Z 属性没有设置"缺省值"，或者说 Z 的属性缺省值本身为"空"。

1.6.2　自编构造函数的编写准则

MATLAB 自动提供的默认构造函数，为用户开设了一条不用自编构造函数而创建类定义的简捷途径。但是，这种默认构造函数，没有接受任何输入参数的能力，没有直接初始化对象的能力，因而也限制了这种默认构造函数创建复杂对象的能力。正因为如此，在许多应用场合，在类定义中自编构造函数是必然的选择。

尽管，前面章节已经多次自编了构造函数，也多次提及了自编构造函数的编写要领，但都显得零散。为系统给出自编构造函数的编写要旨，特作如下归纳。

(1) 唯一性原则

- 对于任何一个类定义来说，类对象构造函数是唯一的。它或者是用户自编的，或者是由 MATLAB 默认提供的，两者必居其一。换句话说，假如没有用户编写的构造函数，MATLAB 就会默认地提供一个"无输入格式"的构造函数；假如用户编写了构造函数，MATLAB 的默认构造函数就被屏蔽。
- 对于构造函数而言，其输出量是唯一的，就是所创建的对象。这就是说，构造函数必须以对象为输出量，也只能以对象为输出量。

(2) 同名性原则

用户编写的构造函数名称必须与其类名称相同。

(3) 定义块内原则

用户编写的构造函数必须放置在类定义块体内，而绝不能以独立文件形式放置在以@开头的类文件夹上。

(4) 允许无输入原则

- 构造函数之所以必须具备被"无输入格式"调用的能力是因为：
  - ◇ 当用 methods 或 methodsview 命令查询一个类或对象的方法信息时，当借助 load 命令把已建对象从数据文件载入到 MATLAB 工作内存空间时，当创建和扩充对象数组时，都会隐性地以"无输入格式"调用构造函数。
  - ◇ 假如类定义块中没有用户自编的构造函数，那么提供的默认构造函数将可保证以上三种操作的正常执行，给出正确的结果。
  - ◇ 如果用户自编了构造函数，而该自编构造函数不能被"无输入格式"调用，那么以上三种操作的运行将被中断，而显示出错警告。
- 在"无输入格式"调用下，所创建的类对象的特点是：
  - ◇ MATLAB 自动提供的默认构造函数所创建的对象一定是标量对象，且其属性优先取属性块中给定的缺省值。对于没有缺省值的那些属性，将被赋值为[ ]，即双精度的(0×0)的"空阵"。

◇ 当然,自编构造函数的"无输入格式"调用既可以设计得与默认构造函数的功用完全相同,也可以按用户意愿进行设计。

● 用户自编构造函数的"无输入格式"的编写方式为:不管用户是否对构造函数的"无输入格式"调用附加自己的特殊要求,在用户自编构造函数时,都必须借助 if 或 switch 等语句构成的程序分支,以确保该构造函数在"无输入格式"可正常运行。

1.6.3 自编构造函数的典型结构

根据上一小节所述的编写原则,用户自编构造函数的典型结构如图 1.6-1 所示。

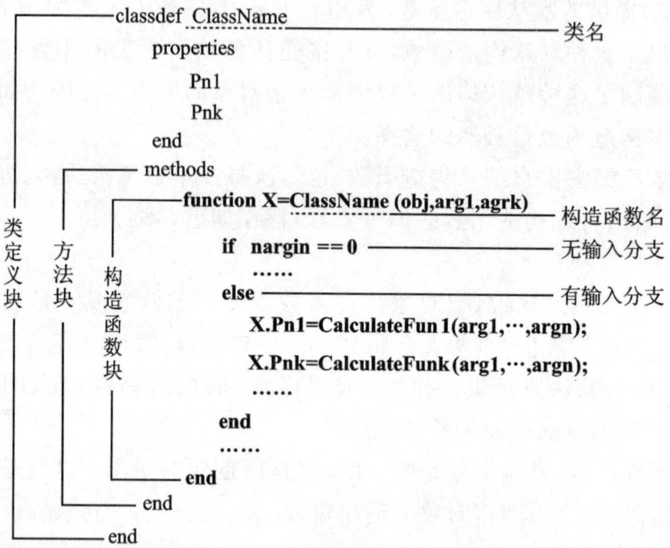

图 1.6-1 构造函数的典型结构

由图 1.6-1,可知构造函数的以下要点:

● 名为 ClassName 的构造函数只有唯一的输出量 X,它就是待创建的对象。

● 构造函数的名称 ClassName 与类名称 ClassName 是完全相同的,这就是同名原则。

● ClassName 构造函数块必须编写在类定义的方法块中,而不能是其他别的地方。

● 关于"无输入格式"的说明:

◇ 用户一旦自编构造函数,就会屏蔽 MATLAB 提供的"无输入格式"的默认构造函数。因此,用户自编构造函数本身必须具备被"无输入"调用的能力。

◇ 用户自编构造函数适应不同输入量数目调用得能力,是借助 MATLAB 命令 nargin 实现的。nargin 能给出函数被调用时实际的输入量数目。

◇ 在图 1.6-1 所示典型结构中,程序根据 nargin 测得的输入量数目,转向由 if-else 形成的不同分支,以确保程序在"无输入"及"有输入"情况下都能正确执行。当然,这种 if-else 分支的功能,也可用 switch-case 分支结构实现。

● 在构造函数中,必须采用"对象名+小黑点+属性名"构成的签名(Signature),才能实施赋值或援引操作,如图 1.6-1 中的 X.pn1。

● 图中的 CalculateFun1、CalculateFunk 表示据 arg1、argn 等实施某种计算的方法或

函数。

1.6.4　自编构造函数的编写

1. 借助 nargin 实现变输入数设计

由于自编构造函数必须满足“无输入格式”调用，因而绝大多数自编构造函数都必须适应不同输入量数目下的格式调用。

为使“以 function 起首的 MATLAB 函数”适应“变输入数调用格式”，就必须在设计编写函数时从以下三方面进行考虑：

- 在函数输入列表中，应列出输入数目最多时的全部变量：
  - ◇ 函数被调用时，实际输入量的数目必须“小于等于”输入列表的最大变量数。
  - ◇ 函数被调用时，尽管输入量数目可以改变，但实际输入量的排序必须与函数输入列表中的变量排列次序一致。
  - ◇ 函数被调用时，在实际输入量列表中，允许采用～符表示对应位置输入量的缺失。
- 在函数体中，应采用 nargin 检测“函数被调用时的实际输入量数目”

  nargin 是 MATLAB 的内建函数，当它使用于函数体内时，nargin 能检测并返回“该函数被实际调用时的实际输入量数目”。
- 在函数体中，应配置程序流分支结构

  根据 nargin 返回数值的不同，由 if-else 或 switch-case 分支结构经判断后，使程序通过不同分支，从而实现不同格式调用下的对象创建。

2. 借助静态方法或局域函数编写构造函数

当构造函数的代码比较长、比较复杂时，借助静态方法(Static Methods)或局域函数可使构造函数显得更简明清晰。

(1) 静态方法

静态方法有以下特点：

- 所谓静态方法就是指，封装在类定义中的、且声明该方法的 Static 静态秉质设置为 true 的那些方法。
- 静态方法既可直接编写在类定义文件内，也可以独立文件形式存放在@类定义目录上。
- 与常规方法(Ordinary Methods)不同，在静态方法的输入列表中不包含其所在类的对象，也不针对类对象进行操作，其输出结果也不是对象。
- 无论在类定义内，还是在类定义外，静态方法可以采用“类名．静态方法名”签名或“对象.静态方法名”签名中的任何一种加以调用。
- 静态方法，或可用于创建对象的前期处理，或可在类定义外被用于相关计算。

(2) 局域函数

这里的局域函数是指：与类定义相关、但又非类方法的“与类有关的函数(Class-Related Functions)”。它具有如下特点：

- 局域函数必须编写在类定义文件内的 classdef......end 类定义块之外。

● 局域函数仅在类定义文件内可视和可调用。在类定义文件外,局域函数是既不可视也不可调用。

● 在类定义文件中,局域函数可以用其函数名直接调用。

例【1.6-2】 编写类定义文件,使其具有如下功能:在无输入情况下,其生成对象与MATLAB默认构造函数相同,即给出模和幅角均为空的极坐标形式复数对象;在单输入量情况下,接受复数输入,而给出以极坐标形式显示的复数对象;在三输入量情况下,能根据所给器件的数值、名称和工作频率,计算出复数(阻抗),并生成以极坐标形式显示的复数对象。此外,该类对象还能与双精度数进行加减混合运算。本例演示:变输入构造函数的编写、nargin的使用、switch-case的使用;静态函数的声明、编写和调用;"减运算符-"、minus方法的设计;对象和双精度数的加减混合运算。

1) 编写含静态方法的Aexm010602.m类定义

类定义Aexm010602的方法采用独立文件构建,因此在编写类定义及方法之前,首先要在MATLAB当前文件目录或搜索路径目录上创建一个类文件夹@Aexm010602。然后再在该类文件夹上创建文件:Aexm010602.m、disp.m、minus.m、plus.m、RLC2Z.m。文件细节如下:

```
% Aexm010602.m        包含静态方法声明的全值类类定义函数
classdef Aexm010602                                                      %
    properties
        Z                                       % 复数
    end
    properties(Dependent)
        M                                       % 复数模
        A                                       % 复数幅角(度单位)
    end
    methods
        function X=Aexm010602(v,S,f)            % 三输入构造函数
            nv=nargin;                          % 获得调用时的实际输入量数目
            switch nv
                case 0                          % 对应无输入格式
                case 1                          % 对应单输入格式
                    X.Z=v;
                case 3                          % 对应三输入格式
                    X.Z=X.RLC2Z(v,S,f);         % 使用签名调用静态方法 RLC2Z
                otherwise
                    error('输入量的数目只是0或1或3。')
            end
        end
        function mm=get.M(obj)
            mm=abs(obj.Z);
        end
        function aa=get.A(obj)
```

```
            aa=angle(obj.Z)*180/pi;
        end
    end
    methods                                    % 无秉质限制方法块
        disp(X)                                % 显示方法声明
        X3=minus(X1,X2);                       % 减运算方法声明
        X3=plus(X1,X2);                        % 加运算方法声明
    end                                                                 % <34>
    methods(Static)                            % 静态秉质为真的方法块      <35>
        ZZ=RLC2Z(v,S,f);                       % 复数(阻抗)计算方法声明   <36>
    end                                                                 % <37>
end     % classdef

% disp.m              对象显示方法函数
function disp(X)
    fprintf('%.2f%s%.2f%s\n',X.M,char(8736),X.A,char(176))
end

% minus.m             对象减运算方法函数
function X3=minus(X1,X2)
    if isa(X1,'double')
        X1=Aexm010602(X1);                                              % <4>
    elseif isa(X2,'double')
        X2=Aexm010602(X2);                                              % <6>
    end
    X3=Aexm010602(X1.Z-X2.Z);                                           % <8>
end

% plus.m              对象加运算方法函数
function X3=plus(X1,X2)
    if isa(X1,'double')
        X1=Aexm010602(X1);                                              % <4>
    elseif isa(X2,'double')
        X2=Aexm010602(X2);                                              % <6>
    end
    X3=Aexm010602(X1.Z+X2.Z);                                           % <8>
end

% RLC2Z.m             由器件参数计算复数(阻抗)的方法函数
function ZZ=RLC2Z(v,S,f)
    if any(strcmp(S,{'R','r'}))
        ZZ=v;
```

```
        else
            w=2 * pi * f;
            switch S
                case {'L','l'}
                    ZZ=1j * w * v;
                case {'C','c'}
                    ZZ=1/(1j * w * v);
                otherwise
                    disp('第2输入量必须是字符串"R",或"L",或"C"!')
            end
        end
    end
```

2）试验一：观察类定义的方法

```
methods(Aexm010602)

类 Aexm010602 的方法：

Aexm010602   disp         minus        plus

Static 方法：

RLC2Z

从 handle 继承的 Aexm010602 的方法。
```

3）试验二：采用无输入格式调用创建复数(3+4j)的极坐标形式对象

```
x1 = Aexm010602();x1.Z = 3 + 4j

x1 =
5.00∠53.13°
```

4）试验二：采用单输入格式调用创建复数(1+1j)的极坐标形式对象

```
x2 = Aexm010602(1 + 1j)

x2 =
1.41∠45.00°
```

5）试验三：采用三输入格式调用创建复数阻抗

```
v = 0.034;
S = 'L';
f = 50;
x3 = Aexm010602(v,S,f)

x3 =
10.68∠90.00°
```

```
disp(['x3 对象的复数值 =   ', num2str(x3.Z)])
```

```
x3 对象的复数值 =   0 + 10.6814i
```

6）试验四：对象和双精度数的加减混合运算

```
X = 3 * exp(1j * pi/6) - (1.3 + 3.5j) + x1 - x2 + x3
```

```
X =
12.14∠74.23°
```

7）试验五：使用签名调用静态方法

静态方法函数不以对象为输入量，也不直接实施对象操作，其输出量也不是对象。下面两条命令用于演示：在类定义外，如何调用静态方法计算期间的复数（阻抗）。

```
vv = 12;SS = 'C';ff = 60;
zAx3 = Aexm010602.RLC2Z(vv,SS,ff)          % 采用函数的类签名调用静态方法
zXx3 = x3.RLC2Z(vv,SS,ff)                  % 采用函数的对象签名调用静态方法
x3
```

```
zAx3 =
   0.0000e+00 - 2.2105e-04i
zXx3 =
   0.0000e+00 - 2.2105e-04i
x3 =
10.68∠90.00°
```

说明

- 本例 Aexm010602 构造函数是比较典型的具备“变输入格式”调用的类对象构造函数，体现了函数输入列表最大输入数、nargin 输入数检测命令、switch - case 分支结构等三者之间的协调配合。
  - ◇ 按设计，Aexm010602 构造函数最多允许三个输入量；
  - ◇ 构造函数中的 nargin 用于检测构造函数被调用时的实际输入量的数目；
  - ◇ 根据 nargin 返回数值，借助 switch - case 转向不同的分支进行处理。case 0 分支的处理方式与 MATLAB 提供的默认构造函数行为相同（参见试验一）。
- 关于静态方法的说明：
  - ◇ 静态方法既可以直接编写在 classdef - end 类定义块内，也可以像本例的 RLC2Z.m 这样采用独立 M 函数文件编写。但再次强调：采用独立文件编写的静态方法，必须在类定块中加以声明。参见本例 Aexm010602.m 中的第 <35><36><37> 行。
  - ◇ 在本例中，静态方法 RLC2Z 在 classdef - end 类定义块内的调用签名为 X.RLC2Z，这里的 X 正是构造函数，Aexm010602 是输出对象的名称。签名也可改为 Aexm010602.RLC2Z。请参见 Aexm010602.m 第 <18> 行。
  - ◇ 当静态方法在类定义外被调用时，或采用该函数的类签名，或采用该函数的对象签名（如果对象已经存在的话）。在该小黑点前的类名或对象名的作用是，识别该静态方法所在的位置。请参见本例的试验五。

◇ 静态方法的输入量不包含对象，输出量也不是对象。静态方法的输出可以与调用签名中的对象没有任何关联。如在试验五中 x3. RLC2Z 调用后计算的结果与 x3 没有一点关系。

例【1.6-3】 编写一个与 Aexm010602 功能相同的类定义 Aexm010603，但 RLC2Z 采用类定义文件内的局域函数实现。本例演示：局域函数的使用。

1）编写 Aexm010603 类定义

该类定义可以由 Aexm010602 类定义修改而得。具体步骤如下：

- 先在 MATLAB 当前目录或搜索路径目录上创建一个名为@Aexm010603 的类文件夹。
- 把@Aexm010602 文件夹下的所有文件复制到文件夹@Aexm010603 上。
- 分别把 minus. m 和 plus. m 文件中第 <4><6><8> 行中的 Aexm010602 修改成 Aexm010603，并进行保存操作。
- Aexm010603. m 文件的生成：
  - ◇ 在@Aexm010603 文件夹上把 Aexm010602. m 文件名修改为 Aexm010603. m；
  - ◇ 打开 Aexm010603. m；
  - ◇ 把 Aexm010603. m 文件第 <1><2><11> 行中的 Aexm010602 修改为 Aexm010603；
  - ◇ 把 Aexm010603. m 文件第 <18> 中的 Aexm010602 及其后的小黑点删除；
  - ◇ 把 Aexm010603. m 文件中从第 <30> 行到第 <37> 行的两个方法块都删除；
  - ◇ 打开 RLC2Z. m 文件，把该文件的全部行复制到 Aexm010603. m 的最后一行 end 以下，即使 RLC2Z 函数位于 classdef - end 块之后；
  - ◇ 完成以上修改后，进行保存操作，这样就得到所需的 Aexm010603. m（细节见下）。
- 在@Aexm010603 文件夹上删除 RLC2Z. m 文件。
- 至此，整个 Aexm010603 类定义便构建完成。

```
% Aexm010603. m      包含局域函数的全值类类定义函数                    <1>
classdef Aexm010603                                                    %  <2>
    properties
        Z                                % 复数
    end
    properties(Dependent)
        M                                % 复数模
        A                                % 复数幅角(度单位)
    end
    methods
        function X=Aexm010603(v,S,f)     % 三输入构造函数                <11>
            nv=nargin;                   % 获得调用时的实际输入量数目
            switch nv
                case 0                   % 对应无输入格式
                case 1                   % 对应单输入格式
                    X.Z=v;
```

```
                case 3                          % 对应三输入格式
                    X.Z=RLC2Z(v,S,f);           % 调用局域函数 RLC2Z                <18>
                otherwise
                    error('输入量的数目只是 0 或 1 或 3。')
            end
        end
        function mm=get.M(obj)
            mm=abs(obj.Z);
        end
        function aa=get.A(obj)
            aa=angle(obj.Z)*180/pi;
        end
    end                                                                          %  <29>
end                         % classdef - end 块的尾行                                <30>
% RLC2Z.m                   只能在 classdef - end 块内被调用的局域函数
function ZZ=RLC2Z(v,S,f)
    if any(strcmp(S,{'R','r'}))
        ZZ=v;
    else
        w=2*pi*f;
        switch S
            case {'L','l'}
                ZZ=1j*w*v;
            case {'C','c'}
                ZZ=1/(1j*w*v);
            otherwise
                disp('第 2 输入量必须是字符串"R",或"L",或"C"!')
        end
    end
end
```

2）试验一：观察类定义 Aexm010603 的方法

由以下命令可知 Aexm010603 类定义所包含的方法。

```
methods(Aexm010603)
```

```
类 Aexm010603 的方法：

Aexm010603   disp        minus       plus

从 handle 继承的 Aexm010603 的方法。
```

3）试验二：采用三输入格式调用创建复数阻抗

```
v = 0.034;S = 'L';f = 50;
x3 = Aexm010603(v,S,f)
```

```
x3 =
10.68∠90.00°
```

4）试验三：对象和双精度的加减混合运算

```
x1 = Aexm010603();x1.Z = 3 + 4j;
x2 = Aexm010603(1 + 1j);
X = 3 * exp(1j * pi/6) - (1.3 + 3.5j) + x1 - x2 + x3


X =
12.14∠74.23°
```

说明

- 关于局域函数的说明：
  - ◇ 局域函数 RLC2Z 必须放置在 Aexm010603. m 文件的 classdef－end 块之后。
  - ◇ 局域函数仅允许在类定义文件内被调用。其调用时，直接使用函数名，如 Aexm010603 构造函数的第 <18> 行就是这样调用的。
  - ◇ 局域函数是封装在类定义文件中的。局域函数既不能借助 methods 等命令观察，也不能被外界调用。
- 当类方法秉质没有限制时，那些以独立文件形式存在的类方法并非必须在类定义中加以声明。如本例的类方法 disp、minus、plus 等就没有在类定义文件 Aexm010603. m 中进行声明。

1.7 全值类和句柄类的差别

MATLAB 只有两个基本类：全值类（Value Class）和句柄类（Hendle Class）。由 MathWorks 公司提供的 16 种内建基本 MATLAB 类（Fundamental MATLAB Classes）和各种图形对象（Graphics Objects）都分属于这两个基本类；用户在 MATLAB 环境中自定义的各种具体应用类别也只能是这两种类别之一。

在本章此前设计的类定义文件中，例 1.1－1 的 Aexm010101OopPolar. m、例 1.6－2 的 Aexm010602. m 和 Aexm010603. m 都是全值类的类定义文件，此外，其他的类定义文件都是句柄类的。在本节以前未就全值类和句柄类的不同加以表述，是出于内容安排的考虑。本节以下各小节将着重于讨论用户自定义的全值类和句柄类的对象在创建、存储、复制、应用函数设计和调用上的不同。

1.7.1 两类的类定义和对象性状差别

1. 两类的类定义差别

在类定义文件可执行代码首行的类别名后，如果有“ <handle”关键词符，那么该用户自定义类一定是句柄类（见图 1.7－1）；否则，就是全值类（见图 1.7－2）。对比两图，可清楚地看到两类类定义代码的关键差别。

值得指出：

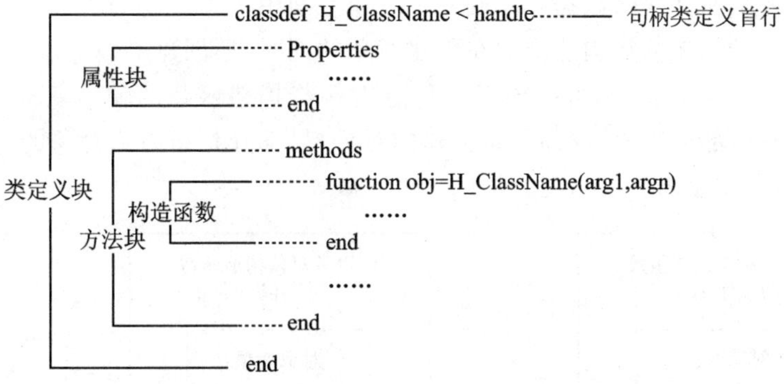

图 1.7-1　句柄类类定义文件结构示意

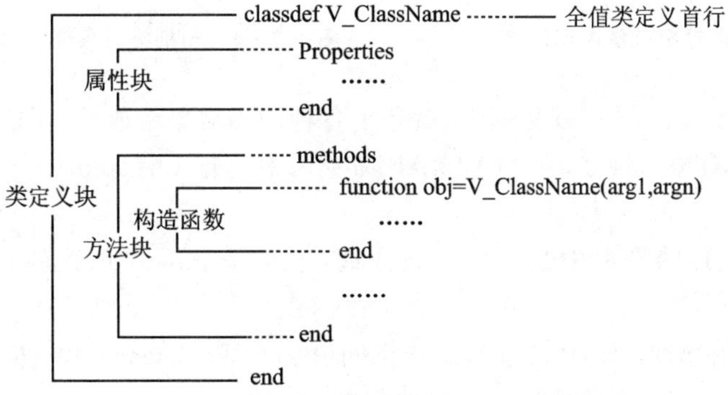

图 1.7-2　全值类类定义文件结构示意

- 首行中的 handle 是 MATLAB 提供的一个抽象超类。用户自定义的句柄类必须是它的子类。
- 句柄类定义首行的关键词符"<handle"表示，用户定义类 H_ClassName 是 handle 的子类。它将继承父类 handle 的全部方法。在 MATLAB 命令窗中运行以下命令，可列出 handle 超类的所有可继承的类方法。

```
methods('handle')                % 显示 handle 的类方法
```

```
类 handle 的方法：

addlistener  eq        indprop   gt        le        lt        notify
delete       findobj   ge        isvalid   listener  ne
```

2. 两类对象变量的内涵差别

MATLAB 在创建全值类对象时，总把这个对象直接关联于该对象的变量名。换句话说，对象就存在于对象变量所在的工作空间（Workspace）中。图 1.7-3 所示为全值类对象变量的内涵。

实际上，凡使用过 MATLAB 的用户，对全值类对象变量都比较熟悉，也比较容易理解这类变量的性状。因为 MATLAB 内建的所有基本类（双精度、字符串、元胞等）变量，都是全值类对象变量。不管用户在什么工作空间（基本工作空间或函数工作空间）创建了双精度对象变量,那变量和该变量所保存的数据都在同一个工作空间中。

而句柄类就不同,句柄类构造函数在创建对象的同时,还创建了一个指向该对象的援引记述信息(Reference),或称指针,并把该援引信息直接与构造函数的输出变量相关联。更明确的说,句柄对象有两部分组成,一部分是创建的对象,另部分是指向那对象的句柄。图1.7-4所示为句柄类对象变量内涵的示意。

图1.7-3　全值类对象变量内涵示意

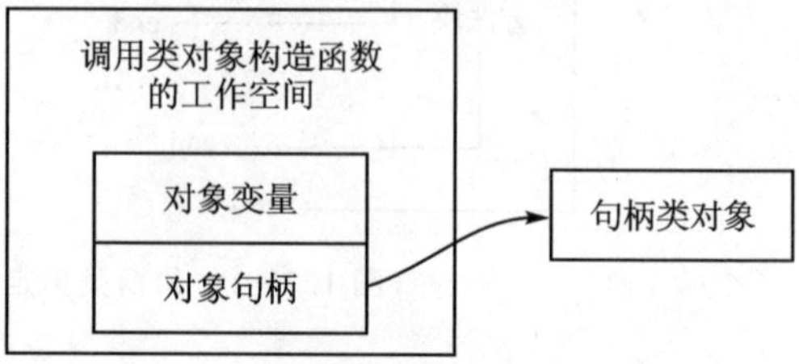

图1.7-4　句柄类对象变量内涵示意

用户熟悉的MATLAB可视化图形,就是由各种图形对象组成的,而这些图形对象又都是抽象句柄超类的子对象。例如,在MATLAB命令窗中运行Lh=plot(x,y)命令,就会产生以下结果:

- 在MATLAB图形窗中绘制出一条曲线,这正是plot所创建的句柄类线对象(Line Object)。
- 与此同时,在MATLAB的基本工作空间(Basic Workspace)中,生成了一个Lh变量。这变量Lh保存着所画曲线线对象的句柄。
- 该句柄中包含着线对象的所有属性信息。用户既可以通过该句柄了解线对象的各种属性值,也可以通过该句柄设置线对象的属性,从而改变线对象的外观。

3. 对象变量复制性状上的差异

当在某工作空间 S_1 中,对 S_0 空间中全值类对象变量 V_0 进行复制操作时,就生成复制变量 V_1 及其所含的"与原对象 O_0 完全相同又完全独立"的全值类新对象 O_1。图1.7-5所示为全值类对象变量复制的特点。

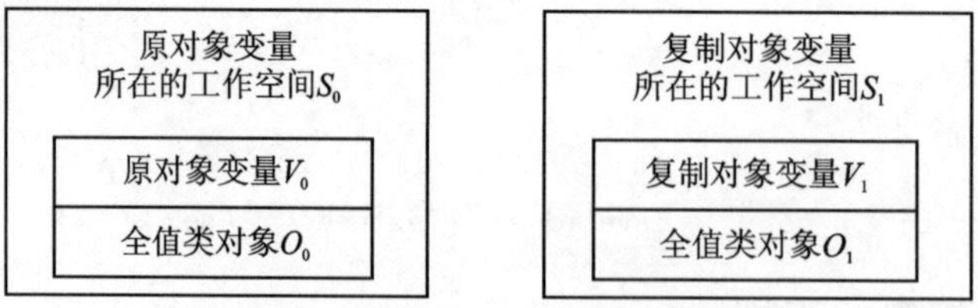

图1.7-5　全值类对象变量的复制性状

与全值类变量的复制性状不同,当在 S_1 空间中对原句柄类变量 H_0 进行复制操作时,MATLAB复制的只是那句柄类对象的句柄 hd_0,而不是句柄类对象本身。生成的复制变量 H_1 的所含句柄 hd_1 与原句柄 hd_0 都指向同一个句柄类对象。用户既可以通过原句柄变量 H_0 也可以通过复制句柄变量 H_1,获取或设置同一个句柄对象的属性值。关于句柄变量复制性状的描述还可参见图1.7-6。

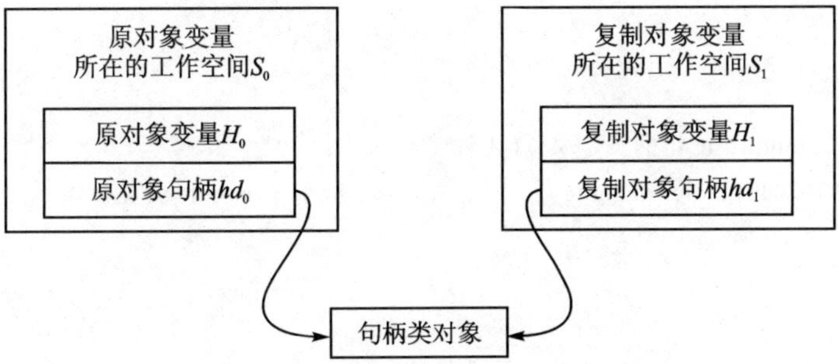

图 1.7-6　句柄类对象变量的复制性状

4. 两类对象变量清除方式的差别

对全值类对象变量 V 而言，运行 clear V 命令，就可以使对象变量 V 及其所含的全值对象在工作空间中清空、消失。

然而对句柄对象而言，情况没那么简单。因为句柄对象由对象和(可能存在多个)句柄两部分组成，不同组成部分需分别加以清除。具体如下：

- 使用 handle 超类类方法 delete 解构函数(Destructor)毁灭句柄对象。以图 1.7-6 为例，假如在工作空间 S_0 中运行命令 delete(H0)，那么 hd_0 句柄所指向的句柄类对象将被解构而毁灭。尽管如此，但对象变量 H_0 及其所含的对象句柄 hd_0 依然存在于 S_0 空间中，对象变量 H_1 及其所含的对象句柄 hd_1 也依然存在于 S_1 空间中。不过，此时变量 H_0 和 H_1 所含的句柄已都不再有效(Invalid)。
- 通过在句柄变量所在的空间中，运行命令 clearH0 或 clear H1，就可分别清除相应的句柄变量。值得提醒：假如在句柄对象毁灭前，先清除了指向该对象的所有句柄变量，那么就不再可能借助 delete 命令直接解构句柄对象。而只得采用其他方式毁灭那对象，如直接关闭图形窗，关闭 MATLAB 工作引擎等。

例【1.7-1】　本例用于具体地揭示全值类对象和句柄类对象在类定义文件、变量内涵、复制性状、相等性判断、清除方式等方面的差异。本例还展示了：isa、ishandle、isequal 等命令的应用；用户定义句柄类从 handle 基类继承的 delete、eq(表现＝＝关系符运算)的使用。

1) 编写全值类和句柄类类定义文件各一个

在当前目录上，编写如下文件 Aexm010701Value. m 与 Aexm010701Handle. m。请注意观察两个类定义文件可执行代码首行的差别。

```
% Aexm010701Value.m 全值类定义 M 文件
classdef Aexm010701Value                        % 全值类类定义文件首行
    properties
        Data
    end
    methods
        function obj = Aexm010701Value(A)       % 简单构造函数
            obj.Data = A;                       % 向 Data 属性赋值
        end
```

```
    end
end

% Aexm010701Handle.m 句柄类定义 M 文件
classdef Aexm010701Handle <handle                    % 继承于 handle 父类
    properties
        Data
    end
    methods
        function obj = Aexm010701Handle(A)     % 简单构造函数
            obj.Data =A;                         % 向 Data 属性赋值
        end
    end
end
```

2）试验一：全值类对象的创建和存储

在 MATLAB 命令窗中运行如下命令，创建双精度数组和全值类对象。

```
format compact
X1 = ones(10,10);                  % 生成(10 * 10) * 8 字节“全 1”数组 X1
X2 = ones(100,100);                % 生成(100 * 100) * 8 字节的“全 1”数组 X2
V1 = Aexm010701Value(X1)           % 为 800 字节数组 X1 创建全值对象              <4>
V2 = Aexm010701Value(X2)           % 为 80000 字节数组 X2 创建全值对象            <5>

V1 =
  Aexm010701Value - 属性：
    Data：[10x10 double]
V2 =
  Aexm010701Value - 属性：
    Data：[100x100 double]

whos X1 X2 V1 V2              % 观察 X1 与 V1,X2 与 V2 字节数间关系              <6>

  Name        Size          Bytes  Class              Attributes

  V1          1x1             800  Aexm010701Value
  V2          1x1           80000  Aexm010701Value
  X1         10x10            800  double
  X2        100x100         80000  double
```

由第<6>行代码运行后显示的结果不难看到：双精度数组 X1、X2 本身应占内存分别 800、80000 字节，而全值对象变量 V1、V2 所占用的字节数分别为 800、80000。这佐证了：全值对象变量 V1、V2 确实保存着它们 Data 属性中的 X1、X2 数组。即，变量 V1、V2 连同它们的全值对象一起，确实都保存在 MATLAB 基本工作空间里。

3）试验二：句柄类对象的创建和存储

```
H1 = Aexm010701Handle(X1)       % 为 800 字节数组 X1 创建句柄对象              <7>
```

```
H2 = Aexm010701Handle(X2)        % 为 80000 字节数组 X2 创建句柄对象                <8>

H1 =
  Aexm010701Handle - 属性:
   Data: [10x10 double]
H2 =
  Aexm010701Handle - 属性:
   Data: [100x100 double]

whos X1 X2 H1 H2                % 注意观察 H1、H2 字节数                          <9>

  H1          1x1                  8  Aexm010701Handle
  H2          1x1                  8  Aexm010701Handle
  X1         10x10               800  double
  X2        100x100            80000  double
```

第 <9> 行命令运行后显示的结果表明：为 800 字节的 X1 数组和 80000 字节的 X2 数组所创建的句柄对象变量 H1 和 H2 仅分别占用 8 字节的内存空间。这清楚地表明，句柄对象变量 H1 和 H2 保存的只是对象的句柄信息，而不是句柄对象本身。关于“句柄和对象分离存在，变量只保存句柄信息”的进一步说明，请见示例 1.7－2。

4）试验三：全值类对象变量的复制性状及其验证

运行以下命令，可验证：全值类对象变量的复制操作，将产生物理上完全独立的一个全值对象及与之相系的变量。

```
CV2 = V2                        % 借助赋值操作，把 V2 复制给 CV2
CV2 =
  Aexm010701Value - 属性:

   Data: [100x100 double]

whos CV2 V2                     % 复制变量和原变量的规模、字节、类别信息相同
  Name      Size            Bytes  Class              Attributes

  CV2       1x1             80000  Aexm010701Value
  V2        1x1             80000  Aexm010701Value

isequal(CV2,V2)                 % 若显示结果为 1,表示两个全值对象相同              <12>
ans =
  logical
   1

CV2.Data(1,1) = Inf;            % CV2 全值对象 Data 属性的第 1 元素修改为无穷大
CV2.Data(1,1)                   % 显示修改后 CV2.Data 的第 1 元素值确为无穷大
V2.Data(1,1)                    % 显示原变量 V2.Data 数组的第 1 元素值仍为 1
```

```
ans =
   Inf
ans =
     1

isequal(CV2,V2)                 % 若结果为0,表示CV2不同于V2                    <16>
ans =
  logical
   0
```

5）试验四:句柄类对象变量的复制性状及其验证

```
CH2 = H2                        % 借助赋值操作,把H2复制给CH2
CH2 =
  Aexm010701Handle - 属性:

    Data:[100x100 double]

whos CH2 H2                     % 复制变量和原变量的规模、字节、类别信息相同
Name       Size                 Bytes  Class               Attributes

  CH2       1x1                     8  Aexm010701Handle
  H2        1x1                     8  Aexm010701Handle

isequal(CH2,H2)                 % 若显示结果为1,表示两个句柄对象相同            <19>
ans =
  logical
   1

CH2 = = H2                      % 用等号关系符两变量检验是否相等                <20>
ans =
  logical
   1

CH2.Data(1,1) = Inf;            % CH2变量Data属性的第1个元素修改为无穷大
H2.Data(1,1)                    % H2变量Data属性的第1个元素也就成无穷大
ans =
   Inf

CH2 = = H2                      % CH2经修改操作后,H2随之而变,保存两者相同      <23>
ans =
  logical
   1
```

6）试验五:全值对象变量的清除

```
clear V2                        % 清除全值对象变量V2
```

```
whos V2 CV2                   % 想观察 V2、CV2 的内存信息;可发现 V2 对象已消失
  Name       Size            Bytes  Class              Attributes

  CV2        1x1             80000  Aexm010701Value
```

7）试验六:句柄对象及变量的清除

```
clear H2                      % 清除句柄对象变量 H2
whos H2 CH2                   % 想观察 H2、CH2 的内存信息;可发现 H2 句柄已消失
whos H2 CH2
  Name       Size            Bytes  Class              Attributes

  CH2        1x1                 8  Aexm010701Handle

CH2.Data(1,1)                 % 观察属性是否依然;结果表明句柄对象依然存活
ans =
   Inf

delete(CH2)                   % 摧毁 CH2 句柄所指向的句柄对象                <29>
CH2.Data(1,1)                 % 观察属性是否依然;结果表明对象已经删除
对象无效或已删除。

CH2                           % 观察 CH2 变量;可发现改句柄已经无效
CH2 =
   已删除对象 Aexm010701Handle 的句柄

whos CH2                      % 想观察 CH2 是否存在;发现 CH2 依然存在          <32>
Name       Size            Bytes  Class              Attributes

  CH2      1x1                 0  Aexm010701Handle
```

说明

- 第 <12, 16, 19> 行中的 isequal 命令用于鉴别两个变量的类别、属性、属性值是否完全相同。这是一个通用命令。在本例中,该命令既可用于全值类对象变量 CV2、V2 之间的相等性判断,又可用于句柄类变量 CH2、H2 之间的相等性判断。
- 第 <20, 23> 行中的关系符"=="只能用于句柄类变量之间的相等性判断。该关系符对应的方法函数是 eq,而此方法是由 Aexm010701Handle 的父类 handle 传承下来的。请参见第 1.7.1-1 小节的节尾。

例【1.7-2】 本例目的:借助句柄类图形对象的物理存在,进一步了解"对象、属性、句柄、变量"之间的区别和联系。此外,还展示了继承于 handle 基类的 isvalid 方法的应用。

1）绘制曲线并生成句柄变量

运行以下命令,引出如图 1.7-7 所示的图形窗,创建出线(Line)对象——正弦曲线,并生成句柄变量 Lh。

```
x = 0:pi/20:2 * pi;
```

```
y = sin(x);
Lh = plot(x,y)           % 绘制(x,y)所表示的曲线,并生成该线对象的句柄变量
axis tight               % 是曲线充满坐标框
Lh =
  Line - 属性:

            Color: [0 0.4470 0.7410]
        LineStyle: '-'
        LineWidth: 0.5000
           Marker: 'none'
       MarkerSize: 6
  MarkerFaceColor: 'none'
            XData: [1x41 double]
            YData: [1x41 double]
            ZData: [1x0 double]

  显示 所有属性
```

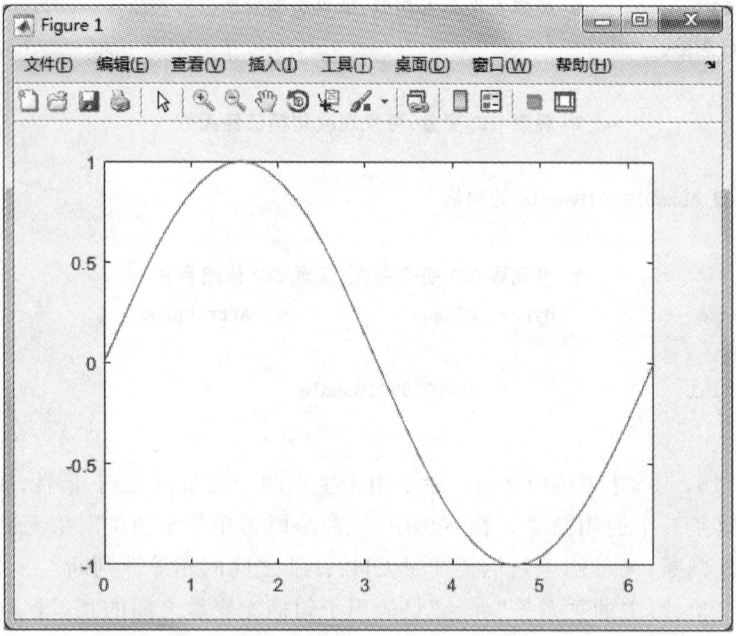

图 1.7-7　由 Lh=plot(x,y)命令所创建的线对象

2) 检验句柄、观察句柄变量

```
isa(Lh,'handle')         % 观察变量 Lh 是否句柄;若结果为 1,Lh 就是句柄        <5>
ans =
  logical
   1

whos Lh                  % 观察句柄变量所占内存
```

```
Name   Size      Bytes  Class                                              Attributes

Lh     1x1           8  matlab.graphics.chart.primitive.Line
```

3）复制句柄和修改线对象属性

```
CLh = Lh;              % 产生复制变量 CLh
CLh.LineWidth = 4;     % 对复制句柄运用点调用格式把线宽度修改为 4                   <8>
Lh.LineWidth           % 观察到原句柄变量中的线宽度属性值也随之变为 2

ans =
    4
```

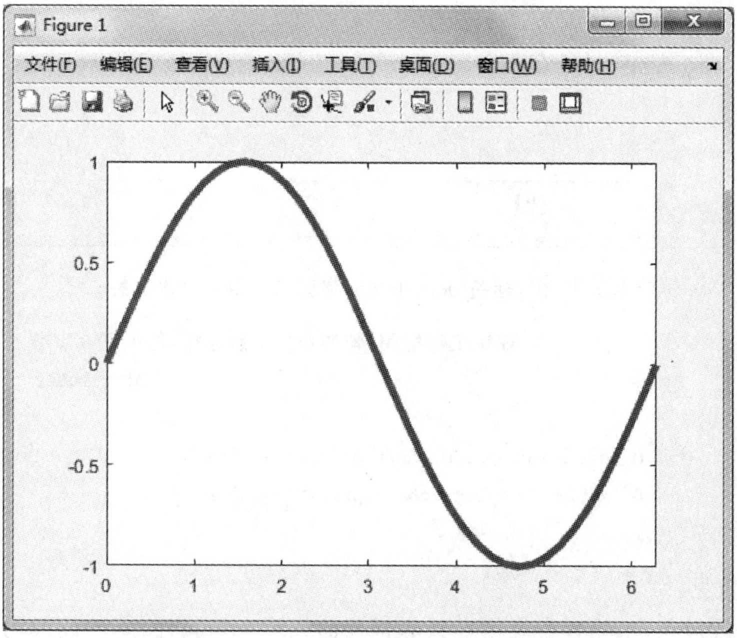

图 1.7－8　CLh. LineWidth＝4 运行后使图中曲线变粗

4）删除图形和清除句柄变量

运行以下解构句柄对象命令，使得 Lh 句柄所指向的线对象——正弦曲线从图形窗中消失，于是图形窗如图 1.7－9 所示。

```
delete(CLh)                    % 解构销毁线对象——正弦曲线；图形窗、坐标框仍在
isvalid([CLh,Lh])              % 检查句柄有效性；若为 0，说明那句柄已失效          <11>
ans =
  1×2 logical 数组
   0   0

ishandle([CLh,Lh])             % 检查 CLh、Lh 是否句柄                            <12>
ans =
  1×2 logical 数组
   0   0
```

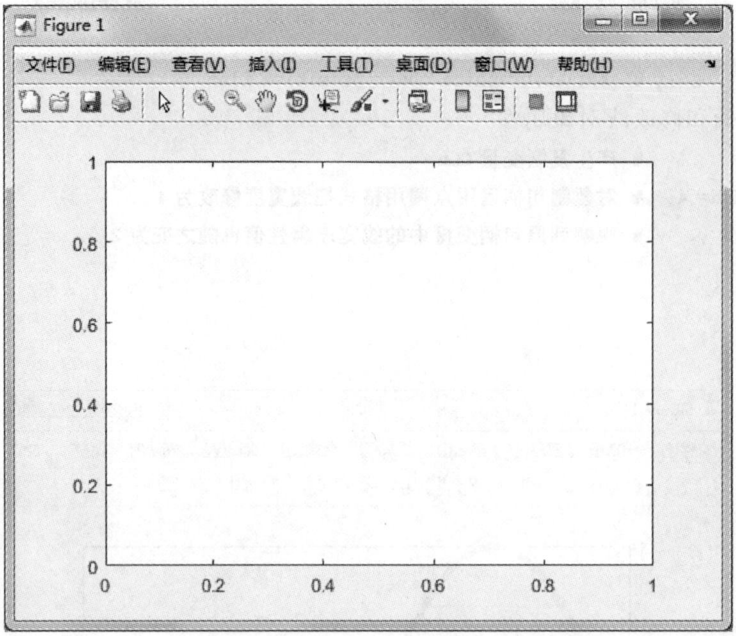

图 1.7-9 运行 delete(CLh)使图形窗中的曲线消失

```
whos CLh Lh                     % 观察工作空间,句柄变量依然存在,但少了 8 字节
Name    Size     Bytes  Class                                  Attributes

CLh     1x1          0  matlab.graphics.chart.primitive.Line
Lh      1x1          0  matlab.graphics.chart.primitive.Line
```

说明

- 由本例可见:
  - ◇ Line 线对象,由物理存在的曲线和描述曲线形态的属性/属性值共同组成。
  - ◇ 曲线的形态可以通过属性值的设置加以改变。
  - ◇ 在 MATLAB 工作空间中保存的仅仅是线对象的句柄变量。借助句柄变量中所包含的信息,用户就可获知和操控线对象的形态。
- isa 和 ishandle 命令都可以用于判断一个变量是否"句柄变量"。请参见本例的行 <5>、<12> 。
- isvalid 是抽象类 handle 的类方法。因图形对象继承于 handle,所以可以用 isvalid 判断图形对象句柄是否失效。
- 当然,句柄变量 CLh 和 Lh 都可以借助 clear 命令进行清除。如果,在图形窗中曲线被毁灭之前,句柄变量先被清除,那么线对象就不能通过 delete(CLh)或 delete(Lh)命令的运行加以删除。在这种情况下,或可以在编辑状态下的图形窗中删除,或者直接通过关闭图形窗,把线对象及其"父对象坐标轴""祖父对象图形窗"一起消灭。

1.7.2 两类对象变量在函数内外传递中的差别

在实际中,常遇到实现 $x \Leftarrow f(x)$ 处理功能的应用需求,即在某工作空间中已经存在的 x

变量，需要经过某种函数处理后，重新以 x 的变量名出现在原空间中。本节就用于专述全值类对象和句柄类对象在这种应用中的不同表现及其原由。

为避免叙述空泛，本节内容以示例形式展开。

例【1.7-3】 本例编写两个类定义文件，使生成的全值类对象或句柄类对象的属性都保存一个数字字符串元胞数组；在每个类定义中，都含有用于属性赋值的 set 函数；本例还为全值类对象和句柄类对象分别编写一个应用程序，用于把对象属性中的字符串元胞数组转换成有理分数或双精度浮点数。本例目的在于：具体、详细地剖析类别不同的对象如何在函数工作空间中被修改，修改结果又如何被正确地向外传递。

1）分别编写全值类对象和句柄类对象的类定义文件

```
% Aexm010703Value.m          全值类类定义文件
classdef Aexm010703Value                         % 全值类定义文件首行
    properties
        CF
    end
    methods
        function obj=Aexm010703Value(n)          % 构造函数
            if nargin> 0
                obj.CF=confrac(n);               % 赋值时将调用 set.CF 属性设置函数
            end
        end
        function obj=set.CF(obj,w)               % 全值类对象属性设置函数
            if iscell(w)
                obj.CF=w;
            elseif w> 1
                w=round(w);
                obj.CF=confrac(w);
            else
                error('必须为大于 1 的正数 !')
            end
        end                                                                    %
    end
end
function v=confrac(n)                            % 局域函数
    p='1';
    v=cell(n,1);
    v{1,1}=p;
    for k=2:n
        p=['1+1/(',p,')'];
        v{k,1}=p;
    end
end
```

```
% Aexm010703Handle.m    句柄类类定义文件                                  <1>
classdef Aexm010703Handle <handle               % 句柄类类定义文件首行      <2>
    properties
        CF
    end
    methods
        function obj=Aexm010703Handle(n)        % 构造函数                  <7>
            if nargin> 0
                obj.CF=confrac(n);              % 赋值时将调用 set.CF 属性设置函数 <9>
            end
        end
        function set.CF(obj,w)                  % 句柄类对象属性设置函数    <12>
            if iscell(w)
                obj.CF=w;
            elseif w> 1
                w=round(w);
                obj.CF=confrac(w);
            else
                error('必须为大于 1 的正数或数值字符串元胞数组!')
            end
        end
    end
end
function v=confrac(n)                           % 局域函数
    p='1';
    v=cell(n,1);                                % 预置元胞空数组
    v{1,1}=p;
    for k=2:n                                   % 用于生成 n 级截断连分数字符串
        p=['1+1/(',p,')'];
        v{k,1}=p;
    end
end
```

关于以上两个类定义文件的说明：

- 两个类定义文件仅在第 <1, 2, 7, 12> 行不同。具体如下：
  - ◇ 第 <2> 行是类定义可执行代码首行。除文件名称不同外，对于用户自定义句柄类文件来说，首行末尾的“<handle”是必须有的，否则就不是 handle 类。
  - ◇ 第 <7> 行是构造函数的首行，两个类的类名称不同。
  - ◇ 第 <12> 行是用于属性赋值的 set 函数的首行。请注意：全值类对象属性赋值的 set 函数必须以对象 obj 为其输出量；而句柄类对象属性赋值的 set 函数则没有输出量。下面将作更详细说明。
- 全值类对象属性设值函数必须以 obj 为输出、而句柄类对象设置函数可以不设输出量

的原因如下：

◇ 对全值类对象而言，变量和对象本身是不可分割的整体，复制变量，也就复制了对象。但同时又要切记，复制变量与原变量完全独立，毫不相关。向对象属性赋值时，set.CF 赋值函数被调用。于是，构造函数中的对象变量通过输入口传递给 set.CF 的 obj 变量。需要注意的是：这 set.CF 函数工作空间中的 obj 变量与构造函数工作空间中的 obj 变量完全独立。当 set.CF 函数完成对其空间内的 obj 对象属性赋值后，假如不通过 set.CF 函数的输出口向外传递，那么随 set.CF 函数的运行结束，该空间内完成赋值的 obj 变量也同时毁灭。因此，set.CF 函数外的构造函数空间中的 obj 就不可能被赋值。换句话说，只有在 set.CF 函数设计有输出口的情况下，set.CF 函数空间内被完成赋值的对象变量 obj，才能通过这输出口再复制给构造函数空间中对象变量 obj。

◇ 对于句柄类对象而言，与变量捆绑在一起的是对象的句柄，而不是对象本身。尽管句柄可全面实时地放映和操控对象的各种属性，但对象是独立存放的。变量复制，只连带复制了句柄。但复制句柄和原句柄的功能完全相同，也都联系着同一个对象。由复制句柄向对象本体实施的任何操作，都将同步地被原句柄所获知和接受。这也就解释了：只要把构造函数的句柄变量 obj 从 set.CF 函数输入口，通过复制，传递给 set.CF 函数空间内的 obj，那么 set.CF 内通过句柄对对象属性的赋值，也就直接体现在 set.CF 函数外的原句柄上。因此，句柄类对象的属性赋值函数 set.CF 无需设置输出变量。

● 局域函数 confrac 是创建对象或设置属性时，用于生成连分数字符串元胞数组用的。

2）试验一：创建句柄类和全值类对象

确保 Aexm010703Value.m 和 Aexm010703Handle.m 文件在 MATLAB 的当前文件夹或搜索路径上。

运行以下命令创建类对象：

```
V1 = Aexm010703Value(5)                 % 创建全值类对象

V1 =
  Aexm010703Value - 属性：

    CF：{5×1 cell}

H1 = Aexm010703Handle(5)                % 创建句柄类对象

H1 =
  Aexm010703Handle - 属性：

    CF：{5x1 cell}

V1.CF                                   % 显示 CF 属性值；连分数字符串
```

```
ans =
  5×1 cell 数组
    {'1'                          }
    {'1+1/(1)'                    }
    {'1+1/(1+1/(1))'              }
    {'1+1/(1+1/(1+1/(1)))'        }
    {'1+1/(1+1/(1+1/(1+1/(1))))'}
```

```
isequal(V1.CF,H1.CF)                 % 检测两个对象的属性值是否相等
```

```
ans =
  logical
   1
```

值得指出：

- 由于类定义文件都包含"专司属性赋值"的 set 函数，所以在对象创建时，都要调用属性设置函数 set.CF。请参见构造函数中的第 <9> 代码。
- 该试验的结果表明：全值类对象属性赋值函数 set.CF 必须以把函数内经修改的 obj 向外输出；而句柄类对象属性赋值函数 set.CF，则没有设置函数输出量，但 set.CF 函数的输入列表中必须把 obj 作为输入量，以接受 set.CF 函数外对象变量 obj 的复制。
- 出于节省篇幅的考虑，以上仅列出全值类对象属性 V1.CF 的值。H1.CF 中的内容与 V1.CF 完全相同。读者可以自己运行 V1.CF，加以观察。

3）试验二：向对象属性赋值

此前 set.CF 函数是在创建对象时被调用的。下面通过向对象 CF 属性直接赋值的方式，测试两个类的 set.CF 函数的功能。

```
H1.CF = 10;              % 此赋值表达式需通过调用句柄类的 set.CF 方法实施          <5>
V1.CF = H1.CF            % 用 H1.CF 属性值向 V1.CF 属性赋值                        <6>
V1 =
  Aexm010703Value - 属性：
    CF：{10x1 cell}

V1.CF                    % 显示经赋值后的对象 CF 属性值                            <7>
ans =
  10×1 cell 数组
    {'1'                                                          }
    {'1+1/(1)'                                                    }
    {'1+1/(1+1/(1))'                                              }
    {'1+1/(1+1/(1+1/(1)))'                                        }
    {'1+1/(1+1/(1+1/(1+1/(1))))'                                  }
    {'1+1/(1+1/(1+1/(1+1/(1+1/(1)))))'                            }
    {'1+1/(1+1/(1+1/(1+1/(1+1/(1+1/(1))))))'                      }
    {'1+1/(1+1/(1+1/(1+1/(1+1/(1+1/(1+1/(1)))))))'                }
    {'1+1/(1+1/(1+1/(1+1/(1+1/(1+1/(1+1/(1+1/(1))))))))'          }
```

```
{'1+1/(1+1/(1+1/(1+1/(1+1/(1+1/(1+1/(1+1/(1+1/(1)))))))))'}
```

关于本试验的说明：

- 本试验中的两行命令，分别测试了在两种不同赋值方式下，即“正数赋值”和“字符串元胞数组赋值”命令下，对 set.CF 赋值函数的调用。这从一个侧面演示了类方法 set 函数的引入，可使对象属性的赋值更具多样性及灵活性。
- 顺便指出：
  - ◇ 那 CF 属性值是(10×1)字符串元胞数组。它的每个元胞中包含着一个截断连分式(Truncated Continued Fraction)；最后一个连分式称为“10 级截断连分式”。
  - ◇ 这个分子分母完全由数字 1 构成的连分式数列，随截断级数趋向无穷大，那连分式数列以黄金分割数 $\frac{1+\sqrt{5}}{2}\approx 1.6180$ 为极限。

4）编写两个分别处理全值类对象和句柄类对象的函数文件

前面强调了属性赋值函数 set.CF 在全值类定义和句柄类定义中的不同编写方法。下面再编写两个独立于类定义、但以类对象输入量的应用函数。请读者注意：

- 针对被处理对象所属类别的不同，应用函数的输出方式也不同。对于全值类对象而言，其应用函数输出列表中必须有对象变量；但句柄类应用函数，则不必把对象配置为输出量。
- 无论哪类的应用函数的输入列表中，一定要有包含被处理对象变量。

```
% Aexm010703_Vtransfer.m        全值类对象应用函数——实现属性格式转换
function X=Aexm010703_Vtransfer(X,Str)          % 必须以被处理对象变量为输出量          <2>
cf=X.CF;
if iscellstr(cf) % 是否字符串元胞
    W=cellfun(@eval,cf);                          % 逐个计算字符串的值
    cf=num2cell(W);                               % 把计算值保存为元胞数组
end
s=class(cf{end});                                 % 得知元胞中数据的类别
switch Str                                        % 第 2 输入量，只能取 'double' 或 'sym'
    case 'double'
        if~strcmp(s,Str)
            W=cellfun(@double,cf);                % 逐个元胞值转换为双精度
            cf=num2cell(W);
        end
    case 'sym'
        if~strcmp(s,Str)
            W=sym(cf);                            % 把元胞内容转换为符号有理分数
            cf=num2cell(W);
        end
    otherwise
        error('第 2 输入量只能取"double"或"sym"字符串！')
end
X.CF=cf;                                          % 把变换后的元胞数组向 X.CF 赋值
```

```
end


% Aexm010703_Htransfer.m        句柄类对象应用函数——实现属性格式转换
function Aexm010703_Htransfer(X,Str)            % 该应用函数没有输出量             <2>
cf=X.CF;
if iscellstr(cf)
    W=cellfun(@eval,cf);
    cf=num2cell(W);
end
s=class(cf{end});
switch Str
    case 'double'
        if~strcmp(s,Str)
            W=cellfun(@double,cf);
            cf=num2cell(W);
        end
    case 'sym'
        if~strcmp(s,Str)
            W=sym(cf);
            cf=num2cell(W);
        end
    otherwise
        error('第2输入量只能取"double"或"sym"字符串！')
end
X.CF=cf;
end
```

关于以上两个类应用函数的异同说明：

- 这两文件的实质性不同仅发生在第 <2> 行：
  - ◇ 全值类应用函数，配置有与其输入量同名的函数输出量 X。
  - ◇ 句柄类应用函数，没有输出量，而只有用于接受“被处理对象变量”复制的 X 输入量。
- 除第 <1><2> 行外，两个函数文件的代码完全一样。

5）试验三：将对象 CF 属性值转换成“符号有理分式元胞数组”

```
V1 = Aexm010703_Vtransfer(V1,'sym')                                    %   <8>
                    % 调用全值类对象转换函数时，输入输出对象变量名相同
Aexm010703_Htransfer(H1,'sym')                                         %   <9>
                    % 调用句柄类对象转换函数时，有输入对象变量名即可
H1
V1 =
  Aexm010703Value - 属性：
```

```
    CF: {10x1 cell}
H1 =
   Aexm010703Handle - 属性:
    CF: {10x1 cell}

class(V1.CF{10})        % 检测属性元胞中数据的类别
ans =
     'sym'

isequal(V1.CF,H1.CF)   % 检测两个对象的属性值是否相等
ans =
  logical
   1

cellfun(@disp,V1.CF)   % 显示 CF 属性元胞数组中的全部内容                    <13>
1
2
3/2
5/3
8/5
13/8
21/13
34/21
55/34
89/55
```

关于本试验中的命令和结果作如下说明：

- 在命令行 <8> 中，调用 Aexm010703_Vtransfer 函数的输入形参(Input Argument)和输出形参(Output Argument)，都必须是被转换属性格式的全值类对象变量 V1。之所以如此的原因如下：
  - ◇ 对全值类而言，变量与对象是一个整体；原对象连同其变量，经复制操作，就生成一个内涵与原变量内涵完全相同、但在物理上又完全独立的新对象变量。
  - ◇ Aexm010703_Vtransfer 转换函数在接受输入形参 V1 全值对象变量时，经复制操作，生成了一个与 V1 独立的、存活于转换函数工作空间中的对象变量 X。
  - ◇ 该 X 在转换函数工作空间中经过转换处理后，被作为 Aexm010703_Vtransfer 转换函数的输出量复制给调用命令中的输出形参 V1。于是在 MATLAB 基本工作空间中产生了一个经转换处理的新的 V1 对象变量。
  - ◇ 假如 Aexm010703_Vtransfer 转换函数没有把 X 作为输出量，假如调用命令中没有把 V1 作为输出形参，那么，经处理后的对象变量 X1，将随着 Aexm010703_Vtransfer 转换函数的运行结束而消失。因此，MATLAB 基本工作空间中的 V1 也就一定保持原样而不会发生任何改变。
- 在命令行 <9> 中，调用 Aexm010703_Htransfer 函数的命令只有输入形参 H1，而没有

输出形参。这种调用格式之所以适用于句柄类对象，其原因如下：

◇ 对句柄类而言，与变量结成一体的是句柄，而不是对象本身；对原变量进行复制时，复制给新变量的只是句柄；对象本体所存放的内存空间，与任何句柄变量所在工作空间无关；新句柄与原句柄反映对象属性实况的能力相同，用于修改对象属性的能力也相同。

◇ Aexm010703_Htransfer 转换函数在接受输入形参 H1 句柄变量时，经复制操作后，在转换函数工作空间中生成的只是一个与 H1 完全相同的句柄变量 X。

◇ 该 X 变量句柄在转换函数工作空间中被执行转换处理时，与 X 句柄相连的对象本体也就发生相应的变化。

◇ 当转换函数运行结束，X 句柄虽然随之消失，但被修改了的对象本体存在着。并且对象本体所发生的修改，都可被 MATLAB 基本工作空间中的 H1 句柄变量全面准确地反映。

● 行 <13> 命令运行后显示的结果是一个有趣的有理分数数列。该序列相邻分数间满足关系 $\frac{p_{n+1}}{q_{n+1}}=\frac{p_n+q_n}{p_n}$，且 $\lim\limits_{n\to\infty}\frac{p_n}{q_n}=\frac{1+\sqrt{5}}{2}\approx1.6180$。

6）试验四：将对象 CF 属性值转换成“双精度浮点数元胞数组”

```
V1 = Aexm010703_Vtransfer(V1,'double')                                   %   <14>
                         % 调用全值类对象转换函数时，输入输出对象变量名相同
Aexm010703_Htransfer(H1,'double')                                        %   <15>
                         % 调用句柄类对象转换函数时，有输入对象变量名即可
H1
V1 =
  Aexm010703Value - 属性:
    CF: {10x1 cell}
H1 =
  Aexm010703Handle - 属性:
    CF: {10x1 cell}

class(V1.CF{10})
ans =
    'double'

isequal(V1.CF,H1.CF)
ans =
  logical
   1

V1.CF                        % 显示 CF 属性元胞数组中的全部内容                  <19>
ans =
  10×1 cell 数组
    {[     1]}
```

```
{[       2]}
{[1.5000]}
{[1.6667]}
{[1.6000]}
{[1.6250]}
{[1.6154]}
{[1.6190]}
{[1.6176]}
{[1.6182]}
```

关于本试验四的命令代码及显示结果的说明：

- 行 <14><15> 再次展现：调用全值类对象应用函数命令与调用句柄类对象应用函数命令的不同。前者必须有输出形参，而后者则不必配置输出。
- 行 <19> 运行后显示的结果是一个围绕黄金分割数振荡的双精度浮点序列。

说明

- 关于类方法——set 赋值函数的编写和应用方式上如何受对象类别影响的归纳：
  - ◇ 关于类定义中 set 赋值函数编写的差别，请见本例 Aexm010703Value. m 和 Aexm010703Handle. m 文件中的第 <12> 。产生这种差别的缘由，请见那两个类定义文件下的相关说明。
  - ◇ 对象创建时，关于 set 赋值函数如何被对象构造函数调用及运作，请见本例的试验一。
  - ◇ 对象创建后，对象属性被重新赋值时，关于 MATLAB 基本工作空间与 set 赋值函数空间之间的变量传递如何受对象类别影响的描述，请见试验二。
- 关于外部应用程序的编写和调用格式上如何受对象类别影响的归纳：
  - ◇ 关于外部应用程序——属性内容转换函数编写的差别，请见本例 Aexm010703_Vtransfer. m 和 Aexm010703_Htransfer. m 文件第 <2> 行，以及这两个文件后的相关说明。
  - ◇ 关于外部应用程序调用格式上的类别差异，请见试验三的行 <8><9>、试验四的行 <14><15> ，以及试验后的相关解释。
- 本例展示了三种黄金分割数数列，请见试验二行 <7>、试验三行 <13>、试验四行 <19> 的运行结果。

1.7.3　全值类和句柄类适用性差别

全值类和句柄类在定义、对象创建、对象存储、对象赋值、对象拷贝、对象清除等多方面的性状差异，决定了它们不同的应用场合。用户在为解决具体应用项目，进行类及对象的设计时，需要认真考虑全值类和句柄类的性状差异。

在此，需要顺便指出：由于本篇所述内容是对全值类和句柄类都适用的面向对象编程的基本思想、概念、语法和命令，所以，除这第 1.7 节外，本篇其他各章节中示例类定义程序，并没有刻意地对适用类别加以限制。换句话说，对于本篇绝大多数示例类定义而言，不管它是全值类还是句柄类，它们的核心内容对这两类都适用。

1. 全值类的适用场合

在MATLAB的常用内建类中，除图形句柄类外，其他诸如数值类、逻辑类、字符串类、元胞类、构架类、函数句柄类等都是全值类。

根据这些MATLAB内建类的使用特点，可以归纳出用户自定义全值类的适用场合：

- 用户需要定义新的数据结构的场合。比如，为了避免借助“系数行数组”实施多项式的存储和运算，用户可以自定义多项式类。
- 用户需要把运算建筑在数组上的场合。
- 用户需要对独立变量、独立对象进行恒等比较的场合。

2. 句柄类的适用场合

MATLAB的图形系统是采用句柄类设计的。这是MATLAB制造商出于图形必须依赖物理设备显示器的考虑，出于多途径创建和操纵的同一个图形对象的考虑，出于图形图像数据可能需要占据较大存储容量的考虑等。

参照图形系统的设计考虑，用户自定义句柄类的适用场合可归纳如下：

- 涉及物理器件的应用场合，如计算机串口、打印机、音频系统、图视系统等。
- 允许多用户共享，允许多途径操作、多界面复杂交互的场合。
- 需要定义事件、发布事件，需要创建事件侦听类对象的场合。
- 需要应用动态属性(可类对象内动态产生的对象属性)，并需要继承于dynamicprops类(handle类的子类)的场合。
- 需要通过set/get函数接口来执行图形属性访问，并继承于matlab.mixin.SetGet类(handle类的子类)的场合。

1.8 类方法中的数组运算和矩阵运算

在前面章节中，类属性被赋值都是标量，因而涉及属性的运算都是从标量角度出发设计的。然而，数组运算、矩阵运算是MATLAB区别于其他程序语言的标志性特征。下面将通过示例展示：当类的属性值为数组(或矩阵)时，如何设计处理属性的类方法。

例【1.8-1】 本例演示：一类属性取值为数组或矩阵的标量对象的类定义、类方法设计；这类对象间数组乘、矩阵乘算符的重载；这类对象显示方法的设计。

1) 采用独立M函数文件编写类定义Aexm010801

编写类定义及方法之前，首先要在MATLAB当前文件目录或搜索路径目录上创建一个类文件夹@Aexm010801。该类文件夹包括四个文件：类定义文件Aexm010801.m、显示方法文件disp.m、矩阵乘运算方法文件mtimes.m、数组乘方法文件times.m。详细如下：

```
% Aexm010801.m      采用数组运算和矩阵运算的类定义                    <1>
classdef Aexm010801  <handle                                   %   <2>
    properties
        Z                                  % 允许赋复数 2 维数组
    end
```

```
    properties(Dependent)
        M                                      % 复数的模
        A                                      % 复数的幅角
    end
    methods
        function X=Aexm010801(cv)                                          %    <11>
            if nargin> 0
                X.Z=cv;
            end
        end
        function ww=get.M(obj)
            ww=abs(obj.Z);                     % abs 服从数组运算规则
        end
        function ww=get.A(obj)
            ww=angle(obj.Z)*180/pi;            % angle 服从数组运算规则
        end
    end
end

% disp.m                 显示方法文件
function disp(X)
    [m,n]=size(X.Z);                           % 获取 2 数组的规模数据
    for ii=1:m
        for jj=1:n
            if jj <n
                fprintf('%.2f%s%.2f%s',X.M(ii,jj),char(8736),...
                X.A(ii,jj),[char(176),blanks(5)])  % 显示元素并间隔 5 空格          <8>
            else
                fprintf('%.2f%s%.2f%s\n',X.M(ii,jj), char(8736),...
                X.A(ii,jj),char(176))               % 显示最后元素并换行           <11>
            end
        end
    end
end

% mtimes.m              矩阵乘运算方法文件
function X3=mtimes(X1,X2)
    if isa(X1,'double')
        X3=Aexm010801(X1*X2.Z);                % * 是矩阵乘算符
    elseif isa(X2,'double')
        X3=Aexm010801(X1.Z*X2);
    else
        X3=Aexm010801(X1.Z*X2.Z);
```

```
    end
end

% times.m                数组乘运算方法文件
function X3=times(X1,X2)
    if isa(X1,'double')
        X3=Aexm010801(X1.*X2.Z);      % .* 是数组乘算符
    elseif isa(X2,'double')
        X3=Aexm010801(X1.Z.*X2);
    else
        X3=Aexm010801(X1.Z.*X2.Z);
    end
end
```

2）试验一：创建属性值为数组的对象

运行以下命令，创建两个属性值为二维复数数组的对象。

```
rng default
y1 = rand(3,3) + 1j * rand(3,3);y2 = rand(3,3) - 1j * rand(3,3);
Y1 = Aexm010801(y1),Y2 = Aexm010801(y2)
```

```
Y1 =
1.26∠49.82°      1.32∠46.34°      0.31∠27.00°
0.92∠9.87°       0.80∠37.51°      0.69∠37.64°
0.98∠81.55°      0.81∠83.05°      1.32∠43.72°
Y2 =
0.88∠-26.34°     0.71∠-87.10°     0.68∠-3.89°
1.16∠-34.34°     0.85∠-1.15°      0.76∠-7.30°
0.68∠-14.63°     0.97∠-16.51°     1.11∠-47.94°
```

3）试验二：执行矩阵乘方法

```
Y31 = diag([1,2,3]) * Y2       % 双精度矩阵与对象(属性)矩阵乘
Y32 = Y1 * Y2                  % 对象(属性)与对象(属性)矩阵乘
```

```
Y31 =
0.88∠-26.34°     0.71∠-87.10°     0.68∠-3.89°
1.32∠-34.34°     1.70∠-1.15°      1.53∠-7.30°
2.03∠-14.63°     2.92∠-16.51°     3.33∠-47.94°

Y32 =
1.85∠16.50°      1.84∠9.33°       2.05∠33.51°
1.14∠0.10°       1.32∠0.03°       1.92∠7.03°
1.65∠44.63°      2.29∠31.91°      2.09∠33.15°
```

4）试验三：执行数组运算

```
Y31 = diag([1,2,3]).* Y2       % 双精度数组与对象(属性)数组乘
```

```
Y32 = Y1. * Y2                    % 对象(属性)与对象(属性)数组乘

Y31 =
0.88∠-26.34°        0.00∠0.00°         0.00∠0.00°
0.00∠0.00°          1.70∠-1.15°        0.00∠0.00°
0.00∠0.00°          0.00∠0.00°         3.33∠-47.94°

Y32 =
1.12∠23.48°         0.94∠-40.76°       0.21∠23.11°
1.07∠-24.47°        0.68∠35.36°        0.53∠30.34°
0.66∠67.92°         0.79∠66.54°        1.47∠-4.21°
```

5) 试验四:具有数组或矩阵属性值的标量对象

```
sp = size(Y1.Z)                  % 获知 Z 属性值的规模
so = size(Y1)                    % 获知 Y1 对象的规模

sp =
     3     3

so =
     1     1
```

说明

- 本例用于强调:属性值可取数组或矩阵是 MATLAB 面向对象编程与其他程序语言面向对象编程的特征性区别。读者在编写面向对象的应用程序时,应充分利用 MATLAB 固有的特点和优势。
- 关于本例的试验三和四运行命令中算符的说明:
  ◇ "*"和". *"是 MATLAB 内建数据运算的矩阵乘算符和数组乘算符。在此,这两个算符分别采用重载的方法函数 mtimes 和 times 执行。
  ◇ MATLAB 命令解析器在遇到运算表达式时,先检测数据类型;当检测到运算数据中优先级别最高的数据(比如本例 Aexm010801 对象)时,就调用该对象所属类的相应方法(比如本例 Aexm010801 类的方法 times 和 mtimes)。
  ◇ 关于运算重载的更多叙述,请见 A 篇的第 3 章。
- 本例设计试验四的目的:
  ◇ 向读者强调,本例 Z 属性值取数组或矩阵的 Y 对象本身是标量,即对象本身的规模为 1×1。在某些应用场合,这种类型的对象不仅非常适用,而且设计比较简单。
  ◇ 包含多个对象的数组,称为对象数组。关于对象数组的叙述,请看下章。

第 2 章

对象数组

MATLAB 所有的内建数据都是以数组形式组织的，MATLAB 的内建函数中的许多运算也是建立在数组基础上的。因此，读者在使用 MATLAB 开发面向对象的程序时，就不可避免地遇到对象数组问题。本章就是为解决此问题而设立的。

本章分三节。它们分别阐述：对象数组的构成和创建；对象数组的编址和寻访；对象数组操作和特殊对象数组的生成。

2.1 对象数组的构成和创建

除特别注明外，本节讨论仅限于由同类标量对象构成的二维对象数组。

2.1.1 对象数组基础

二维对象数组与二维双精度数值数组十分相似。两者的唯一差别是：对象数组的元素是标量对象，而双精度数值数组的元素是双精度标量。

二维对象数组是由同类标量对象沿着行和列两个维度方向排列而成的矩形阵列。这种数组的维度、规模、长度、总元素数可由以下 MATLAB 命令获知。

D＝ndims(A)	获知对象数组 A 的维(度)数
Sz＝size(A)	获知对象数组 A 的各维度的规模
L＝length(A)	获知对象数组 A 的最大维度规模值，即长度(空数组长度为 0)
N＝numel(A)	获知对象数组 A 所含标量对象的总数

2.1.2 小规模对象数组的方括号创建法

假若用户需要创建的对象数组的规模比较小，或假如用户需要把已经存在的零散的标量对象组合成数组，那么使用方括号、逗号、分号等符号进行组织，也许是最方便的。方括号、逗号、分号等符号的功能和用法，与它们在创建双精度数组时的用法完全相同。

下面以示例形式展开表述。

例【2.1－1】 创建类定义文件，使其能创建标量极坐标形式的复数对象，并能显示对象数组。本例用于：演示创建对象数组的方括号法；演示 MATLAB 内建的方括号、逗号、分号等同样可用于对象数组的创建；验证 MATLAB 内建的 ndims、size、length、numel 等数组结构信息获取命令同样适用于本例对象数组。

1) 编写类定义文件 Aexm020101

Aexm020101 类定义可以由 Aexm010801.m 修改而得到。具体步骤如下：

- 在 MATLAB 当前文件夹或搜索路径上的文件夹上创建新文件夹@Aexm020101。采取这种处理方式，是为了方便此后扩充类方法独立文件。

- 把@Aexm010801 文件夹上的 Aexm010801.m 复制到@Aexm020101 文件夹。
- 在@Aexm020101 文件夹上，把 Aexm010801.m 文件名修改为 Aexm020101.m。
- 在新命名的 Aexm020101.m 文件中：
  ◇ 把第 <1><2><11> 行中 Aexm010801 修改为 Aexm020101；
  ◇ 将第 <4> 行中的 Z 修改为 Z=0；
  ◇ 保存修改后的文件，形成如下所示 Aexm020101.m。

```
% Aexm020101.m                          标量对象类定义                    <1>
classdef Aexm020101 < handle                                        %  <2>
    properties
        Z=0;                                % 允许赋复数
    end
    properties(Dependent)
        M                                   % 复数的模
        A                                   % 复数的幅角
    end
    methods
        function X=Aexm020101(cv)                                   %  <11>
            if nargin> 0
                X.Z=cv;
            end
        end
        function ww=get.M(obj)
            ww=abs(obj.Z);
        end
        function ww=get.A(obj)
            ww=angle(obj.Z) * 180/pi;
        end
    end
end
```

2）试验一：创建 6 个独立的标量对象

```
rng default                                 % 为以下结果可重复而设
R = rand(2,3) + 1j * rand(2,3);             % 产生 6 个随机数
a = Aexm020101(R(1,1));b = Aexm020101(R(1,2));      % 创建标量对象
c = Aexm020101(R(1,3));d = Aexm020101(R(2,1));
e = Aexm020101(R(2,2));f = Aexm020101(R(2,3));
a                                           % 显示标量对象 a
```

```
a =
  Aexm020101 - 属性：

    Z: 0.8147 + 0.2785i
    M: 0.8610
```

```
    A：18.8720
```

3）试验二：利用方括号、逗号、分号，把标量对象组合成(2×3)对象数组

```
A = [a,b,c;d e f]      % 把标量对象组织成 2 * 3 数组；并采用默认提供的显示方法
                       % 标量对象必须都放在方括号内
                       % 数组元素之间用"逗号或空格"分隔
                       % 数组行与行之间用"分号或回车"分隔

A =
  2×3 Aexm020101 数组 - 属性：

    Z
    M
    A
```

4）试验三：采用 MATLAB 提供的默认格式显示对象数组元素和子数组

```
A(2,3)                    % 单元素对象的显示

ans =
   Aexm020101 - 属性：

    Z：0.0975 + 0.9706i
    M：0.9755
    A：84.2613

A(:,1:2)                 % 第 1、2 两列元素构成的子对象数组的显示

ans =
  2×2 Aexm020101  数组 - 属性：

    Z
    M
    A

A([3,6])                 % 第 3、第 6 个元素对象构成的"行数组"显示

ans =
  1×2 Aexm020101 数组 - 属性：

    Z
    M
    A
```

5）试验四：利用 M 命令获取数组的类别、维数、规模、长度、总元素数

```
cl = class(A)            % A 数组的类别
```

```
nd = ndims(A)             % A对象数组的维数
sz = size(A)              % A对象数组的规模
lz = length(A)            % A对象数组的长度
N = numel(A)              % A对象数组所含对象总数

cl =
    'Aexm020101'
nd =
     2
sz =
     2     3
lz =
     3
N =
     6
```

6）为 Aexm020101 类编写专门的数组显示方法文件 disp.m

为使 Aexm020101 对象数组的显示与双精度数组相类同，特编写专门的显示方法文件。该显示方法文件可由@Aexm010801 文件夹上 disp.m 文件修改而得。具体步骤如下：

- 把@Aexm010801 文件夹上的 disp.m 文件复制到@Aexm020101 文件夹上。
- 根据显示对象数组的需要，对复制过来的 disp.m 文件作如下修改：
  - ◇ 把原文件第 <7><8><10><11> 行中的 X.M(ii, jj)和 X.A(ii, jj)分别修改为 X(ii, jj).M 和 X(ii, jj).A。
  - ◇ 保存修改后的文件，形成如下的 disp.m。

```
% disp.m                              为对象数组重载的显示方法文件
function disp(X)
    [m,n]=size(X);                                  % 获取对象数组的规模数据
    for ii=1:m
        for jj=1:n
            if jj < n
                fprintf('%.2f%s%.2f%s',X(ii,jj).M,char(8736),...
                X(ii,jj).A,[char(176),blanks(5)])      % 显示元素并间隔5空格        <8>
            else
                fprintf('%.2f%s%.2f%s\n', X (ii,jj).M, char(8736),...
                X(ii,jj).A,char(176))              % 显示最后元素并换行          <11>
            end
        end
    end
end
```

7）试验五：采用由 disp.m 重载的方法显示对象数组

为 Aexm020101 类添加专门的数组显示方法函数 disp，导致内存中已经加载的 Aexm020101 类与实际不相符，为了能正确地调用本例第六部分编写的 disp 方法函数，并进行试验五，需首先清除内存中的所有类和对象，然后重复本例第二和第三部分，这里不再赘述。

```
A                              % 整个对象数组的“阵列形”显示

A =
0.86∠18.87°      0.97∠82.45°      0.65∠14.00°
1.06∠31.12°      1.33∠46.57°      0.98∠84.26°

A(2,3)                         % 单元素对象的显示

ans =
0.98∠84.26°

A(:,[1,2])                     % 第1、2两列元素构成子数组的“阵列形”显示

ans =
0.86∠18.87°      0.97∠82.45°
1.06∠31.12°      1.33∠46.57°

A([3;6])                       % 第3、第6元素对象的“列形”显示

ans =
0.97∠82.45°
0.98∠84.26°
```

说明

- 试验二和试验三表明：假如用户没有在类定义中编写专门的 disp 显示方法，那么 MATLAB 将以默认的格式显示对象数组。在这种情况下，除标量对象外，只显示对象数组的规模大小和对象所具有的属性名称。
- 试验二和试验五展示了对象数组、子数组的默认格式显示和重载“阵列形”显示之间的差别，以及元素对象的双下标编址寻访和单序号编址寻访的使用。
- 试验四验证了 MATLAB 内建的获取数组结构参数命令，同样适用于用户自建的对象数组。
- 请读者充分注意本例 Aexm020101 类定义显示方法 disp.m 的第 <7><8><10> <11> 与上节最后示例中 Aexm010801 类定义显示方法 disp.m 相应行代码的不同。
- 值得指出的是，假如读者发现 ndims、size、length、numel 等获取数组结构信息命令的缺省表现与自己所编对象数组的情况不符，那么就应该采用重载技术，自己编写类方法。

2.1.3 对象数组的外循环创建法

若使用上节介绍的方括号组织法创建较大规模的对象数组，就会显得很冗杂繁琐。本节将介绍一种适于创建任意规模对象数组的外循环法。

假设要求创建对象 Obj 的($m \times n$)二维对象数组 B，且对象 Obj 的属性为 Z，那么使用外循环法创建该数组的具体步骤如下：

- 利用 MATLAB 提供的默认配置格式 B(m, n) = Obj(c)，创建一个($m\times n$)规模的预配置对象数组 B。
- 借助类定义文件外的循环代码向 B 数组各元素元素对象的属性 B(ii, jj). Z 进行赋值，从而生成满足要求的对象数组。
- 对象数组的外循环创建法，只要求类定义中的构造函数能创建标量对象。

为了叙述方便，下面的内容以示例形式展开。

例【2.1-2】 采用外循环法创建一个各元素对象属性值与例 2.1-1 中 A 数组对应元素对象属性值完全相同的对象数组 B。本例目的：演示生成预配置对象数组的命令；解释对象数组预配置运作机理；演示预配置对象数组的应用；外循环法向个元素对象属性赋值。

1) 编写 Aexm020102 的类定义文件

专门定义 Aexm020102 类，是出于本书类文件归档的需要以及方便读者查阅，而 Aexm020102 类定义文件的实质内容与 Aexm020101 完全一样，不同的仅仅是类的名称。Aexm020102 类定义的具体生成步骤如下：

- 在 MATLAB 当前文件夹或搜索路径上的文件夹上创建新文件夹@Aexm020102。
- 把@Aexm020101 文件夹上的 Aexm020101. m 和 disp. m 复制到@Aexm020102 文件夹。
- 在@Aexm020102 文件夹上：
  - ◇ disp. m 文件无须进行任何修改；
  - ◇ 把 Aexm020101. m 文件名修改为 Aexm020102. m；
  - ◇ 打开新改名的 Aexm020102. m 文件，将其第 <1><2><11> 行中的 Aexm020101 修改为 Aexm020102。
  - ◇ 保存修改后的文件，便可得到如下所示的本例的类定义文件 Aexm020102. m。

```
% Aexm020102.m                          标量对象类定义文件                    <1>
classdef Aexm020102 < handle                                             %   <2>
    properties
        Z=0;                            % 设置属性缺省值为 0                  <4>
    end
    properties(Dependent)
        M                               % 复数的模
        A                               % 复数的幅角
    end
    methods
        function X=Aexm020102(cv)                                        %   <11>
            if nargin> 0
                X.Z=cv;
            end
        end
        function ww=get.M(obj)
            ww=abs(obj.Z);
        end
```

```
        function ww=get.A(obj)
            ww=angle(obj.Z) * 180/pi;
        end
    end
end
```

2) 试验一：快速创建默认格式的(2×3)规模对象数组

```
clear classes all                  % 清空以往生成的所有类对象和变量
B(2,3) = Aexm020102(1)             % 生成预配置数组                        <2>
```

```
B =
0.00∠0.00°     0.00∠0.00°     0.00∠0.00°
0.00∠0.00°     0.00∠0.00°     1.00∠0.00°
```

3) 试验二：借助类定义文件外的循环代码生成本例要求的对象数组

```
rng default                          % 为以下结果可重复而设
R = rand(2,3) + 1j * rand(2,3);      % 产生6个随机数
for ii = 1:2
    for jj = 1:3
        B(ii,jj).Z = R(ii,jj);       % 逐个向元素对象属性赋值
    end
end
B
```

```
B =
0.86∠18.87°     0.97∠82.45°     0.65∠14.00°
1.06∠31.12°     1.33∠46.57°     0.98∠84.26°
```

说明

- MATLAB按默认格式预配置对象数组的运作机理

  按MATLAB默认设定，本例试验一 B(2,3)=Aexm020102(1)命令的执行过程如下。

  ◇ 第一步：以有输入格式 Aexm020102(1)调用构造函数，使标量对象Z属性被赋值为1，并把由此生成的标量对象赋予B对象数组中单序号最大的那个元素。对本试验而言，最大序号为6，具有最大序号6的元素就是B(2,3)。

  ◇ 第二步：MATLAB会自动地以无输入格式 Aexm020102( )再次调用构造函数。在这次调用中（由 Aexm020102.m 文件代码决定），生成Z属性取缺省值0的标量对象。

  ◇ 第三步：MATLAB会自动将刚生成的属性值为0的标量对象，复制到除B(2,3)外的A数组所有其他元素，也就是复制到从第1到第5的所有5个元素中，从而生成的(2×3)对象数组B。

- 值得指出：

  ◇ 关于对象数组预配置的解释，虽是以(2×3)数组为例给出的，但其运作机理具有普遍意义。

◇ 据对象数组预配置机理可知，MATLAB 在预配置过程中，一定会以“无输入格式”调用对象构造函数。因此，当用户编写类定义时，一定要使自编构造函数适应“无输入格式”的调用。

● 预配置对象数组的应用：

◇ 用户可按需要重新设置所生成的预配置数组的属性，从而获得需要的对象数组（请参见本例试验二）。

◇ 当使用构造函数内循环法构造所需对象数组时，随着循环的执行，数组要求内存不断扩展，造成运行时间的额外消耗。这种消耗对大规模数组尤为严重。假如在循环法生成所需对象数组之前，先产生一个预配置对象数组，那么就可以避免循环导致的数组扩展，从而降低运行时间的额外消耗。（请参看例 2.1-3）

◇ 预配置对象数组有时也可用来生成某些特殊数组。比如，若把试验一第 <2> 条命令修改为 B(2,3)＝Aexm020102( )，那么生成的预配置对象数组的 Z 属性值将全为 0。又如，若把类定义文件 Aexm020102.m 第 <4> 行的 Z＝0 改成 Z＝1，再运行 B(2,3)＝Aexm020102( )，那么生成的预配置对象数组的 Z 属性值将全为 1。

2.1.4　对象数组的 deal 属性赋值创建法

此前介绍的对象数组创建方法，各元素对象的属性值都由逐个赋值而产生。本节将要介绍借助 deal 命令的如下命令格式，实现对象数组属性的“批”赋值。

[A.Z]＝deal(C{:})　　把 C 元胞数组元素内容分赋给 A 对象数组元素的 Z 属性

[A(SI).Z]＝deal(arg1,...,argK)　把 K 个输入分赋给 SI 指定的 A 对象数组元素的属性

[A(SI).Z]＝deal(Arg)　　把单输入 Arg 分赋给 SI 指定的 A 对象数组元素的属性

说明

● 以上格式中，赋值号左边的方括号是必不可少的。

● 在格式一中，C 元胞数组中的元素总数必须与 A 对象数组的元素总数相等。

● 在格式二中，deal 命令的输入量总数 K 必须与 SI 指定的 A 对象数组的元素数相等。

● 在格式三中，输入量 Arg 可以是标量或数组。

● SI 用于指定对象元素的位置。它既可采用全下标编址形式，也可采用单序号编址形式。

例【2.1-3】　本例演示：由 deal 命令的 3 种调用格式所实现的对象数组属性赋值批处理法。

1）试验准备：产生（2×3）复数均匀分布随机数组（可与例 2.1.1、2.1.2 比较）

```
rng default                        % 为以下结果可重复而设
R = rand(2,3) + 1j * rand(2,3)     % 产生 2 * 3 随机数组
A(2,3) = Aexm020102(0)             % 生成 2 * 3 预配置对象数组
```

```
R =
   0.8147 + 0.2785i   0.1270 + 0.9575i   0.6324 + 0.1576i
   0.9058 + 0.5469i   0.9134 + 0.9649i   0.0975 + 0.9706i
A =
```

```
0.00∠0.00°     0.00∠0.00°     0.00∠0.00°
0.00∠0.00°     0.00∠0.00°     0.00∠0.00°
```

2）试验一：借助 deal 把元胞数组元素内容批处理地赋值给对象数组各元素的属性

```
C = mat2cell(R,[1,1],[1,1,1])      % 把 R 数组元素分配给 2 行 3 列的元胞数组
[A.Z] = deal(C{:})                 % 把 C 元胞数组元素逐个分配给 A 对象数组的 Z 属性
```

```
C =
  2×3 cell  数组
    {[0.8147 + 0.2785i]}    {[0.1270 + 0.9575i]}    {[0.6324 + 0.1576i]}
    {[0.9058 + 0.5469i]}    {[0.9134 + 0.9649i]}    {[0.0975 + 0.9706i]}
A =
0.86∠18.87°     0.97∠82.45°     0.65∠14.00°
1.06∠31.12°     1.33∠46.57°     0.98∠84.26°
```

3）试验二：借助 deal 把多个输入批处理地分赋给对象数组相应元素的属性

```
[A(1:3).Z] = deal(1,2,3)           % 把 3 个输入按序分赋给制定的元素对象属性
```

```
A =
1.00∠0.00°     3.00∠0.00°     0.65∠14.00°
2.00∠0.00°     1.33∠46.57°     0.98∠84.26°
```

4）试验三：借助 deal 把标量单输入批处理地分赋给对象数组相应元素的属性

```
[A(3:end).Z] = deal(NaN)           % 把单标量输入量同时赋给指定的元素对象的属性
```

```
A =
1.00∠0.00°     NaN∠NaN°     NaN∠NaN°
2.00∠0.00°     NaN∠NaN°     NaN∠NaN°
```

5）试验四：借助 deal 把数组单输入批处理地分赋给对象数组相应元素的属性

```
[A(:,3).Z] = deal(eye(2));         % 把 2*2 数组同时赋给第 3 列元素对象的属性
disp(' A(1,3).Z = '),disp(A(1,3).Z)
disp(' A(2,3).Z = '), disp(A(2,3).Z)
```

```
 A(1,3).Z =
     1     0
     0     1
 A(2,3).Z =
     1     0
     0     1
```

2.1.5 对象数组的内循环创建法

前面介绍的对象数组方括号创建法、外循环创建法以及 deal 属性赋值创建法具有一个共同特点：只要求类定义中的构造函数能生成标量对象即可。在下面介绍的对象数组内循环创建法中，类定义构造函数内含循环结构。当构造函数的输入为数值数组时，借助内循环就可直接生成同规模的对象数组。

为了便于叙述，本节内容以示例形式展开。

例【2.1-4】 采用元素对象的直接生成法创建各元素对象属性值与例 2.1-2 中 B 数组对应元素对象属性值完全相同的对象数组 C。

1）编写执行内循环法的类定义 Aexm020104

该类定义由存放在@Aexm020104 文件夹上的 Aexm020104.m、disp.m 两个独立方法文件组成。Aexm020104 类定义的组织编写步骤如下：

- 在 MATLAB 当前文件夹或搜索路径上的文件夹上创建新文件夹@Aexm020104。
- 把@Aexm020102 文件夹上的 Aexm020102.m 和 disp.m 复制到@Aexm020104 文件夹。
- 在@Aexm020104 文件夹上，把 Aexm020102.m 文件名修改为 Aexm020104.m。
- 对新命名 Aexm020104.m 文件作如下修改：
  - ◇ 把原文件第 <1><2><11> 行中 Aexm020102 修改为 Aexm020104；
  - ◇ 把原文件构造函数体内的第 <12><13><14> 行命令进行改写，使它能实施逐个元素对象属性的赋值。修改后的构造函数体内代码，请参看下列 Aexm020104.m 文件第 <12> 到 <20> 行。
  - ◇ 保存修改后的文件，形成如下所示的 Aexm020104.m。
- 复制获得的 disp.m 文件无需修改。

```
% Aexm020104.m          采用数组运算和矩阵运算的类定义                <1>
classdef Aexm020104 < handle                                      % <2>
    properties
        Z=0;                            % 复数
    end
    properties(Dependent)
        M                               % 复数的模
        A                               % 复数的幅角
    end
    methods
        function X=Aexm020104(cv)       % 构造函数                    <11>
            if nargin > 0
                [m,n]=size(cv);         % 获取输入量 cv 数组的规模     <13>
                X(m,n)=Aexm020104();    % 待建对象数组的预配置         <14>
                for ii=1:m              % 内循环首行                  <15>
                    for jj=1:n
                        X(ii,jj).Z=cv(ii,jj);  % 向元素对象的属性赋值  <17>
                    end
                end                     % 内循环尾行                  <19>
            end
        end
        function ww=get.M(obj)
            ww=abs(obj.Z);
```

```
            end
            function ww=get.A(obj)
                ww=angle(obj.Z) * 180/pi;
            end
        end
end
```

2)试验:由输入的(2×3)复数数组生成(2×3)对象数组

```
rng default                          % 为以下显示结果可重现而设
R = rand(2,3) + 1j * rand(2,3);      % 生成 2 * 3 双精度类复数数组
C = Aexm020104(R)                    % 直接创建 3 * 3 极坐标形式复数对象数组
```

```
C =
0.86∠18.87°     0.97∠82.45°     0.65∠14.00°
1.06∠31.12°     1.33∠46.57°     0.98∠84.26°
```

说明

- 关于内循环法的特点说明:
  - ◇ 在内循环法中,创建对象数组的关键代码是 Aexm020104.m 第 <15> 到 <19> 行的循环结构。换句话说,实现对象数组预配置的第 <14> 行命令的有无,并不影响对象数组的正确创建。
  - ◇ 在内循环法中,Aexm020104.m 第 <14> 行对象数组预配置的作用,仅仅在于减少循环过程中因数组扩展而产生的额外运行时间消耗。
  - ◇ 再次强调:类定义构造函数中内循环的作用是,把输入的数值数组的每个元素分赋给各元素对象的 Z 属性,从而生成与输入数组规模相同的对象数组。而外循环法的类定义中,使用的是创建标量对象的构造函数。
- 再次强调:与内循环法不同,外循环法中的对象数组预配置则是必不可少的。

2.1.6 对象数组的编址赋值创建法

在 MATLAB 中有一条编址赋值规则:若赋值表达式左边(Left - Hand - Side)是一个已经存在的变量(简称 LHS 变量)的编址元素表达形式,那么不管赋值表达式右边(Right - Hand - Side)的数据(简称 RHS 数据)类型是否与 LHS 类型相同,该命令运行后的 LHS 变量仍保持其原类型不变。

更具体地说,假设有 Class1 类的对象 Obj1 和 Class2 类的对象 Obj2,并假设运行以下命令

```
A=Obj1;              % 使 A 成为 Class1 类的对象变量
A(2,3)=Obj2;         % 向 A 的第 2 行第 3 列编址元素赋以 Class2 类的 Obj2
```

那么,生成的(2×3)数组 A 一定是 Class1 类的对象数组,不管 Class2 与 Class1 的类型是否相同。

编址赋值法能否创建用户所需的对象数组,取决于以下两个要素:

- LHS 变量必须是已经存在的,且 LHS 变量的表达形式必须是"编址表达形式"。
- Class1 类定义中的构造函数是否能以 Obj2 数据为输入,创建出相应的对象标量或

数组。

为更好地展示编址赋值创建法，下面采用具体示例叙述。

【例2.1-5】 本例采用两个具有不同类定义构造函数的 Aexm020102 和 Aexm020104 进行试验。其中，Aexm020102 构造函数，不管输入量是标量还是数组，只能创建标量对象；而 Aexm020104 构造函数则能生成与输入量规模相同的对象数组。本例演示：已存对象编址单元素被赋“双精度标量”；已存对象编址多元素被赋“双精度标量”；已存对象编址多元素被赋“同规模双精度数组”。

1）试验准备：先创建3个标量对象

```
clear classes all
A = Aexm020102(j)          % 创建 Aexm020102 标量对象 A
B = Aexm020104(2 * j)      % 创建 Aexm020104 标量对象 B
C = Aexm020104(3 * j)      % 创建 Aexm020104 标量对象 C
```

```
A =
1.00∠90.00°
B =
2.00∠90.00°
C =
3.00∠90.00°
```

2）试验一：采用编址赋值法，向“单个”编址对象元素赋以“双精度标量”

由于 Aexm020102 和 Aexm020104 的类定义构造函数都能接受标量双精度输入而生成标量对象，所以以下3个赋值命令都能给出正确结果。

```
A(4) = -j                  % 赋值号左边是对象，而右边是双精度
B(4) = -2 * j              % 情况同上
C(2,3) = -3 * j            % 情况同上，但编址采用“双下标”
class(A)                   % 检验 A 的类别
```

```
A =
1.00∠90.00°    0.00∠0.00°    0.00∠0.00°    1.00∠-90.00°
B =
2.00∠90.00°    0.00∠0.00°    0.00∠0.00°    2.00∠-90.00°
C =
3.00∠90.00°    0.00∠0.00°    0.00∠0.00°
0.00∠0.00°    0.00∠0.00°    3.00∠-90.00°
ans =
    'Aexm020102'
```

3）试验二：Aexm020102 对象数组 A 的多个编址元素的赋值

```
A(2:3) = 1                 % 向多个编址对象元素赋“标量”双精度值 1。
                           % 使第 2 第 3 对象元素的 Z 属性取值都为 1
```

```
A =
```

```
1.00∠90.00°      1.00∠0.00°      1.00∠0.00°      1.00∠-90.00°

A(2:3) = [2,3]              % 向 Aexm020102 对象的 2 个元素赋“二元双精度数组”,
                            % 使第 2 第 3 对象元素的 Z 属性值都成为数组[2,3]。
                            % 这导致错误的显示结果

A =
1.00∠90.00°     2.00     8736.00  176.00      2.00     8736.00  176.00      1.00∠-90.00°

A(2:3).Z                    % 验证观察第 2 第 3 对象元素的 Z 属性值

ans =
     2     3
ans =
     2     3
```

4）试验三：Aexm020104 对象数组 B、C 的多个编址元素的赋值

```
B(2:3) = 2                  % 对象 B 的 2 个单序号编址元素都被赋于 2
C(1:2,2) = 3                % 对象 C 的 2 个双下标编址元素都被赋于 3

B =
2.00∠90.00°      2.00∠0.00°      2.00∠0.00°      2.00∠-90.00°
C =
3.00∠90.00°      3.00∠0.00°      0.00∠0.00°
0.00∠0.00°      3.00∠0.00°      3.00∠-90.00°

B(2:3) = [2,3]              % 对象 B 的 2 个单序号编址元素分别被赋于 2 和 3
C(1:2,2) = [2,3] * j        % 对象 C 的 2 个双下标编址元素分别被赋于 2 * j 和 3 * j

B =
2.00∠90.00°      2.00∠0.00°      3.00∠0.00°      2.00∠-90.00°
C =
3.00∠90.00°      2.00∠90.00°      0.00∠0.00°
0.00∠0.00°      3.00∠90.00°      3.00∠-90.00°
```

5）试验四：已存 LHS 变量必须采用编址格式，才能实现类别转换

```
C(:) = [1,2,3;4,5,6]        % 向所有编址元素赋“同规模”数值数组
class(C)                    % 可检测到 C 是 Aexm020104 类

C =
1.00∠0.00°      2.00∠0.00°      3.00∠0.00°
4.00∠0.00°      5.00∠0.00°      6.00∠0.00°
ans =
    'Aexm020104'
```

6）试验五：已存 LHS 变量若不采用编址形式表达，则该变量将与被赋数据同类

```
C=[1,2,3;4,5,6]              % 原存变量被清除，再生成双精度类的变量 C
class(C)                     % 可检测到 C 是双精度类

C =

     1     2     3
     4     5     6
ans =
    'double'
```

2.2　对象数组的编址和寻访

2.2.1　对象数组的编址

对于数组中元素位置进行得识别标记，就称为对数组编址。最常见的编址方式有“全下标编址”和“单序号编址”。无论采用哪种编址方式，都应确保数组中每个元素都有自己独一无二的地址，以便对实施对数组元素的寻访和赋值。

- MATLAB 中任何数据类型的数组统一采用的编址
  - ◇ 全下标编址

    所谓“全下标”是指，对于 K 维数组就使用 K 个下标。下标数字大小表示先后次序。比如 2 维数组就有 2 个下标，(i,j)用于数组第 i 行第 j 列位置上的元素，$(:,j)$表示第 j 列上的全部元素。
  - ◇ 单序号编址

    以 2 维数组为例，序号从(1,1)元素开始，沿第 1 列向下排序直到该列最后一个元素；然后，再从第 2 列向下继续排序；以此类推，直到最后一个元素。
- 全下标编制和单序号编址也完全适用于用户创建的对象数组。

2.2.2　对象数组的元素对象寻访

元素对象寻访是指按照所给的地址或条件寻找相应的元素对象和子数组对象。寻访的目的或为了显示观察那些元素对象、子数组对象，或为了获取它们内含的信息，或为了向它们赋值，或为了对它们执行其他操作。与 MATLAB 双精度数值数组的寻访一样，对象数组的元素对象寻访也有两种基本方法：按编址寻访和按条件寻访。

(1) 按编址寻访

在事先知道被操作元素编址的前提下，可采用全下标或单序号编址进行寻访。

- 若采用全下标编址，那么寻访所得的元素位置一定呈“矩形网点”分布。请参看示例 2.1-5 的试验一和三。
- 若采用单序号编址，那么寻访所得的元素位置可以呈任意形状分布。请参看示例 2.1-5 的试验一和三。

(2) 按条件寻访

若事先不知道被寻访元素的编址，但知道被寻访元素应满足的条件，那么就应采用所谓的

条件寻访。寻访步骤为

- 根据给定条件，生成与A对象数组规模相同的L逻辑数组。
- 采用A(L)的格式，可找到L逻辑数组中逻辑值1对应的元素对象。

例【2.2-1】 本例演示：如何编写全下标、如何编写单序号、如何产生满足条件的逻辑数组；如何借助编址寻访和条件寻访，获取对象数组的对象子数组，及向对象子数组赋值；如何用"方括号"组织对象数组属性值。

1）创建供试验用的对象数组

利用Aexm020104类定义创建对象。

```
clear classes all                       % 清空内存中的所有类对象、所有变量
rng default                             % 确保以下试验结果可重现
R = randn(2,3) + 1j * randn(2,3);      % 产生2*3的正态分布随机数组
A = Aexm020104(R)                       % 创建Aexm020104对象的2*3数组

A =
0.69∠-38.88°      4.23∠122.26°      1.39∠-76.71°
1.87∠10.58°       2.90∠72.71°       3.30∠113.31°
```

2）试验一：按元素编址寻访并获取

```
a1 = A(2,2)                             % A的第2行第3列元素对象(双下标寻访)

a1 =
2.90∠72.71°

a2 = A(:,[1,3])                         % A第1和3列元素构成的子对象数组(双下标寻访)

a2 =
0.69∠-38.88°      1.39∠-76.71°
1.87∠10.58°       3.30∠113.31°

a3 = A([1,4,5])                         % 对象数组A第1、第4、第5个元素对象(单序号寻访)

a3 =
0.69∠-38.88°      2.90∠72.71°      1.39∠-76.71°
```

3）试验二：按条件寻访元素对象并获取

下面的命令，用于获取数组中幅角属性值小于0°的那些元素对象。

```
D = [A.A];                              % 方括号组织对象属性值成为行数组
DA = reshape(D,size(A))                 % 把行数组重新变换成2*3数组
L = DA < 0                              % 产生满足条件的逻辑数组
ind = find(L)                           % 确定满足条件的元素对象的编址单序号
a4 = A(L)                               % 借助逻辑数组获取满足条件的元素对象

DA =
```

```
  -38.8838   122.2620   -76.7134
   10.5826    72.7077   113.3103
L =
  2×3 logical 数组
   1   0   1
   0   0   0
ind =
     1
     5
a4 =
0.69∠-38.88°
1.39∠-76.71°
```

4) 生成赋值试验用的对象数组

```
B = Aexm020104(zeros(2,2))              % 创建 Z 属性都为 0 的 2*2 对象数组 B

B =
0.00∠0.00°      0.00∠0.00°
0.00∠0.00°      0.00∠0.00°
```

5) 试验三:按编址向元素对象赋值

```
A(2,2) = B(1)                           % 把 B 的第 1 个元素对象赋给 A 的第 2 行第 2 列元素

A =
0.69∠-38.88°      4.23∠122.26°      1.39∠-76.71°
1.87∠10.58°       0.00∠0.00°        3.30∠113.31°

A(:,3) = B(:,1)                         % 把 B 的第 1 列元素对象赋给 A 的第 3 列

A =
0.69∠-38.88°      4.23∠122.26°      0.00∠0.00°
1.87∠10.58°       0.00∠0.00°        0.00∠0.00°

A([2,3]) = B(:,1)                       % 把 B 的第 1 列元素对象赋给 A 的第 2、第 3 个元素

A =
0.69∠-38.88°      0.00∠0.00°       0.00∠0.00°
0.00∠0.00°        0.00∠0.00°       0.00∠0.00°
```

6) 试验四:按条件赋值

下面命令用于把 A 对象数组中所有“模”属性值为 0 的元素对象,赋值成“模”属性值为 1 的对象。

```
E = [A.M];                              % 方括号组织对象属性值成为行数组
L = E < 10 * eps                        % 产生满足条件的逻辑数组
ind = find(L)                           % 确定满足条件的元素对象的编址单序号
```

```
n = length(ind)                        % 符合条件的元素对象数目
A(L) = Aexm020104(ones(1,n))           % 向符合条件的 A 的元素对象赋值

L =
  1×6 logical 数组
   0   1   1   1   1   1
ind =
     2     3     4     5     6
n =
     5
A =
0.69∠-38.88°       1.00∠0.00°       1.00∠0.00°
1.00∠0.00°         1.00∠0.00°       1.00∠0.00°
```

说明

- 本例试验表明，所有在双精度数组中使用的编址符号、代码格式，也都同样适用于用户自己创建的对象数组。
- 本例的试验三和四验证了：像双精度数组一样，对象数组中的多个元素对象，可以"成批地同时"被其他对象赋值。

2.2.3 对象数组属性值的获取和组织

正如前面讲述，无论是对象数组的单个元素还是多个元素对象，都可以像双精度数组一样"成批地同时"寻访、获取和被其他同类对象赋值。本节要进一步回答：寻访所得的子对象数组的属性是否能"成批地同时"获取或赋值？

元素对象属性寻访和组织的格式如下：

(1) 单个元素对象属性的"无括号"寻访格式

Obj(ii,jj).Pn	把单个元素对象的 pn 属性值返回给默认变量 ans
x=Obj(ii,jj).Pn	把单个元素对象的 pn 属性值赋给变量 x
Obj(ii,jj).Pn=a	向单个元素对象的属性 pn 赋于 a 数据

(2) 单、多元素对象属性的"花括号"寻访格式

{Obj(SI).Pn}	把多个元素对象属性值以元胞行数组形式返回给默认变量 ans
x={Obj(SI).Pn}	把多个元素对象属性值以元胞行数组形式赋给变量 x

(3) 单、多元素对象属性的"方括号"寻访格式

[Obj(SI).Pn]	把多个元素对象属性值以行数组形式返回给默认变量 ans
x=[Obj(SI).Pn]	把多个元素对象属性值以行数组形式赋给变量 x

(4) 多元素对象属性的 deal 命令分赋格式

[Obj(SI).Pn]=deal(Args)	把 Args 分赋给所指定的对象数组元素的属性

说明

- 在以上调用格式中的符号约定：

◇ Obj 表示对象数组，Pn 表示属性名；
◇ Obj(ii,jj)表示第 ii 行第 jj 列的单个元素对象，Obj(SI)表示在 SI 标识位置上的 k 个元素对象；
◇ x 表示待赋值变量，a 表示规模适当的已有数据。
◇ Args 应取适当的输入量，可以是元胞数组，也可以是多输入量或单输入量。（详见第 2.1.5 节）

● 花括号组织法能较广泛地适用于多种数据类型和不同规模大小的属性值，但需进一步转换才便于在数值计算中使用。
● 方括号组织法最适用于属性值为数值的场合，比较便于数值计算应用。
● 本书作者提醒：
◇ 多个元素对象属性不可能在“没有花括号或方括号”的组织下，被正确获取。更具体地说，x＝Obj(SI).Pn 将给出错误结果；而 Obj(SI).Pn 所显示的结果也是似是而非的，没有任何进一步使用价值。
◇ 对象数组的元素属性赋值的最基本方法是：借助循环逐个赋值。
◇ 在许多情况下，对象数组的元素属性也可以借助 deal 命令批量地实施，详细请见 2.1.5 节。

【例 2.2-2】 本例演示：单元素对象属性的寻访、数据获取和赋值；多元素对象属性获取数据经花括号组织为元胞数组，规模重组，以及如何把元胞数组转换成双精度数组；多元素对象属性经方括号组织成双精度数组，以及规模重组。

1）创建供试验用的对象数组

利用 Aexm020104 类定义创建对象数组。

```
clear classes all                      % 清空内存中的所有类对象、所有变量
rng default                            % 确保以下试验结果可重现
R = randn(2,3) + 1j * randn(2,3);      % 产生 2 * 3 的正态分布随机数组
B = Aexm020104(R)                      % 创建 Aexm020104 对象的 2 * 3 数组

B =
0.69∠ - 38.88°      4.23∠122.26°      1.39∠ - 76.71°
1.87∠10.58°         2.90∠72.71°       3.30∠113.31°
```

2）试验一：单个元素对象属性的寻访

```
B(2,1).Z                               % 可正确显示单元素对象属性值

ans =
   1.8339 + 0.3426i

a1 = B(2,1).Z                          % 可正确获知单元素对象属性数据

a1 =
   1.8339 + 0.3426i
```

```
B(2,1).Z = 0                              % 可正确地向单元素对象属性赋值

B =
0.69∠-38.88°      4.23∠122.26°      1.39∠-76.71°
0.00∠0.00°        2.90∠72.71°       3.30∠113.31°
```

3）试验二：不借助括号寻访多元素对象属性（仅作演示，读者千万不要使用）

```
B(:,[2,3]).A                              % 虽可给出各元素对象的幅角属性显示，但无法进一步使用

ans =
   122.2620
ans =
   72.7077
ans =
  -76.7134
ans =
   113.3103

a2 = B(:,[2,3]).A                         % 企图获得4个元素对象属性值
                                          % 但实际只把第1个元素对象的幅角赋给a2
sa2 = size(a2)                            % 检测到的a2数据规模表明，前一行寻访错误！

a2 =
   122.2620
sa2 =
     1     1
```

4）试验三：花括号组织法获取多元素对象属性

```
a3 = {B(:,[2,3]).A}                       % 用花括号组织寻访到的2*2子数组对象属性
                                          % 产生的是按单序号排列的1*4元胞数组
ca3 = class(a3)                           % 检测到a3数据类别是元胞
sa3 = size(a3)                            % 获知a3数据的规模

a3 =
  1×4 cell 数组
    {[122.2620]}    {[72.7077]}    {[-76.7134]}    {[113.3103]}
ca3 =
    'cell'
sa3 =
     1     4

ra3 = reshape(a3,size(B(:,[2,3])))        % 把a2重组成2*2元胞数组
                                          % 使它与原来子对象数组规模对应
ma3 = cell2mat(ra3)                       % 把2*2元胞数组变换成2*2双精度数组
```

```
ra3 =
  2×2 cell 数组
    {[122.2620]}    {[-76.7134]}
    {[ 72.7077]}    {[113.3103]}
ma3 =
  122.2620   -76.7134
   72.7077   113.3103
```

5）试验四：方括号组织法获取多元素对象属性

```
a4 = [B(:,[2,3]).A]                    % 用方括号组织寻访到的 2*2 子数组对象属性
ca4 = class(a4)                        % 检测到 a3 数据类别是双精度
sa4 = size(a4)                         % 获知 a3 数据的规模

a4 =
  122.2620   72.7077   -76.7134   113.3103
ca4 =
    'double'
sa4 =
     1     4

ra4 = reshape(a4,size(B(:,[2,3])))     % 把 a3 重组成 2*2 数组
                                       % 使它与原来的子对象数组规模对应

ra4 =
  122.2620   -76.7134
   72.7077   113.3103
```

说明

- 关于花括号组织法：
  - ◇ 不管采用何种编址寻访，或采用条件寻访，由花括号组织产生的多元素对象属性值所产生的数组总是行元胞数组，且元胞按多元素对象的单序号次序排列。
  - ◇ 不管对象属性数据类型如何，也不管属性数据规模，多元素对象属性值都可以借助花括号组织法操作。
- 关于方括号组织法：
  - ◇ 不管采用何种编址寻访，或采用条件寻访，由方括号组织产生的数组，总是按元素对象的单序号，沿行方向排放各单个元素对象属性的数据。因此，方括号组织产生的数组行规模总等于单个元素对象属性数据的行规模。
  - ◇ 方括号组织法最适用对象属性数据时双精度的场合。

再次强调：

- 属性的赋值操作只能逐个元素对象进行。
- 不借助“括号”寻访多元素对象属性的操作应尽量杜绝。

2.3 对象数组操作和特殊对象数组

2.3.1 对象数组的常用操作命令

由于对象数组的编址方式与双精度数组完全相同，因此，双精度数组操作命令也都适用于对象数组。对象数组操作命令详见表2.3-1。借助这些命令，读者就可以更自如地实现对象数组的重组、扩展、变形、旋转等操作。

表 2.3-1 对象数组操作命令

指　令	功　能
permute	重排数组的维度次序
repmat	按指定的“行数、列数”铺放模块数组，以形成更大的数组
reshape	在总元素数不变的前提下，改变数组的“行数、列数”
flipud	以数组“水平中线”为对称轴，交换上下对称位置上的数组元素
fliplr	以数组“垂直中线”为对称轴，交换左右对称位置上的数组元素
rot90	把数组逆时针旋转 90°

2.3.2 空对象数组

空对象数组是指不含任何元素对象的数组。空对象数组是不可能由用户自编的类定义构造函数创建的，而必须利用MATLAB提供的如下格式命令创建。

E= COname.empty(n1, n2, ..., nk)　　　创建用户自定义类的空对象数组

说明

- COname是empty命令引导词，它可以是用户自定义类的名称，或用户自定义对象的名称；
- n1,n2,...,nk用于指定空对象数组的规模，它们中至少有一个取值必须为0或负数。（注意：若取负数，则也当做0处理。）

例【2.3-1】 本例分别演示类名称引导和类对象引导的empty命令的用法；演示空数组被扩展为非空数组时的注意事项；强调构造函数不能生成空数组的事实。

1）编写类定义Aexm020301

该类定义由存放在@Aexm020301文件夹上的Aexm020301.m、disp.m两个独立方法文件组成。Aexm020301类定义的组织编写步骤如下：

- 在MATLAB当前文件夹或搜索路径上的文件夹上创建新文件夹@Aexm020301
  - ◇ 把@Aexm020104文件夹上的Aexm020104.m复制到@Aexm020301文件夹。
  - ◇ 在@Aexm020301文件夹上，把Aexm020104.m文件名修改为Aexm020301.m。
- 对新命名Aexm020301.m文件的修改更新及保存
  - ◇ 把原文件第<1><2><11><14>行中Aexm020104修改为Aexm020301。
  - ◇ 保存修改后的Aexm020301.m文件。

● 类定义文件 Aexm020301. m 与 Aexm020104. m 的差别，仅仅在于类名上的不同，而其余代码则完全相同。因此出于节省篇幅考虑，不再列出 Aexm020301. m 的全部代码。

● 重写类的显示方法文件 disp. m

为与 MATLAB 内建空数组的显示形式相同，重写的 disp. m 显示文件代码如下。

```
% disp.m                 空数组能按 MATLAB 内建形式显示的类显示文件
function disp(X)
    [m,n]=size(X);
    if~any(size(X) <=0)                      % X 为非空对象数组时
        for ii=1:m
            for jj=1:n
                if jj < n
                    fprintf('%.2f%s%.2f%s',X(ii,jj).M,char(8736),...
                        X(ii,jj).A,[char(176),blanks(5)])
                else
                    fprintf('%.2f%s%.2f%s\n',X(ii,jj).M,char(8736),...
                        X(ii,jj).A,char(176))
                end
            end
        end
    elseif all(size(X) <=0)                   % 空数组 X 的 2 个维度规模均为 0 时
        fprintf('%s\n',[blanks(5),'[]'])
    else                                      % 空数组 X 的 2 个维度规模有一个非 0 时
        fprintf('%s\n',[blanks(5),' 空对象数组：',int2str(m),char(215),int2str(n)])
    end
end
```

2）试验一：用户类定义构造函数不可能生成该类的空对象数组

```
clear classes all
E1 = Aexm020301([])              % 企图生成 Aexm020301 类的 0 * 0 对空象数组
                                 % 结果运行报错

下标索引必须为正整数类型或逻辑类型。
出错 Aexm020301 (line 14)
                X(m,n) = Aexm020301(); % 待建对象数组的预配置                   <14>
```

3）试验二：借助 MATLAB 提供的 empty 命令生成所需的(0×0)空对象数组

```
E2 = Aexm020301.empty(0,0)       % 利用类名称引导
                                 % 生成 0 * 0 的 Aexm020301 空对象数组

E2 =

    []

cE2 = class(E2)                  % 检测 E2 类别
sE2 = size(E2)                   % 获知 E2 规模
```

```
cE2 =
    'Aexm020301'
sE2 =
     0     0
```

4）试验三：借助 empty 命令生成(2×0)空对象数组

```
E3 = E2.empty(2,0)                  % 利用对象名 E2 引导
                                    % 生成 2*0 的 Aexm020301 空对象数组

E3 =
    空对象数组：2×0
```

5）试验四：(0×0)空对象数组可扩展成任意规模的非空数组

```
E21 = E2;                           % 复制生成 0*0 空对象数组 E21
E21(5).Z = 1                        % 把 E21 扩展成为 1*5 非空对象数组

E21 =
0.00∠0.00°   0.00∠0.00°   0.00∠0.00°   0.00∠0.00°   1.00∠0.00°

E22 = E2;                           % 复制生成 0*0 空对象数组 E22
E22(2,3) = 1                        % 把 E22 扩展成 2*3 非空对象数组

E22 =
0.00∠0.00°     0.00∠0.00°     0.00∠0.00°
0.00∠0.00°     0.00∠0.00°     1.00∠0.00°
```

6）试验五：(m×0)或(0×n)空对象数组扩展成非空对象数组

```
E31 = E3;                           % 复制生成 2*0 空对象数组 E31
E31(1,3).Z = 3                      % 企图把 E31 扩展成 1*3 的非空对象数组，           <2>
                                    % 结果却把 E31 错误地扩展成了 2*3 的非空对象数组

E31 =
0.00∠0.00°     0.00∠0.00°     3.00∠0.00°
0.00∠0.00°     0.00∠0.00°     0.00∠0.00°

E32 = E3;                           % 复制生成 2*0 空对象数组 E32，
E32(3,3).Z = 9                      % 把 E32 成功地扩展为 3*3 非空对象数组             <4>

E32 =
0.00∠0.00°     0.00∠0.00°     0.00∠0.00°
0.00∠0.00°     0.00∠0.00°     0.00∠0.00°
0.00∠0.00°     0.00∠0.00°     9.00∠0.00°
```

说明

- 各维度规模全 0 的空对象数组，可以成功地扩展成任意规模的非空对象数组。

● 各维度规模不是全 0 的空对象数组，在扩展为非空数组时，要特别留意：空数组非 0 规模与待扩展数组相应维度规模间的大小关系。比如，假设已有空数组的规模为($m\times0$)，待扩展数组的规模为($k\times n$)，则扩展后实际产生的数组有如下两种可能：
 ◇ 若 $k<m$，则实际生成($m\times n$)非空对象数组。请参见试验五的第 <2> 行命令。
 ◇ 若 $k\geqslant m$，则实际生成($k\times n$)非空对象数组。请参见试验五的第 <4> 行命令。

2.3.3　特殊对象数组的生成

假如仅仅是为了生成那些特殊形式的对象数组，那么可以采用第 2.1.3 和 2.1.4 所介绍的循环法通过类定义的构造函数实现。比如若想生成($m\times n$)的属性值均为 0 的 Aexm020104 对象数组，只要把($m\times n$)的双精度数组 zeros(m,n)作为 Aexm020104 构造函数的输入就可。这样处理的结果是：对于如表 2.3－2 所列的那些特殊数组命令，就不可能按照 MATLAB 约定的格式加以调用，那样显得与 MATLAB 整体环境不协调。

本节的目的就是讲述如何编写类方法函数，支持特殊对象数组生成命令在 MATLAB 约定的调用格式下正确运行。

1. MATLAB 提供的特殊数组生成函数

在编写数值计算程序、图形可视化等应用中，经常需要产生一些特殊的数组，为此，MATLAB 提供了如表 2.3－2 所示特殊数组生成函数(Array－Creation Functions)。

表 2.3－2　特殊数组生成命令

函数名	功　能	函数名	功　能
cast	投射数组(参见例 2.3－2、2.3－3)	rand	均布随机数数组
eye	单位数组(参见例 2.3－2、2.3－3)	randi	随机整数数组
false	逻辑假数组	randn	正态随机数数组
inf	无穷大数组	true	逻辑真数组
NaN	非数数组	zeros	全 0 数组(参见例 2.3－2、2.3－3)
ones	全 1 数组		

2. 特殊数组生成函数的普适调用格式

MATLAB 为表 2.3－2 所列函数设计了对 MATLAB 内建类和外建类都普遍适用的如下两种调用格式：

S=ACF_Name(Args, 'ClassName')　生成 ClassName 类特殊数组的“类名调用格式”
S=ACF_Name(Args, 'like', Obj)　　生成与 Obj 对象同类特殊数组的“对象名调用格式”

说明

● ACF_Name：表示表 2.3－2 所列的函数名，如 zeros、ones、eye 等。
● Args：表示具体函数所需的输入量。
 ◇ 对 zeros 而言，若由它生成 2 维全 0 数组，则 Args 位置上应该用 2 个输入量 m,n 替换，用于指定数组的行、列规模。若由它生成 3 维全 0 数组，则 Args 位置上应该用

3 个输入量 m,n,k 替换,以便指定数组的行、列、页的 3 个维度的规模。

◇ 对 cast 而言,输入量 Args 就是只有 1 个输入量,即被投射的原始数组。

- ClassName:用于指定生成数组所属的类别
- Obj:用于指定生成数组类别的对象

3. 类方法函数格式与普适调用格式的匹配

类方法函数名、输入输出变量该如何编写,才能与那特殊数组的"类名调用格式"或"对象名调用格式"相匹配? 这就是本小节讨论的问题。

图 2.3-1 和图 2.3-2 所示分别为匹配于"类名调用格式"命令的静态秉质类方法"函数格式"和匹配于"对象名调用格式"命令的隐藏秉质类方法"函数格式"。

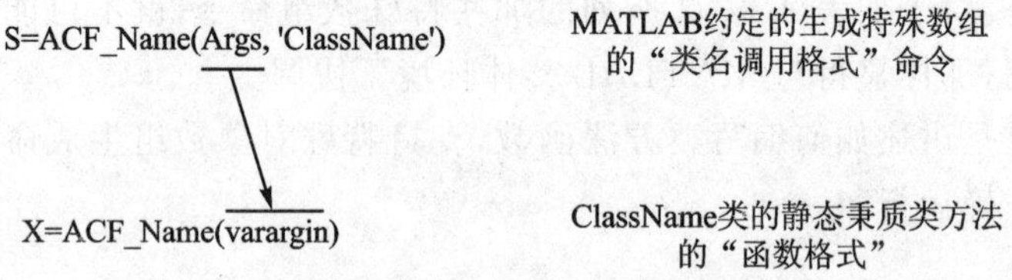

图 2.3-1 类名调用格式命令与静态秉质类方法函数格式的匹配

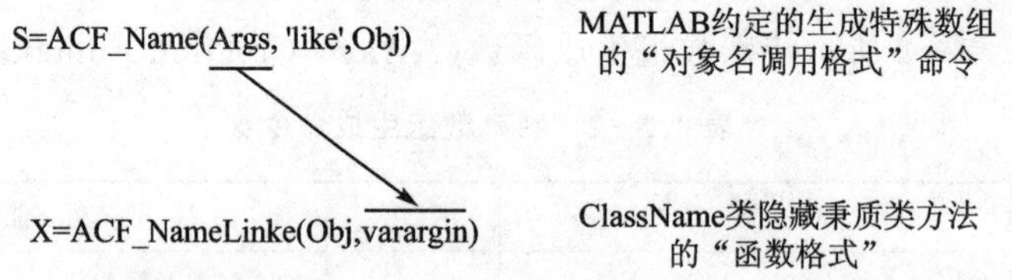

图 2.3-2 对象名调用格式与类方法函数编写格式关系图

说明

- 关于类方法秉质的约定:
  ◇ 静态秉质的类方法一定匹配于"类名调用格式",而隐藏秉质的类方法一定匹配于"对象名调用格式"。
  ◇ 在此约定下,无论是在 MATLAB help 搜索下,还是关于类的方法信息搜索下,都只能看到诸如 zeros、ones、eye 等 MATLAB 约定的特殊数组生成命令(图 2.3-1 和图 2.3-2 中,这些命令都用 ACF_Name 代表)。
  ◇ 隐藏秉质的类方法 ACF_NameLike 在类定义外是不可见的。
- MATLAB 关于普适调用格式的约定性解析:
  ◇ 对于 S=ACF_Name(Args, 'ClassName')"类名调用格式"的解析:MATLAB 据此格式中的字符串 'ClassName' 所代表的真实的类名称,会自动地在 ClassName 类定义文件中或@ClassName 类定义文件夹上寻找名为 ACF_Name 的类方法,并把 Args 所代表的全部输入量按序分配给类方法函数的 vargargin 变长度输入量的各个元胞。
  ◇ 对于 S=ACF_Name (Args, 'like',Obj)"对象名调用格式"的解析:MATLAB 会据 Obj 中所含的类名称,自动地在 Obj 所属的类定义文件或@类定义文件夹上,寻找名为 ACF_NameLike 的类方法，并把 Args 所代表的全部输入量，按序分配给类方法函数的 vargargin 变长度输入量的各个元胞。

- 关于两种调用格式中 Args 的说明：表 2.3-1 所有特殊数组生成命令中，除字符串、类名、对象名外的所有输入量，在以上两种调用格式中，都笼统地用 Args 代表。换句话说，对于具体的特殊数组生成命令，Args 位置上可能有数目不同的输入量。更详细的说明请参见第 2.3.3 节第 2 部分。
- 关于 varargin 的说明：varargin 是 MATLAB 提供给各种函数实用的“变长度输入量”，即一个能随实际调用时的输入量数目多少而改变元胞数目的元胞数组。它的每个元胞容纳一个输入量，而不管该输入量本身是什么数据类型。
  - ◇ 比如，当外界以 S=cast(A,'ClassName')调用 ClassName 类的 cast 方法函数时，A 就被传递给了 X=cast(vargargin)类方法函数中的输入量 varargin，而且此时 varargin 只有一个元胞，即 varargin{1}。
  - ◇ 又如，当外界以 S=zeros(m,n,k,'ClassName')调用 ClassName 类的 zeros 方法函数时，调用命令中的 m,n,k 就传给了类方法函数 X=zeros(varargin)中的 varargin。不过，此时 varargin 元胞数组有 3 个元胞 varargin{1}、varargin{2}、varargin{3}，它们分别接纳 m、n、k。

4. 特殊对象数组类方法编写和运行示例

本节用两个示例，具体阐述前三小节内容及代码实施细节。

例【2.3-2】 编写类定义 Aexm020302 和相应的类方法，使该类定义能支持 cast、eye、zeros 等三种特殊数组生成函数的两种调用格式。本例演示：Aexm020302.m 中关于静态秉质类方法和隐藏秉质类方法的声明；Aexm020302.m 的 get/set 函数中如何适应对元胞数组的处理；如何根据 MATLAB 内建的关于 cast、eye、zeros 三个函数的使用特点编写自己的类方法；在编写类方法是如何尽量使用运行效率较高的数组操作命令(如 repmat)；varargin 变长度变量的正确使用。

1) 创建类定义夹@Aexm020302 和类定义文件 Aexm020302.m

首先在 MATLAB 当前文件夹或搜索路径上的文件夹上创建新文件夹@Aexm020302。然后，在该@Aexm020302 文件夹上，分步创建以下 8 个文件：Aexm020302.m 和 disp.m；cast.m 和 castLike.m；eye.m 和 eyeLike.m；zeros.m 和 zerosLike.m。

出于叙述的考虑，这 8 个文件将被分成 4 组，分别进行描述。

2) 类定义文件 Aexm020302.m 和显示方法文件 disp.m 的生成

- 把@Aexm020301 文件夹上的 Aexm020301.m 和 disp.m 复制到@Aexm020302 文件夹。
- Aexm020302.m 文件的产生：
  - ◇ 在@Aexm020302 文件夹上，把复制而得的 Aexm020301.m 文件名修改为 Aexm020302.m。
  - ◇ 把原文件第 <1><2><11><14> 行中 Aexm020301 修改为 Aexm020302。
  - ◇ 改写原文件中的 get.M 和 get.A 类方法，使类定义 Aexm020302 构造函数能适应输入量为元胞数组的应用场合。重写的 get.M 和 get.A，请参见如下所列 Aexm020302.m

的第 <22> 行到第 <35> 行。

◇ 增加带静态秉质标记的方法块。在该块内包含 3 个类方法函数声明，即关于 cast、eye 和 zeros 的函数格式声明。详细代码，请参见如下 Aexm020302. m 的第 <37> 行到第 <41> 行。

◇ 增加带隐藏秉质标记的方法块。在该块内包含 3 个类方法函数声明，即关于 castLike、eyeLike 和 zerosLike 的函数格式声明。详细代码，请参见如下 Aexm020302. m 的第 <42> 行到第 <46> 行。

◇ 保存经以上修改和增添代码后的 Aexm020302. m 文件。

- disp. m 文件的产生：

从@Aexm020301 文件夹复制过来的 disp. m 文件，可以不加修改地适用于 Aexm020302 类。在此，不再重复列出该文件的代码，有需要的读者，可以从例 2.3-1 读到 disp. m 文件的完整代码。

```
% Aexm020302.m          包含 3 个生成特殊数组的类方法函数的类定义                <1>
classdef Aexm020302 < handle                                              %  <2>
    properties
        Z
    end
    properties(Dependent)
        M
        A
    end
    methods
        function X=Aexm020302(cv)                                         %  <11>
            if nargin > 0
                [m,n]=size(cv);
                X(m,n)=Aexm020302();                                      %  <14>
                for ii=1:m
                    for jj=1:n
                        X(ii,jj).Z=cv(ii,jj);
                    end
                end
            end
        end
        function ww=get.M(obj)                                            %  <22>
            cm=obj.Z;
            if iscell(cm)             % Z 属性值为元胞数组的情况                  <24>
                cm=cell2mat(cm);      % 把元胞数组转换为数值数组                  <25>
            end
            ww=abs(cm);
        end
        function ww=get.A(obj)
```

```
            ca=obj.Z;
            if iscell(ca)                   % Z 属性值为元胞数组的情况                        <31>
                ca=cell2mat(ca);            % 把元胞数组转换为数值数组                        <32>
            end
            ww=angle(ca) * 180/pi;
        end                                                                           %   <35>
    end
    methods (Static)                        % 带静态秉质的方法块                              <37>
        X=cast(varargin);                   % 匹配于"类名调用格式"的 cast 类方法
        X=eye(varargin);                    % 匹配于"类名调用格式"的 eyet 类方法
        X=zeros(varargin);                  % 匹配于"类名调用格式"的 zerost 类方法
    end                                                                               %   <41>
    methods (Hidden)                        % 带隐藏秉质的方法块                              <42>
        X=castLike(obj,varargin);           % 匹配于"对象名调用格式"的 cast 类方法
        X=eyeLike(obj,varargin);            % 匹配于"对象名调用格式"的 eyet 类方法
        X=zerosLike(obj,varargin);          % 匹配于"对象名调用格式"的 zerost 类方法
    end                                                                               %   <46>
end
```

3）编写类方法文件 cast.m 和 castLike.m

在编写用户自编的 cast.m 和 castLike.m 之前，首先要仔细阅读 MATLAB 关于这两个函数的帮助信息，测试 MATLAB 内建的这两个函数的实际运行结果，以便掌握这两个函数的使用特点。就这两个具体函数而言，它们的特点可归纳如下：

- 调用格式中输入量数目恰当与否的判断，并给出相应的提示信息。
- 调用格式应能接受"空数组"输入量，并给出相应结果（参见 cast.m 第 <4><5> 行，castLike.m 第 <8><9> 行）。
- "对象名调用格式"不仅产生一个规模与被投射数组相同的对象数组，而且还要保证对象 Z 属性值类别与那对象 Obj 的 Z 属性数据类别相同（请参见 castLike.m 第 <11> <12> <13> 行）。
- 此外，由于本例类定义 Aexm020302.m 代码设计能处理元胞数组（参见 Aexm020302.m 第 <24><25><31><32> 行），所以本例的 cast.m 和 castLike.m 也能处理元胞数组。

值得指出：下列的 cast.m 和 cast.Like.m 中，前者并没有专门代码用于检测输入数组数目，而后者则有专门检测输入数组数目的代码（参见 castLike.m 第 <3> 到 <6> 行）。这是根据 MATLAB 对于两种调用格式的解析设计有关。假如后者没有测试输入数组数目的代码，那么在"对象名调用格式"中存在两个输入数组，能投射出第一个输入数组的投射结果，而没有任何警告信息。

```
% cast.m                    匹配于"类名调用格式"的类方法函数 cast
function X=cast(varargin)
    w=varargin{:};                          % 被投射数组
    if isempty(w)                           % 若被投射数组为空                                <4>
        X=Aexm020302.empty(size(w));                                                  %   <5>
```

```
        else
            X=Aexm020302(w);
        end
    end

% castLike.m                    匹配于"对象名调用格式"的类方法函数 cast
function X=castLike(obj,varargin)
    nv=length(varargin);                    % 检测 varargin 中的实际输入量数目      <3>
    if nv~=1                                % 检查被投射量是否唯一                  <4>
        error('应有也只许有一个被投射数组!')
    end                                                                          %  <6>
    w=varargin{:};                          % 取出被投射的数组                      <7>
    if isempty(w)                           % 若被投射数组为空                      <8>
        X=Aexm020302.empty(size(w));                                             %  <9>
    else
        coZ=class([obj.Z]);                 % 获取 obj 对象 Z 属性值的类别          <11>
        ww=eval([coZ,'(w)']);               % 把待投射数组转换为 obj.Z 的数据类别   <12>
        X=Aexm020302(ww);                   % Z 属性值与被投射数组同类的对象数组    <13>
    end
end
```

4）编写类方法文件 eye.m 和 eyeLike.m

在编写用户类方法文件时，应充分考虑 MATLAB 内建 eye 函数两种调用格式的使用特点，并配置相应代码。具体如下：

- 当 Args 不存在时，给出属性值为 1 的标量对象（参见 eye.m 第 <3><4> 行，eyeLike.m 第 <9><10> 行）。
- 当 Args 中包含 0 或负数时，生成相应规模的“空”数组（参见 eye.m 第 <5><6> 行，eyeLike.m 第 <11><12> 行）。
- 当 Args 所含输入量超过 2 时，给出警告，退出程序（参见 eye.m 第 <8><9> 行，eyeLike.m 第 <14><15> 行）。
- 只有一个非 0 输入量时，给出相应规模的“方”数组（参见 eye.m 第 <11><13> 行，eyeLike.m 第 <17><19> 行）。
- 此外，对于 eyeLike.m 文件，还须注意两点：
  - ◇“对象名调用格式”中的 Obj 必须是标量对象，因为 MATLAB 内建函数就遵循此约定（请参见 eyeLike.m 第 <3><4> 行）。
  - ◇ 除保证生成 Obj 所属类的对象数组外，还要保证对象 Z 属性值的数据类型与 Obj 的 Z 属性值类型相同（参见 eyeLike.m 第 <6><7><10><17><18> 行）。

```
% eye.m                         匹配于"类名调用格式"的类方法函数 eye
function X=eye(varargin)
    if nargin==0                            % 若类名调用格式中,只有类名字符串       <3>
        X=Aexm020302(1);                    % 此时,生成 Z 属性值为 1 的标量对象     <4>
    elseif any([varargin{:}]<=0)            % 若类名调用格式中,有某维度规模为 0     <5>
```

```
        X=Aexm020302.empty([varargin{:}]);            % 生成相应的空对象数组          <6>
    else
        if nargin > 2                                 % 若 varargin 的元胞数超过 2    <8>
            error('单位数组仅限于 2 维! ')                                         %  <9>
        else
            X=repmat(Aexm020302(0),varargin{:});      % 创建全 0 对象数组            <11>
            II=Aexm020302(1);                         % 创建 1 标量对象              <12>
            for k=1:varargin{1}                                                  %  <13>
                X(k,k)=II;
            end
        end
    end
end

% eyeLike.m              匹配于"对象名调用格式"的类方法函数 eye
function X=eyeLike(obj,varargin)
    if~isscalar(obj)                                                             %  <3>
        error('模板对象必须是标量!')                                             %  <4>
    end
    ii=ones(1,1,'like',obj.Z);          % 产生与对象 obj 的 Z 属性值同类别的 1    <6>
    oo=zeros(1,1,'like',obj.Z);         % 产生与对象 obj 的 Z 属性值同类别的 0    <7>
    nv=size(varargin,2);                % varargin 元胞数组的列数                 <8>
    if nv==0                                                                     %  <9>
        X=Aexm020302(ii);               % 生成 Z 属性值为同类别 1 的 Aexm020302 对象标量  <10>
    elseif any([varargin{:}]<=0)                                                 %  <11>
        X=Aexm020302.empty([varargin{:}]);                                       %  <12>
    else
        if nv > 2                                                                %  <14>
            error('单位数组仅限于 2 维!')                                        %  <15>
        else
            X=repmat(Aexm020302(oo),varargin{:});     % 属性值为 oo 的对象数组      <17>
            II=Aexm020302(ii);                        % 创建 ii 标量对象            <18>
            for k=1:varargin{1}                                                  %  <19>
                X(k,k)=II;
            end
        end
    end
end
```

5）编写类方法文件 zeros.m 和 zerosLike.m

相比而言，zeros.m 和 zerosLike.m 的程序设计，比 eye.m、eyeLike.m 简单。

zeros.m 和 zerosLike.m 的设计特点为：

- 像 eye.m 一样，zeros.m 和 zerosLike.m 应能对 Args 缺失、含 0 数值输入量、含 1 个

非 0 数值输入量、含多个非 0 数值输入量等各种情况作出正确响应。

- 在 zerosLike.m 设计中，应限定 Obj 是标量对象，应保证所建对象数组 Z 属性值与 Obj 的 Zs 属性值数据类型相同。

```
% zeros.m                匹配于"类名调用格式"的类方法函数 eye
function X=zeros(varargin)
    if nargin==0
        X=Aexm020302(0);
    elseif any([varargin{:}]<=0)
        X=Aexm020302.empty(varargin{:});
    else
        X=repmat(Aexm020302(0),varargin{:});  % 复制操作生成 Z 属性为 0 的对象数组   <8>
    end
end

% zerosLike.m            匹配于"对象名调用格式"的类方法函数 eye
function X=zerosLike(obj,varargin)
    if~isscalar(obj)
        error('模板对象必须是标量!')
    end
    oo=zeros(1,1,'like',obj.Z);          % 产生与对象 obj 的 Z 属性值同类别的 oo      <6>
    if nargin==1
        X=Aexm020302(oo);                % 生成 Z 属性值为 oo 的 Aexm020302 对象标量  <8>
    elseif any([varargin{:}]<=0)
        X=Aexm020302.empty(varargin{:});
    else
        w=Aexm020302(oo);                % 产生 Z 属性值为 oo 的标量对象              <12>
        X=repmat(w,varargin{:});         % 复制操作生成指定规模的对象数组              <13>
    end
end
```

说明

- 请特别注意，在以上 3 组类方法函数的 M 文件中 varargin 变长度变量的使用。
  - ◇ varargin 是一个长度随实际输入量数目而变的行元胞数组。该数组所含元胞数（也即实际输入量数目），可用 length、size 获知。如 castLike.m 第 <3> 行的 nv=length(varargin)，eyeLike.m 第 <8> 行的 nv=size(varargin,2)。
  - ◇ vargargin 元胞数组所含的内容必须采用"花括号"取出。如 eyeLike.m 第 <11><12><17> 中的 varargin{:}，就表示取出元胞数组中所有元胞内含的数据。在这具体 M 文件中，就是调用格式中指定的数组行规模和列规模。
  - ◇ 在 eyeLike.m 第 <11> 行、zerosLike.m 第 <9> 行的 any([vargargin{:}])<=0 中那方括号是不可少的。
- 关于 eye.m 第 <11> 行中 X=repmat(Aexm020302(0),varargin{:})的说明：
  - ◇ Aexm020302(0)生成一个 Z 属性值为 0 的标量对象。

◇ 若此时"类名调用格式"为 eye(n,'Aexm020302'),那么就使得类方法函数 X=eye(varargin)的 varargin 只有 1 个元胞,即 varargin{:}就只给出 1 个量 n。于是第 <11> 行命令就成为 X=repmat(Aexm020302(0),n),这个标量对象因此在 repmat 作用下排放成 n * n 的"方"数组。

◇ 当然,当"类名调用格式"为 eye(m,n,'Aexm020302')时,类方法函数 X=eye(varargin)的 varargin 只有 2 个元胞,varargin{:}就只给 2 个量 m 和 n。于是第 <11> 行命令就成为 X=repmat(Aexm020302(0),m,n),结果这标量对象被排放成 m * n 的"矩形"数组。

◇ eyeLike.m 第 <17> 行的运行机理大致相同。

例【2.3-3】 本例用于检验上例所设计的特殊对象数组类方法设计的正确性;演示 MATLAB 内建的生成特殊数组命令的两种调用格式的使用。

1) 试验一:观察 Aexm020302 的类方法

借助 methods 命令显示 Aexm020302 的类方法。注意:产生的显示中,不包含隐藏秉质的 castLike、eyeLike、zerosLike。

```
methods(Aexm020302)
```

```
类 Aexm020302 的方法:

Aexm020302   disp

Static 方法:

cast        eye        zeros

从 handle 继承的 Aexm020302 的方法。
```

2) 试验二:准备试验数据

```
clear classes all                        % 为保证类定义 Aexm020302 顺利运行
rng default                              % 为确保 R 显示结果可重现
R = randn(2,3) + 1j * randn(2,3);        % 双精度复数
A = Aexm020302(R)                        % 创建对象数组 A
class([A.Z])                             % 检测 A 的 Z 属性,应为双精度
```

```
A =
0.69∠-38.88°      4.23∠122.26°      1.39∠-76.71°
1.87∠10.58°       2.90∠72.71°       3.30∠113.31°
ans =
    'double'
```

```
b = Aexm020302(single(exp(-1j * pi/4)))   % 创建单精度属性值的标量对象
class(b.Z)                                % 检测 b 的 Z 属性,应为单精度
```

```
b =
1.00∠-45.00°
ans =
    'single'
```

3）试验三：cast 的两种调用格式

```
C1 = cast(ones(0,2),'Aexm020302')
                                      % “类名调用格式”投射 0*2 空对象数组
C2 = cast(R,'like',b)                 % “对象名调用格式”投射 R 为对象数组，
                                      % 且使结果对象属性与 b 一致
cC2 = class(C2)                       % C2 的类别
cC2P = class([C2.Z])                  % C2 的 Z 属性值类别，注意：方括号必须
```

```
C1 =
    空对象数组：0×2
C2 =
0.69∠-38.88°    4.23∠122.26°    1.39∠-76.71°
1.87∠10.58°     2.90∠72.71°     3.30∠113.31°
cC2 =
    'Aexm020302'
cC2P =
    'single'
```

4）试验四：eye 的两种调用格式

```
E1 = eye(0,0,'Aexm020302')            % “类名调用格式”生成 0*0 空对象数组
E2 = eye(3,'Aexm020302')              % “类名调用格式”生成 3*3 对象数组
E3 = eye(2,4,'like',b)                % “对象名调用格式”生成 2*4 对象数组，
                                      % 且 E3 的 Z 属性类别与 b 相同
cE3 = class(E3)                       % E3 对象类别检测
cE3P = class([E3.Z])                  % E3 的 Z 属性值类别应是单精度
```

```
E1 =
    []
E2 =
1.00∠0.00°    0.00∠0.00°    0.00∠0.00°
0.00∠0.00°    1.00∠0.00°    0.00∠0.00°
0.00∠0.00°    0.00∠0.00°    1.00∠0.00°
E3 =
1.00∠0.00°    0.00∠0.00°    0.00∠0.00°    0.00∠0.00°
0.00∠0.00°    1.00∠0.00°    0.00∠0.00°    0.00∠0.00°
cE3 =
    'Aexm020302'
cE3P =
    'single'
```

第3章 重载和覆盖

3.1 引　导

3.1.1 重载和覆盖的基本含义

(1) 重载(Overloading)

若用户自定义类方法的名称与 MATLAB 内建函数的名称相同,那么该自定义方法函数就称作为重载函数。

当采用自定义类对象作为主导输入量(Dominant Argument)调用与其同名的函数时,MATLAB 就只会调用与其同名的重载函数,而不会调用与其同名的 MATLAB 内建基本函数。当然,重载函数的存在,并不影响同名的 MATLAB 基本内建函数的正常使用。换句话说,如果与其同名的函数的主导输入量是 MATLAB 的内建基本类,那么被调用的仍是与其同名函数的 MATLAB 基本内建函数版本。

(2) 覆盖(Overriding)

若子类中重新定义的方法函数与其父类的某方法函数同名,那么该名称的子类函数就是覆盖函数。

在存在覆盖函数的情况下,若函数的主导输入量是子类对象,那么 MATLAB 就一定调用该名称的覆盖函数。

3.1.2 什么情况下需要重载和覆盖

在以下两种情况下,需要采用重载和覆盖技术:

- 在用户习惯性地采用 MATLAB 的(由标点、算符、及函数组成的)通用语言编写处理自定义对象的命令的情况下,如果这些语句命令在运行中的表现与 MATLAB 通用规则不符,或者这些语句命令运行所产生的结果与理论预期不符,那么就表明 MATLAB 为这些通用语言所设定的(缺省)默认行为方式不适用于用户自定义对象。为此,必须在用户类定义中编写相应的方法(函数),重载或覆盖原先的通用函数,修改默认行为方式,以给出正确的行为表现和结果。
- 如果自定义对象的特殊计算、处理和显示命令,希望借助 MATLAB(由标点、算符、及函数组成的)通用语言实现,那么就必须在用户的类定义中重载或覆盖名称相同的方法(函数)。

3.1.3 MATLAB 语言格式及控制函数的默认行为表现

MATLAB 拥有一套独特的程序语言。该语言由标点、算符、函数以及各种变量按照一定的规则组合而成。MATLAB的内建数据类型可被这套语言中的各种命令正确处理，或者说，MATLAB的这套语言对内建数据对象是通用的。

出于方便用户的考虑，这套MATLAB通用语言也为自定义类对象设计了若干默认的行为方式。这些默认行为方式对自定义对象的适用性，将随自定义类对象的不同而不同。有些默认行为方式可能继续适用，而另一些可能不再适用。对于不再适用的那些语言格式，就需要采用重载或覆盖的方法函数加以修改。

在编写数学类面向对象程序时，常遇到的MATLAB通用语言格式及其对应后台函数的默认行为方式见表3.1-1。

值得指出：size和numel函数不要轻率重载，因为它们将直接或间接影响许多MATLAB内建函数的行为。

表3.1-1 MATLAB通用语言格式及其后台控制函数的默认行为方式

	通用语言格式举例	对应的后台控制函数	默认的行为方式
数组生成	D=[a, b, c]	D=horzcat(a, b, c)	等行数数组a，b，c，横向依次排列生成列数为它们之和的"宽"数组
	D=[a; b; c]	D=vertcat(a,b,c)	等列数数组a，b，c，纵向依次排列生成行数为它们之和的"高"数组。
数组寻访和赋值	B=A(1:2,:)	S. type='()'; S. subs={1:2,':'}; B=subsref(A,S)	对数组A进行编址寻访
	A([1,4,7,9])=B	S. type='()'; S. subs={[1,4,7,9]}; A=subsasgn(A,S,B)	向给定的编序元素赋值
结果显示	运行不以"分号 ；"结尾的语句	display disp	不以"分号 ；"结尾的语句运行后，会首先调用display，并进而由它调用disp显示相应的结果信息
代数运算	+，-，.*，*等代数算符构成的表达式，如D=A+B	D=plus(A,B)	采用算符构成的表达式，计算出符合理论的数学结果(详见表3.2-1)
关系、逻辑运算	<，>，<=，>=，==，~=以及&，|，~等关系逻辑符构成的表达式，如A<B	lt(A,B)	执行数组元素间的小于、大于、小于等于、大于等于、等于，不等于的关系逻辑运算

3.2 类别转换和算符重载

3.2.1 对象类别的转换方法函数

假如用户只是偶尔需要借助MATLAB(如double、char等)内建类中某些算符或函数处理自定义类对象，那么可以先把自定义对象转换成MATLAB内建类数据，然后利用MATLAB为内建类提供的各种算符或函数进行处理并获得结果数据，最后再借助自定义类的构造函数把内建类结果数据转换成自定义对象。

把自定义类对象转换成 MATLAB 内建类或其他专门类对象的函数，就是本节要讨论的对象类别转换方法(Converter Methods)函数。该转换方法函数具有如下特点：

- 转换方法函数的名称应该取转换目标类的类名。比如，想把 Aexm030201 类对象转换成 double 类对象，那么转换方法函数的名称就应是 double。
- 转换方法函数的输入量是“待转换的自定义类对象”，输出量是“转换后的目标类对象”。
- 转换方法函数文件应包含在待转换的那自定义类的类定义方法中，如把 Aexm030201 类对象转换成 double 类对象的转换方法函数 double；或应直接包含在 Aexm030201 的类方法块中；亦或应驻留在@Aexm030201 的类文件夹上。

类别转换方法函数除了以上应用外，它还常被其他自定义对象重载方法函数(如算符重载函数)所调用。(请参见例 3.2-2)

例【3.2-1】 本例演示：把 Aexm030201 对象数组转换成双精度数组的转换方法函数的编写；转换函数的一种应用。

1) 建立类定义 Aexm030201

该类定义的创建步骤如下：

- 创建类定义文件夹@Aexm030201。
- 把@Aexm020104 文件夹上的 2 个文件 Aexm020104.m 和 disp.m 拷贝到@Aexm030201 文件夹。
- 把 Aexm020104.m 文件名修改为 Aexm030201.m，并在 MATLAB 文件编辑器中打开此文件。
- 把 Aexm030201.m 文件第 <1><2><11><14> 行中的 Aexm020104 修改为 Aexm030201 并保存。
- disp.m 无须任何修改。
- 在此文件夹上创建如下的对象类别转换文件 double.m。

```
% double.m 把自定义类对象转换成双精度对象
function x=double(X)
% X 是自定义类对象数组或双精度对象数组
% x 是与 X 规模相同的双精度对象数组
    if isa(X,'double')              % 该分支为适于算符重载函数调用而设计          <5>
        x=X;
    else
        w=[X.Z];                    % 方括号法获取对象数组全部元素的 Z 属性值     <8>
        x=reshape(w,size(X));       % 形成与输入对象数组同样规模的双精度数组      <9>
    end
end
```

2) 试验数据准备：建立 Aexm030201 对象数组 X

```
clear classes all
t = (0:60)';
v = 220 + 10 * cos(0.2 * t);
X = Aexm030201(v);                  % 形成 Aexm030201 对象数组
Xc = class(X)                       % 检验 X 的类别
```

```
Xs = size(X)                          % 检验X数组的规模

Xc =
    'Aexm030201'
Xs =
    61     1
```

3）试验：利用MATLAB内建的绘图命令绘制对象数组X的Z属性值波动曲线

```
u = double(X);                        % 把Aexm030201对象转为双精度数组            <1>
n = length(u);                        % 数据长度
k = 0:(n-1);                          % 构成横坐标数据
stem(k,u);                            % 画Z值波动的直杆图                        <4>
axis([0,60,0,250])                    % 控制坐标范围
hold on                               % 允许重叠绘线
plot([0,n-1],[220,220],'r--')         % 期望值线
plot([0,n-1],[190,190],'k-')          % 下限线
hold off                              % 关闭叠画允许
xlabel('k')                           % 横坐标名称
ylabel('Z')                           % 纵坐标名称
set(gca,'Ytick',[190,220,250])        % 设置纵坐标刻度
set(gcf,'Color','White')              % 使坐标图形窗底色为白                     <13>
```

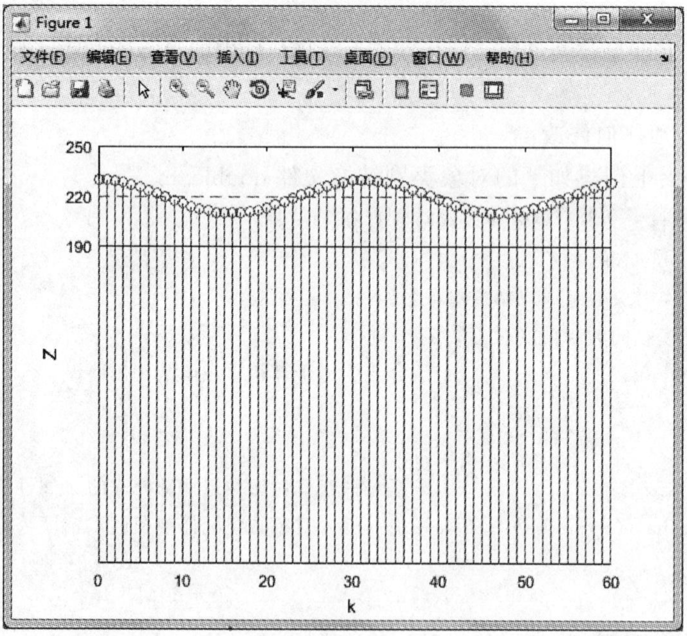

图 3.2-1　Aexm030201对象数组元素属性Z波动曲线

说明

- 关于double.m文件的说明

◇ 因为该类转换函数是Aexm030201类的方法，所以该double.m文件必须放置在@

Aexm030201 文件夹上。

◇ duoble. m 文件中第 <5> 行所引出的转向分支是为适应重载算符方法而设置的。对本例而言，该分支不必存在。

◇ double. m 第 <8> 行执行后产生的 w，是由所有对象元素 Z 值按序排成的行数组。

◇ double. m 第 <9> 行命令，是形成与 X 同规模双精度数组所必需的。

● 关于试验的说明

因为没有为 Aexm030201 类对象设计任何绘图方法，所以不可能直接用对象数组去绘制如图 3.2-1 所示的属性 Z 波动曲线。而借助 double. m 转换方法函数，把对象数组转换为双精度数组后（参见第 <1> 行命令），就可以很随心所欲地绘制 MATLAB 提供的丰富绘图命令（参见从第 <4> 到第 <13> 行），绘制出精致的波动曲线。

3.2.2　MATLAB 算符及后台控制函数

在 MATLAB 语言中，实现运算的命令都是借助数据、变量、函数和各种算符构成的表达式组成的。在命令被执行时，这些命令就会被 MATLAB 解释器转换为相应控制函数的调用。例如：命令 D=A+B 被执行时，MATLAB 就会根据 A、B 中的主导类别，搜索那主导类中所定义的 plus（方法）函数，并以 D=plus(A,B) 的格式运作，返回结果。

如果 MATLAB 所设计的算符，在处理用户自定义类对象时，不能给出与理论相一致的结果，或不能给出用户所期待的结果，那么用户就应考虑在自定义类定义中，重载相应名称的方法函数。表 3.2-1、表 3.2-2、表 3.2-3 所列即为 MATLAB 各种算符所对应的控制函数名称及调用格式。

表 3.2-1　代数运算符及其后台控制函数的默认行为方式

算符表达式		后台控制函数	默认的运算行为方式
数组代数算符	D=A+B	D=plus(A, B)	数组 A 与同规模数组 B 的对应元素相加，若 A、B 中有一个是标量，则把此标量与另一个数组的各元素分别相加（此算符对数组代数和矩阵代数都适用）
	D=A−B	D=minus(A, B)	数组 A 与同规模数组 B 的对应元素相减，若 A、B 中有一个是标量，则把此标量与另一个数组的各元素分别相减（此算符对数组代数和矩阵代数都适用）
	D=A. * B	D=times(A, B)	数组 A 与同规模数组 B 的对应元素相乘，若 A、B 中有一个是标量，则把此标量与另一个数组的各元素分别相乘
	D=A. /B	D=rdivide(A, B)	数组 A 被同规模数组 B 对应元素右除，若 A、B 中有一个是标量，则把此标量与另一个数组的各元素分别相除
	D=A. \B	D=ldivide(A, B)	数组 B 被同规模数组 A 对应元素左除，若 A、B 中有一个是标量，则把此标量与另一个数组的各元素分别相除（注意：表达式中，A 在分母位置）
	D=A. ^B	D=power(A, B)	A 为基，B 为指数，若 A、B 都是数组，则必须规模相同，此时两数组的对应元素分别进行指数运算。若 A、B 中有一个是标量，则把此标量与另一个数组的各元素分别进行指数运算
	D=A. '	D=transpose(A)	数组（非共轭）转置

续表 3.2-1

算符表达式		后台控制函数	默认的运算行为方式
矩阵代数算符	D=A+B	D=plus(A, B)	矩阵A加同规模的矩阵B(此算符对数组代数和矩阵代数都适用)
	D=A−B	D=minus(A, B)	矩阵A减同规模的矩阵B(此算符对数组代数和矩阵代数都适用)
	D=A*B	D=mtimes(A, B)	A左乘B;A、B各自可取标量或矩阵;若A、B都是矩阵,则要求A的列数必须等于B的行数
	D=A/B	D=mrdivide(A, B)	矩阵A被右除B;矩阵A、B必须列数相等
	D=A\B	D=mldivide(A, B)	矩阵B被左除A;矩阵A、B必须行数相等(注意:表达式中,A在分母位置)
	D=A^B	D=mpower(A, B)	A为基,B为指数,A和B的使用搭配,必须其中一个取标量,另一个取方阵
	D=A'	D=ctranspose(A)	矩阵共轭转置

表 3.2-2 关系运算符及其后台控制函数的默认行为方式

关系运算表达式	后台控制函数	默认的运算行为方式
A<B	lt(A, B)	• 数组A与同规模数组B的对应元素相比较,返回结果是规模相同的逻辑数组,符合比较条件为1(逻辑真),否则为0(逻辑假); • 若A、B中有一个是标量,则用该标量与另一个数组的各元素相比较,返回的结果是与数组同规模的逻辑数组; • 对于实数,这6组关系算符都适用;对复数,只有==,~=这2组关系算符适用
A>B	gt(A, B)	
A<=B	le(A, B)	
A>=B	ge(A, B)	
A==B	eq(A, B)	
A~=B	ne(A, B)	

表 3.2-3 逻辑运算符及其后台控制函数的默认行为方式

<table>
<tr><th>逻辑运算表达式</th><th>后台控制函数</th><th>默认的运算行为方式</th></tr>
<tr><td>A&B</td><td>and(A, B)</td><td>• 数组A与同规模数组B的对应元素间的逻辑“与”,返回结果是规模相同的逻辑数组,若两数组对应位置元素都非0,则该元素位置返回1(逻辑真),否则为0(逻辑假)
• 若A、B中有一个是标量,则用该标量与另一个数组的各元素进行逻辑“与”运算,返回与数组同规模的逻辑数组</td></tr>
<tr><td>A|B</td><td>or(A, B)</td><td>• 数组A与同规模数组B的对应元素间的逻辑“或”,返回结果是规模相同的逻辑数组,若两数组对应位置元素都为0,则该元素位置返回0(逻辑假),否则为1(逻辑真);
• 若A、B中有一个是标量,则用该标量与另一个数组的各元素进行逻辑“或”运算,返回与数组同规模的逻辑数组</td></tr>
<tr><td>~A</td><td>not(A)</td><td>对数组A的各元素进行“非”运算,返回与A同规模的逻辑数组,若数组中的0元素,返回1(逻辑真);而非0元素,则返回0(逻辑假)</td></tr>
</table>

3.2.3 代数运算符的重载

本节以自定义的Aexm030202类对象为例,说明代数算符的重载。

● 在 Aexm030202 类重载代数算符的理由

◇ 重载前原算符关于 Aexm030202 极坐标形式复数类对象数组的默认运行表现与理论预期不符；(参见例 3.2－2 的试验一)

◇ Aexm030202 极坐标形式复数类对象数组经常需要进行各种代数算符表达式的计算；

◇ 用户不希望在代数计算代码中反复出现 double 转换函数和 Aexm030202 构造函数。(参见例 3.2－2 的试验二)

◇ 用户希望 Aexm030202 类对象之间算符的表现相同于 MATLAB 内建数值类算符。(参见例 3.2－2 的试验三)

● Aexm030202 重载控制函数的设计要点

◇ 为使重载算符能正确应对被运算量的各种可能(比如"除运算"中的坏条件矩阵、奇异矩阵处理)，应尽可能使变换后的运算在可靠的、MATLAB 提供的双精度类环境中进行(参见例 3.2－2 中 plus.m、times.m 文件的第 <5> 行，ctranspose.m 的第 <3> 行)。

◇ 所设计的算符控制函数不仅要保证 Aexm030202 对象之间的算符表达式运行正确，还要保证 Aexm030202 对象与 double(双精度)对象之间的混合运算正确(参见例 3.2－1 中的 double.m)。

◇ 所设计的算符控制函数的代码应尽可能规范(如例 3.2－2 中 plus.m、times.m 文件的差别仅仅在于文件名和第 <5> 行中的算符)。

下面以示例形式展开更具体的表述。

例【3.2－2】 为 Aexm030202 极坐标复数对象数组重载代数算符。本例演示：重载前算符对于 Aexm030202 对象数组的默认表现；重载算符的典型代码；对象类别转换函数 double.m 在算符重载中的应用；重载算符功能验证。

1）建立类定义 Aexm030202

该类定义由@Aexm030202 类定义文件夹上的 Aexm030202.m、double.m、disp.m 等三个文件组成。

类定义的创建步骤：

● 先创建文件夹@Aexm030202。

● 把@Aexm030201 文件夹上的 Aexm030201.m、double.m、disp.m 拷贝到@Aexm030202 文件夹。

● 把@Aexm030202 文件夹上的 Aexm030201.m 文件名称修改为 Aexm030202.m。

● 在 MATLAB 文件编辑器中，打开这改了名的 Aexm030202.m，并作如下修改：

◇ 该文件第 <1><2><11><14> 行中的 Aexm030201 修改为 Aexm030202；

◇ 进行保存操作，就得到了本例所需的 Aexm030202.m。

● double.m 和 disp.m 无须进行任何修改。

2）试验一：在重载算符函数之前，MATLAB 代数算符关于 Aexm030202 对象的默认表现

```
% 创建试验用的对象数组
clear classes all                       % 清除工作内存中的所有对象和数据
rng default                             % 保证 R1、R2 随机数组可重现
R1 = randn(2,3) + 1j * randn(2,3);
```

```
R2 = randn(2,3) + 1j * randn(2,3);
A = Aexm030202(R1)
B = Aexm030202(R2)

A =
0.69∠-38.88°      3.23∠122.26°      1.39∠-76.71°
1.87∠10.58°       2.90∠72.71°       3.30∠113.31°
B =
1.58∠62.76°       0.98∠43.21°       0.73∠99.82°
1.42∠92.55°       1.22∠-99.63°      2.21∠47.58°

% 进行算符默认行为试验
A.'            % 非共轭转置运算,所得结果与理论相符                                 <9>

ans =
0.69∠-38.88°   1.87∠10.58°
3.23∠122.26°   2.90∠72.71°
1.39∠-76.71°   3.30∠113.31°

A'             % 共轭转置算符的表现与理论不符;仅进行转置,而没取共轭                <10>

ans =
0.69∠-38.88°   1.87∠10.58°
3.23∠122.26°   2.90∠72.71°
1.39∠-76.71°   3.30∠113.31°

A + B          % 加运算无法执行

未定义与 'Aexm030202' 类型的输入参数相对应的运算符 '+'。

A. * B         % 数组乘无法执行

未定义与 'Aexm030202' 类型的输入参数相对应的运算符 '.*'。
```

3）试验二：在算符不重载的情况下，借助 double 转换函数，实施对象的代数运算

```
Aexm030202(double(A)')                        % 求对象 A 的共轭转置            <1>

ans =
0.69∠38.88°      1.87∠-10.58°
3.23∠-122.26°    2.90∠-72.71°
1.39∠76.71°      3.30∠-113.31°

Aexm030202(double(A) + double(B))             % 实现对象数组加                 <2>
```

```
ans =
1.60∠37.68°     4.52∠109.97°     0.66∠-72.90°
2.50∠44.82°     1.69∠67.18°      4.67∠87.77°

Aexm030202(double(A).*double(B))          % 实现对象数组乘                <3>

ans =
1.09∠23.88°      3.15∠165.48°      1.01∠23.11°
2.65∠103.13°     3.55∠-26.93°      7.30∠160.89°

Aexm030202(inv(double(A)*double(A)'))     % 求对象数组 A 外积的逆          <4>

ans =
0.06∠0.00°       0.03∠-115.08°
0.03∠115.08°     0.06∠0.00°
```

4）重载算符的控制函数

采用算符重载，可使对象的算符代数表达式更简洁明了，使类定义关于代数算符表达式具有更好的封闭性。

重载算符的控制函数文件应该驻留在@Aexm030202 类定义文件夹上。本例设计的所有"双输入量"算符（如+、-、.*、*、.\、\、./、/ 等）的控制函数代码几乎完全相同，不同仅仅在于各文件第 <1><2> 的控制函数名称和各文件第 <5> 行的双精度运算符。（请参见以下 plus.m、times.m 文件）

下面列出具有代表性的三个重载算符控制函数："单输入量"的共轭转置控制函数 ctranspose.m；"双输入量"的"加""数组乘"运算的控制函数 plus.m、times.m。

```
% ctranspose.m    Aexm030202 对象的 ' 共轭转置算符的控制函数              <1>
function X3=ctranspose(X)          % 单输入量控制函数                    <2>
    x=double(X);
    p=x';                          % 对应的双精度类  ' 共轭转置算符表达式    <3>
    X3=Aexm030202(p);
end

% plus.m        Aexm030202 对象间 + 加算符的控制函数                     <1>
function X3=plus(X1,X2)            % 双输入量控制函数                    <2>
    x1=double(X1);
    x2=double(X2);
    p=x1+x2;                       % 对应的双精度类 .* 数组乘算符表达式      <5>
    X3=Aexm030202(p);
end

% times.m       Aexm030202 对象间 .* 数组乘算符的控制函数                 <1>
```

```
function X3=times(X1,X2)              % 双输入量控制函数                    <2>
    x1=double(X1);
    x2=double(X2);
    p=x1.*x2;                         % 对应的双精度类 .* 数组乘算符表达式     <5>
    X3=Aexm030202(p);
end
```

5)试验三:在重载算符函数后,MATLAB代数算符关于Aexm030202对象的行为方式与双精度类相同。

```
% 再次创建试验用的对象数组
clear classes all                 % 注意!! 在修改类定义后,
                                  % 几乎总要清除工作内存中的所有对象和数据        <3>
rng default
R1 = randn(2,3) + 1j * randn(2,3);
R2 = randn(2,3) + 1j * randn(2,3);
A = Aexm030202(R1);
B = Aexm030202(R2);

A'                                % 重载后,共轭转置运行正确                   <9>

ans =
0.69∠38.88°         1.87∠-10.58°
3.23∠-122.26°       2.90∠-72.71°
1.39∠76.71°         3.30∠-113.31°

A.'                               % 非共轭转置,依旧正确

ans =
0.69∠-38.88°        1.87∠10.58°
3.23∠122.26°        2.90∠72.71°
1.39∠-76.71°        3.30∠113.31°

A + B                             % 两对象数组加运算

ans =
1.60∠37.68°      4.52∠109.97°     0.66∠-72.90°
2.50∠44.82°      1.69∠67.18°      4.67∠87.77°

1 + A                             % 双精度标量与对象数组相加

ans =
1.60∠-15.75°      3.79∠109.38°      1.89∠-45.67°
2.85∠6.89°        3.34∠56.08°       3.05∠95.79°
```

```
-2j*A.*B                    % 双精度标量、对象数组、对象数组三者的数组乘

ans =
2.19∠-66.12°     8.30∠75.48°       2.02∠-66.89°
5.29∠13.13°      7.10∠-116.93°     14.60∠70.89°

IA=(A*A')\eye(2)            % 对象数组与双精度数组混合运算;求对象A外积的逆          <14>

IA =
0.06∠0.00°       0.03∠-115.08°
0.03∠115.08°     0.06∠0.00°

EYE=double(IA)*(R1*R1')     % 理论结果应是(2*2)单位阵                              <15>

EYE =
   1.0000 + 0.0000i    0.0000 + 0.0000i
   0.0000 + 0.0000i    1.0000 - 0.0000i
```

说明

- 在试验三中,clear classes all 命令是必须的。其原因是:在试验一中,Aexm030202 的类对象被创建后,Aexm030202 的类定义信息已经被存入内存;而在对 Aexm030202 类重载代数算符控制函数后,Aexm030202 的类定义发生了变化。此后,若进行创建新的类对象操作时,新的类定义将无法生效,新定义下的对象也就不能产生。对此,MATLAB 会给出报警信息。
- double.m 转换函数的应用特点:
  - ◇ 借助 double 转换函数,不仅可以实现 Aexm030202 对象的各种代数算符表达式运算,而且使得用户可以动用 MATLAB 所有内建的函数对 Aexm030202 对象进行复杂的处理。换句话说,重载的 double.m 转换函数可以让用户获得更为广泛的处理 Aexm030202 类对象的能力。
  - ◇ 使用 double 转换函数实施代数算符运算的缺点是:在编写对象的应用代码时,为实现一个算符运算要反复地使用 double 和 Aexm030202,从而使应用代码显得繁琐臃肿。从这个意义上讲,对于需要经常进行的算符运算,重载算符控制函数显得更适宜。
- 本例试验三中的第 <14><15> 行命令用对象数组和双精度数组混合运算验证了所设计的重载算符控制函数和 double 转换函数的正确性。

3.3 改变对象显示的重载和覆盖技术

3.3.1 显示函数、对象形态及显示内容

MATLAB 为所有用户自定义类对象的显示提供了三个能显示不同内容的方法函数:

disp、display 和 details。而每个显示方法函数又将根据对象的四种不同形态，有区别地给出不同显示内容。

1. 显示自定义对象的三个默认函数

MATLAB 向用户提供如下三个可简便调用的默认显示函数（见图 3.3-1）：

display(Obj)　　显示对象变量名部、所属类名部、属性列表部等三种组分构成的内容

disp(Obj)　　仅显示所属类名部和属性列表部等两个组分构成的内容

details(Obj)　　显示对象所属类名部、属性列表部、延伸内容部等三个组分构成的内容

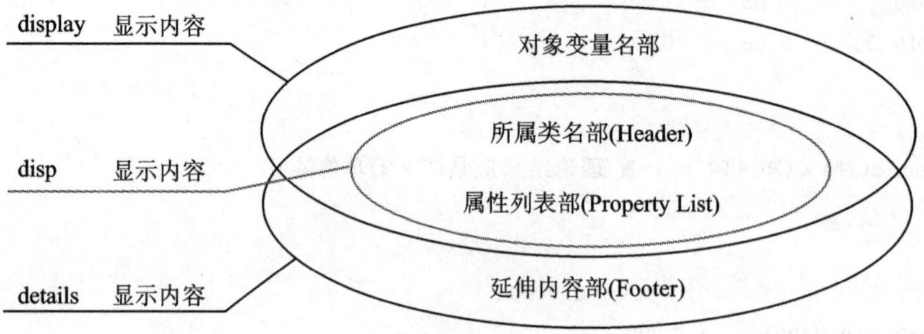

图 3.3-1　各方法函数所能显示的内容

说明

- 在以上命令调用格式中，Obj 是对象变量名。各方法函数调用后生成的显示内容如图 3.3-1 所示。
  - ◇ 在三个显示函数中，以 disp(Obj)的显示内容最简扼，而另两个函数则能显示更多的内容。
  - ◇ 在三个显示函数中，只有 display(Obj)能给出"被显示对象变量的名称"。
  - ◇ details 不仅是三个显示函数中唯一能给出"与所显对象相关的事件、方法、父类"等延伸内容的方法函数，而且它所给出的"所属类名部"比其他显示函数给出的内容更为详细。
- display 的两种使用场合：
  - ◇ 最常见的应用场合是：当 MATLAB 执行一个"返回对象计算结果值而不以分号结尾"的语句时，如果那被执行语句的左边有被赋值变量（如名为 Obj），则 MATLAB 就把此解释为调用 display(Obj)。若被执行语句左边没有被赋变量，则在 MATLAB 把那计算结果赋给 ans 后，就调用 display(ans)。
  - ◇ 直接运行 display(Obj)命令的情况很少见。
- disp 的两种使用场合：
  - ◇ 最主要的使用场合是间接调用。具体地说，就是在运行 display(Obj)时，disp(Obj)将在 display 函数内被间接调用。这是因为 disp 嵌在 display 函数体内。
  - ◇ 较少直接运行 disp(Obj)命令。
- details 的使用特点：
  - ◇ 命令 details(Obj)只能被直接运行。

◇ details 函数既不能被覆盖，也不能被重载，它只能按 MATLAB 设定的默认格式显示。

2. 对象形态和显示内容

MATLAB 提供的默认显示函数 display、disp、details 在运行时，会对被显示量“是否已被删除”“是否空数组”“是否标量”等对象形态（Object State）进行检测，然后根据不同形态给出由不同组分构成的显示内容。

图 3.3-2 所示为由 details 函数显示的 Aexm030301 标量对象的详尽信息。它包含：所属类名部（所属类名超链接、父类名超链接、附带文字）；属性列表部（属性名、属性值）；延伸内容部（方法、事件、超类等超链接）。表 3.3-1 所列为 MATLAB 默认设定的各对象形态与显示内容所含组分的对应关系。

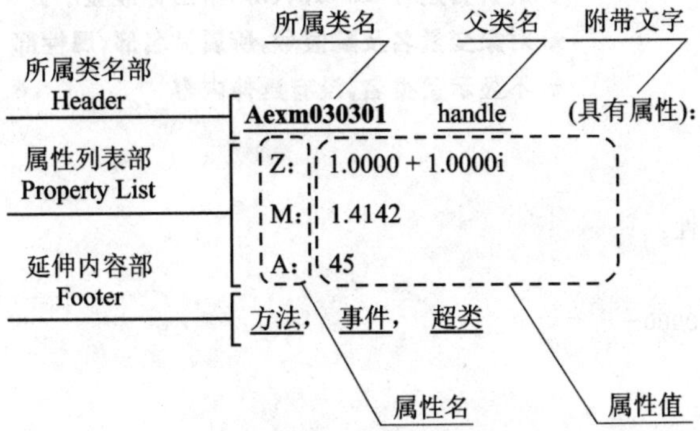

图 3.3-2　details 函数给予标量对象的显示内容各组分

表 3.3-1　各对象形态与显示内容所含组分对应表

对象形态 (Object State) / 显示内容的组分	已删句柄态 (Deleted Handle)	空对象数组态 (Empty Object)	标量对象态 (Scalar Object)	非标量对象态 (Nonscalar Object)
所属类名部 (Header)	表明已删句柄的文字；类名超链接文字	数组规模；类名超链接文字	类名超链接文字	数组规模；类名超链接文字；父类名超链接文字
属性列表部 (Property List)		所有属性名	所有属性名；对应属性值	所有属性名
延伸内容部 (Footer)		只有在运行 details 命令时，才给出方法、事件、超类的超链接文字		

例【3.3-1】 以 Aexm030301 对象为实例，演示 disp、display、details 关于同一个对象所给出的显示内容的差别；根据不同对象形态所给出的由不同组分构成的显示内容演示同样的显示命令；delete 和 clear 的功用差别。

1）创建用于试验的 Aexm030301 类定义

为保持示例和类定义名称的对应性，本例采用类定义 Aexm030301 进行试验。类定义文件夹@Aexm030301 的创建步骤如下：

- 由@Aexm030201 文件夹复制后生成@Aexm030301 文件夹。
- 删除@Aexm030301 文件夹上的 disp. m 文件。
- 把@Aexm030301 文件夹上的 Aexm030201. m 文件名称修改为 Aexm030301. m。
- 再对@Aexm030301 文件夹上的 Aexm030301. m 文件进行如下修改：
  ◇ 该文件第 <1><2><11><14> 行中的 Aexm030201 修改为 Aexm030301；
  ◇ 进行保存操作，就得到了本例所需的 Aexm030301. m。
- double. m 无须进行任何修改。

2）试验一：display 给出对象标量的默认显示

```
clear classes all
A = Aexm030301(1 + j)                % 创建标量对象；
                                     % 由于不以分号结尾，因此被 MATLAB
                                     % 解析为运行 display(A)，给出标准显示：
                                     % 对象变量名及赋值号，所属类名部，属性部
                                     % 不显示父类名，没有延伸内容

A =
  Aexm030301 - 属性：

    Z：1.0000 + 1.0000i
    M：1.4142
    A：45

display(A)                           % 直接运行 display(A)，可得到相同的显示结果

A =
  Aexm030301 - 属性：

    Z：1.0000 + 1.0000i
    M：1.4142
    A：45
```

3）试验二：disp 给出简明显示内容

```
disp(A)                              % 只显示：所属类名部、属性部；不显示变量名

  Aexm030301 - 属性：

    Z：1.0000 + 1.0000i
    M：1.4142
    A：45
```

4）试验三：details 命令给出的对象标量完整显示

```
details(A)                           % 注意，不显示对象变量名及赋值号
                                     % 详细的组分标注，请参见图 3.3-2
```

```
  Aexm030301 handle - 属性:

    Z: 1.0000 + 1.0000i
    M: 1.4142
    A: 45
  方法, 事件, 超类
```

5）试验四：对象数组的默认显示

```
B = Aexm030301(exp( - j * pi/3));      % 创建另一个对象标量
AB = [A,B]                             % 产生 1 * 2 对象数组,并给出显示
                                       % 所属类名部给出了数组规模 1x2

AB =
1×2 Aexm030301 数组 - 属性:

    Z
    M
    A

disp(AB)                               % 给出简明显示内容

1×2 Aexm030301 数组 - 属性:

    Z
    M
    A

details(AB)                            % 完整显示对象数组

  1×2 Aexm030301 handle 数组 - 属性:

    Z
    M
    A
方法, 事件, 超类
```

6）试验五：空对象数组的默认显示

```
C = Aexm030301.empty(3,0)              % 创建空对象数组,并显示

C =
  3×0 Aexm030301 数组 - 属性:

    Z
    M
    A
```

7）试验六：被删标量对象（句柄类）的默认显示

```
delete(A)                              % 对A实施删除操作
A                                      % 显示表明：A已被删除

A =

  已删除对象 Aexm030301 的句柄


clear A                                % 从内存中清除对象变量
A

未定义函数或变量 'A'。
```

8）试验七：被删非标量对象（句柄类）的默认显示

```
delete(AB)                             % 对AB对象数组进行删除操作
AB                                     % 显示结果于删除前操作前相同

AB =

  1×2 Aexm030301 数组 - 属性：

    Z
    M
    A

AB(1)                                  % 观察被删数组元素对象，可知已被删除

ans =

  已删除对象 Aexm030301 的句柄
```

说明

- 在以上显示中，类名、父类名、方法、事件、超类都是“带下划线的蓝色的超链接”。
  - ◇ 这是MATLAB工作界面的命令窗中显示的实际情况。
  - ◇ 若用户单击超链接，则在命令窗下方或新的弹出窗中出现相关说明信息。
  - ◇ 但是若用户所使用的计算机不支持超文本链接，则那些显示内容中的类名、父类名、方法、事件、超类等都将不再显示为“超链接”，而只是一般的文字。
- 关于试验六 delete(A)的说明
  - ◇ delete(A)命令执行后，仅仅删除了指向变量A的句柄，而并没有清除工作内存中的handle类变量A。此后，若运行 isvalid(A)，将给出“逻辑 0”，表明该句柄已经失效。
  - ◇ 假如需要清除内存中的变量A，则要借助 clear A 命令执行。
- 关于非标量对象删除操作的说明
  - ◇ 句柄类对象数组经删除操作后，其显示仍与删除操作前相同。
  - ◇ 被删对象数组的元素，将显示出“已被删除”的信息。

3.3.2　改变对象显示的覆盖技术

1. CustomDisplay 类的作用

matlab.mixin.CustomDisplay 类在显示自定义对象中发挥如下重要作用：

- MATLAB 针对自定义对象提供的 display、disp 和 details 默认显示函数，都建筑在 matlab.mixin.CustomDisplay 类的基础之上。在此，需再次指出：details 函数既不能被覆盖也不能被重载，它只能以 MATLAB 提供的默认格式显示。
- matlab.mixin.CustomDisplay 类本身是与 MATLAB 提供的基类 handle、value 相适配的。换句话说，用户自定义的子类可以从 handle & matlab.mixin.CustomDisplay（或 value & matlab.mixin.CustomDisplay）导出。
- 如果用户自定义子类是从 handle & matlab.mixin.CustomDisplay 导出的，那么用户就可以借助 matlab.mixin.CustomDisplay 类提供的如下三种接口函数，对 disp 函数给出的默认显示内容加以修改。
  ◇（显示）内容分部构造方法函数（Part Builder Methods）；
  ◇ 对象形态分理方法函数（State Handler Methods）；
  ◇ 对象信息和显示文字工具类方法（Utility Methods）。

2. CustomDisplay 类的内容分部构造函数

CustomDisplay 类的分部构造函数（Part Builder Methods）有以下三个：

s = getHeader(X)	返回显示内容中"所属类名部"所需字符串 s
G=getPropertyGroups(X)	返回供"属性列表部"使用的 matlab.mixin.util.PropertyGroups 类对象 G
s = getFooter(X)	返回显示内容中"延伸内容部"所需字符串 s

说明

- 输入量 X 必须是由 matlab.mixin.CustomDisplay 类导出的子类对象。
- 在对象 X 所属类的类定义中覆盖以上任何一个分部构造方法函数时，都必须在具有 Access=protected 秉质的类方法块中给予申明。
- 在 matlab.mixin.CustomDisplay 子类的类定义中，一旦编写了分部构造函数，则 MATLAB 默认提供的对应函数就将被覆盖。所以在编写分部构造方法的覆盖函数时，一定要使它们能适应各种对象形态的不同显示要求。（请参见表 3.3-1）
- 关于 s = getHeader(X)的说明：
  ◇ 编写该函数时，一定要使该函数能适应"对象标量"和"非对象标量"两种形态的显示需要。
  ◇ 输出量 s 是显示"所属类名部"的字符串。以对象标量为例，其（英文版 MATLAB 平台上）默认显示的字符串是[class(Obj), ' with properties:']。
- 关于 G=getPropertyGroups(X)的说明：
  ◇ 编写该函数时，一定要使该函数能适应"对象标量"和"非对象标量"两种形态的显示需要。

◇ 假如X有 N 个不同秉质的Group属性群，输出量G是$(1\times N)$的 matlab.mixin.util.PropertyGroups 类对象数组。

◇ 每个Group属性群包含 Title、NumProperties、PropertyList 三个属性：

Title——属性秉质名称，假如无限定秉质，则为空串；

NumProperties——该属性群中的属性数；

PropertyList——由全部属性名构成的元胞数组，或由"属性名/属性值"对构成的标量构架。

● 关于 s = getFooter(X)的说明

因为在默认情况下，MATLAB提供的 display、disp、details 默认显示函数中，只有 details 函数的显示包含"延伸内容部"，而 details 又是不可被覆盖的，所以假如想保持 MATLAB 关于"延伸内容部"的显示风格，就不要编写 getFooter 的覆盖函数。

例【3.3-2】 本例演示：如何实现对 CustomDisplay 类默认 getHeader、getPropertyGroups 内容分部构造函数的覆盖；覆盖函数的编写方法；CustomDisplay 工具函数调用签名；覆盖函数对 display、disp、details 等显示函数的影响。

1）创建供本例演示用的 Aexm030302 类定义

具体步骤如下：

● 在 MATLAB 当前文件夹上，或在位于 MATLAB 搜索路径上的文件夹上，创建文件夹@Aexm030302。

● 把 Aexm030301.m 文件复制到@Aexm030302 文件夹上，并把这复制的文件名修改为 Aexm030302.m。

● 在 MATLAB 编辑器中打开这新复制的 Aexm030302.m，再进行以下操作：

◇ 把 Aexm030302.m 第2行改写为 classdef Aexm030302 < handle & matlab.mixin.CustomDisplay；

◇ 把第 <1> 、<11> 、<14> 行中的 Aexm030301 原名称，修改为 Aexm030302；

◇ 在原代码的 methods……end 方法块后，再增添一个带 Access=protected 秉质的方法块。

◇ 完整的 Aexm030302.m 文件代码见下所列。

● 经以上修改后，再进行保存操作，就得到如下的 Aexm030302.m 类定义文件。

● 在@Aexm030302 文件夹上，编写两个"内容分部构造方法"文件 getHeader.m 和 getPropertyGroups.m(参见下列的相应文件代码)。

```
% Aexm030302.m
classdef Aexm030302 < handle & matlab.mixin.CustomDisplay     % 两个父类的子类     <2>
    properties
        Z
    end
    properties(Dependent)
        M
        A
    end
```

```
    methods
        function X=Aexm030302(cv)
            if nargin > 0
                [m,n]=size(cv);
                X(m,n)=Aexm030302();
                for ii=1:m
                    for jj=1:n
                        X(ii,jj).Z=cv(ii,jj);
                    end
                end
            end
        end
        function ww=get.M(obj)
            ww=abs(obj.Z);
        end
        function ww=get.A(obj)
            ww=angle(obj.Z)*180/pi;
        end
    end
    methods(Access=protected)   % CustomDisplay 类的覆盖函数必须采用限制性秉质     <29>
        H=getHeader(obj);                % 所属类名部字符串覆盖函数的申明        <30>
        PG=getPropertyGroups(obj);       % 属性内容部覆盖函数的申明              <31>
    end
end

function H=getHeader(X)
% 该函数用于覆盖 MATLAB 默认提供的 getHeader 函数
% X      必须是 CustomDisplay 类的子类对象
% header 是字符串,用于显示“标量、非标量、空数组”三种对象形态的“所属类名部”
    ChineseName='复数极坐标类对象。';    % 新编的显示用字符串
    ClassName=matlab.mixin.CustomDisplay.getClassNameForHeader(X);          %  <6>
                                         % 借助工具函数获取 X 的类名
    if~isscalar(X)                       % 引出非标量分支                   %  <8>
        ss=matlab.mixin.CustomDisplay.convertDimensionsToString(X);         %  <9>
                                         % 借助工具函数把数组规模变成串
        Hend='其全部属性为:';            % 新编的显示用字符串
        H=[ss,'数组 ',ClassName,blanks(1),ChineseName,Hend];
                                         % 合成所属类名部的完整字符串
    else                                 % 引出标量分支                     %  <14>
        Hend='其 M(模)和 A(度单位幅角)为:';   % 新编的显示用字符串
        H =['标量 ',ClassName,blanks(1),ChineseName,Hend];
                                         %合成所属类名部的完整字符串
    end
```

```
end

function PG=getPropertyGroups(X)
% 该函数用于覆盖 MATLAB 默认提供的 getPropertyGroups 函数
% X       必须是 CustomDisplay 类的子类对象
% PG      是供显示属性内容专用的 matlab.mixin.util.PropertyGroups 类对象数组
    if~isscalar(X)                                  % 引出非标量分支
        PG=getPropertyGroups@matlab.mixin.CustomDisplay(X);             %   <6>
                                                    % 采用默认 getPropertyGroups 函数生成 PG
    else                                            % 引出标量分支
        PropList=struct('M',X.M,'A',X.A);           % 采用单构架生成自编的属性列表     <9>
        PG=matlab.mixin.util.PropertyGroup(PropList);                    %   <10>
                                                    % 借助工具函数生成所需的 PG
    end
end
```

2）试验一：覆盖函数影响 disp、display 的显示内容

```
clear classes all
A = Aexm030302(1 + j)          % 显示内容相当于 display(A)
                               % 对照例 3.3-1 试验一的显示结果，可观察到：
                               % 所属类名部和属性内容部都被覆盖函数改变了
```

```
A =
标量 Aexm030302 复数极坐标类对象。其 M(模)和 A(度单位幅角)为：
    M：1.4142
    A：45
```

```
disp(A)                        % disp 受覆盖函数影响
```

```
标量 Aexm030302 复数极坐标类对象。其 M(模)和 A(度单位幅角)为：
    M：1.4142
    A：45
```

3）试验二：非标量对象的"所属类名部"显示由于覆盖函数而改变

```
B = Aexm030302(exp( - j * pi/3));
AB = [A,B]                     % 对照例 3.3-1 试验四的显示结果，可观察到：
                               % 数组显示的所属类名部因覆盖 getHeader 而改变
```

```
AB =
1x2 数组 Aexm030302 复数极坐标类对象。其全部属性为：
    Z
    M
    A
```

4）试验三：details 仍显示默认设置的内容，不受覆盖函数影响

```
details(A)                     % details 关于标量的显示不受覆盖影响
```

```
  Aexm030302 handle - 属性：

    Z：1.0000 + 1.0000i
    M：1.4142
    A：45
  方法，事件，超类

details(AB)                  % details 关于数组的显示不受覆盖影响

  1×2 Aexm030302 handle 数组 - 属性：

    Z
    M
    A
  方法，事件，超类
```

5）试验四：空数组的“所属类名部”显示内容，因覆盖 getHeader 而改变

```
E = Aexm030302.empty(0,2)

E =
0x2 数组 Aexm030302 复数极坐标类对象。其全部属性为：
    Z
    M
    A
```

6）试验五：已删除句柄对象的显示不受覆盖函数影响

```
delete(A)                    % 删除标量对象句柄
A                            % 显示 A

A =
  已删除对象 Aexm030302 的句柄
```

说明

● 借助 CustomDisplay 类函数覆盖技术自定义显示内容的必要条件：
  ◇ 在 classdef 类定义行，必须把用户自定义类（比如 Aexm030302）设置为 CustomDisplay 的子类（参见 Aexm030302.m 文件的第 <2> 行代码）。
  ◇ 必须在用户自定义类文件中专门设置秉质为 Access＝protected 的方法块，并在该方法块中，对用户自定义的覆盖函数给予申明（参见 Aexm030302.m 文件的第 <27> 到 <32> 行代码）。
  ◇ 在用户自定义类文件夹（比如@Aexm030302 文件夹）上，编写覆盖函数，如本例的 getHeader.m 和 getPropertyGroups.m 文件（参见本例相应文件）。
● 关于自定义“内容分部构造函数”的说明：
  ◇ 自编分部构造函数，必须像默认函数那样考虑不同对象形态对显示内容的不同要

求。如在本例编写的 getHeader. m 文件中,就区分了标量对象形态和非标量对象形态(参见本例 getHeader. m 文件的第 <8> 和第 <14> 行)。

◇ 在自定义分部构造函数中,用户若想借助 CustomDisplay 类工具函数(如 getClassNameForHeader 和 convertDimensionsToString)获取某种信息,就必须写出那些工具函数的完整签名(Signature)(参见本例 getHeader. m 文件的第 <6> 和第 <9> 行代码)。

- 关于 matlab. mixin. util. PropertyGroup 类的说明:

　　该类定义构造函数的调用格式是:

P = matlab. mixin. util. PropertyGroup(propList)

其中:

◇ 输出量 P 是由 matlab. mixin. util. PropertyGroup 类构造函数生成的对象,它专用于生成"属性内容"显示;

◇ 输入量 propList 是含"属性名/属性值对"表达内容的单构架(参见本例 getPropertyGroups. m 文件第 <9> 行代码),或是仅含"属性名"列表内容的元胞数组。

3. CustomDisplay 类的对象形态分理函数

CustomDisplay 类的对象形态分理函数(State Handler Methods),有下列四个:

displayScalarHandleToDeletedObject(X)	给出关于已删句柄标量对象 X 的全部显示内容
displayEmptyObject(X)	给出关于空对象数组 X 的全部显示内容
displayScalarObject(X)	给出关于标量对象 X 的全部显示内容
displayNonScalarObject(X)	给出关于非标量对象 X 的全部显示内容

说明

- 在用户借助 MATLAB 提供的 disp 函数显示自定义对象时,在 disp 内部就会根据输入对象的形态调用适当的形态分理函数默认代码,以给出适当的具有针对性的显示内容。在 disp 函数中,以上四个对象形态分理函数的组织结构如图 3.3-3 所示。
- 以上所有函数的输入量 X,必须是 matlab. mixin. CustomDisplay 类的导出子类对象。
- 如果用户在 matlab. mixin. CustomDisplay 子类的类定义中编写了某个形态分理函数,那么原先由 MATLAB 默认提供的对应名称的函数就将被覆盖。
- 自定义的对象形态覆盖函数,必须在对象 X 所属子类的类定义的具有 Access=protected 秉质的类方法块中给予申明。
- 除 displayScalarHandleToDeletedObject 外,其余三个对象形态分理函数都会在运行过程中,调用 getHeader、getPropertyGroups、getFooter 等分部构造函数,如图 3.3-3 所示。

例【3.3-3】 本例演示:如何对 CustomDisplay 类默认的 getHeader 分部构造函数和 displayScalarObject、displayNonScalarObject 对象形态分理函数实现混合覆盖;三个覆盖函数的编写方法;覆盖函数对 display、disp、details 等显示函数的影响;归纳四种调用场合下的 disp 函数;关于 inputname 命令的说明。

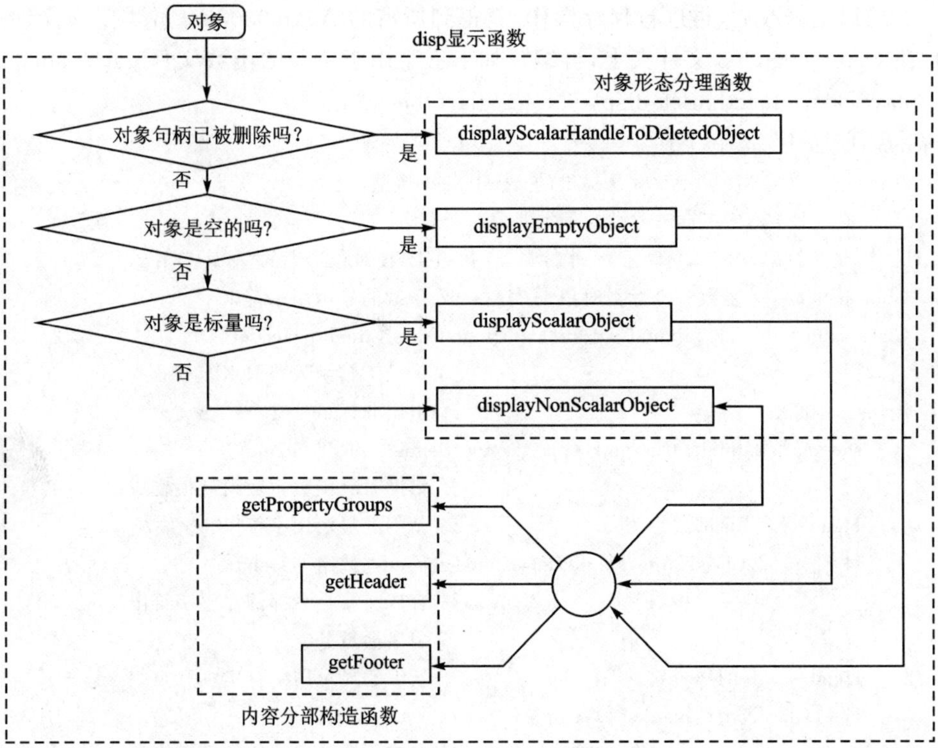

图 3.3-3　显示对象所涉及的方法函数

1) 创建本例演示用的 Aexm030303 类定义

创建步骤如下：

- 在 MATLAB 当前文件夹上，或在位于 MATLAB 搜索路径上的文件夹上，创建文件夹@Aexm030303。
- 把 Aexm030302.m 文件复制到@Aexm030303 文件夹上，并把这复制的文件名修改为 Aexm030303.m。
- 在 MATLAB 编辑器中打开这新复制的 Aexm030303.m，再进行以下操作：
  ◇ 再把第 <1>、<2>、<11>、<14> 行中的 Aexm030302 原名称，修改为 Aexm030303；
  ◇ 把原 Aexm030302.m 文件第 <29> 行起的下列 methods 方法块进行如下改写。

```
methods(Access=protected)  %CustomDisplay 类覆盖函数必须采用限制性秉质          <29>
    H=getHeader(obj);                    % 所属类名部字符串覆盖函数的申明    <30>
    PG=getPropertyGroups(obj);           % 属性内容部覆盖函数的申明          <31>
end

改写如下
methods(Access=protected)  %CustomDisplay 类覆盖函数必须采用该限制性秉质        <29>
    H=getHeader(obj);                    % 所属类名部字符串覆盖函数的申明    <30>
    displayScalarObject(obj);            % 标量对象形态覆盖函数的申明        <31>
    displayNonScalarObject(obj);         % 非标量对象形态覆盖函数的申明      <32>
end
```

◇ 经以上修改后，再进行保存操作，就得到所需的 Aexm030303.m 类定义文件。

● 在@Aexm030303 文件夹上，再编写如下三个用于覆盖的函数文件 getHeader.m、displayScalarObject.m 和 displayNonScalarObject.m。

```
function H=getHeader(X)
% 该函数用于覆盖 MATLAB 默认提供的 getHeader 函数
% X      必须是 CustomDisplay 类的子类对象
% H      是字符串，用于显示"标量、非标量、空数组"三种对象形态的"所属类名部"
    ChineseName='复数极坐标类对象';          % 新编的显示用字符串
    ClassName=matlab.mixin.CustomDisplay.getClassNameForHeader(X);      %   <6>
                                             % 借助工具函数获取 X 的类名
    if~isscalar(X)                           % 引出非标量分支                <8>
        ss=matlab.mixin.CustomDisplay.convertDimensionsToString(X);     %   <9>
                                             % 借助工具函数把数组规模变成串
        Hend='。其全部属性为：';              % 新编的显示用字符串
        H=[ss,' ',ClassName,blanks(1),ChineseName,'数组',Hend];
                                             % 合成所属类名部的完整字符串
    else                                     % 引出标量分支                 <14>
        Hend='。它的一个属性';                % 新编的显示用字符串
        H=[ClassName,blanks(1),ChineseName,'标量',Hend];
                                             % 合成所属类名部的完整字符串
    end
end

function displayScalarObject(X)
% 该函数用于覆盖 MATLAB 默认提供的 displayScalarObject 函数
% X      必须是 CustomDisplay 类的子类对象
    H=getHeader(X);                          % 获得所属类名部字符串          <4>
    disp(H)                                  % 显示 H 字符串                <5>
    vn=inputname(1);                         % 获取输入变量名称              <6>
    fprintf('%s\n%.2f%s%.2f%s\n',[vn,'.Z = '],X.M,char(8736),X.A,char(176))   %   <7>
                                             % 格式化显示自编的属性内容
end

function displayNonScalarObject(X)
% 该函数用于覆盖 MATLAB 默认提供的 displayNonScalarObject 函数
    H=getHeader(X);                          % 从 getHeader 函数获取字符串   <3>
    fprintf('%s\n',[H,'Z, M, A'])            % 格式化显示混编的所属类名部字符串
    vn=inputname(1);                         % 获取输入变量名称              <5>
    [m,n]=size(X);                           % 对象数组的规模                <6>
    ms=int2str(m);ns=int2str(n);
    Sz=[ms,char(215),ns];
    Sub=[vn,'(1:',ms,',1:',ns,').Z ='];
```

```
    fprintf('%s\n',Sub)                          % 格式化显示自编的属性内容          <10>
    for ii=1:m                                   % 阵列形式显示各元素对象的 Z 属性值   <11>
        for jj=1:n
            if jj < n
                fprintf('%.2f%s%.2f%s',X(ii,jj).M,char(8736),...
                    X(ii,jj).A,[char(176),blanks(5)])
            else
                fprintf('%.2f%s%.2f%s\n',X(ii,jj).M,char(8736),...
                    X(ii,jj).A,char(176))
            end
        end
    end                                                                          %   <21>
end
```

2）试验一：标量对象的自定义显示

```
clear classes all
A = Aexm030303(1 + j)          % 创建标量对象,并调用 display(A)显示自定义内容
```

```
A =
Aexm030303 复数极坐标类对象标量。它的一个属性
A.Z =
1.41∠45.00°
```

```
disp(A)                        % 不含输入变量名 A,其余显示与 display 相同
```

```
Aexm030303 复数极坐标类对象标量。它的一个属性
A.Z =
1.41∠45.00°
```

3）试验二：非标量对象的自定义显示

```
rng default                    % 为保证 R 随机数可重现
R = randn(2,3) + 1i * randn(2,3);
B = Aexm030303(R)              % 创建对象数组,并调用 display(B)显示自定义内容
```

```
B =
2x3 Aexm030303 复数极坐标类对象数组。其全部属性为:Z, M, A
B(1:2,1:3).Z =
0.69∠-38.88°      3.23∠122.26°      1.39∠-76.71°
1.87∠10.58°       2.90∠72.71°       3.30∠113.31°
```

```
disp(B)                        % 不含输入变量名 B,其余显示与 display 相同
```

```
2x3 Aexm030303 复数极坐标类对象数组。其全部属性为:Z, M, A
B(1:2,1:3).Z =
```

```
0.69∠-38.88°    3.23∠122.26°    1.39∠-76.71°
1.87∠10.58°     2.90∠72.71°     3.30∠113.31°
```

4）试验三：details 仍显示默认设置的内容，不受覆盖函数影响

```
details(A)                    % details 仍采用默认显示，不受覆盖影响

  Aexm030303 handle - 属性：

    Z：1.0000 + 1.0000i
    M：1.4142
    A：45
方法，事件，超类

details(B)                    % details 仍采用默认显示，不受覆盖影响

  2×3 Aexm030303 handle 数组 - 属性：

    Z
    M
    A
方法，事件，超类
```

5）试验四：空数组的显示在本例中仅受 getHeader.m 覆盖的影响

```
E = Aexm030303.empty(0,2)

E =
0x2 Aexm030303 复数极坐标类对象数组。其全部属性为：
    Z
    M
    A
```

说明

- 对象形态分理函数覆盖可使自定义的显示内容具有更大的灵活性
  - ◇ 例如：在处理标量对象显示的 displayScalarObject.m 文件中，显示内容的"所属类名部"字符串是单纯依靠 getHeader.m 生成的（参见此文件第 <4> 行）；而显示内容的"属性内容部"中的"属性名/属性值对"则完全是用户自己编写的（参见此文件第 <7> 行），显示风格与默认格式迥异。
  - ◇ 又如：在 displayNonScalarObject.m 文件中，显示内容的"所属类名部"字符串，就是有 getHeader.m 产生的字符串（参见此文件第 <3> 行）和自编字符串（参见第 <4> 行）混合而成的；而显示内容的"属性内容部"则更个性化地显示出对象数组各元素的 Z 属性值的"复数极坐标表达"阵列（参见此文件第 <11> 到 <21> 行）。
- MATLAB 默认提供的用于显示自定义对象的 display、disp 函数的显示风格和内容，都将因"内容分部构造函数"和"对象形态分理函数"的覆盖而改变。
- 四种不同调用场合的 disp 函数：

◇ 当输入量是双精度数值和字符串时，比如 displayScalarObject. m 第 <5> 行中的 disp(H)，MATLAB 调用的是 disp 的内建(Built - in)文件。

◇ 在没有使用任何覆盖或重载文件影响 disp 的前提下，当输入量为用户自定义对象时，(参见例 3.3 - 1 试验二中的 disp(A)代码)，MATLAB 所调用的是专为用户自定义对象设计的 disp 显示函数的“默认配置形式”。

◇ 在采用“内容分布构造”或/和“对象形态分理”覆盖函数的前提下，当输入量为用户自定义对象时，(参见上例和本例试验一中的 disp(A)代码)，MATLAB 所调用的是专为用户自定义对象设计的 disp 显示函数的“覆盖修改形式”。

◇ 在采用 disp 重载函数的前提下，当输入量为用户自定义对象时，(参见下例试验一中的 disp(A)代码)，MATLAB 所调用的则是用户自编的 disp 重载显示函数。

● 关于 inputname(1)的说明：

◇ 该命令只能在 M 函数内使用。

◇ 该命令用于获取所在函数的输入量的名称。

◇ 请参见本例 displayScalarObject. m 文件第 <6> 行代码，或 displayNonScalarObject. m 文件第 <5> 行代码。

4. CustomDisplay 类的其他工具函数

除了前两节叙述的内容分部构造函数和对象形态分理函数外，CustomDisplay 类还提供如表 3.3 - 2 所列的工具函数。它们可供用户编写显示覆盖函数时调用。

表 3.3 - 2　CustomDisplay 类的工具方法

方法名	输入量	输出量
convertDimensionsToString	有效的对象数组	由 size 测出的对象数组规模转换而得的字符串
displayPropertyGroups	PropertyGroup 数组	显示属性 title 和属性组
getClassNameForHeader	对象	所属类名的超链接字符串，它可引出该类信息窗
getDeletedHandleText	无	“删除的句柄 handle to deleted”超链接字符串，它可引出相应的帮助信息窗
getDetailedFooter	对象	“方法 Methods，事件 Events，超类 Superclass”超链接字符串，它们可分别在命令窗中引出各种相关信息
getDetailedHeader	对象	包括所属类名、父类名的超链接字符串，并后带“具有属性 with properties：”字符串
getHandleText	无	handle 超链接字符串
getSimpleHeader	对象	只含：所属类名超链接字符串，以及“具有属性 with properties：”字符串

3.3.3　改变对象显示的重载技术

上节介绍了用户如何借助 CustomDisplay 类和覆盖(Override)技术，定制需要或喜欢的对象显示格式。本节要讲述的是如何采用 display 和 disp 函数的重载(Overload)技术，自定义对象显示内容和风格。

与覆盖技术相比，改变对象默认显示的重载技术有如下特点：

- 在用户自定义类不是CustomDisplay类子类的情况下，可通过该用户类定义中重载的display、disp函数，按自己所需要和喜欢的形式显示对象信息。
- 假如MATLAB为用户自定义对象提供的默认显示被视为"规范"的话，那么由display、disp重载函数所给出的显示则可以被称为是"非规范"的、更随意更个性化的。
- 值得指出：本节以下示例重载display函数，只是为了演示该函数重载的可能性。而这种对display函数的重载，不为MATLAB制造商所推荐。

为避免空泛，下面关于display、disp重载的叙述以示例形式展开。

例【3.3-4】 本例演示：自编重载类方法display和disp如何适应不同对象形态显示的需要；验证重载的display和disp函数不影响details函数的默认显示格式；如何正确识别被删的对象数组；再次演示inputname的公用。

1）创建本例演示用Aexm030304类定义的步骤

- 在MATLAB当前文件夹上，或在位于MATLAB搜索路径上的文件夹上，创建文件夹@Aexm030304。
- 把Aexm030301.m文件复制到@Aexm030304文件夹上，并把这复制的文件名修改为Aexm030304.m。
- 在MATLAB编辑器中打开这新命名的Aexm030304.m，再进行以下操作：
  - ◇ 把第<1>、<2>、<11>、<14>行中的Aexm030301原名称，修改为Aexm030304；
  - ◇ 经以上修改后，进行保存操作，就得到所需的Aexm030304.m文件；
  - ◇ 值得指出：Aexm030304.m除了以上修改的名称外，其余代码与Aexm030301.m完全相同。
- 在@Aexm030304文件夹上，再创建dispaly.m和disp.m两个文件。它们的具体代码如下。

```
function display(X)
%  该函数是对MATLAB为自定义对象显示默认提供的display函数的重载函数
%  输入量X是Aexm030304类对象
    [m,n]=size(X);
    vn=inputname(1);                              % 获取输入变量名              <5>
    ms=int2str(m);
    ns=int2str(n);
    Sz=[ms,char(215),ns];                         % 表达规模的字符串
    if isa(X,'handle')&&~all(isvalid(X(:)))      % 引出被删句柄的分支          <9>
        if numel(X)==1
            Ds='对象标量';
        else
            Ds='对象数组';
        end
        fprintf('%s\n%s\n',[vn,' ='],['已被删除句柄的',Ds])
    elseif isa(X,'handle')&&all(isvalid(X(:)))   % 引出有效对象分支            <16>
```

```
        if numel(X)==0                                    % 引出空对象分支
            fprintf('%s\n%s\n',[vn,' ='],[Sz,' 的空对象数组 '])
        else                                              % 非空对象分支
            if numel(X)==1                                % 标量对象分支
                fprintf('%s\n',[vn,'.Z ='])
            else                                          % 数组对象分支
                Sub=[vn,'(1:',ms,',1:',ns,').Z ='];       % 显示内容的名称字符串
                fprintf('%s\n',Sub)
            end
        end
        disp(X)                                           % 调用重载的 disp 函数
    end
end

function disp(X)
%   该函数是对 MATLAB 为自定义对象显示默认提供的 disp 函数的重载函数
%   输入量 X 是 Aexm030304 类对象
    [m,n]=size(X);
    for ii=1:m
        for jj=1:n
            if jj < n
                fprintf('%.2f%s%.2f%s',X(ii,jj).M,char(8736),...
                    X(ii,jj).A,[char(176),blanks(5)])
            else
                fprintf('%.2f%s%.2f%s\n',X(ii,jj).M,char(8736),...
                    X(ii,jj).A,char(176))
            end
        end
    end
end
```

2）试验一：标量对象的定制显示

```
A = Aexm030304(1 + j)          % 创建标量对象,并调用 display(A)显示

A.Z =
1.41∠45.00°

disp(A)

1.41∠45.00°
```

3）试验二：数组对象的定制显示

```
rng default
R = Aexm030304(randn(2,3) + 1i * randn(2,3))
```

```
R(1:2,1:3).Z =
0.69∠-38.88°    3.23∠122.26°    1.39∠-76.71°
1.87∠10.58°     2.90∠72.71°     3.30∠113.31°
```

disp(R)

```
0.69∠-38.88°    3.23∠122.26°    1.39∠-76.71°
1.87∠10.58°     2.90∠72.71°     3.30∠113.31°
```

4）试验三：details 保持默认显示内容不变

details(A)　　　　　% details 仍采用默认显示，不受覆盖影响

```
  Aexm030304 handle - 属性:

    Z: 1.0000 + 1.0000i
    M: 1.4142
    A: 45
```

方法，事件，超类

details(R)　　　　　% details 仍采用默认显示，不受覆盖影响

```
  2×3 Aexm030304 handle 数组 - 属性:

    Z
    M
    A
```

方法，事件，超类

5）试验四：空数组的定制显示

E = Aexm030304.empty(0,2)

```
E =
0×2 的空对象数组
```

6）试验五：已被删除的句柄变量

delete(A)

A

```
A =
已被删除句柄的对象标量
```

delete(R)　　　　　% 删除对象数组

R　　　　　　　　　% 能正确显示：该 R 对象数组已被删除

```
R =
```

已被删除句柄的对象数组

说明

- 本例重载函数 display.m，具有针对标量、非标量、空数组及已删句柄等不同形态对象给出不同显示的能力。它模仿了 MATLAB 为显示自定义对象而默认提供的 display 和 disp 函数的功能。
- 本例重载函数 disp.m，能正确显示极坐标形式复数标量及数组，是对 MATLAB 为显示双精度数据而提供的内建 disp 函数的功能的模仿。
- 关于本例 display.m 第 <9> 和第 <16> 行中 all(isvalid(X(:)))的说明：
  ◇ 该命令形式是为判断数组是否“有效”而写的。更具体地说，只有当 X 对象数组中所有元素对象都有效的情况下，all(isvalid(X(:)))才给出“逻辑 1”。
  ◇ 正因为第 <6> 采用了 all(isvalid(X(:)))命令，才使得该代码有能力正确判断“已被删句柄的对象数组”。而 MATLAB 默认提供的 display 和 disp 函数，在“已被删句柄的对象数组”的判断上似乎欠缺能力。（参见例 3.3-1 的试验七）
- inputname 命令可用于获取所在函数的输入量名称。请参见本例 display.m 文件的第 <5> 行。

第 4 章

类的继承与组合

客观世界是由各种各样的具有自己行为规范和内部状态的对象组成，不同对象通过相互作用和通讯构成了完整的现实世界。类作为对象的抽象存在，类和类之间通过继承和组合这两种方式完成了对现实世界的描述。本章讲述：类继承定义、子类和父类关系、继承中的多态性；抽象类的概念和应用。本章最后以示例形式，用较大篇幅叙述属性包含型的类组合。这种"界面类＋算法类"组合的程序设计模式，能使各类专司其职，互相协作完成复杂任务，且这种模式编写的程序便于维护、扩展和升级。

4.1 类继承定义

客观世界里有这样一种可以分层描述的存在，例如汽车和卡车，很显然卡车是汽车的一种，卡车具有汽车的一切属性和行为特征。在程序的设计过程中，如果用一个类来描述汽车的属性和行为特征，则可以认为汽车类是父类（或称基类），而描述卡车的类是子类，它继承了汽车类的所有属性与方法。

继承是类的一种重要机制，该机制自动地为一个类提供来自另一个类的数据结构和对外接口，这使得程序员只需要在新类中定义已有类中没有的成分来建立新类。继承即能帮助人们理解客观存在，理清各种事物之间的层次关系，当把这种描述事物层次关系的继承概念引入到软件的设计开发中，就可以解决软件部件重用的问题。理解继承是理解面向对象程序设计的关键，本章将通过继承方法的学习来理解继承如何提高软件的复用性。

4.1.1 单一父类继承

子类继承父类时，需要在类定义名之后用"类继承符＋父类名称"的格式，确定父类的名称，当只继承一个父类时，如图 4.1－1 所示。

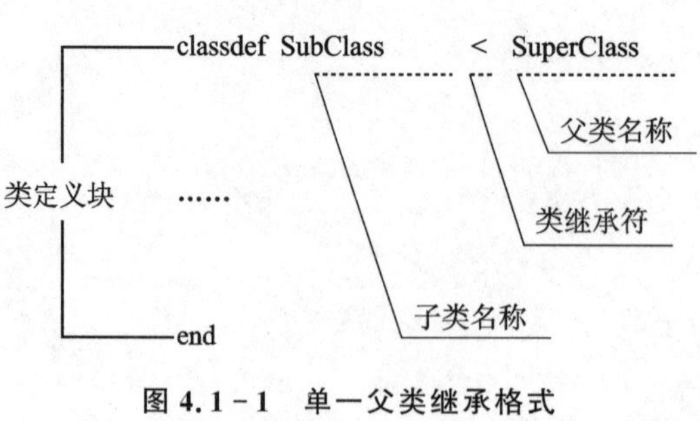

图 4.1－1　单一父类继承格式

说明

● 在子类定义名称和父类名称之间，应采用英文小于号"＜"这个类继承符进行分隔。

4.1.2　多个父类继承

当子类继承两个,或多个父类时,在类定义名之后用"类继承符＋父类名称1＋父类分隔符＋父类名称2＋父类分隔符……"的格式,如图4.1-2所示。

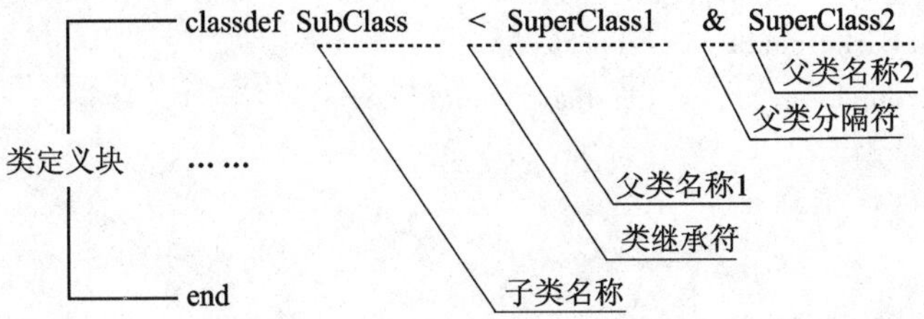

图4.1-2　两个父类继承格式

说明

- 图4.1-2所示为继承两个父类的情况,两个父类或多个父类之间都应该采用"&"父类分隔符间隔。

  继承多个父类情况下,要求多个父类要么都是句柄类,要么都是全值类。如果确实需要同时继承句柄类和全值类,必须对全值类进行改造,在其类定义符 classdef 之后加秉质关键字 HandleCompatible,例如 classdef(HandleCompatible) CalssName。
  - ◇ 在类定义符 classdef 之后加秉质关键字 HandleCompatible 之后,该类本质上仍然是全值类,但它可以和句柄类同时被继承。
  - ◇ 子类的 HandleCompatible 秉质不能被继承,即具有"HandleCompatible"秉质的类的子类,其"HandleCompatible"秉质为 false。

例【4.1-1】 本例设计一个视图父类和一个视图子类,演示继承的一般特性:继承的基本语法;子类对象如何调用父类方法函数;如何在子类内部调用父类方法函数。

1) 编写视图父类定义文件 Aexm040101View.m

```
% Aexm040101View.m              视图父类定义文件
classdefAexm040101View < handle
    properties
        BackgroundColor                       % 图形窗口背景色
    end
    properties(Access = protected)
        hFig  % 图形窗口句柄
        ViewSize = [0.3,0.3,0.3,0.3];  % 图形窗口尺寸
    end
    methods
        function obj=Aexm040101View()
            obj.BackgroundColor=[0.82 0.79 0.43];
            obj.hFig=figure();
            set(obj.hFig,'unit','normalized');
```

```
            set(obj.hFig,'defaultuicontrolunits','normalized');
            set(obj.hFig,'position',obj.ViewSize);
            set(obj.hFig,'Color',obj.BackgroundColor);
        end
        function SetBackColor(obj,BackColor)
            obj.BackgroundColor=BackColor;
            set(obj.hFig,'Color',obj.BackgroundColor);
        end
    end
    methods
        function SetFigName(obj,FigName)
            set(obj.hFig,'Name',FigName);
        end
    end
end
```

2）编写视图子类定义文件 Aexm040101SubView.m

```
% Aexm040101SubView.m            视图子类定义文件
classdefAexm040101SubView < Aexm040101View
    properties
        hEdit                % 子类新增的编辑框句柄
    end
    properties(Dependent)
        EditText             % 编辑框文字
    end
    methods
        function obj=Aexm040101SubView(TextStr)
            uicontrol('parent',obj.hFig,'style','text',...
                'position',[0.1 0.7 0.15 0.1],'string','有效值',...
                'HorizontalAlignment','left',...
                'BackgroundColor',obj.BackgroundColor);
            obj.hEdit=uicontrol('parent',obj.hFig,'style','edit',...
                'position',[0.25 0.715 0.15 0.1],'string',TextStr);
        end
        function str = get.EditText(obj)
            str = get(obj.hEdit,'String');
        end
    end
end
```

3）创建视图父类和视图子类对象，子类对象调用父类方法函数

分别创建视图父类和视图子类对象。

```
FigA = Aexm040101View()              % 产生父类视图，见图 4.1-3
```

```
FigA =
Aexm040101View - 属性：

    BackgroundColor：[0.8200 0.7900 0.4300]
```

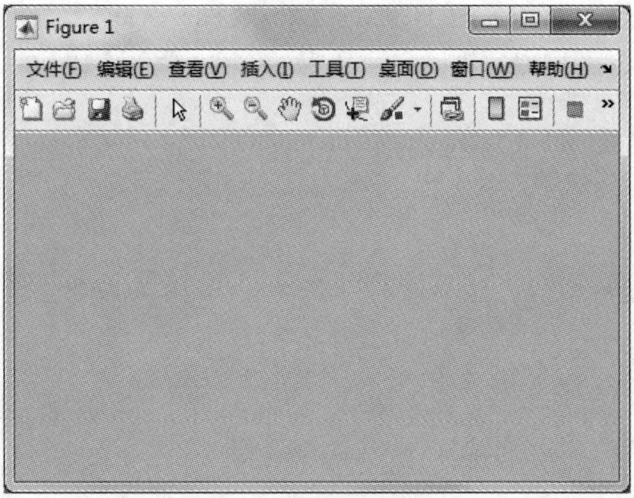

图 4.1-3　父类视图

FigB = Aexm040101SubView('50')　% 产生子类视图，见图 4.1-4

```
FigB =
Aexm040101SubView - 属性：

hEdit：[1x1 UIControl]
          EditText：'50'
    BackgroundColor：[0.8200 0.7900 0.4300]
```

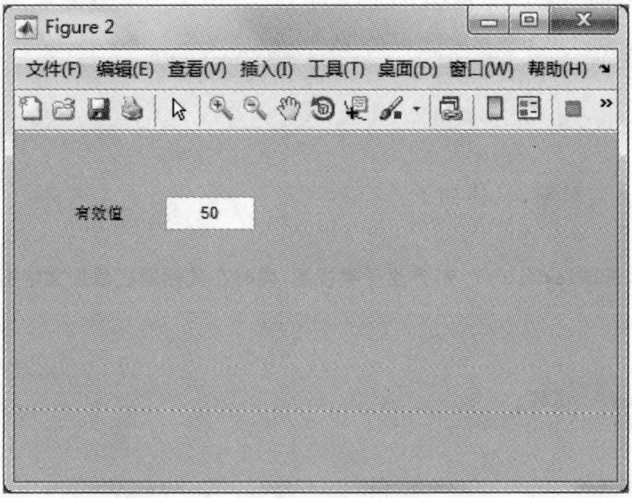

图 4.1-4　子类视图

视图子类对象调用视图父类的 SetFigName 方法函数如下所示。

```
FigB.SetFigName('编辑框子类')        % 在子类视图标题栏添加文字标识,见图 4.1-5
```

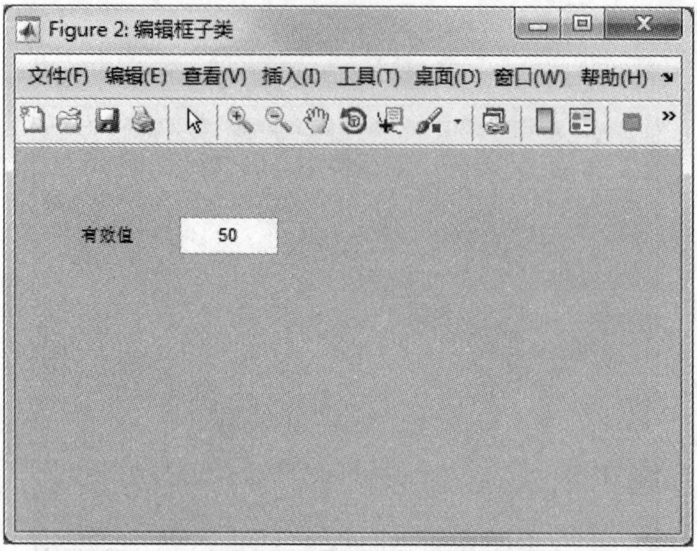

图 4.1-5 添加了标题栏标识的子类视图

4）改编视图子类的构造函数,增加调用父类方法函数的内容

在视图子类构造函数的最后,增加调用父类 SetFigName 方法函数的语句,其他内容不变,修改后的构造函数部分如下所示。

```
function obj=Aexm040101SubView(TextStr)
uicontrol('parent',obj.hFig,'style','text',...
        'position',[0.1 0.7 0.15 0.1],'string','有效值',...
        'HorizontalAlignment','left',...
        'BackgroundColor',obj.BackgroundColor);
    obj.hEdit=uicontrol('parent',obj.hFig,'style','edit',...
        'position',[0.25 0.715 0.15 0.1],'string',TextStr);
    SetFigName(obj,'子类内部调用父类方法');
end
```

重新创建视图子类对象,具体如下：

```
clear class all
FigB = Aexm040101SubView('10')    % 产生子类视图,同时在其标题栏添加文字标识,见图 4.1-6
```

```
FigB =
Aexm040101SubView - 属性:

hEdit: [1x1 UIControl]
          EditText: '10'
    BackgroundColor: [0.8200 0.7900 0.4300]
```

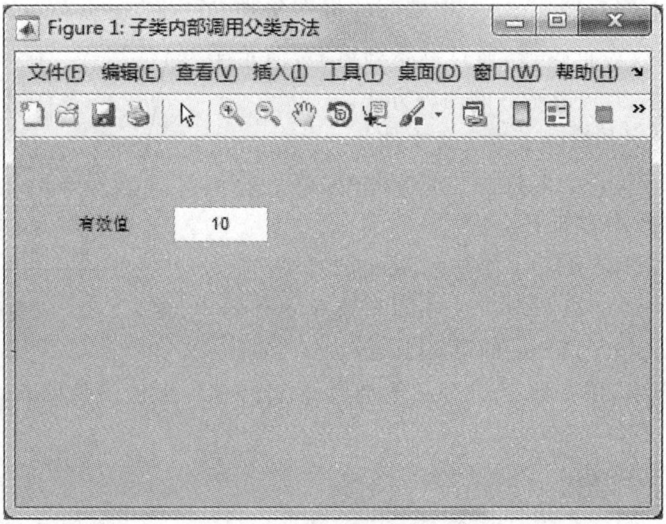

图 4.1-6　产生子类视图,同时添加了标题栏标识

说明

- 在 Aexm040101SubView.m 视图子类定义文件的语句 classdef Aexm040101SubView < Aexm040101View 中,子类定义名称之后的小于号“<”表示继承,小于号之后的类名是父类名称。
- 子类继承了父类的所有属性和方法,即子类具有父类的所有属性和方法,此外子类还具有新的属性和方法。在子类代码设计中,只需要对新增的属性和方法进行编码,而不必对父类的属性和方法重新编码,从而实现了父类代码的复用。
- 子类对象可以像调用自己的方法函数那样调用父类的方法函数,只要其方法函数的 Access 秉质取值 public。
- 在子类对象方法函数的内部,也可以像调用自己的方法函数那样调用父类的方法函数,只要其方法函数的 Access 秉质取值 public 或 protected。

4.2　子类如何构造父类

子类是父类的一种,子类在继承父类的所有属性和方法之后,又新增了部分功能,因此在继承类的构造函数中,首先要构造对象的父类部分,即首先调用父类的构造函数,给对象的父类部分分配空间和初始化。父类的内存空间分配和初始化工作完成之后,才可以给子类中的新增部分进行空间分配和初始化。

在子类的构造函数中创建父类对象,有两种途径:一是显式调用父类的构造函数创建父类对象;二是由 MATLAB 以无输入格式隐式调用父类的构造函数,创建父类对象。采用第二种途径时,子类构造函数内不需要额外的语句创建父类对象(就像例 4.2-1 中 Aexm040101-SubView 视图子类的构造函数那样),由 MATLAB 自动调用父类构造函数,前提是父类的构造函数允许无输入格式调用。采用第一种途径显式调用父类构造函数的语法如图 4.2-1 所示。

例【4.2-1】 本例对例4.1-1中编写的视图父类和视图子类的构造函数进行改造，通过一系列试验，演示子类构造函数内调用父类构造函数的两种方法。

1）编写视图父类和视图子类定义文件

Aexm040201View.m文件由Aexm040101View.m文件修改而得。修改内容如下：

- 将所有Aexm040101View修改为Aexm040201View。
- 给构造函数增加视图窗口尺寸的参数ViewSize。参见Aexm040201View的第<11>行。
- 在构造函数内，用参数ViewSize给类属性ViewSize赋值。参见Aexm040201View的第<12>行。

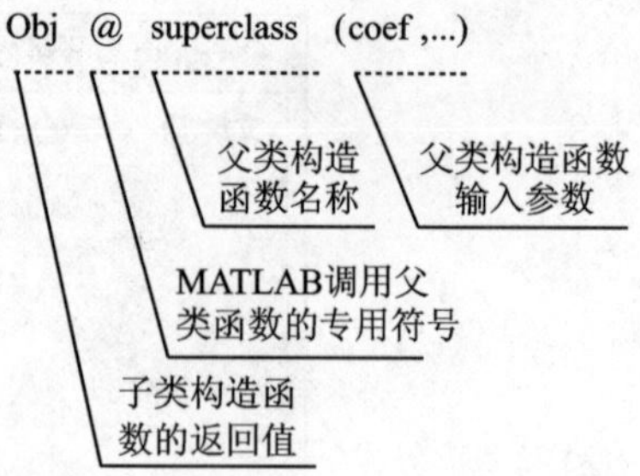

图4.2-1 父类构造函数调用格式

```
% Aexm040201View.m        视图父类定义文件
classdefAexm040201View < handle
properties
        BackgroundColor                        % 图形窗口背景色
    end
    properties(Access = protected)
        hFig  % 图形窗口句柄
        ViewSize = [0.3,0.3,0.3,0.3];  % 图形窗口尺寸
    end
    methods
        function obj=Aexm040201View(ViewSize)                                   %   <11>
            obj.ViewSize=ViewSize;                                              %   <12>
            obj.BackgroundColor=[0.82 0.79 0.43];
            obj.hFig=figure();
            set(obj.hFig,'unit','normalized');
            set(obj.hFig,'defaultuicontrolunits','normalized');
            set(obj.hFig,'position',obj.ViewSize);
            set(obj.hFig,'Color',obj.BackgroundColor);
        end
        function SetBackColor(obj,BackColor)
            obj.BackgroundColor=BackColor;
            set(obj.hFig,'Color',obj.BackgroundColor);
        end
    end
    methods
        function SetFigName(obj,FigName)
            set(obj.hFig,'Name',FigName);
        end
    end
end
```

● Aexm040201SubView. m 文件由 Aexm040101SubView. m 文件修改而得。修改内容有：

把 Aexm040101SubView. m 文件中的 Aexm040101SubView 全部替换成 Aexm-040201SubView。

```
% Aexm040201SubView.m        视图子类定义文件
classdef Aexm040201SubView < Aexm040201View
    properties
        hEdit                % 子类新增的编辑框句柄
    end
    properties(Dependent)
        EditText % 编辑框文字
    end
    methods
        function obj=Aexm040201SubView(TextStr)
            uicontrol('parent',obj.hFig,'style','text',...
                'position',[0.1 0.7 0.15 0.1],'string','有效值',...
                'HorizontalAlignment','left',...
                'BackgroundColor',obj.BackgroundColor);
            obj.hEdit=uicontrol('parent',obj.hFig,'style','edit',...
                'position',[0.25 0.715 0.15 0.1],'string',TextStr);
        end
        function str = get.EditText(obj)
            str = get(obj.hEdit,'String');
        end
    end
end
```

2）试验一：视图子类采用隐式方式构造视图父类对象

```
FigB = Aexm040201SubView('10')

输入参数的数目不足。
出错 Aexm040201View (line 12)
                obj.ViewSize = ViewSize;                                % <12>
出错 Aexm040201SubView
```

采用隐式方式构造视图父类对象，其内在逻辑是 MATLAB 自动调用视图父类的构造函数，前提是视图父类的构造函数支持无输入格式调用，但 Aexm040201View 类的构造函数不支持无输入格式调用，因此上述试验以失败。

借助 MATLAB 命令 nargin，修改 Aexm040201View 类的构造函数，使其支持无输入格式调用。具体修改方法是：把以上 Aexm040201View. m 第 <12> 行代码用以下三行代码替换。注意：下面每行代码后的编号与修改后的 Aexm040201View. m 文件在 M 文件编辑器中左侧的行序号相同。

```
if nargin==1                                   %  <12>
obj.ViewSize=ViewSize;                         %  <13>
end                                            %  <14>
```

运行如下命令

```
FigB = Aexm040201SubView('10')    % 产生子类视图,见图 4.2-2
```

```
FigB =
Aexm040201SubView - 属性:

hEdit: [1x1 UIControl]
         EditText: '10'
  BackgroundColor: [0.8200 0.7900 0.4300]
```

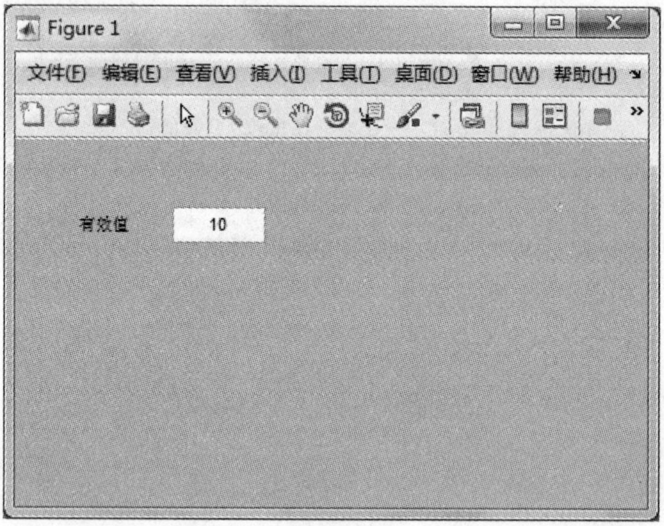

图 4.2-2 子类视图

3) 试验二:视图子类采用显式方式构造视图父类对象

为了实现对父类构造函数的显式调用,必须对此前的 Aexm040201SubView 类的构造函数进行修改。具体修改操作是:在紧挨着子类构造函数首行的下面,插入一行直接调用父类构造函数的代码,使修改后的新的子类构造函数的前三行代码呈如下形式:

```
function obj=Aexm040201SubView(TextStr)        %  <10>
    obj@Aexm040201View([0.3,0.3,0.5,0.3]);     %  <11>
uicontrol('parent',obj.hFig,'style','text',...  %  <12>
```

注意:以上每行代码后的编号与修改后的 Aexm040201View.m 文件在 M 文件编辑器中左侧的行序号相同。

运行如下命令

```
clear class all
FigB = Aexm040201SubView('20')    % 产生子类视图,见图 4.2-3
```

```
FigB =
```

```
Aexm040201SubView - 属性：

hEdit：[1x1 UIControl]
          EditText：'20'
   BackgroundColor：[0.8200 0.7900 0.4300]
```

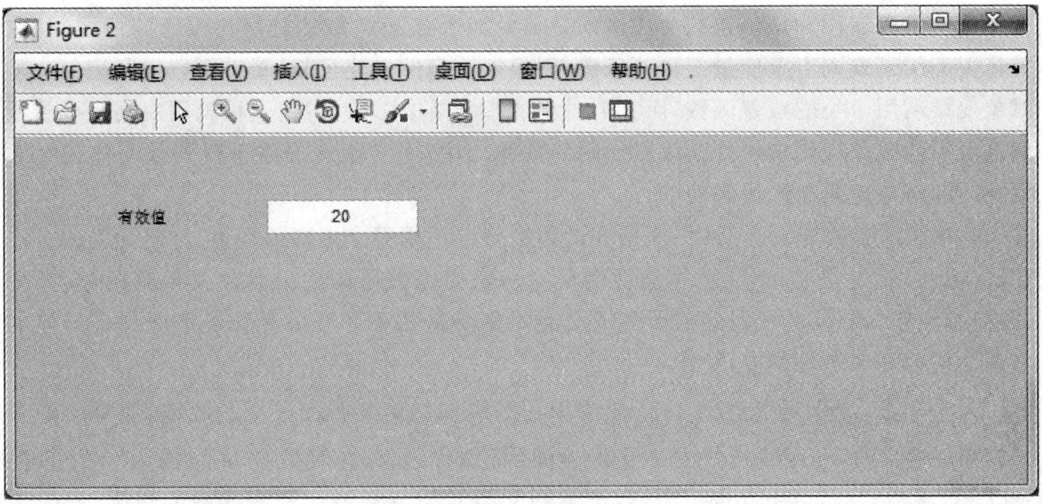

图 4.2-3　子类视图

说明

- 如果在子类中采用隐式方式构造父类对象，父类的构造函数必须要支持无输入格式调用，当父类有自定义的构造函数时，可以采用命令 nargin 配合 if-else 分支，或 switch-case 分支结构来实现构造函数的无输入格式调用，详见 A 篇第 1.6 节。
- 子类对象的创建，必须首先创建父类对象，然后再创建子类中新增部分，整个父类空间和子类空间如图 4.2-4 所示。感兴趣的读者可以分别在视图父类和子类的构造函数内设置断点，按单步运行的方式观察父类和子类对象产生的顺序。

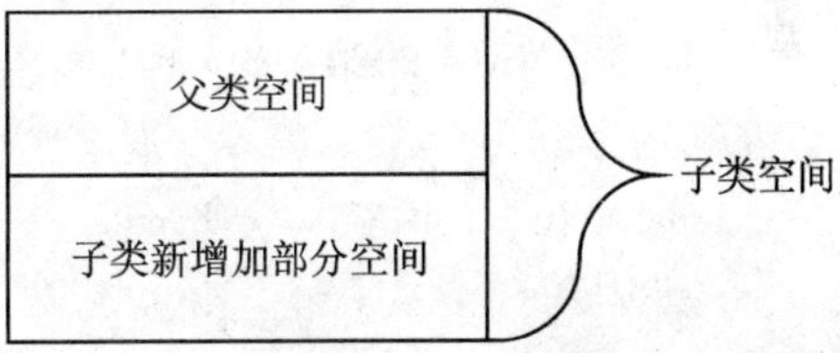

图 4.2-4　父类与子类的内存空间分布图

- 子类构造函数中，不能调用隔代的父类构造函数，即不能调用父类的父类构造函数。
- 当子类有多个父类时，又都采用了隐式方式构造父类对象，因此，MATLAB 在构造这些父类对象时的次序也许是不确定的，如果用户想确定父类的构造次序，请采用显式调用方式构造父类对象。

4.3　类继承中的覆盖与多态性

由于子类继承了父类所有的属性和方法，子类对象可以像调用自己的属性和方法那样调用父类的这些属性和方法。子类也可以根据需求新增属性和方法，或对父类的方法函数进行修改。假如子类需要对父类的某个方法函数的功能进行扩充和修改，用以适应新的需求，但又没有更改那方法函数名称，这种行为称之为覆盖（详见A篇第3.1节）。为叙述方便，子类和父类中的同名方法函数统称为覆盖函数。那么子类对象变量在调用覆盖函数时，到底是调用了父类的覆盖函数，还是调用了子类自身的覆盖函数？MATLAB规定：存在覆盖的情况下，子类对象变量只调用子类的覆盖函数，而父类对象变量调用父类的覆盖函数。

实际的程序开发中经常遇到这样一类函数，其输入变量的类型是类对象，那么该类及其子类的对象变量都能作为该函数的合法输入参数。如果该子类和父类存在覆盖的情况，且在该函数体内调用了输入对象变量的覆盖函数，则根据上面的叙述可知，覆盖函数的调用方式是子类对象变量调用子类的覆盖函数，而父类对象调用父类的覆盖函数，这种调用规则将导致程序的阅读者不能根据代码事先判断该段代码的具体功用，而必须在程序运行到该段代码时才能根据输入的对象变量得出代码功能。

上述这种只能在程序运行时，依据变量类型确定调用哪个函数的行为，称之为类的多态性（Polymorphism）。简言之，类的多态性就是同一段代码被不同的类对象变量调用，会产生不同的功用，希望用相同的代码完成子类或父类对象变量的不同任务操作。下面结合具体的示例叙述类覆盖和多态性的应用。

例【4.3-1】 本例通过对例4.2-1中编写的视图父类和视图子类的改造，使视图子类覆盖了视图父类的SetFigName方法函数，同时新编以视图类对象变量为输入参数的普通MATLAB函数，演示以下几部分内容：子类和父类对象变量调用覆盖函数的规则，同时体现类的多态性；子类覆盖函数内部，调用父类覆盖函数的规则；子类其他方法函数内不能调用父类覆盖函数。

1）编写视图父类和视图子类定义文件

Aexm040301View.m文件由Aexm040201View.m文件修改而得。修改内容如下：

- 将所有Aexm040201View修改为Aexm040301View。
- 给视图父类的SetFigName方法函数的标题栏名称增加“父类”标志，参见Aexm040301View的第<29>行。

```
% Aexm040301View.m 视图父类定义文件
classdefAexm040301View < handle
    properties
        BackgroundColor                     % 图形窗口背景色
    end
    properties(Access = protected)
        hFig                                % 图形窗口句柄
        ViewSize = [0.3,0.3,0.3,0.3];       % 图形窗口尺寸
    end
    methods
        function obj=Aexm040301View(ViewSize)
            if nargin==1
                obj.ViewSize=ViewSize;
            end
            obj.BackgroundColor=[0.82 0.79 0.43];
            obj.hFig=figure();
```

```
            set(obj.hFig,'unit','normalized',...
                'defaultuicontrolunits','normalized',...
                'position',obj.ViewSize,...
                'Color',obj.BackgroundColor);
        end
        function SetBackColor(obj,BackColor)
            obj.BackgroundColor=BackColor;
            set(obj.hFig,'Color',obj.BackgroundColor);
        end
    end
    methods
        function SetFigName(obj,FigName)
            FigName=['父类',FigName];                                    %  <29>
            set(obj.hFig,'Name',FigName);
        end
    end
end
```

Aexm040301SubView.m 文件由 Aexm040201SubView.m 文件修改而得。修改内容如下：

- 将所有 Aexm040201SubView 修改为 Aexm040301SubView。
- 为试验二和试验三的需要，在方法块中增添一个子类的 SetFigName 方法函数。详见以下 Aexm040301SubView.m 文件的第 <23> ～ <27> 行。
- 为试验四需要，在构造函数中添加一行带注释符的代码。详见以下文件第 <18> 行。

```
% Aexm040301SubView.m 视图子类定义文件
classdefAexm040301SubView < Aexm040301View
    properties
        hEdit                    % 子类新增的编辑框句柄
    end
    properties(Dependent)
        EditText                 % 编辑框文字
    end
    methods
        function obj=Aexm040301SubView(TextStr)
            obj@Aexm040301View([0.3,0.3,0.3,0.3]);
            uicontrol('parent',obj.hFig,'style','text',...
                'position',[0.1 0.7 0.15 0.1],'string','有效值',...
                'HorizontalAlignment','left',...
                'BackgroundColor',obj.BackgroundColor);
            obj.hEdit=uicontrol('parent',obj.hFig,'style','edit',...
                'position',[0.25 0.715 0.15 0.1],'string',TextStr);
            %     SetFigName@Aexm040301View(obj,'调用父类方法');%试验四用     <18>
        end
```

```
        function str = get.EditText(obj)
            str = get(obj.hEdit,'String');
        end
        function SetFigName(obj,FigName)                                    %   <23>
            FigName=['子类',FigName];
            set(obj.hFig,'Name',FigName);                         % 试验二用   <25>
            %      SetFigName@Aexm040301View(obj,FigName);        % 试验三用   <26>
        end                                                                 %   <27>
    end
end
```

新创建 Aexm040301Poly.m,用以验证类的多态性。

```
% Aexm040301Poly.m 文件验证类多态性的函数
function Aexm040301Poly(obj)
    obj.SetFigName('视图窗口');        % 视图父类和子类对象变量都能调用
    % 该覆盖函数,只能等到函数被调用,
    % 才能确定是调用父类还是子类的覆盖函数
end
```

2）试验一:创建视图父类,Aexm040301Poly 函数调用父类的覆盖函数

```
FigA = Aexm040301View()       % 产生父类视图,见图 4.3-1
Aexm040301Poly(FigA)          % 调用 Aexm040301Poly 函数,添加标题栏名称

FigA =
Aexm040301View - 属性:

    BackgroundColor: [0.8200 0.7900 0.4300]
```

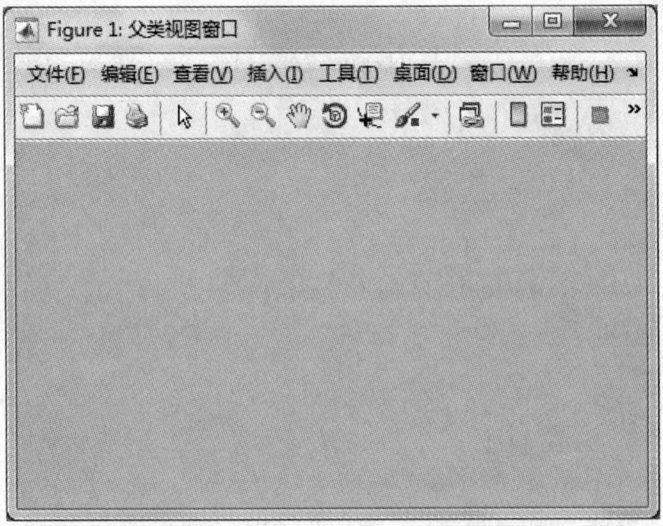

图 4.3-1 父类视图

3）试验二：创建视图子类，Aexm040301Poly 函数调用子类的覆盖函数

```
FigB = Aexm040301SubView('10')          % 产生子类视图,见图 4.3-2
Aexm040301Poly(FigB)                    % 调用 Aexm040301Poly 函数,添加标题栏名称
```

```
FigB =
Aexm040301SubView - 属性:

hEdit: [1x1 UIControl]
EditText: '10'
    BackgroundColor: [0.8200 0.7900 0.4300]
```

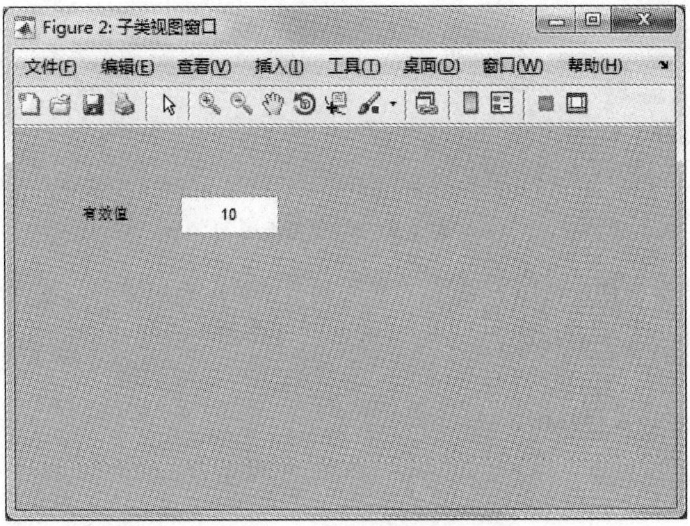

图 4.3-2　子类视图

4）试验三：创建视图子类，在子类覆盖函数中调用父类覆盖函数

为进行本试验，先对 Aexm040301SubView.m 进行如下修改：

- 在该文件第 <25> 行前添加注释符%，使该行代码不再执行。
- 把第 <26> 行前的注释符%删除，使之成为可执行代码。
- 对该文件进行保存操作。然后运行以下命令：

```
clear class all
FigB = Aexm040301SubView('20')          % 产生子类视图,见图 4.3-3
FigB.SetFigName(' 视图窗口 ')           % 子类覆盖函数内部,调用父类覆盖函数
                                        % 添加标题栏名称,注意图 4.3-3 上标题栏
                                        % 名称与图 4.3-1 和图 4.3-2 的不同
```

```
FigB =
Aexm040301SubView - 属性:

hEdit: [1x1 UIControl]
        EditText: '20'
```

```
BackgroundColor：[0.8200 0.7900 0.4300]
```

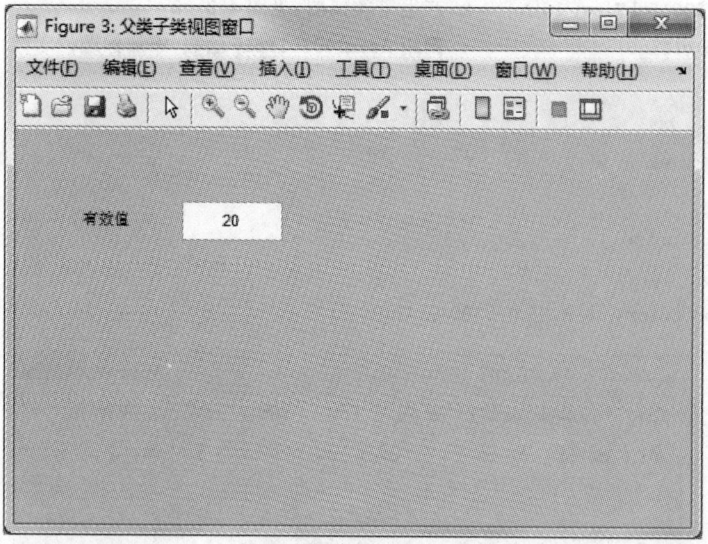

图 4.3-3　子类视图

5）试验四：尝试在创建视图子类时，在子类构造函数中调用父类的覆盖函数

为进行此试验，对 Aexm040301SubView.m 文件作如下修改：

- 删除该文件第 <18> 行前的注释符%，使之成为可执行代码；
- 对该文件进行保存操作。

运行如下命令

```
clear class all
FigB = Aexm040301SubView('20')     % 该命令执行后，显示出错信息
```

```
错误使用 Aexm040301SubView
错误：文件：Aexm040301SubView.m 行：18 列：11
"@" 构造函数中的 "@" 的左操作数必须是第一个输出名称。
```

说明

- 试验一和试验二表明：在父类、子类存在覆盖情况下，父类对象调用自己类定义中的覆盖函数，而子类对象也是调用自己的覆盖函数，不会发生混用现象。正因如此，Aexm040301Poly 函数才无法事先判断应该调用父类的覆盖函数还是子类的覆盖函数，产生了程序的多态性。
- 试验三表明：在子类覆盖父类方法函数后，那父类覆盖函数可在与之同名的子类覆盖函数内被调用（如 Aexm040301SubView.m 的第 <26> 行）。子类覆盖函数调用同名父类覆盖函数的一般格式如图 4.3-4 所示。
- 试验四表明：在子类覆盖父类方法函数后，父类覆盖函数如若不是在子类同名覆盖函数内被调用，那么将运行出错。换句话说，子类只能在两个地方调用父类的覆盖函数：一是类外空间；二是子类覆盖函数内。

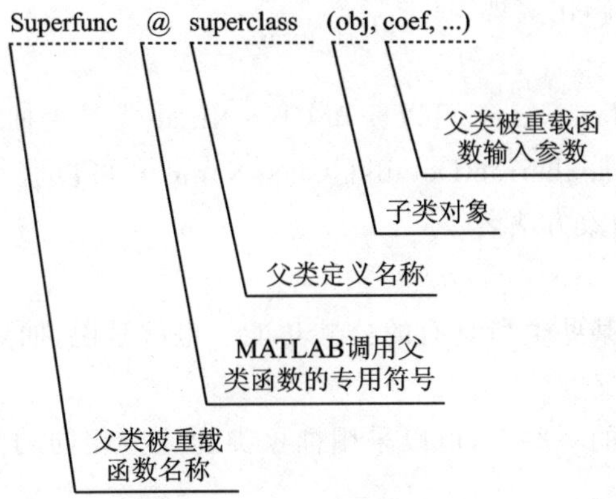

图 4.3-4　子类调用父类同名方法函数的语法示意图

4.4　抽象类及其应用

4.4.1　抽象类的定义

(1) 何谓抽象类

在类定义中，只要有一个属性或方法或该类本身的 Abstract 秉质被赋 true，那么该类就是抽象类。

换句话说，不管类定义关键词 classdef 后是否具有 Abstract 秉质，只要在类定义中有一个属性或方法是 Abstract 秉质的，那么 MATLAB 就默认该类得秉质是 Abstract，就默认该类是抽象类。

抽象类可以定义非抽象的属性和方法，但该类至少应包含一个抽象属性或/和抽象方法。

(2) 抽象类的特点

在抽象类中的抽象属性或方法具有如下特点：

- 抽象属性：
  - ◇ 采用 Abstract 显式限定的类定义中的所有属性，或由 Abstract 秉质关键词限定的属性块中的所有属性，都是抽象属性。
  - ◇ 抽象属性只具有名称，而不能被赋值；
  - ◇ 继承于抽象类的子类如果想成为非抽象的实体类，那么必须对父类的每个抽象属性名进行代码化的赋值。
  - ◇不能为抽象属性定义相应 set、get 寻访方法。
- 抽象方法：
  - ◇采用 Abstract 显式限定的类定义中的所有方法，或由 Abstract 秉质关键词限定的方法块中的所有方法，都是抽象方法。
  - ◇抽象方法只具有方法函数的签名，而没有相应的 function...... end 代码化模块实现。
  - ◇继承于抽象类的子类如果想成为非抽象的实体类，那么必须对父类的每个抽象方法名进行具体的代码化实现。

(3) 抽象类的检测

● 借助格式命令？ClassName，可以获知 ClassNmae 类是否抽象类。

● 借助格式命令 meta.abstractDetails('ClassName')，可以获知 ClassName 类所含的全部抽象属性名和抽象方法名。

(4) 抽象类的功用

抽象类可用于为表述某些类所具有的公共功能。也就是说，抽象类可用作“具有某些相同属性和方法的类”的基类（父类）。

对于某些有相同功能的一些类，可以采用抽象类为这些相同功能定义若干抽象属性名和抽象方法签名。

注意：这些抽象属性/方法都必须由继承于它的子类给予具体的代码实现，且各子类的代码实现可以不同。这就为程序的编制，既带来了各子类风格的一致性，又兼顾了各子类表现的灵活性。

例【4.4-1】 演示：简单的抽象类定义；如何借助命令获知类的抽象秉质；如何借助命令获知类所含抽象属性/方法的全部名称。

1）编写一个简单抽象类定义及其子类定义

注意：下面类定义尽管没有在 classdef 后直接使用 Abstract 秉质名，但由于在类定义中包含了具有 Abstract 秉质的方法，所以该类就是抽象类。

```
classdef Aexm040401                 % 一个抽象类定义
    methods(Abstract)               % 指定方法的抽象秉质
        R1=Amethod1;                % 抽象方法有签名，而无对象 function/end 块代码
        R2=Amethod2;                % 抽象方法 2
    end
end

classdef Sub040401 < Aexm040401
    methods(Static)
        function Out=Amethod2(a,b);
            Out=a+b;
        end
    end
end
```

2）试验一：利用元数据查询符？获取抽象类的元数据

```
md = ? Aexm040401                   % 查询 Aexm040401 类的元数据

md =
class - 属性：

Name：'Aexm040401'
            Description："
```

```
  DetailedDescription: ''
               Hidden: 0
               Sealed: 0
             Abstract: 1
          Enumeration: 0
      ConstructOnLoad: 0
     HandleCompatible: 0
      InferiorClasses: {0×1 cell}
    ContainingPackage: [0×0 meta.package]
  RestrictsSubclassing: 0
         PropertyList: [0×1 meta.property]
           MethodList: [4×1 meta.method]
            EventList: [0×1 meta.event]
EnumerationMemberList: [0×1 meta.EnumeratedValue]
       SuperclassList: [0×1 meta.class]
```

md 是由？Aexm040401 命令运行后返回的结果——元对象。md 的各个属性名/值表述了 Aexm040401 类的所有要素。如 md.Name 的值就是类名称 'Aexm040401'；md.Abstract 的值为"逻辑 1"，表明 Aexm040401 是抽象类。

3）试验二：进一步观察 md.MethodList 属性

```
ML = md.MethodList;          % 获知 Aexm040401 所有方法的元数据
ML(1)                        % 进一步获知 meta.method 数组第 1 个元素的内容

ans =
method - 属性:

Name: 'Amethod2'
          Description: ''
  DetailedDescription: ''
               Access: 'public'
               Static: 0
             Abstract: 1
               Sealed: 0
   ExplicitConversion: 0
               Hidden: 0
           InputNames: {0×1 cell}
          OutputNames: {'R2'}
        DefiningClass: [1×1 meta.class]
```

由显示结果可知：名为 'Amethod2' 的方法是抽象的，该方法的输出量名是 'R2'。

4）试验三：借助 meta.abstractDetails 命令查询类所含的抽象属性及方法

```
meta.abstractDetails('Aexm040401')

类 Aexm040401 的抽象方法:
```

```
Amethod2   % 已在 Aexm040401 中定义
Amethod1   % 已在 Aexm040401 中定义
```

例【4.4-2】 本例演示：简单抽象父类的定义；具有自定义属性子类如何代码化实现父类抽象方法；子类如何同时继承于抽象父类和 double 内建类；抽象方法在子类中代码化实现的方法可赋以不同秉质；静态方法用于构造函数输入数据的预处理。

1）创建文件夹 Aexm040402 并把该文件夹设置为当前文件夹

2）在 Aexm040402 文件夹上创建三个文件：Aexm040402.m、Sub01.m、Sub02.m

```
classdef Aexm040402                          % 抽象秉质的父类
    methods(Abstract)
        Ra=methodA(v);                       % 由单输入输出和方法名称构成的抽象方法
        methodB(v);                          % 单输入无输出和方法名称构成的抽象方法
    end
end

classdef Sub01 < Aexm040402                  % 继承于抽象类得子类 Sub01
    properties
        sdata=[];                            % 子类自定义属性
    end
    methods
        function obj=Sub01(x)                % 子类构造函数
            if nargin==0
                sdata=pi;
            end
            obj.sdata=x;
        end
    end
    methods
        function Out=methodA(a,b)            % methodA 抽象方法的双输入代码实现
            Out.sdata=a.sdata+b.sdata;
        end
        function Out=methodB(a)              % methodB 抽象方法的单输入单输出代码实现
            Out.sdata=(a.sdata)^2;
        end
    end
end

classdef Sub02 < Aexm040402&double           % 继承于抽象父类和双精度类
    methods
        function obj=Sub02(x,s)              % Sub02 的构造函数
            if nargin==0
                x=pi;
            end
```

```
            switch s
                case 'A'
                    [b,c]=Sub02.methodA(x);    % 调用静态方法进行输入数据预处理      <9>
                    d=b * c;
                case 'B'
                    d=Sub02.methodB(x);        % 调用静态方法进行输入数据预处理      <12>
                otherwise
                    error('第 2 输入量字符只能用字符串"A"或"B"!')
            end
            obj=obj@double(d);                 % 调用 double 父类创建对象           <16>
        end
    end
    methods(Static)                            % 该方法块具有静态秉质
        function [Out1,Out2]=methodA(a)        % methodA 抽象方法的双输出代码实现   <20>
            Out1=cos(a);
            Out2=2;
        end
        function Out=methodB(a)                % methodB 抽象方法的代码实现         <24>
            Out=sin(a);
        end
    end
end
```

3）试验一：Sub01 对象的创建及其方法验算

```
X1 = Sub01(2),X2 = Sub01(5)                % 创建 Sub01 的两个子对象

X1 =
Sub01 - 属性:

sdata: 2
X2 =
Sub01 - 属性:

sdata: 5


X3 = methodA(X1,X2),X4 = methodB(X2)       % 验算 Sub01 代码化的两个方法

X3 =

包含以下字段的 struct:

    sdata: 7
```

```
X4 =

包含以下字段的 struct:

sdata: 25
```

4）试验二:Sub02 对象的创建及其方法验算

```
Y1 = Sub02(pi/3,'A'),Y2 = Sub02(pi/3,'B')    % 创建 Sub02 的两个子对象

Y1 =
  Sub02:
double 数据:
    1.0000
Y2 =
  Sub02:
double 数据:
    0.8660

Y3 = (Y1/2)^2 + Y2^2    % 子类对象借用 double 父类算符运算后所得结果为 double 类

Y3 =
     1
```

说明

- 抽象父类中抽象方法定义的三个基本要素:
  - ◇ 抽象方法所在方法块必须有 Abstract 秉质标注,或者其所在类定义名行有 Abstract 秉质标注。
  - ◇ 抽象方法函数的名称。参见本例 Aexm040402.m 中第 <3><4> 行。
  - ◇ 抽象方法函数的输入量名。参见本例 Aexm040402.m 中第 <3><4> 行。
  - ◇ 抽象方法函数的输出量可有可无。参见本例 Aexm040402.m 中第 <3><4> 行。
- 子类代码化抽象方法要点:
  - ◇ 继承于抽象父类的子类,假如不再仍然继续抽象秉质,那么该子类就必须使父类的抽象方法给予代码实现。
  - ◇ 抽象方法的代码实现函数,可以被赋予一般 public 默认秉质(参见 Sub01.m 第 <13> ~ <20> 行),也可以被赋予 Static 静态秉质(参见 Sub02.m 第 <19> ~ <27> 行),或其他特殊秉质。
  - ◇ 抽象方法子类代码化的名称必须与父类中的名称相同。
  - ◇ 抽象方法代码化的函数的输入、输出量的数目可以不同于父类的规定。

    如父类定义中的 methodA 为单输入单输出(见 Aexm040402.m 第 <3> 行),而代码实现时,Sub01 类 methodA 被定义成双个输入单输出(见 Sub01.m 第 <14> 行),Sub02 类 methodA 则又是单输入双输出(见 Sub02.m 第 <20> 行)。

    又如父类定义中的 methodB 为单输入无输出(见 Aexm040402.m 第 <4> 行),而子

类实现都是单输入单输出（见 Sub01. m 第 <17> 行、Sub02. m 第 <24> 行）。

● 关于静态方法的说明：
  ◇ 本例 Sub02. m 定义了具有 Static 秉质的静态方法 methodA 和 methodB。它们被用于对象生成前对输入数据进行预处理。
  ◇ 在本例中，援引静态方法前的“类名前导”是必须的。参见 Sub02. m 第 <9><12> 行。
● 由于 Sub02 子类还继承了 double 父类，所以必须在子类构造函数中，首先调用父类构造函数，参见 Sub02. m 第 <16> 行。再次强调：
  ◇ 在子类构造函数中，生成子类对象的第一步必须是调用父类构造函数，也就是必须先创建子类的父部内容。在此之前，允许对输入数据进行预处理，比如 Sub02. m 的第 <7> ～ <15> 行那样。
  ◇ 父类构造函数的命令不允许放置在条件转向分支内。

4.4.2　抽象类的应用

类所定义的属性和方法，构成了用户与该类对象交互的所谓接口（Interface）或界面。假如用户希望为某些不同类设计一个相同的交互接口，那么如下设计思想值得参考：由抽象类定义各子类共有的抽象属性和抽象方法；由各子类对这些继承来的属性和方法进行具体的代码化实现。为叙述具体化，下面内容采用示例形式展开。

例【4.4－3】　本例用于演示：采用抽象父类勾勒子类的基本属性和方法，然后由不同子类的具体代码实现不同的图形绘制。为使线图、频数直方图的绘制和更新采用统一的方法函数名，以及使绘成的图形对象具有相同的属性配置，本例要求：

● 图形的绘制采用 Draw 方法名，图形的更新采用 updateGraph 方法名。
● 具体线图或频数直方图对象句柄、图形所在坐标轴句柄采用具有 protected 秉质的 Primitive 和 AexsHandle 属性保存。这样设计的属性，只能在父类或子类方法的运行过程中被寻访或重置；这样的设计可较好地保护这些属性，使它们不受类外操作的影响。
● 要求子类对象的图形数据保存在具有默认 public 秉质的 Data 父类属性中。
● 各子类对象最显著属性应是默认 public 秉质的，具体如下：
  ◇ 线图的最显著属性：线色 LineColor、线型 LineType；
  ◇ 频数直方图的最显著属性：直方条色 FaceColor、直方条边框线型 LineType。

1）设计用作父类的抽象类定义文件 Aexm040403. m

该类定义文件由三个基本部分组成：

● 抽象方法名：Draw、updateGraph。
● 属性名：Primitive、AxesHandle、Data。
● 详细的注释：对该抽象父类的设计目标、使用要点、相关限制都给予较详细的注释，以便于子类继承文件的设计、代码编写及应用。
● 通用方法：供子类通用的数据 Data 赋值法 set. Data。

```
classdefAexm040403 < handle
% 该抽象类用于为线图、直方图等定义一个共同的交互接口
% 其子类构造函数应能接受被表现的数据和图形对象的“属性名/值对”
```

```
    properties (SetAccess = protected, GetAccess = protected) % 只能在本类子类中寻访
        Primitive                   % 存放由子类绘图指令所生成具体图形的基础句柄
        AxesHandle                  % 存放由子类绘图指令生成图形所在轴的句柄
    end
        properties                  % 开放属性
          Data                      % 存放子类对象创建时所接受的具体图形数据
    end
        methods (Abstract)          % 具有抽象秉质的方法块
        Draw(obj)                   % 产生由线、面、块等组成的图形对象,并保存相应句柄
            updateGraph(obj)        % 供赋值函数 set.Data 调用,并更新已有图形
    end
    methods
        function set.Data(obj,newdata)          % Data 属性的赋值函数
            obj.Data = newdata;
            updateGraph(obj)                    % 图形更新方法
        end
    end
end
```

2）编写作为子类的线图类定义文件 line040303.m

```
classdef line040403 < Pack.Aexm040403% line040403 是 Pack 包文件夹上 Aexm040403 的子类
    properties                                  % line040403 子类的自定义属性
        LineColor = [0 0 0];                    % 线色
        LineType = '-';                         % 线型
    end
    methods
        function gobj = line040403(data,varargin)   % 子类的构造函数
            if nargin > 0                           % 无输入调用场合
                gobj.Data = data;                   % data 是含 x、y 域单构架图形数据
                if nargin > 2
                    for k=1:2:length(varargin)      % varargin 接受“属性名/属性值”对
                        gobj.(varargin{k}) = varargin{k+1};   % 把属性值赋给属性名
                    end
                end
            end
        end
        function gobj = Draw(gobj)                  % 抽象方法的线图实现代码
            figure(1)                               % 打开第 1 图形窗
            set(gcf,'Name','线图','Toolbar','none','Menubar','none')
            if isempty(gobj.Data)
                error('line040403 对象中没有数据!')
            end
            h = line(gobj.Data.x,gobj.Data.y,...
```

```
                'Color',gobj.LineColor,...
                'LineStyle',gobj.LineType);              % 生成线图对象
            gobj.Primitive = h;                          % 线图句柄存为保护秉质的父类属性
            gobj.AxesHandle = get(h,'Parent');           % 线图轴句柄存为保护秉质的父类属性
            set(gobj.AxesHandle,'Box','on');             % 使坐标轴框封闭
        end
        function updateGraph(gobj)                       % Data 属性值改变时更新线图的代码
set(gobj.Primitive,'XData',gobj.Data.x,...
                'YData',gobj.Data.y)                     % 重置线图的数据点
            end
        function set.LineColor(gobj,color)               % LineColor 属性值改变时更新线图
            gobj.LineColor = color;
            set(gobj.Primitive,'Color',color)
        end
        function set.LineType(gobj,ls)                   % LineType 属性值改变时更新线图
            gobj.LineType = ls;
            set(gobj.Primitive,'LineStyle',ls)
        end
    end
end
```

3）编写作为子类的频数直方图类定义文件 bar040403.m

```
classdef bar040403 < Pack.Aexm040403% bar040403 是 Pack 包文件夹上 Aexm040403 的子类
    properties
        FaceColor = [0,0,1];                     % 直方条颜色
        LineType = '-';                          % 直方条边框线型
    end
    methods
        function gobj=bar040403(data,varargin)
            if nargin > 0
                gobj.Data=data;
                if nargin > 2
                    for k=1:2:length(varargin)
                        gobj.(varargin{k})=varargin{k+1};
                    end
                end
            end
        end
        function gobj=Draw(gobj)
            figure(2)                            % 打开第 2 图形窗
            set(gcf,'Name',' 频数直方图 ','Toolbar','none','Menubar','none')
            if isempty(gobj.Data)
                error('bar040403 对象中没有数据!')
```

```
            end
            [b,c]=hist(gobj.Data.y);                  % 区段内随机数的数目b及区段中心位置c
            h=bar(c,b,gobj.FaceColor);                % 据c、b和指定颜色画直方图
            gobj.Primitive=h;                         % 保存频数直方图句柄
            gobj.AxesHandle=get(h,'Parent');          % 保存直方图所在轴对象的句柄
        end
        function updateGraph(gobj)
            [b,c]=hist(gobj.Data.y);
            set(gobj.Primitive,'Xdata',c,'Ydata',b)       %重置频数直方图
        end
        function set.FaceColor(gobj,color)
            gobj.FaceColor=color;
            set(gobj.Primitive,'FaceColor',color)
        end
        function set.LineType(gobj,ls)
            gobj.LineType=ls;
            set(gobj.Primitive,'LineStyle',ls)
        end
    end
end
```

4）本例程序文件的组织

为本例演示需要，需对文件进行如下组织：

- 创建 Aexm040403 文件夹，并把该文件夹设置为 MATLAB 的当前文件夹。
- 在 Aexm040403 文件夹上，创建包文件夹：
  - ◇ 创建一个新文件夹；
  - ◇ 把新文件夹的名称改写为+Pack。
- 把抽象的父类定义文件 Aexm040403.m 及其子类定义文件 line040403.m 和 bar040403.m 都存放+Pack 包文件夹上。

5）试验一：创建子类对象

```
clear all classes
rng(0)                                    % 为保证d.y数据可重现而设
N = 100;
d.x = 1:N;                                % d构架的x域存放横坐标数据
d.y = randn(1,N);                         % d构架的y域存放纵坐标数据
Lg = Pack.line040403(d,'LineColor','r','LineType','-')    % 创建线图
Hg = Pack.bar040403(d,'FaceColor','r','LineType','-')     % 创建直方图
```

```
Lg =
line040403 - 属性:

    LineColor: 'r'
     LineType: '-'
```

```
        Data: [1x1 struct]
Hg =
bar040403 - 属性:

    FaceColor: 'r'
     LineType: '-'
        Data: [1x1 struct]
```

6）试验二：借助子类的绘线方法 draw 绘制图形

```
Lg.Draw;              % 画出正态随机数的线图，见图 4.4-1。
Hg.Draw;              % 画出正态随机频数直方图，见图 4.4-2。
```

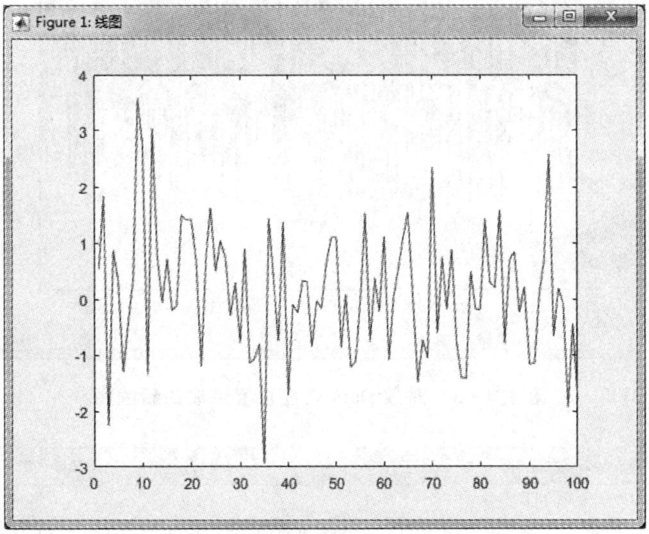

图 4.4-1　由 line040403 子类绘制的线图

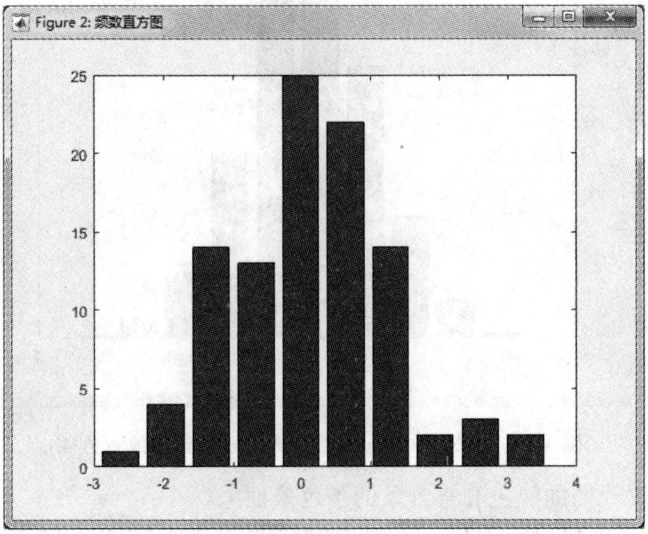

图 4.4-2　由 bar040403 子类绘制的频数直方图

7）试验三：修改 Data 图形数据属性

```
N = 1000;d.x = 1:N;d.y = randn(1,N);            % 产生新随机数据
Lg.Data = d;                 % 重置 Data 属性,绘制新的线图 4.4-3。
Hg.Data = d;                 % 重置 Data 属性,绘制新的频数直方图 4.4-4。
```

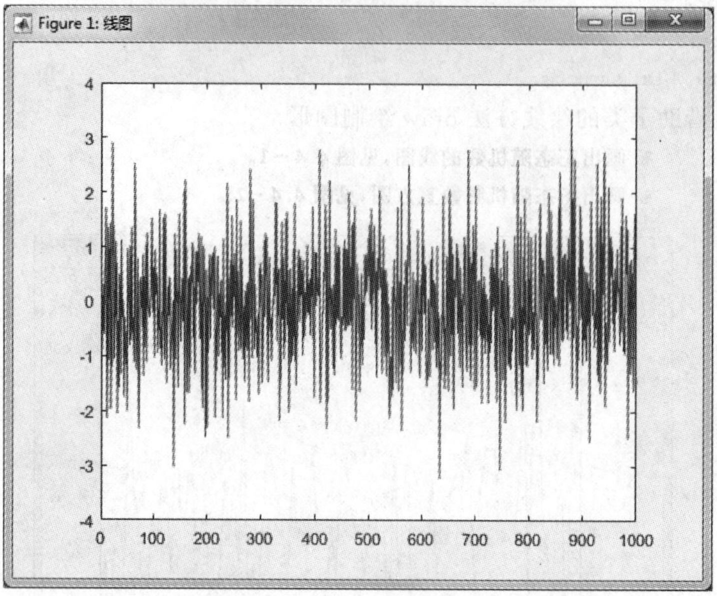

图 4.4-3　对象 Data 属性重置生成的新线图

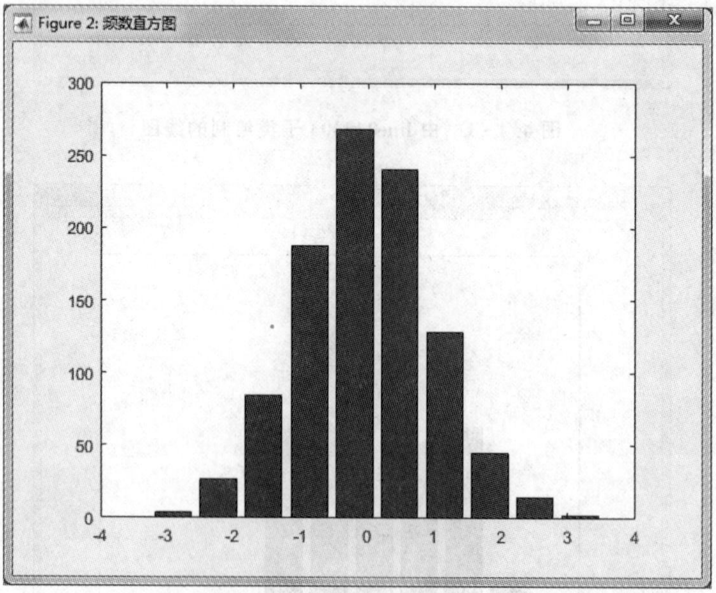

图 4.4-4　对象 Data 属性重置生成的新频数直方图

8）试验四：重置线图的线色和直方条的条色条框

```
Lg.LineColor = 'b';Lg.LineType = ':';
Hg.FaceColor = 'g';Hg.LineType = 'none';
```

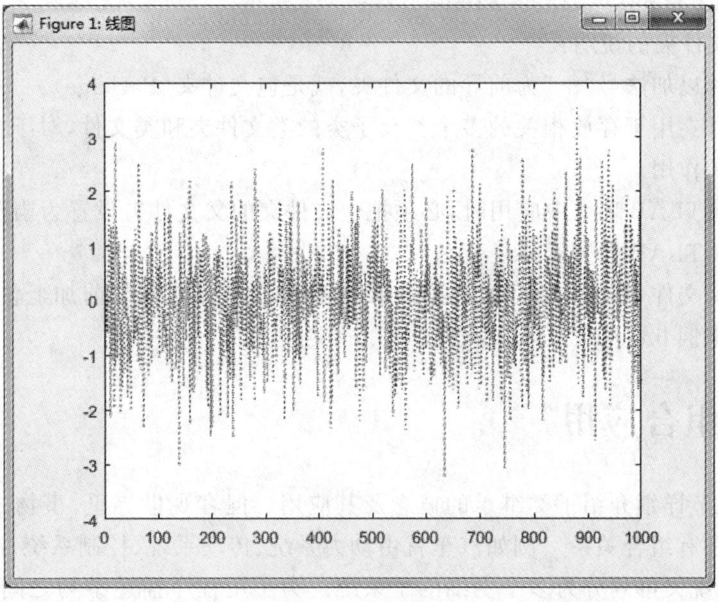

图 4.4-5 对象线色线型属性重置生成的新线图

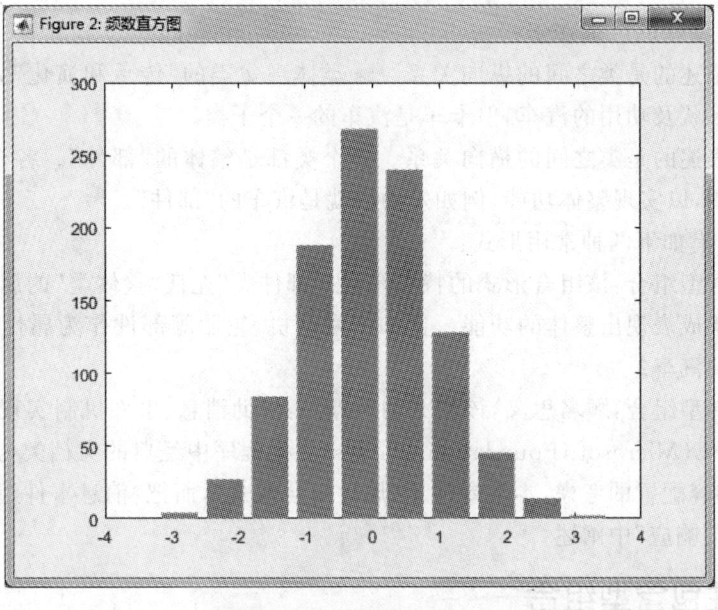

图 4.4-6 对象条色线框属性重置生成的新频数直方图

说明

- 关于具有 protected 秉质属性的说明：
  - ◇ 这种秉质的属性只能在本类或子类的方法文件运行过程中被查询访问、赋值重置。
  - ◇ 在类文件运行之外的环境中，任何查询、赋值都将报错。
  - ◇ 例如在本例试验二进行后，若在 MATLAB 环境中运行以下命令，那必定报错。

```
Lg.Primitive                    % 企图观察 Lg 对象受保护的父类属性，结果失败
```

类 'line040403' 没有公共属性 'Primitive'。

- 关于包文件夹的说明：
  - ◇ 凡名称以加法号“+”为前导的文件夹，就是包文件夹(Package)。
  - ◇ 包文件夹用于存放相关的多个类及子类的类文件夹和类文件，对于文件夹上各类发挥组织作用。
  - ◇ 在 MATLAB 环境中应用时，必须把包文件夹的父文件夹设置为当前文件夹或放置在 MATLAB 的搜索路径上。
  - ◇ 类定义文件 classdef 行，如有被继承的父类时，应在父类名前加上包文件夹名。（请参见本例 line040403.m、bar040403.m 文件的第 1 行。）

4.5 类的组合应用

本章前面几节详细介绍了类继承的概念及其应用。但客观世界里，事物之间的关系除了继承关系之外，还有组合关系。例如汽车就由动力系统、传动系统、控制系统、制动系统等组合而成。而各个系统又可划分为多个更细的子系统。为了用程序描述事物之间的这种关系，就应在软件的设计过程中，把每个系统都可以抽象为一个类，通过各个类的组合以形成更大的系统。

类组合与类继承的区别在于：

- 类继承描述的是类之间的纵向关系。子类体现父类的“传承和演化”。例如卡车是具有特殊形状及功用的汽车，但卡车是汽车的一个子类。
- 类组合表述的是类之间的横向关系。各个类都是整体的“部件”。各个类通过组合与互相作用，以实现整体功能，例如发动机就是汽车的“部件”。

实现类组合有如下两种常用形式：

- 属性包含型组合：该组合形式的特点是：用“部件类”充任“整体类”的属性，从而由多个部件类集成表现出整体的功能。比如用发动机、轮胎等部件作为属性，描述由它们组装而成的汽车。
- 消息事件型组合：顾名思义，该型式的特点是：借助消息、事件机制实现不同类的组合。例如 MFC(Microsoft Foundation Classes)应用程序中经典的文档类与视图类。

出于章节内容配置的考虑，本节专注于“属性组合模式”，而把“消息事件组合模式”安排在第 5.5 节“事件与响应”中阐述。

4.5.1 属性包含型组合

本节采用示例形式展开。

例【4.5-1】 本例采用属性包含型组合的模式，通过器件类与极坐标类的结合，使得在输入电路器件参数的情况下，电路器件的性质可用数值极坐标及向量图两种形式给于描述。本例演示：如何根据应用需求分析并确定类功能及类分界；属性包含型组合模式。

1）类功能分析

器件类用于交流稳态电路中电阻、电容、电感等器件的交流阻抗计算，向量图示类用于复数阻抗的向量图示，从功能实现的角度考虑，完全可以通过在器件类中增添复数向量图示方法函数的途径解决。但从类功能划分角度考虑，用向量图示类专司复数向量图示，是解决问题的另一条途径。这样处理，可以使器件类专注于交流稳态电路器件的阻抗计算，而向量图示类则专司复数的向量图示。

由上述分析可知，如果把具有复数向量图示能力的向量图示类对象用作为器件类的阻抗属性值，那么就可以实现两个类的组合。

2）实现本示例的程序文件组织

- 创建名为 Aexm040501 的文件夹。
- 在该文件夹上包含如下内容：
  - ◇ 名为@Aexm040501RLC 的器件类文件夹。该文件夹上有 Aexm040501RLC. m、disp. m、RLC2Z. m 等 3 个文件。
  - ◇ 实现复数向量图示的 Aexm040501Vector. m 类文件。
- 注意：运行时，必须把 Aexm040501 设置为 MATLAB 的当前文件夹。

3）@Aexm040501RLC 器件类文件夹上文件的创建

- 把@Aexm010602 类文件夹上的 Aexm010602. m、disp. m、RLC2Z. m 等 3 个文件复制到@Aexm040501RLC 文件夹上。
- 对 Aexm010602. m 文件进行修改生成如下所示的 Aexm040501RLC. m。

```
% Aexm040501RLC. m        类定义文件
classdef Aexm040501RLC < handle
    properties
        Z                                   % 复数
    end
    properties(Dependent)
        M                                   % 复数模
        A                                   % 复数幅角(度单位)
    end
    methods
        function X=Aexm040501RLC(v,S,f)  % 三输入构造函数
            nv=nargin;                      % 获得调用时的实际输入量数目
            switch nv
                case 0                      % 对应无输入格式
                case 1                      % 对应单输入格式
                    X. Z=Aexm040501Vector(v);                              %    <16>
                case 3                      % 对应三输入格式
                    w=X. RLC2Z(v,S,f);      % 输入器件数值,器件符,频率
                    X. Z=Aexm040501Vector(w);                              %    <19>
                otherwise
                    error('输入量的数目只是 0 或 1 或 3。')
            end
        end
        function mm=get. M(obj)
            mm=abs(obj. Z. V);
```

```
        end
        function aa=get.A(obj)
            aa=angle(obj.Z.V)*180/pi;
        end
    end
        methods(Static)                            % 静态乘质为真的方法块
            ZZ=RLC2Z(v,S,f);                       % 复数(阻抗)计算方法声明
    end
end
```

4）编写向量图示类定义文件 Aexm040501Vector.m

```
% Aexm040501Vector.m 向量图示类定义文件
classdefAexm040501Vector < handle
    properties
        V
        Hg                                         % 用于保存向量线的图柄      <5>
    end
    methods
        function obj=Aexm040501Vector(u)           %构造函数
            nx=nargin;
            if nx==0                               %允许无输入调用情况
                u=0.5+1j;
            end
            obj.V=u;
        end
        function set.V(obj,D)                      %属性 V 的设置函数
            obj.V=D;
            obj.Draw;
        end
        function obj=Draw(obj)
            cla                                    % 清空坐标框
            D=obj.V;
            x=real(D);y=imag(D);
            X=[0;x];Y=[0;y];                       % 向量的尾、头坐标
            M=abs(D); A=angle(D);                  %向量的模和幅角
            Xm=max(M);
            axis([-Xm*1.1,Xm*1.1,-Xm*1.1,Xm*1.1]),axis xy square
            box on,grid on
            TT='复数的向量图示';
            title(TT)                              %向量图名
            r=0.1*mean(M);a=15/180*pi;             %箭头长及张角
            xd=X(2,:)-r*sin(pi/2-(A+a));
            yd=Y(2,:)-r*cos(pi/2-(A+a))%向量下箭头尾坐标
```

```
            xu=X(2,:)-r*cos(A-a);
            yu=Y(2,:)-r*sin(A-a);                %向量上箭头尾坐标
            x1=[X(1,1),xd(1),xu(1);X(2,1),X(2,1),X(2,1)];
            y1=[Y(1,1),yd(1),yu(1);Y(2,1),Y(2,1),Y(2,1)];
            obj.Hg=line(x1,y1,'Color','b','LineWidth',2);     %画向量          <37>
        end
    end
end
```

5）试验一：用数值和向量图显示电感的交流感抗

在确保 Aexm040501 文件夹为 MATLAB 当前文件夹的情况下，在 MATLAB 命令窗中运行以下命令。

```
v = 0.034;s = 'L';f = 50;              % 在 50 赫交流电路中的电感器件
P = Aexm040501RLC(v,s,f)               % 数值结果和图形两种方式显示阻抗，见图 4.5-1
```

```
P =
10.68∠90.00°
```

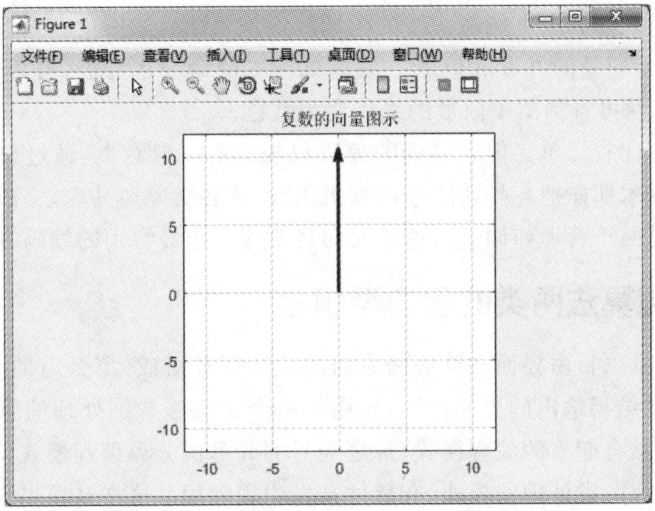

图 4.5-1　以向量图示阻抗

6）试验二：用向量图示任何复数

```
v = Aexm040501RLC(3 + 1j)       % 单输入复数情况，见图 4.5-2
```

```
v =
3.16∠18.43°
```

说明

- Aexm040501RLC 的类属性 Z 在申明时，并不没有规定其属性值取 Aexm040501Vector 类对象变量，而只是在 Aexm040501RLC 类构造函数在对 Z 属性进行初始化时才明确（参见 Aexm040501RLC.m 文件的第 <16，19> 行）。值得指出：这是属性包含型组合中常见的处理方法。

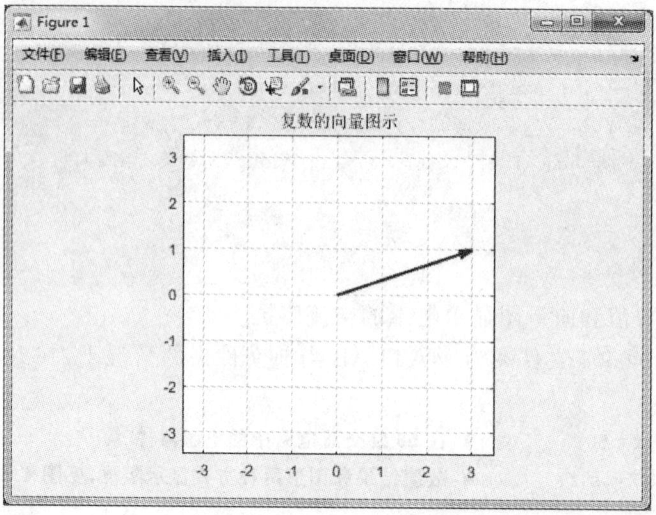

图 4.5-2 以向量图示复数

- Aexm040501Vector.m 的第 <5> 行定义了向量的图柄属性 Hg。该文件第 <37> 行，把绘制向量线体和上下侧箭头线的图柄赋给该属性。如用户有兴趣，可通过该属性值的设置，改变向量的外形和色彩。如在试验二的命令运行后，若再运行 v.Z.Hg(1).Color='r'，就可看到图中向量的线体变为红色。
- 该示例程序比较简单。但它体现的编程思想具有一般意义：通过合理划分类的功能，然后像搭积木那样把各类功能进行有机组合，让各类专司其职，完成相应的工作，使得程序代码更便于管理和调试。这是面向对象编程中最常用的编码方式。

4.5.2 界面和算法两类的包含型组合

如果某软件开发项目由界面和算法两方面的设计任务组成，那么借助一个类实现人机交互、数据输入和计算结果输出的界面设计，而用另一个类实施数据处理的算法设计，然后再通过某种方式把两者结合起来的编程模式，称之为界面和算法分类编程模式。

界面和算法分成两类处理的模式，在软件开发中很常用。这样开发出来的软件，界面的更新改变不影响算法，算法的改进升级不影响界面，有利于提高软件开发效率，一个界面适用多个算法，一个算法适用于多个界面。

两个类的组合既可以通过"属性包含的方式"实现，也可以借助"事件与响应的机制"实现。前者是本节讨论的内容，后者将在第 5 章再叙。

为避免叙述的空泛，下面以示例形式对"界面、算法分类的包含型组合"进行具体的描述。出于演示简明的需要，示例中的界面和算法都设计得比较简单。但值得强调的是，示例所体现的分类再组合的编程思想具有一般性。这种设计思想特别适用于复杂界面、复杂算法、经常更新升级的场合。

例【4.5-2】 图 4.5-3 所示的交互界面是本例的设计目标。该界面左侧的上、下两个文本输入框，可分别输入待表现或计算的复数量。中间那文本框，可用于输入加、减运算符+或-，也可以不输入任何符号。如果按上左侧最下方的"向量图示"按键，那么在右侧将显示出各复数的向量。如果左侧中间文本框中有运算符时，则图形中还会显示两复数经加(减)后的结果向量；如果左侧中间文本框中没有运算符，那么图形中只显示那两个复数向量。本例演示：交互界面类定义文件的具体编写；算法类对象如何用作界面类属性的赋值；按键回调函数的编码技巧；界面类和算法类如何协同工作，分别实现人机交互和数据处理功能。此外，本例还体现了用户自定义类的继承。

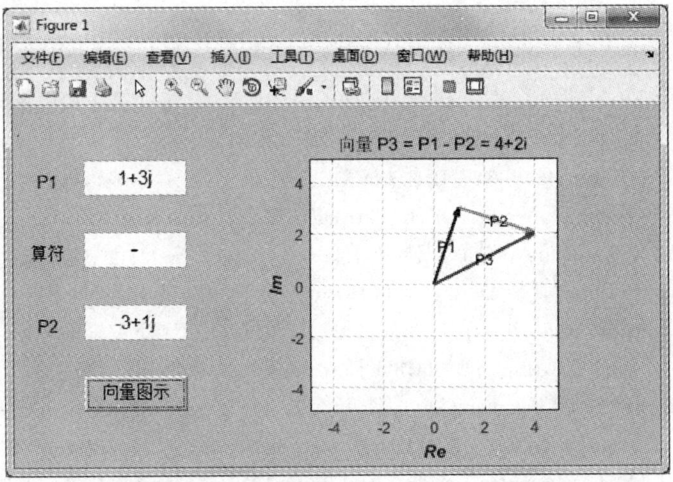

图 4.5-3　两复数运算结果的向量表现

1) 定义界面类和算法类的 M 文件的组织

该题目要求的人机交互界面，可用界面类和算法类分别编程。算法类从界面对象获得两个复数量及可能的运算符，然后经算法类的构造函数创建向量图示类对象，并把此对象向界面类对象的属性赋值，完成两个类对象之间的数据交互和图形绘制。

实现本例要求的程序组织如下：

- 创建 Aexm040502 文件夹。该文件夹用于存放 Aexm040502Dlg. m 和其父类定义文件 Aexm040201View. m ，以及@Aexm040502Vector 类文件夹。
- 在@Aexm040502Vector 类文件夹中，包含着 Aexm040502Vector. m 和它的方法函数文件 Draw. m。
- 为保证本例试验的实施，Aexm040502 文件夹必须设置为 MATLAB 的当前文件夹。

2) 编写界面类定义文件 Aexm040502Dlg. m

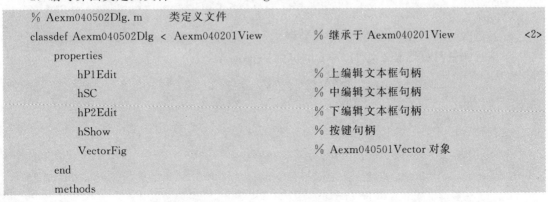

```
% Aexm040502Dlg. m       类定义文件
classdef Aexm040502Dlg  <  Aexm040201View          % 继承于 Aexm040201View          <2>
    properties
        hP1Edit                                     % 上编辑文本框句柄
        hSC                                         % 中编辑文本框句柄
        hP2Edit                                     % 下编辑文本框句柄
        hShow                                       % 按键句柄
        VectorFig                                   % Aexm040501Vector 对象
    end
    methods
```

```
        function obj=Aexm040502Dlg(ViewSize)
            obj=obj@Aexm040201View(ViewSize);              % 父类构造函数建图形窗       <12>
            X=0.11;Y=0.75;L=0.16;H=0.1;                    % 左上可编辑文本框位置       <13>
            x=0.02; y=0.75; h=0.07;                        % 左上静态文本框位置
            D=0.2;                                         % 上下控件间的距离
            BC=obj.BackgroundColor;
            uicontrol('style','text','BackgroundColor',BC,... % 上编辑框名称
                'position',[x,y,h,h],'string','P1','FontSize',11);
            obj.hP1Edit=uicontrol('style','edit',...       % 创建上编辑框
                'position',[X,Y,L,H],'string','1+3j','FontSize',12);
            uicontrol('style','text','BackgroundColor',BC,... % 中编辑框名称
                'position',[x,y-D,h,h],'string','算符','FontSize',11);
            obj.hSC=uicontrol('style','edit',...           % 创建中编辑框
                'position',[X,Y-D,L,H],'string','','FontSize',16);
            uicontrol('style','text','BackgroundColor',BC,... % 下编辑框名称
                'position',[x,y-2*D,h,h],'string','P2','FontSize',11);
            obj.hP2Edit=uicontrol('style','edit',...       % 创建下编辑框
                'position',[X,Y-2*D,L,H],'string','-3+1j','FontSize',12);
            obj.hShow=uicontrol('style','pushbutton',...   % 创建按键
                'BackgroundColor',BC,'position',[X,Y-3*D,L,H],...
                'string','向量图示','FontSize',11,...
                'callback',@obj.vecFig);                   %按键操作回调函数的函数句柄 <31>
            axes('position',[0.4,0.15,0.5,0.7]);           % 坐标轴位置大小             <32>
        end
        function vecFig(obj,~,~)                           % 按键操作回调函数           <34>
            P1=str2double(get(obj.hP1Edit,'string'));      % 从上编辑框获得复数
            P2=str2double(get(obj.hP2Edit,'string'));      % 从下编辑框获得复数
            s=get(obj.hSC,'string');                       % 从中编辑框获得 s 值
            if min(size(s))==0;s=',';end                   % 若串为空,生成 s 值
            obj.VectorFig=Aexm040502Vector(P1,s,P2);                                %  <39>
                    % 创建向量示图类对象,并赋值给交互界面对象的属性
            obj.VectorFig.Draw
        end
    end
end
```

3）编写向量图示类定义文件 Aexm040502Vector.m

```
% Aexm040502Vector.m     向量图示类定义文件
classdef Aexm040502Vector < handle
    properties
        V
        Hg
    end
```

```
    properties(Dependent)
        d3=[];
    end
    methods
        function obj=Aexm040502Vector(u1,s,u2)          %构造函数
            nx=nargin;
            if nx==0                                    %允许无输入调用情况
                u1=0.5+1j;u2=1+0.5j;s='+';
                nx=3;
            end
            switch nx
                case 1                                  %仅接受 1 个输入量          <18>
                    D.d(1)=u1;D.s=',';                                      %  <19>
                    obj.V=D;                                                %  <20>
                case 3
                    D.d(1)=u1;D.d(2)=u2;D.s=s;
                    obj.V=D;
                otherwise
                    error('只允许输入量数目 1 或 3!')
            end
        end
        function set.V(obj,D)                           %属性 V 的设置函数
            obj.V=D;
        end
        function D3=get.d3(obj)                         %因变属性 d3 的寻访函数    <32>
            D=obj.V;s=D.s;
            switch s
                case '+'
                    D3=D.d(1)+D.d(2);
                case '-'
                    D3=D.d(1)-D.d(2);
                case ','
                    D3=[];
                otherwise
                    error('V.s 只接受"+"、"-"、","符号!');
            end
        end                                                                 %  <44>
    end
end
```

```
% Draw.m 类方法
function obj=Draw(obj)
    cla
```

```
D=obj.V;
d=D.d;s=D.s;
if~isempty(obj.d3)&&~strcmp(s,',')
    d(3)=obj.d3;
    if strcmp(s,'-')
        d(2)=-d(2);
    end
end
nd=length(d);
    x=real(d);y=imag(d);
switch nd
    case 1
        X=[0;x];Y=[0;y];
    case 2
        X=[0,0;x(1),x(2)];
        Y=[0,0;y(1),y(2)];                    %两向量首尾坐标
    case 3
        X=[0,x(1),0;x(1),x(3),x(3)];
        Y=[0,y(1),0;y(1),y(3),y(3)];          %三向量首尾坐标
end
tx=mean(X);ty=mean(Y);                        %向量的文字标识位置
M=abs(d); A=angle(d);                         %向量的模和幅角
Xm=max(M);
axis([-Xm*1.1,Xm*1.1,-Xm*1.1,Xm*1.1]),axis xy square
    xlabel('\bf\itRe'),ylabel('\bf\itIm')     %坐标轴标签
  box on,grid on                              %产生坐标框
switch nd
    case 1
        TT='向量 P1';
    case 2
        TT='向量 P1 和 P2';
    case 3
        TT=['向量 P3 = P1 ',s,' P2 = ',num2str(obj.d3)];
end
title(TT)%向量图名称
r=0.1*mean(M);a=15/180*pi;                    %箭头长及张角
xd=X(2,:)-r*sin(pi/2-(A+a));
yd=Y(2,:)-r*cos(pi/2-(A+a));                  %向量下箭头尾坐标
xu=X(2,:)-r*cos(A-a);
yu=Y(2,:)-r*sin(A-a);                         %向量上箭头尾坐标
x1=[X(1,1),xd(1),xu(1);X(2,1),X(2,1),X(2,1)];
y1=[Y(1,1),yd(1),yu(1);Y(2,1),Y(2,1),Y(2,1)];
obj.Hg.h1=line(x1,y1,'Color','b','LineWidth',2);   %画向量 P1
```

```
obj.Hg.t1=text(tx(1),ty(1),'P1','HorizontalAlignment','center');
if nd > 1
    x2=[X(1,2),xd(2),xu(2);X(2,2),X(2,2),X(2,2)];
    y2=[Y(1,2),yd(2),yu(2);Y(2,2),Y(2,2),Y(2,2)];
    obj.Hg.h2=line(x2,y2,'Color','g','LineWidth',2);       %画向量 P2
    Ts='P2';
    if strcmp(s,'-');Ts='-P2';end
    obj.Hg.t2=text(tx(2),ty(2),Ts,'HorizontalAlignment','center');
    if nd==3
        x3=[X(1,3),xd(3),xu(3);X(2,3),X(2,3),X(2,3)];
        y3=[Y(1,3),yd(3),yu(3);Y(2,3),Y(2,3),Y(2,3)];
        obj.Hg.h3=line(x3,y3,'Color','r','LineWidth',2);       %画向量 P3
        obj.Hg.t3=text(tx(3),ty(3),'P3','HorizontalAlignment','center');
    end
  end
end
```

4）试验一：创建界面类对象

在 Aexm040502 文件夹为 MATLAB 当前文件夹的前提下，运行以下命令，创建窗口位置及大小由输入量确定的初始化交互界面，而界面编辑框中的两个复数是由 Aexm040502Dlg.m 类定义文件初始设置生成的。

```
DlgA = Aexm040502Dlg([0.2,0.24,0.4,0.5])   % 创建如图 4.5-4 所示界面


DlgA =
 Aexm040502Dlg - 属性:


hP1Edit: [1×1 UIControl]
hSC: [1×1 UIControl]
           hP2Edit: [1×1 UIControl]
hShow: [1×1 UIControl]
          VectShow: []
   BackgroundColor: [0.8200 0.7900 0.4300]
```

5）试验二：复数的向量表示

在如图 4.5-4 所示的界面上单击“向量图示”按键，便可在坐标框里绘制出如图 4.5-5 所示两复数向量图。

6）试验三：复数的加减运算结果可视化

在图 4.5-5 所示界面的“算符”编辑框中，键入“减运算符－”，再单击“向量图示”按键，就呈现出如图 4.5-3 所示的界面，实现设计目标。

说明

- 关于 Aexm040502Dlg 界面类继承的说明

◇ Aexm040502Dlg.m 第 <2> 行体现了 Aexm040502 继承于 Aexm040201View 类。

◇ Aexm040502Dlg.m 第 <12> 行，调用父类 Aexm040201View 构造函数创建图形

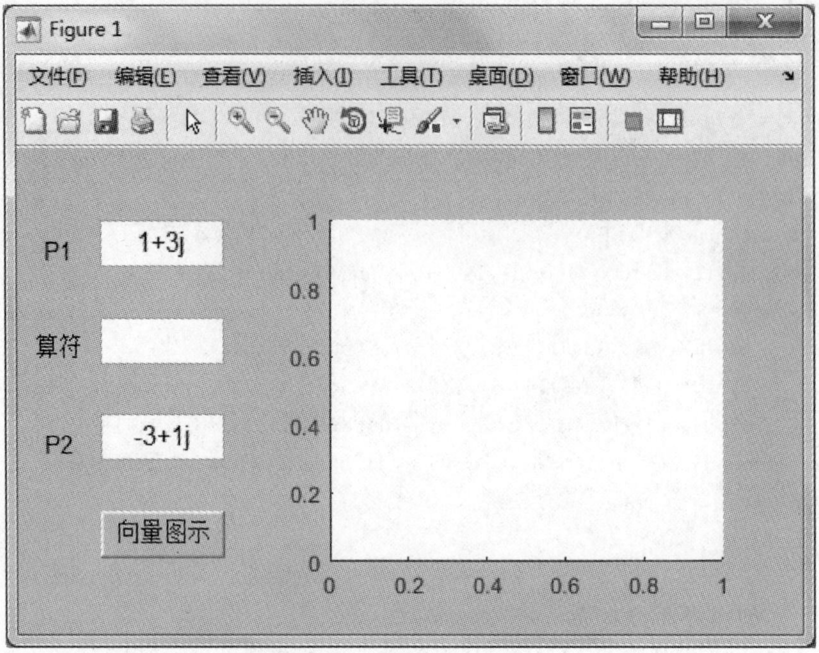

图 4.5-4 创建的初始界面类对象

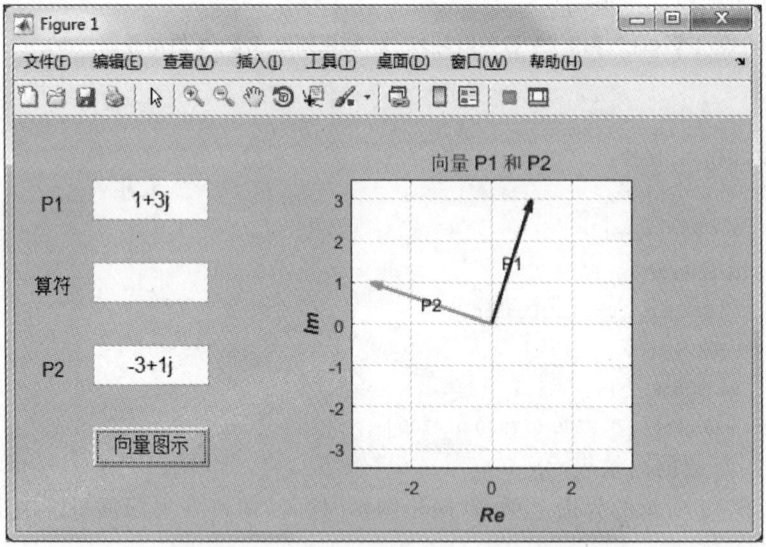

图 4.5-5 单击"向量图示"按钮后的界面

窗口。

- 关于界面各控件及坐标框设计的说明

◇ 界面设计首先应勾勒界面草图,坐标框大致位置、控件类别及位置。

◇ 利用 uicontrol 创建控件和 axes 创建坐标框。由于本例的控件种类简单,位置及大小也很规律,所以即使手工编写也比较容易。参见 Aexm040502Dlg.m 的第 <13> 到第 <32> 行。

◇ 假如读者对 Aexm040502Dlg. m 运行后生成的控件、坐标框不满意，用户可利用图形窗的、编辑工具图标按键及属性编辑器对控件、坐标框进行交互式调整。然后，用调整后的控件、坐标框的位置大小数据替代 Aexm040502Dlg. m 中的相应数据。经修改后的 Aexm040502Dlg. m 就能产生满意的界面。

◇ 关于界面设计的更详细叙述，请参见文献[2]。

- Aexm040502Dlg. m 第 <31> 行代码中，"callback"表示按键的回调函数属性；而该属性值采用 vecFig 函数的函数句柄形式表达。
- Aexm040502Dlg. m 第 <39> 行代码，使交互界面对象的 VectorFig 属性，被向量图示类构造函数 Aexm040502Vector 创建的对象赋值。此处，通过属性包含对象，实现了两个类对象的组合。

第 5 章 事件与响应

具体对象的任何状态变化都检测出来并向外广播，就构成了事件。事件源所在的对象和事件本身，经由侦听件与某响应函数相关联，从而作出用户所期望的反应。这样，对象与对象之间借助“事件与响应”机制就实现了关联和组合。这就是本章要分节细述的内容。

本章前几节围绕事件、侦听件、响应函数、及数据传递逐步展开。本章有两个示例。简单示例用于突出“事件与响应”机制的具体演示；而最后一节的综合示例，将通过开发 C/S 构架软件，展现事件与响应在软件设计中所起的重要纽带作用。

5.1 概 述

在人机交互界面上，操作员单击某按键，使按键状态发生改变；而这种状态改变，又引起其他程序运行，并获得人们期望的反应。这就是“事件/响应”机制的一种具体实现。

采集卡接收数据后，数据缓存区状态就发生改变，随后把刚接收的数据取走并进行预处理。该过程也可由“事件/响应”机制实现。

“事件/响应”机制在程序实现中具有无可替代的作用，因而应用非常广泛，尤其在处理人机交互和数据收发传递等场合。

“事件/响应”机制涉及两大要素和一个中间件。两大要素是：事件（Event）及事件发布方，响应函数（Callback Function）。这两大要素之间的信息传递通过侦听件（Listener）相联系。其中，侦听件是发布方与响应方之间传递信息的桥梁。

5.1.1 事件概念及其代码特征

1. 事件概念

- 事件仅对句柄类对象有意义。换句话说，只有句柄对象才可能构造事件。一个句柄对象可以包含多个事件。
- 对象状态的变化都有可能用于生成事件。对象数据的变化、方法函数的运行、属性值的查询或设置以及对象的解构等都是对象状态变化的具体表现。
- 能被程序监测到的对象状态变化才可能成为事件。对象的状态变化能成为事件的前提条件是：该变化必须能被程序自动感知。最常见的能被程序自动感知地状态变化或行为有：人机交互界面上按键的单击、图形对象的被单击、属性值的修改设置、某数据不满足条件关系式等。
- 状态变化只有通过 notify 函数向外广播消息，才最终成为事件。

2. 事件的典型代码特征

创建具有事件的对象的类定义程序，一定具有如下典型程序代码：

- 类定义首行代码一定有继承于句柄类的标志“< handle”，或继承于 handle 子类的标志。
- 类定义中一定包含“events…end”事件块。该块中有用户自己命名的事件名，比如 EventName。
- 类定义中一定有监测状态变化的代码。例如：
  ◇ 图形用户界面控件的 Callback 属性及其函数句柄形式的属性值，如@ResponseFcn；
  ◇ 关系判断的条件转向语句，如 if　NewValue > LimitA；……；end。
- 类定义中一定有向外发布消息的代码：obj. notify('EventName') 或 notify(obj, 'EventName')。在具体应用中，EventName 应使用事件块中包含的具体事件名替代。

5.1.2　侦听和响应概念

发布出来的事件消息，只有侦听件才能接收，才能启动相应的响应函数，实现“事件/响应”机制下的不同类之间的组合。

一个事件消息可以被多个侦听件接收，一个侦听件可以接收多个不同的事件。

1. 侦听件概念及代码特征

侦听件是一种名为“event. listener”的、特殊句柄类的对象。它的功用是：把事件与对事件作出响应的函数相关联，并封装于对象内。

- 侦听件必须借助 MATLAB 提供的 addlistener 或 event. listener 函数创建。
- 无论是 addlistener 函数，还是 event. listener 函数，在创建侦听件时，都需要三个已经“存在”的输入量：
  ◇ 发布事件的句柄类对象；
  ◇ 被发布的具体事件名称；
  ◇ 对事件作出响应的函数句柄。

2. 响应函数概念

响应函数，或体现事件的影响，或体现对事件作出的反应。

- 响应函数可以有三种型式：普通的 MATLAB 函数、用户自定义的普通类方法函数、用户自定义的静态秉质的类方法函数。
- 一个函数成为响应函数的必备条件：
  ◇ 只有被侦听件所关联的函数才是响应函数。
  ◇ 响应函数的输入量至少包含两个输入量：事件发布方对象、名为 event. EventData 的特殊类的事件数据对象。

5.2　事件定义和消息发布函数

对象的事件及发布机制取决于生成该对象的类定义程序代码。正如前节所说，这涉及事件块及秉质、事件名及消息发布函数 notify。

5.2.1 事件块及秉质

1. 事件块

事件块位于类定义文件中。事件块的基本结构如图 5.2-1 所示。

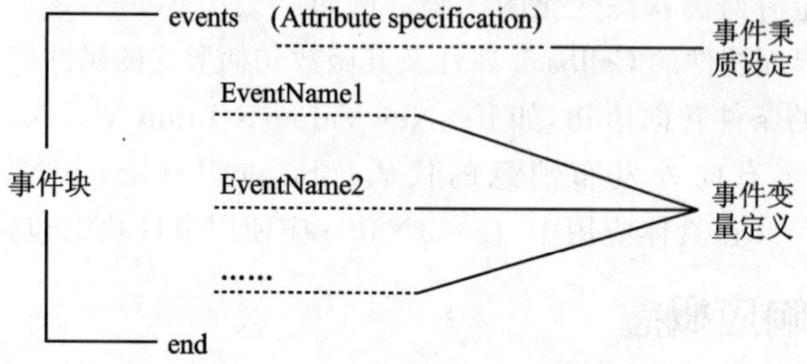

图 5.2-1 事件块基本结构

说明

- 事件块只存在于句柄类或其派生子类的类定义文件中。
- 事件块中所包含事件的数目不受限制,事件名称的命名规则与属性变量相同。
- 每个事件块都可以在秉质设定区内进行秉质(Attribute)设定,详细叙述请看第 2 小节。

2. 事件的秉质

就事件是否隐藏、是否可见、以及是否可访问等秉质而言,都可以在事件的秉质设定区采用以下任何格式进行设定。

(Attribute) 仅用关键词描述的秉质设定的简捷格式

(Attribute1=Value1,……,Attributek=Valuek) 采用赋值表达式描述的秉质设定的详尽格式

说明

- 秉质设定的描述语句应放在括号内。
- 最常用的秉质设定关键词见表 5.2-1。在此,需要强调指出:所有表述秉质选项的英文词汇都必须使用小写英文字母构成。

表 5.2-1 事件的秉质设定关键词

Attribute/秉质名称	Values/相应的秉质选项	秉质含意
Hidden/隐藏性	false/缺省选项	在用 events 等函数查看对象的事件时,该事件块的事件可以显示出来
	true	在用 events 等函数查看对象的事件时,该事件块的事件将被隐藏
NotifyAccess/发布可见性	public/缺省选项	该事件块中事件的发布操作不受限制
	protected	该事件块中事件的发布,仅限本类及其子类的方法
	private	该事件块中事件的发布,仅限本类的方法

续表 5.2-1

Attribute/ 秉质名称	Values/ 相应的秉质选项	秉质含意
ListenAccess/ 侦听可见性	public/缺省选项	该事件块中事件的侦听操作不受限制
	protected	该事件块中事件的侦听，仅限本类及其子类的方法
	private	该事件块中事件的侦听，仅限本类的方法
无关键词		事件快中的事件将具有以上各种缺省秉质

5.2.2　消息发布函数 notify

所谓事件消息的发布是指：把具体的事件源对象及事件名称广播出去。发布依赖 notify 函数命令实施。notify 的具体调用格式如下：

notify(Hsrc, 'EventName')

　　Hsrc 发布名为 EventName 的事件，供已注册的侦听件接收

notify(Hsrc, 'EventName', EventData)

　　Hsrc 发布名为 EventName 的事件及用户自定义的 EventData 数据，供已注册的侦听件接收

说明

- Hsrc：发布事件的对象名；
- EventName：所发布的具体的事件名称；
- EventData：随事件发布而另外增带发送的数据。
  - ◇ 所另外增带的数据，必须以特殊的、用户自定义"事件数据"对象属性值形式存在。
  - ◇ 该特殊的用户自定义"事件数据"对象必须是 MATLAB 提供的 event.EventData 类的子类化对象。
- 发布时间消息的 notify 函数命令，通常出现在发布方对象类定义文件的如下部位：
  - ◇ 图形用户界面控件的回调函数内；
  - ◇ 属性值赋值设置函数的函数体内；
  - ◇ 类定义中具有类似 if　NewValue > LimitA;......;end 结构的条件分支内。
  - ◇ 其他任何能够感知状态变化的地方。

5.3　侦听件的创建和响应函数的型式

发布的事件消息，要引起用户所希望的、预先指定的程序或对象作出反应，就必须先把那程序或对象与事件发布方的具体事件关联到一起。在 MATLAB 中，这种关联由侦听件(Listener)实现。这种侦听件是由 addlistener 或 event.listener 函数创建的 MATLAB 的 event.listener 类对象。

5.3.1　侦听件创建函数的一般格式

创建侦听件的函数有如下两个。

hL=addlistener(Hsrc, 'EventName', CallbackFunction)

创建把响应函数关联于“事件对象及指定事件名”的、并伴随事件而活的侦听对象

hL=event.listener(Hsrc, 'EventName', CallbackFunction)

创建把响应函数关联于“事件对象及其指定名称事件”的、又独立存在的侦听对象

说明

- Hsrc:发布事件的对象。
  - ◇ Hsrc 可以是标量,也可以是对象数组。
  - ◇ 当其为数组时,对于任意元素对象事件的触发,侦听类对象都会调用所注册的响应函数对该事件做出响应。也就是说,一个侦听类对象可以同时侦听多个事件发布方类对象的同名事件。
- 'EventName':发布的具体事件名。
  - ◇ 值得提醒的是,事件名称是定义在类文件中的,但事件的触发是由该类的具体对象状态变化引起的。换句话说,对于同属某类的不同具体对象而言,各具体对象的同名事件的触发是互不相关的、彼此独立。
  - ◇ 对属于同类的不同具体对象而言,各具体对象的同名事件的响应函数可以不同。
  - ◇ 对于不同个体对象而言,即便它们属于同一个类,的同名事件的触发是彼此独立的。
- CallbackFunction:适当的响应函数句柄,关于“适当”的解释,请见下节。
- hL:函数返回值,是所创建的侦听类对象,即侦听件。
  - ◇ addlistener 创建的侦听件依附于发布事件的对象,其生命周期与发布事件的对象生命周期相同。
  - ◇ event.listener 创建的侦听件不依附于发布事件的对象。它有自己的生命周期,当其生命周期结束时自动解除对事件的侦听。
- 若想临时解除侦听件对发布事件的侦听,可以置该侦听件的 Enabled 属性为 false,如 hL.Enabled=false;。若想永久的解除侦听件对发布事件的侦听,就应直接删除该侦听件,例如 delete(hL)。

5.3.2 不同型式响应函数的注册格式

只有经过 addlistener 或 event.listener 注册到事件对象上的函数,才能称为响应函数。普通函数、类方法函数都可以注册为响应函数,但它们的注册格式有所不同。

1. 普通函数注册成为响应函数的格式

假如已经存在如下型式的普通 MATLAB 函数:

```
function   generalFcn(Hsrc,eData)
......
end
```

那么,可采用以下任何一种函数格式创建侦听件,把这函数注册为响应函数。

```
hLa=addlistener(Hsrc, eName, @generalFcn)
或
hLe=event.listener(Hsrc, eName, @generalFcn)
```

说明

- 关于响应函数及侦听件创建函数输入量的说明：
  - ◇ Hsrc：发布事件消息的句柄对象名；
  - ◇ eName：发布的具体事件的名称字符串；
  - ◇ eData：随事件发布的事件数据变量名（此变量由 MATLAB 自动生成）；
  - ◇ @generalFcn 是被注册的 generalFcn 普通函数的函数句柄；
  - ◇ 注意：使用中，必须要保证响应函数和侦听件响应函数输入量名称之间的一致性。
- 输出量 hLa、hLe，都是创建产生的 listener 类对象，即侦听件。它们的不同在于：
  - ◇ hLa：与事件源对象 Hsrc 紧耦合的，它将随事件源对象的消失而消失。
  - ◇ hLe：相对于事件源对象而独立，它的消亡与事件源对象的消失无关。
- 假若在 generalFcn 函数体内，没有对第 2 输入量 eData 的任何使用，那么该普通函数首行中的第 2 输入量 eData 最好采用～符替代。即写成 function generalFcn(Hsrc,～)。

2. 类方法函数注册成为响应函数的格式

假如某个对象 Aobj 的类具有如下方法函数：

```
method
    function mFcn(Aobj, Hsrc, eData)
    ......
    end
end
```

那么，如下任何一种创建侦听件格式，都可把这函数注册为响应函数。

```
hLa=addlistener(Hsrc, eName, @Aobj.mFcn)
```

或

```
hLe=event.listener(Hsrc, eName, @Aobj.mFcn)
```

说明

- 类方法函数注册与第 5.3.2-1 节普通函数注册仅有的差别在于：
  - ◇ 类方法函数中，第 1 输入量是响应函数所属的对象名 Aobj。
  - ◇ 在创建侦听件的函数命令中，作为第 3 个输入量的函数句柄，应是“点调用格式的函数句柄”@Aobj.mFcn。（注意：对象名与方法函数名之间的小黑点）
- 其他关于输入量、输出量的意义及解释都与第 5.3.2-1 节普通函数注册没有区别。
  - ◇ Hsrc，是发事件源对象名；eName，是具体事件的名称字符串；eData，是随事件发布的事件数据变量名。且 eData 若在函数体内没有使用，则用～符替代。
  - ◇ 输出量 hLa、hLe 都是侦听件。hLa 随事件源对象的消失而消失；而 hLe 的消亡与事件源对象的消失无关。

3. 匿名函数的注册格式

前面介绍的注册事件响应函数，都是采用普通函数或类方法函数的函数句柄形式进行的。这种注册形式，代码简洁，但不足之处在于：响应函数不允许包含除事件源对象名 Hsrc、事件数据 eData 外的其他输入参数。如果采用匿名函数形式进行注册，就可以弥补这不足之处。

(1) 普通函数采用匿名函数形式注册时的格式

假如已经存在如下型式的、包含其他输入参数 argn 的普通 MATLAB 函数：

```
function  generalFcn(Hsrc, eData, argn)
……
end
```

那么，可采用以下任何一种函数格式创建侦听件，把这函数注册为响应函数。

```
hLa=addlistener(Hsrc, eName, @(Hsrc, eData)generalFcn(Hsrc, eData, argn))
```

或

```
hLe=event.listener(Hsrc, eName, @(Hsrc, eData)generalFcn(Hsrc, eData, argn))
```

(2) 类方法函数采用匿名函数形式注册时的格式

假如已经存在如下型式的、包含其他输入参数 argn 的类方法函数：

```
function  mFcn(Aobj, Hsrc, eData, argn)
……
end
```

那么，可采用以下任何一种函数格式创建侦听件，把这函数注册为响应函数。

```
hLa=addlistener(Hsrc, eName, @(Hsrc, eData)Aobj.mFcn(Hsrc, eData, argn))
```

或

```
hLe=event.listener(Hsrc, eName, @(Hsrc, eData)Aobj.mFcn(Hsrc, eData, argn))
```

说明

- 如果采用匿名函数注册格式，那么 argn 必须位于普通函数或类方法函数的首行代码输入量列表的最后。这里仅写一个 argn 是出于简洁的考虑。实际上，只要该普通函数或类方法函数体内运算需要，可以接续写多个。
- 关于侦听件创建函数命令中匿名函数书写格式的说明：
  - ◇ 匿名函数的自变量必须是事件源对象 Hsrc 和事件数据 eData，且不得省缺。
  - ◇ 匿名函数的实际输入参数列表，应与其对应的普通函数或类方法函数的输入列表相同。
  - ◇ 关于匿名函数的更详细叙述，请参考文献[2]。
- 其他关于输入量、输出量的意义及解释都与第 5.3.2-1 节普通函数注册没有区别。
  - ◇ Hsrc，是发事件源对象名；eName，是具体事件的名称字符串；eData，是随事件发布的事件数据变量名。且 eData 若在函数体内没有使用，则用～符替代。
  - ◇ 输出量 hLa、hLe 都是侦听件。hLa 随事件源对象的消失而消失；而 hLe 的消亡与事件源对象的消失无关。

5.4 事件/响应的简单应用示例

本节以示例形式具体展示。

- 事件定义的表达；
- 事件触发形态的选择；

- notify 实施事件消息的发布；
- 用作响应函数的类方法函数的编写；
- addlistener 函数用于创建侦听件，注册响应函数。

例【5.4-1】 本例的设计目标是：在保留例 4.5-2 的人机交互界面功能的基础上，增加了 MATLAB 命令窗中生成的向量图示类对象，借助"事件/响应"机制，与人机界面实现联动。本例目的："事件/响应"机制的软件构成；事件名、notify、addlistener、响应函数的编码格式配合；

1) 本例中事件/响应机制的设计考虑

- 选择"人机交互界面(即 Aexm050401Dlg 对象)坐标框被单击"作为事件。
- 为使该单击动作能被界面可感受，就应给坐标框图形对象的 ButtonDwonFcn 属性，设置一个回调函数句柄。本例中回调函数句柄为@obj. AxesEvent。而相应的回调函数为

```
function AxesEvent(obj,~,~)
    obj.notify('ClickAxes');% 发布"坐标框被单击"事件的信息
end
```

- 在类定义文件 Aexm050401Dlg. m 中，应设置如下的事件块及事件名

```
events
    ClickAxes
end
```

2) 编写人机交互界面类定义文件 Aexm050401Dlg. m

根据上述分析，人机交互界面类定义文件 Aexm050401Dlg. m 可以由 Aexm040502Dlg. m 文件修改而得。具体步骤如下：

- 先在 MATLAB 当前目录或搜索路径目录上创建一个名为 Aexm050401 的文件夹；
- 把 Aexm040502 文件夹下的所有文件及类文件夹@Aexm040502Vector，复制到 Aexm050401 文件夹；
- 对 Aexm040502Dlg. m 的具体修改如下：
  - ◇ 把 Aexm040502Dlg. m 文件名修改为 Aexm050401Dlg. m；
  - ◇ 打开 Aexm050401Dlg. m 文件，把所有 Aexm040502Dlg 修改成 Aexm050401Dlg；
  - ◇ 在属性块中，添加 hAxes 属性，参见行 <8>；
  - ◇ 增添事件块和 ClickAxes 事件名，参见第 <10> ～ <12> 行；
  - ◇ 修改坐标框设置代码，参见第 <35,36> 行；
  - ◇ 增添坐标框单击事件的回调函数 AxesEvent，参见第 <46> ～ <48> 行。

```
% Aexm050401Dlg. m 类定义文件
classdef Aexm050401Dlg < Aexm040201View
    properties
        hP1Edit                          % 上编辑文本框句柄
        hSC                              % 中编辑文本框句柄
        hP2Edit                          % 下编辑文本框句柄
        VectorFig                        % 用包含型组合的属性
        hAxes                            % 坐标框图柄                <8>
```

```
        end
        events                                                    % 事件块起始关键词          <10>
            ClickAxes                                             % 事件变量名称
        end                                                       % 事件块结束符              <12>
        methods
            function obj=Aexm050401Dlg(ViewSize)
                obj=obj@Aexm040201View(ViewSize);                 % 父类构造函数建图形窗      <15>
                X=0.11;Y=0.75;L=0.16;H=0.1;                       % 左上可编辑文本框位置      <16>
                x=0.02; y=0.75; h=0.07;                           % 左上静态文本框位置
                D=0.2;                                            % 上下控件间的距离
                BC=obj.BackgroundColor;
                uicontrol('style','text','BackgroundColor',BC,... % 上编辑框名称
                    'position',[x,y,h,h],'string','P1','FontSize',11);
                obj.hP1Edit=uicontrol('style','edit',...          % 创建上编辑框
                    'position',[X,Y,L,H],'string','-1+3j','FontSize',12);
                uicontrol('style','text','BackgroundColor',BC,... % 中编辑框名称
                    'position',[x,y-D,h,h],'string','算符','FontSize',11);
                obj.hSC=uicontrol('style','edit',...              % 创建中编辑框
                    'position',[X,Y-D,L,H],'string','','FontSize',16);
                uicontrol('style','text','BackgroundColor',BC,... % 下编辑框名称
                    'position',[x,y-2*D,h,h],'string','P2','FontSize',11);
                obj.hP2Edit=uicontrol('style','edit',...          % 创建下编辑框
                    'position',[X,Y-2*D,L,H],'string','-3+1j','FontSize',12);
                uicontrol('style','pushbutton', 'BackgroundColor',BC,...  % 创建按键
                    'position',[X,Y-3*D,L,H], 'string','向量图示','FontSize',11,...
                    'callback', @obj.vecFig);                     % 按键操作回调函数句柄      <34>
                obj.hAxes=axes('position',[0.4,0.15,0.5,0.7],...                          %  <35>
                    'ButtonDownFcn',@obj.AxesEvent);              % 单击坐标框回调函数        <36>
            end
            function vecFig(obj,~,~)                              % 按键回调函数              <38>
                P1=str2double(get(obj.hP1Edit,'string'));
                P2=str2double(get(obj.hP2Edit,'string'));
                s=get(obj.hSC,'string');
                if min(size(s))==0;s=',';end
                obj.VectorFig=Aexm050401Vector(P1,s,P2);
                obj.VectorFig.Draw
            end
            function AxesEvent(obj,Hsrc,event)                    % 单击动作回调函数          <46>
                obj.notify('ClickAxes');                          % 发布事件                  <47>
            end% <48>
        end
    end
```

3）编写向量图示类定义文件 Aexm050401Vector.m

生成@Aexm050401Vector 类文件的具体步骤如下：

- 把类文件夹名从@Aexm040502Vector 修改为@Aexm050401Vector；
- 打开@Aexm050401Vector 类文件夹，把 Aexm040502Vector.m 的文件名修改为 Aexm050401Vector.m；
- 打开类文件 Aexm050401Vector.m，并进行如下修改：
  - ◇ 把该文件内原先的所有 Aexm040502Vector 修改成 Aexm050401Vector；
  - ◇ 在方法块的最下方，增添事件响应函数 RespondAxesEvent，参见第 <44> ～ <49> 行；
  - ◇ 完成以上修改，进行该文件的保存操作。

```
% Aexm050401Vector.m        向量图示类定义文件
classdef Aexm050401Vector < handle
    properties
        V
        Hg
    end
    properties(Dependent)
        d3=[];
    end
    methods
        function obj=Aexm050401Vector (u1,s,u2)          %构造函数
            nx=nargin;
            if nx==0                                     %允许无输入调用情况
                u1=0.5+1j;u2=1+0.5j;s='+';
                nx=3;
            end
            switch nx
                case 1                                   %仅接受 1 个输入量
                    D.d(1)=u1;D.s=',';
                    obj.V=D;
                case 3
                    D.d(1)=u1;D.d(2)=u2;D.s=s;
                    obj.V=D;
                otherwise
                    error('只允许输入量数目 1 或 3!')
            end
        end
        function set.V(obj, D)                           %属性 V 的设置函数
            obj.V=D;
        end
        function D3=get.d3(obj)                          %因变属性 d3 的寻访函数
            D=obj.V;s=D.s;
            switch s
```

```
            case '+'
                D3=D.d(1)+D.d(2);
            case '-'
                D3=D.d(1)-D.d(2);
            case ','
                D3=[];
            otherwise
                error('V.s 只接受"+"、"-"、","符号！');
        end
    end
    function RespondAxesEvent(obj, Hsrc,~)     % 响应坐标框单击事件的函数          <44>
        Hsrc.hP1Edit.String=num2str(obj.V.d(1));
        Hsrc.hP2Edit.String=num2str(obj.V.d(2));
        Hsrc.hSC.String=obj.V.s;
        obj.Draw;
    end                                                                        %  <49>
  end
end
```

3）试验一：创建人机交互界面类对象

● 在 MATLAB 命令窗口运行如下指令，创建界面对象。

```
close                                 % 关闭所有图形窗
A = Aexm050401Dlg([0.2,0.24,0.4,0.5])
                                      % 引出如图 5.4-1 所示的人机交互界面
```

```
A =
  Aexm050401Dlg - 属性：
           hP1Edit：[1x1 UIControl]
               hSC：[1x1 UIControl]
           hP2Edit：[1x1 UIControl]
         VectorFig：[]
             hAxes：[1x1 Axes]
   BackgroundColor：[0.8200 0.7900 0.4300]
```

● 运行以下命令，观察对象 A 所包含的事件。

```
events(A)
```

```
类 Aexm050401Dlg 的事件：
    ClickAxes
    ObjectBeingDestroyed
```

● 检验该界面对界面输入复数的运作。

在算符框里填写减算符，再点“向量图示”按键，便可得到如图 5.4-2 所示的界面。由此可验证，本例的界面具有与例 4.5-2 界面相同的功能。

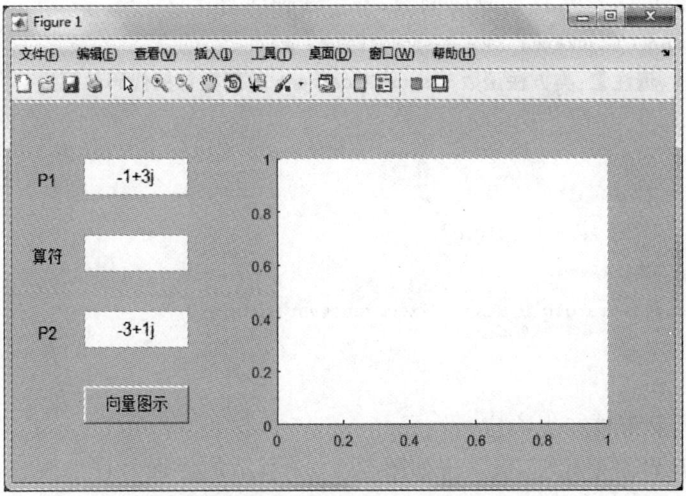

图 5.4－1　刚创建的默认人机交互界面

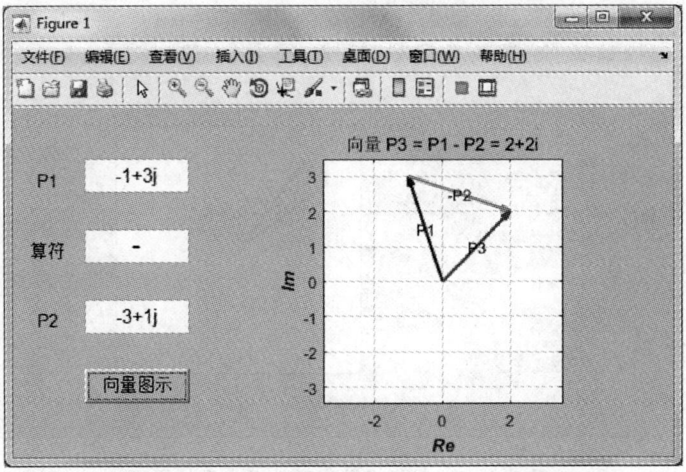

图 5.4－2　实施界面操作后的界面

4）试验二：创建向量图示类对象

在 MATLAB 命令窗口运行以下命令：

```
P = Aexm050401Vector( - 3 + 4i,'-',1 + i)
                          % 利用两个复数及减法算符输入,生成向量图示对象
```

```
P =
  Aexm050401Vector - 属性:
    V: [1x1 struct]
   Hg: []
   d3: - 4.0000 + 3.0000i
```

5）试验三：创建侦听件，注册响应函数

再在 MATLAB 命令窗中，运行以下命令，把向量示图类方法函数 RespondAxesEvent 注

册为A对象的ClickAxes事件的响应函数,并生成侦听件LH。

```
LH = A.addlistener('ClickAxes',@P.RespondAxesEvent)
                    % 请注意:类方法函数 RespondAxesEvent 的函数句柄代码的写法
LH =

  listener - 属性:
       Source: {[1x1 Aexm050401Dlg]}
    EventName: 'ClickAxes'
     Callback: @(varargin)P.RespondAxesEvent(varargin{:})
      Enabled: 1
    Recursive: 0
```

6)试验四:触发事件产生响应

单击人机交互界面坐标框,就呈现如图5.4-3所示的界面。仔细观察,可以看到界面可编辑文本框中的内容、坐标框图名标识以及所绘制的向量都是数学上一致的。

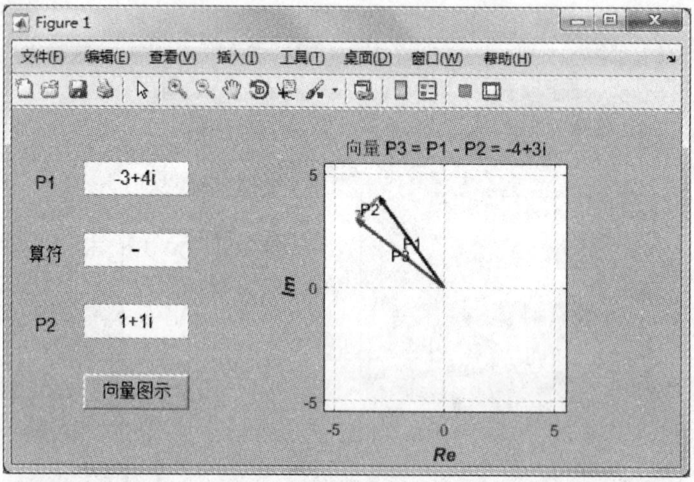

图5.4-3 坐标框单击事件发生后的界面

7)试验五:清除所有句柄变量后界面仍能正常运作

- 在MATLAB命令窗中,运行以下命令,清除工作空间中的界面对象句柄A、向量示图对象句柄P、侦听类对象句柄LH。

```
clear A P LH
```

- 删除人机交互界面的算符框中的"减算符",并单击"向量示图"按键,可得如图5.4-4所示界面。
- 此后,再用鼠标单击坐标框,那么人机交互界面依然如图5.4-3所示。

说明

- 本例中人机交互界面的事件有以下要素构成:
  - ◇ 在构造交互界面对象A的类定义文件Aexm050401Dlg.m中,已预设有事件块和ClickAxes事件名。
  - ◇ 在界面对象A的类定义文件Aexm050401Dlg.m中,已为坐标框的ButtonDownF-

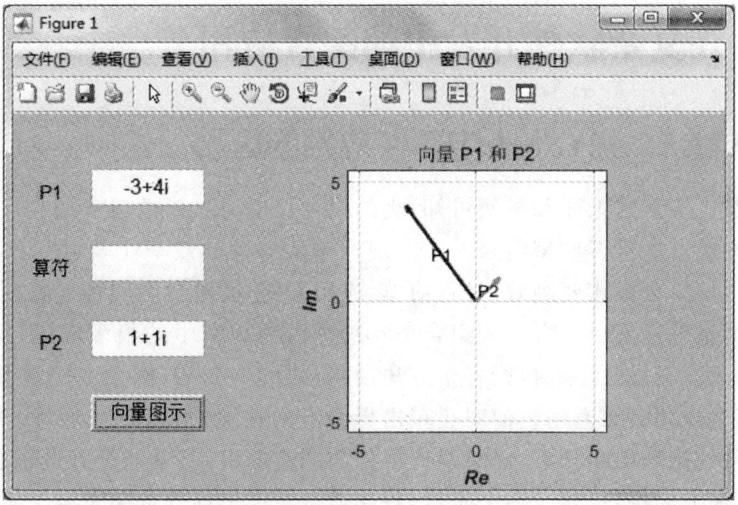

图 5.4-4 删除对象句柄 A、P、LH 后的正常工作界面

cn 属性预设了回调函数句柄@obj. AxesEvent(参见那文件行 <36>),及由行 <46, 47,48> 构成的回调函数 AxesEvent(obj,～,～)。注意,回调函数首行中后两个输入量位置的代码写法表示:这后两个输入量不可缺,但它们并没有在回调函数的函数体内被显式地调用。

◇ 在回调函数 AxesEvent(obj,～,～)中,有事件发布命令 notify。

只有这样,构造出来的句柄名称为 A 的具体交互界面,才具有"单击坐标框,触发事件,并发布 ClickAxes 事件信息"。

- 本例中的侦听件和响应函数:

◇ 在类定义文件 Aexm050401Vector. m 中,已经预设有 RespondAxesEvent(obj, Hsrc,～)方法函数(参见,那文件的行 <44～49>)。注意,为用作响应函数,该方法函数必须写成这种格式。

◇ 在使用 addlistener 创建具体的侦听件对象之前,该命令所关联的"代具体事件名的事件源对象 A"和"将对事件作出响应的具体对象 P"都已经存在。

◇ 再次强调:在使用 addlistener 创建侦听件之间,对象 A 及 P 都已经存在。否则,所产生的侦听件将是无效的。

- 关于侦听件的说明:

◇ 侦听件一旦生成,就被绑定在事件源对象——人机交互界面上。此后,运行 LH. Enabled=false 命令,可使这种绑定暂时失效。有兴趣的读者,可以自己尝试。

◇ 侦听件一旦生成、绑定,就不受工作空间中 A、P、LH 句柄变量的存在与否影响。

◇ 假如永久删除侦听件 LH,请运行 delete(LH)命令。

◇ 假如在本例试验四后,读者再运行以下命令,那单击坐标框将引出不同于图 5.4-3 所示的向量图。

```
delete(LH)
P1 = Aexm050401Vector(1, '+', 1j)
LH = A.addlistener('ClickAxes',@P1.RespondAxesEvent)
```

5.5 事件在复杂软件开发中的综合应用

5.5.1 MATLAB和C++中事件应用的区别

通过第4章4.5节的论述和举例可知，类的组合可以通过属性包含型方式实现，也可以如本章5.4节所述通过消息事件型组合方式实现。单从编程的效率比较，使用属性包含型方式比通过消息事件型组合方式要高效，过程简单，应用方便，类对象之间传递数据也很直接，那为什么还要通过消息事件型组合方式来组合类？这是因为现实中的很多应用，反映到程序的设计中时，程序的运行不是顺序地执行各个方法函数，如例4.5-2、例5.4-1中设计开发的人机交互界面，程序本身并不知道用户何时会单击界面上的按钮，只能被动等待，即程序大部分时间都是静默等待的流程中断状态，此时引入事件与响应的机制，就能很好地描述和实现这一目标，用户单击界面上的按钮，触发一个事件，程序通过之前设计的一一对应关系，调用与之对应的响应函数，激活程序的流程，响应函数执行完毕程序，流程又重新中断。又如在客户端程序和服务器端程序之间，有通过网络进行数据交互的需求，但是数据何时到达则是事先不可预知的，这时也必须借用事件和响应的机制来处理网络数据发送和接收的问题。

事件作为类之间组合的不可替代的纽带，在C++和MATLAB中都有广泛的应用。C++中还有一种与事件具备相似功能的机制，称为用户自定义消息。这种机制的实现过程与MATLAB中的事件机制实现过程很类似，只是把MATLAB中的事件注册变换成了C++中的自定义消息映射。C++中自定义消息机制的应用范围比事件机制要窄，只有具备自定义消息响应队列的C++类，才能响应自定义消息，例如MFC中的框架类、对话框类都可以响应自定义消息，而视图类就不能响应自定义消息。

MATLAB中事件的应用过程，与C++中事件或消息的应用过程的区别如表5.5-1所列。

表5.5-1 事件与消息在MATLAB和C++中的应用区别

事件(消息)应用过程	MATLAB	C++
事件(消息)定义	需要在类文件中定义，参见5.2节	需要在类定义文件中定义，参见例5.5-1-C
响应函数格式	具体格式参见5.3节	• 事件响应函数无格式要求； • 消息响应函数有具体格式要求，参见例5.5-1-C，特别提醒：只有从CCmdTarget类派生的类才能侦听消息，例如MFC应用程序中的框架类和对话框类
注册响应函数	通过定义事件的类对象，注册响应函数，并产生侦听类对象，参见5.3节	• 没有注册响应函数过程； • 消息响应注册响应函数，参见例5.5-1-C
事件(消息)发布	定义事件的类对象发布事件	• 定义事件的类对象发布事件； • 定义消息的类对象，向注册了该消息的类对象定点发布消息
响应函数执行	侦听类对象侦听到事件发生，调用该事件的注册响应函数	• 响应函数所在的类对象，采用不断查询的方式判断事件是否发生，若发生则调用响应函数。 • 响应函数所在的类对象，查询自身的消息队列，如果有消息到达，调用注册的响应函数

5.5.2 事件在 MATLAB 和 C++联合开发中的应用

在实际的工程应用中，常有这样一类任务，不仅对界面设计要求高，而且核心算法复杂、计算量大，单独采用 MATLAB 或 C++都难以胜任软件开发任务，这时可以考虑采用 MATLAB 和 C++的联合开发方式，把界面设计放在客户端，采用 C++设计开发，而核心算法放在服务器端，采用 MATLAB 设计开发，整个软件的框架称之为客户/服务器(Client/Server)架构，简称 C/S 架构。为避免空泛，本节将围绕以下具体问题分四小节展开。

关于讨论问题的表述：

- 在 C++中设计一个带界面的客户端程序，该客户端程序的界面上包含了两个复数的模和幅角的输入编辑框，以及链接服务器按钮和初始数据发送按钮；当用户单击链接服务器按钮，并随后单击初始数据发送按钮把两个复数的模和幅角通过网络发送到服务器后，等待接收服务器端程序发送来的响应信息；接收到响应信息后，自动更改复数一的幅角值，更新客户端程序界面，并把新的复数模和幅角发送到服务器，如此循环，直到到达指定的发送次数。
- 在 MATLAB 中设计一个服务器端程序，使该程序能接收到客户端程序通过网络发送来的两个复数的模和幅角数据，并更新自己界面数据；每次接收到数据之后，都给客户端程序发送响应消息，同时触发事件，通知向量图示类对象更新复数相加的图形显示。

问题讨论的目的：演示软件设计需求分析、软件框架设计、类的功能设计、类的组合应用方法；详细阐述 VC++ 2010 集成开发环境的创建应用程序向导、界面编辑器、添加类向导和设计类向导等工具的功用；论述 C++与 MATLAB 在事件应用方式以及类组合方式上的区别；阐述 C++程序自定义消息的使用方法；介绍 C++程序多线程编程方法；理解 MATLAB 定时器使用场合和方法；如何通过 SOCKET 实现 C++程序与 MATLAB 程序通过 SOCKET 进行数据交换。

1. C/S 架构软件设计与开发分析

(1) 软件需要分析和架构设计

本例要求开发一个客户端程序和一个服务器端程序，且在两者之间有数据通过网络进行请求、发送和响应等通信功能需求，因此可以确定这是一个基于 C/S 架构的软件系统。

客户端程序需要接受用户的数据输入和数据发送请求，以及数据的发送与接收。为完成该任务需求，可以直接采用 Visual Studio 2010 集成开发环境提供的 MFC 对话框类型的软件框架，设计一个带界面的客户端程序 AexmClient，界面上包含用户可以输入数据的编辑框，以及任务的进度条和一些按钮；同时该客户端程序还有数据网络通信需求，因此需要开发一个网络通信类 CSocketInterface，最后通过类包含的组合方式，在界面类里包含一个通信类的成员变量，用来与服务器端程序进行数据的交换。

服务器端程序需要接受客户端程序网络数据交互请求、数据的接收和发送，以及数据的处理和结果显示。因此服务器端程序功能主要有三个部分，网络数据通信部分、数据和处理结果图形显示部分及数据处理部分。这三个部分的功能在 MATLAB 环境下可以分别用三个类来实现，如 ServerSocket 类实现服务器端的网络数据通信功能、AexmServerDlg 类实现界面数据输入和图形显示功能、AexmVector 类实现数据处理功能。

客户端程序和服务器端程序之间的数据交互，由客户端的 CSocketInterface 类和服务器端的 ServerSocket 类通过 TCP/IP 协议完成。客户端程序中，界面类和通信类之间互相作用，由 AexmClientDlg 类里包含 CSocketInterface 类成员变量来实现；服务器端的三个类之间，通过事件和响应机制联合成一个整体，实现服务器端的总体功能。

整个程序的架构、类的功能框图和流程框图，如图 5.5-1 所示。由于整个软件系统类的种类众多，类之间组合关系复杂，各个类的详细设计见本小节的第(2)和(3)部分。

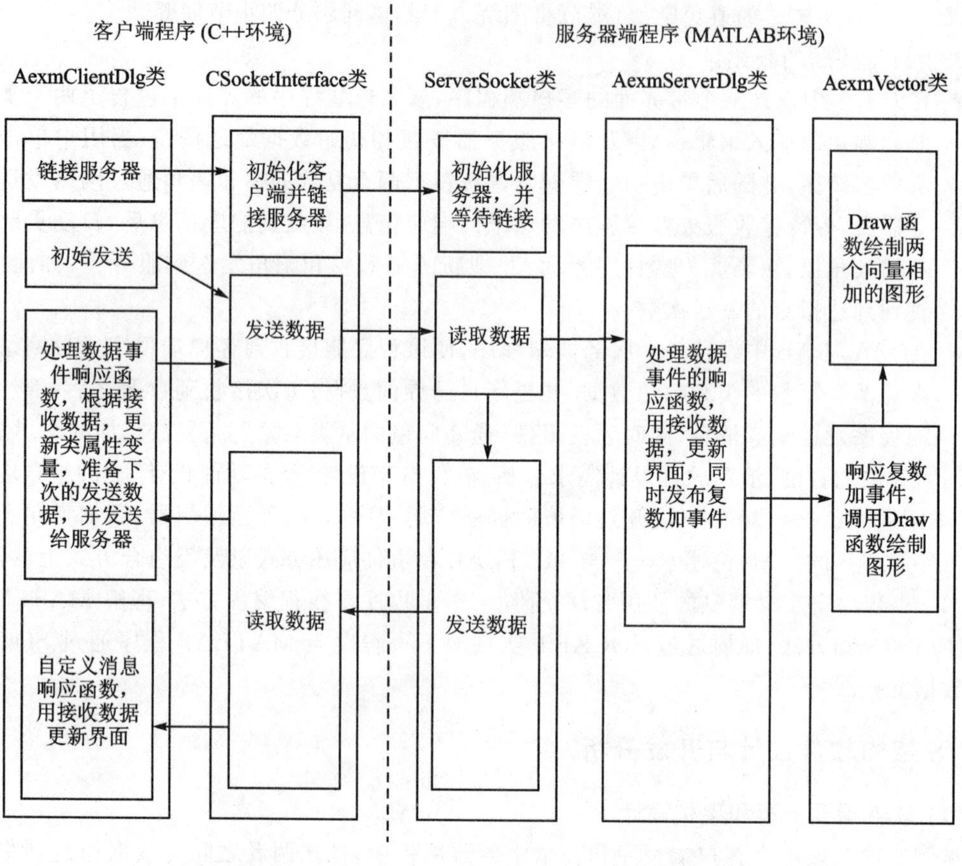

图 5.5-1 程序的架构、类的功能和流程示意框图

(2) 客户端软件的详细功能设计

通过本小节第(1)部分的分析，AexmClientDlg 类的功能设计主要有以下几个部分。

- 界面设计：
  - ◇ 界面上有两个复数的模和幅角的输入编辑框；
  - ◇ 发送进度条；
  - ◇ "链接服务器"按钮和"初始发送"按钮。
- 界面输入变量绑定：
  - ◇ 为界面上两个复数的模和幅角分别绑定类属性变量 m_P1M，m_P1A，m_P2M，m_P2A；
  - ◇ 为进度条绑定类属性变量 m_ProgCtrl；
  - ◇ 为上述变量设定默认值，详见本节第 2 小节(客户端软件开发)。

- 数据发送和接收：
  - ◇ 定义 CSocketInterface 类成员变量 m_PolarSocket；
  - ◇ 由于数据从服务器端到达客户端的时间是不确定的，因此在 CSocketInterface 类中采用不停读取 SOCKET 的数据缓存，直到数据到达并完全接收，这时才能发布数据到达事件；同理，AexmClientDlg 类变量所在主线程也只能等待数据到达事件的发生，这两种情况都会造成程序主线程的假死，为了避免这种情况，这两个类都需要定义线程函数专门处理数据接收和数据事件；因此，需要在 AexmClientDlg 类中，定义等待数据已经接收事件的线程响应函数 ProcessRecvData，在该函数内用其接收到的数据更新各个界面输入变量。
- 界面按钮响应函数：
  - ◇ 为“链接服务器”按钮创建 OnBnClickedButtonConnect 响应函数，在该响应函数内通过 m_VectorSocket 类属性变量和服务器端程序建立链接；
  - ◇ 为“初始发送”按钮创建 OnBnClickedButtonSend 响应函数，在该响应函数内通过 m_VectorSocket 类属性变量发送数据给服务器端程序，然后启动之前定义的等待数据已接收事件的线程 ProcessRecvData 等待该事件的发布，并用接收的数据更新成员变量。
- 界面更新：
  - ◇ 本例为演示 C++程序中自定义消息的应用，特意在 CSocketInterface 类里定义了自定义消息 WM_USER+1，当数据到达时，在发布事件之后发布自定义消息；
  - ◇ 定义消息 WM_USER+1 的响应函数 UpdateInterface，在该函数内用已经更新的各个界面输入变量，更新界面上对应的显示值。

CSocketInterface 类的功能设计主要有以下几个部分：

- 定义数据结构和消息：
  - ◇ 定义一个数据结构体 VectorData，包含了两个复数的模和幅角；
  - ◇ 自定义消息 WM_USER+1。
- 类成员变量定义：
  - ◇ 定义数据已经接收事件 m_hRecvData；
  - ◇ SOCKET 类型成员变量 m_pClientReadWriteSk；
  - ◇ 类接收数据变量 m_Answerback，该变量用于接收服务器端应答信息数据，1 表示正确接收到数据。
- 类方法定义：
  - ◇ 链接服务器方法函数 ClientSocketConnect，如果成功则启动数据接收线程函数；
  - ◇ 发送数据方法函数 SendData；
  - ◇ 关闭链接方法函数 CloseSocket；
  - ◇ 等待服务器端数据到达的数据接收线程函数 ReadData。

根据上述对 AexmClientDlg 类和 CSocketInterface 类的主要功能设计描述，可以得到如图 5.5-2 所示的 UML 类和如图 5.5-3 所示的 UML 序列。

(3) 服务器端软件的详细功能设计

通过本小节第(1)部分的分析，AexmServerDlg 类的功能设计主要有以下几个部分。

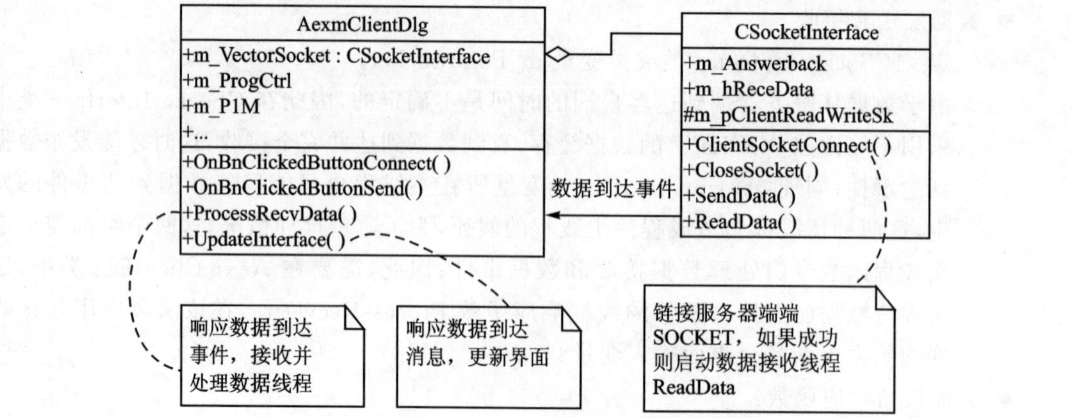

图 5.5-2　客户端程序 UML 类图

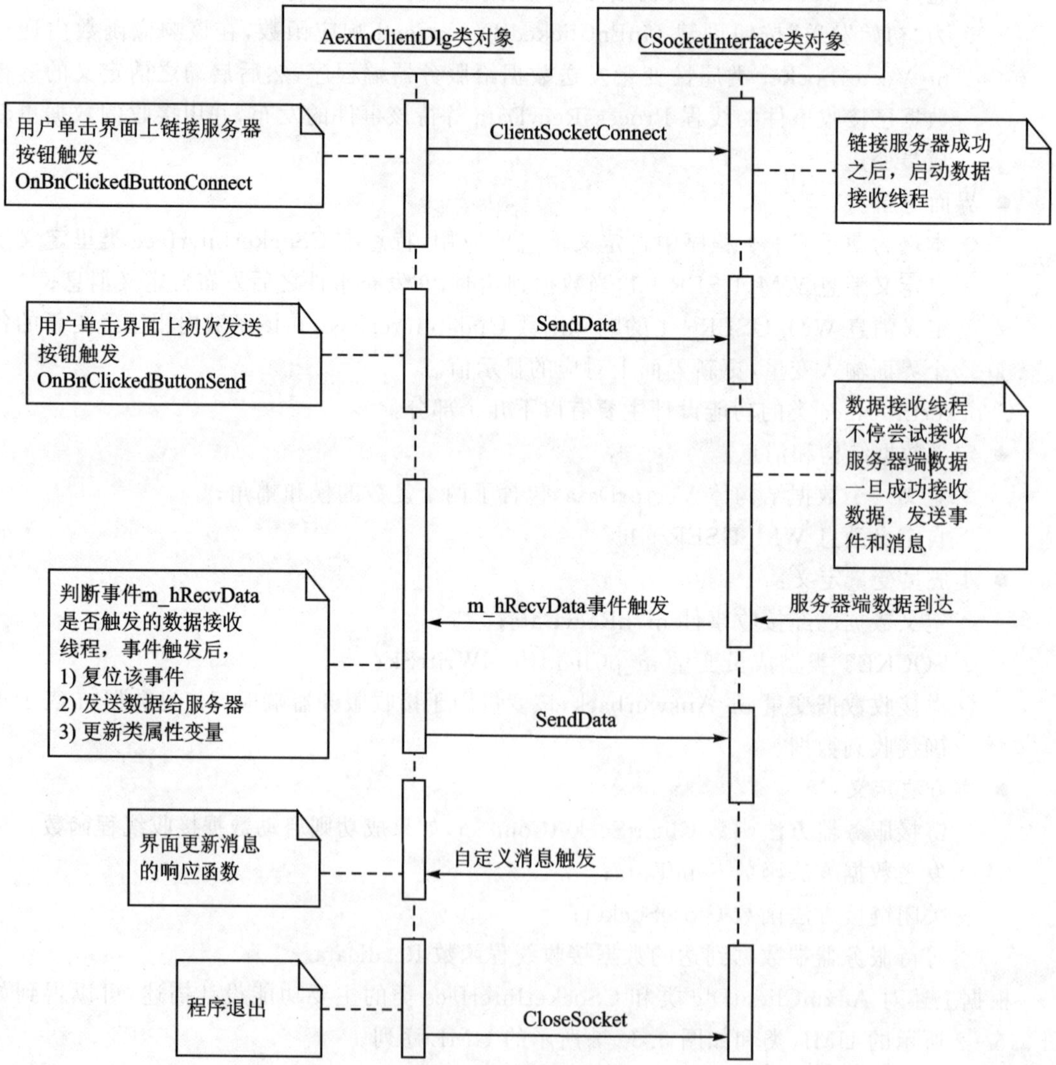

图 5.5-3　客户端程序 UML 序列图

● 界面设计：

◇ 界面上有两个复数的实部和虚部的输入编辑框；

◇ 用于显示向量和图形的轴。

● 类属性变量定义：

◇ 定义两个复数实部和虚部编辑框属性变量 hP1RealEdit，hP1ImagEdit，hP2RealEdit，hP2ImagEdit；

◇ 定义复数加事件属性变量 CompPlusEvent。

● 类方法定义：

定义事件到达事件的响应函数 ProcessRecvData，在该函数内用接收到的数据更新界面上相应复数的值，发布复数加事件。

ServerSocket 类的功能设计主要有以下几个部分。

● 属性变量定义：

◇ 定义 SOCKET 属性变量 SocketObj；

◇ 定义事件数据属性变量 VectorData；

◇ 定义应答属性变量 Answerback，用于每次接收到客户端数据之后，发送该属性变量给客户端程序，通知其可以继承发送数据；

◇ 定义数据到达事件属性变量 RecvDataEvent。

● 类方法定义：

◇ 等待客户端 SOCKET 链接的方法函数 OpenSocket；

◇ 发送数据方法函数 SendData；

◇ 等待客户端数据到达的情况同本小节第(2)部分客户端程序的分析，只能采用不停的读取 SOCKET 的数据缓存来判断数据是否到达，由于 MATLAB 在 M 语言编程中没有提供线程开发技术，为避免程序的假死，本例采用 MATLAB 的计时器。设计定时事件，每隔一段时间就尝试读取数据，因此需要在 ServerSocket 类里定义该定时事件的响应函数 ReadData。

AexmVector 类的功能设计与 Aexm050401Vector 类几乎完全相同，其主要功能就是绘制两个向量的加减运算的图形，只是将 RespondAxesEvent 响应函数更改成 RespondCompPlus 响应函数，这里不再赘述，请参见本节第 3 小节(服务器端软件开发)的详细代码。

为了在 ServerSocket 类、AexmServerDlg 类和 AexmVector 类之间通过事件传递数据，还需要定义 VectorEventData 事件数据类，也请参见本节第 3 小节(服务器端软件开发)的详细代码。

此外，还需要编写一个名为 SeverMainFunc 的 MATLAB 函数，构造 ServerSocket 类、AexmServerDlg 类和 AexmVector 类的对象，定义一个计时器，为定时器事件注册 ServerSocket 类对象的 ReadData 响应函数，并为 ServerSocket 类对象的 RecvDataEvent 事件注册 AexmServerDlg 类对象的 ProcessRecvData 响应函数，也为 AexmServerDlg 类对象的 CompPlusEvent 事件注册 AexmVector 类对象的 RespondCompPlus 响应函数。

根据上述对 ServerSocket 类、AexmServerDlg 类和 AexmVector 类的主要功能设计描述，可以得到如图 5.5－4 所示的 UML 类和如图 5.5－5 所示的 UML 序列图。

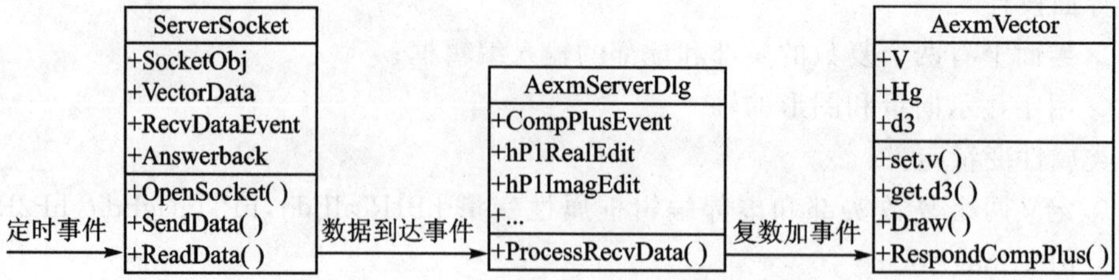

图 5.5-4 服务器端程序 UML 类图

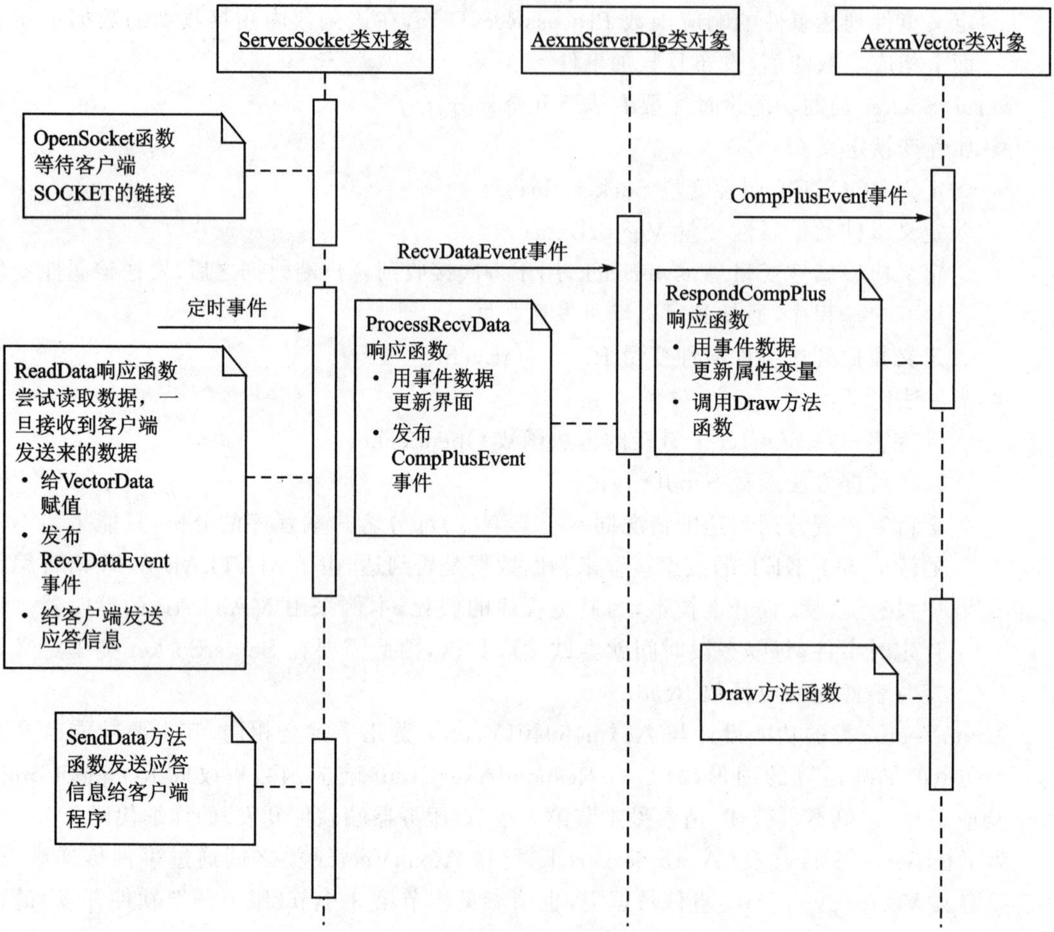

图 5.5-5 服务器端程序 UML 序列图

说明

- 本节所述的任务非常简单，只是在客户端与服务器端之间发送四个数值和一个应答信息数值，但是设计的过程稍显复杂。其主要难点在于软件设计需求分析、软件框架设计、类的功能设计、类的组合应用，以及 VC++ 2010 中有关事件、消息与线程函数的组合应用。
- 鉴于 Visual Studio 2010 与 MATLAB 应用领域各不相同，但又是各自领域最常用的软件，因此类似组合应用方式在实际的工程应用中经常会遇到，请读者仔细阅读，认真实践。

2. 客户端软件开发

本节内容涉及较多的操作和代码编写，建议读者在阅读本节内容的基础上，更要动手实践。基于以上考虑，本节内容以示例形式展开。

例【5.5-1-C】 根据本节第 1 部分的分析，客户端程序采用 VC++ 2010 集成开发环境提供的 MFC 对话框类型的软件框架，设计开发带界面的程序 AexmClient，用于演示：VC++ 2010 集成开发环境创建应用程序向导的功用；界面编辑器的应用；通过类向导工具绑定界面控件与类属性变量，添加各种消息和控件响应函数；添加类向导的应用；利用 C/C++中有关 SOCKET 的 API 函数实现网络通信；事件与响应函数的设计开发；自定义消息与响应函数的设计开发；线程函数的设计与应用。

1）创建客户端程序

- 工程创建：

  按本书附录 A.2-1 第(1)条目所述方法，启动并引出 Visual Studio 2010"新建项目"对话框，鼠标单击"MFC 应用程序"，然后在对话框下方的"名称"栏中填入 AexmClient；在对话框下方的"位置"栏中填入该项目要保存的位置，该示例项目填写的内容是"D:\Mywork\ExampleA"，上述内容填写完毕后，如图 5.5-6 所示。

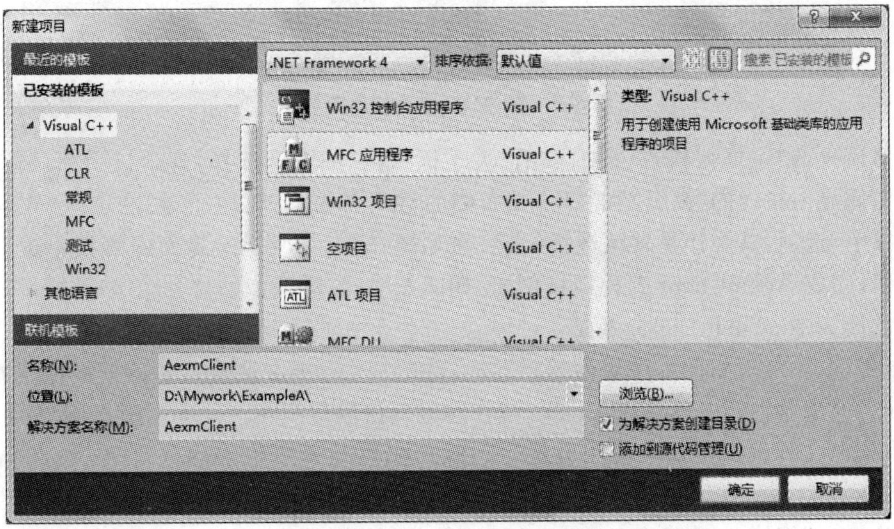

图 5.5-6　新建项目图

- 应用程序类型设置：

  在如图 5.5-6 所示的界面内单击"确定"按钮，引出"MFC 应用程序向导"对话框，单击左侧导航栏内的"应用程序类型"项，在右侧的对应页的"应用程序类型"栏中选择"基于对话框"，取消"使用 Unicode 库"选项的默认选择，其余接受默认选择，如图 5.5-7 所示。

- 用户界面功能和高级功能设置：

  在如图 5.5-7 所示的界面内单击左侧导航栏内的"用户界面功能"项，在右侧的

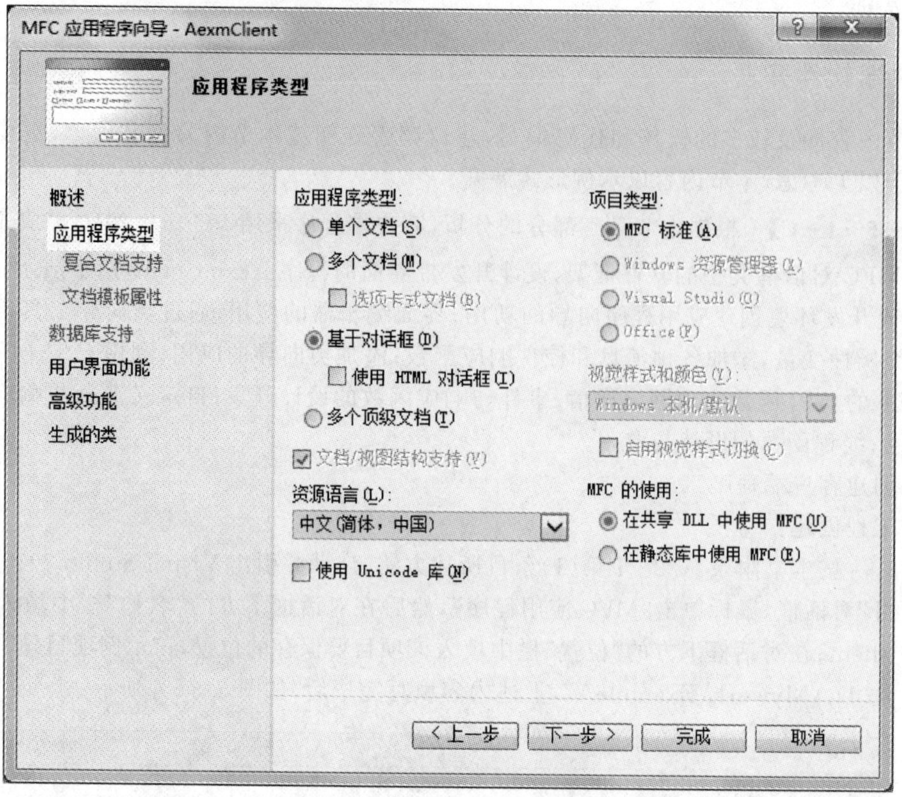

图 5.5-7　MFC 应用程序向导图

对应页的"主框架样式"栏内取消"关于框"选项的默认选择，其余接受默认选择；单击左侧导航栏内的"高级功能"项，在右侧的对应页的"高级功能"栏内选择"Windows 套接字"选项，其余接受默认选择；最后在如图 5.5-7 所示的界面内直接单击"完成"按钮，完成 AexmClient 工程项目创建，如图 5.5-8 所示。

2) 设计 AexmClientDlg 类界面

在如图 5.5-8 所示的程序界面编辑器内，选中"TODO：在此放置对话框控件。"静态文本框、"确定"和"取消"按钮，然后按 Delete 键将这些默认控件删除。按本书附录例 A.2-1 的第(4)部分(资源文件编辑器基本使用方法)所述方法，以及本节第 1 部分对 AexmClientDlg 类界面的分析，在"工具箱"里选择相应的控件，添加到用户界面，并设置各个控件的属性。本例将两个"Button"控件、一个"Progress Control"控件、四个"Edit Control"、四个"Static Text"控件添加到用户界面。

界面上控件的主要用途有接受用户输入信息、响应用户的单击和选择、显示程序信息等，为此需要给控件设置相关的属性，如 Caption 属性用于显示控件标题、ID 属性用于标示控件的唯一身份信息等等，这些属性都可以在控件的"属性栏"内进行设置，例如在界面内选择 Button1 控件，然后单击右键调出快捷菜单选择"属性"菜单项，这时该控件的"属性栏"会自动展开，其显示的各项属性都可以接受用户的设置。界面上各个控件的 Caption、ID 等属性如表 5.5-1 所列，需要用户按上述方法在各个控件的"属性栏"内进行设置，其他属性接受默认值。

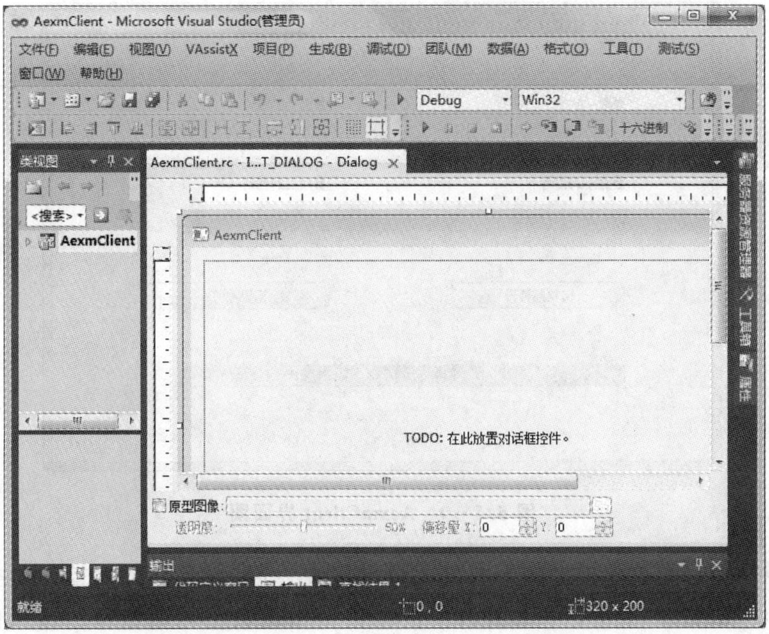

图 5.5-8　AexmClient 工程项目图

表 5.5-1　AexmClient 界面各个控件属性设置表

	Caption	ID
Button1 按钮控件	链接服务器	IDC_BUTTON_CONNECT
Button2 按钮控件	初始发送	IDC_BUTTON_SEND
Progress Control1 控件		IDC_PROGRESS_SEND
Edit Control1 控件		IDC_EDIT_P1M
Edit Control2 控件		IDC_EDIT_P1A
Edit Control3 控件		IDC_EDIT_P2M
Edit Control4 控件		IDC_EDIT_P2A
Static Text1 控件	复数一的模	
Static Text2 控件	复数一的幅角	
Static Text3 控件	复数二的模	
Static Text4 控件	复数二的幅角	

控件的属性设置完毕，并适当调整大小和位置后，如图 5.5-9 所示。

3) AexmClientDlg 类界面上各个控件的绑定变量设计

在本例中有一种 Edit Control 控件，用来接收用户的输入或显示程序的输出，类似这样的控件在用户界面的开发中经常使用，那么如何在界面控件和程序之间的进行数据交互、建立沟通的桥梁，这是一个初学者经常遇到的问题。Visual Studio 2010 集成开发环境为用户界面上的控件提供了一种称为“绑定变量”的方法来解决上述问题，对于 Edit Control 控件，可以把界面控件和一个字符型的类成员变量绑定在一起，一旦在界面控件和类成员变量之间建立了这种绑定关系，就可以通过 UpdateData()函数把界面控件的输入传递给类成员变量，或者把类成员变量的内容显示到界面控件上。对于 Progress Control 这类数据结构比较复杂的控件，

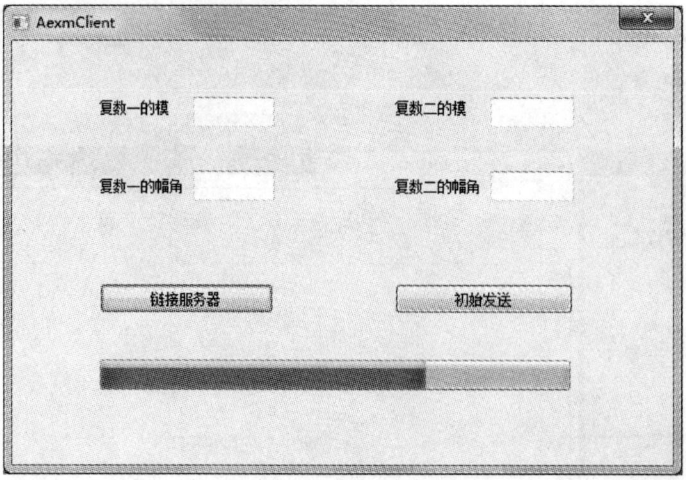

图 5.5-9　AexmClient 界面图

可以把界面控件和一个控件类型的类成员变量绑定在一起，一旦在界面控件和类成员变量之间建立了这种绑定关系，就可以通过控件类的相关操作函数把界面控件的输入传递给类成员变量，或者把类成员变量的内容显示到界面控件。

单击菜单项"项目 > 类向导"，或按 Ctrl+Shift+X 组合键，调出工程类向导界面，如图 5.5-10 所示。在该界面"类名"列表内选择 AexmClientDlg 类，选择"成员变量"页，这时

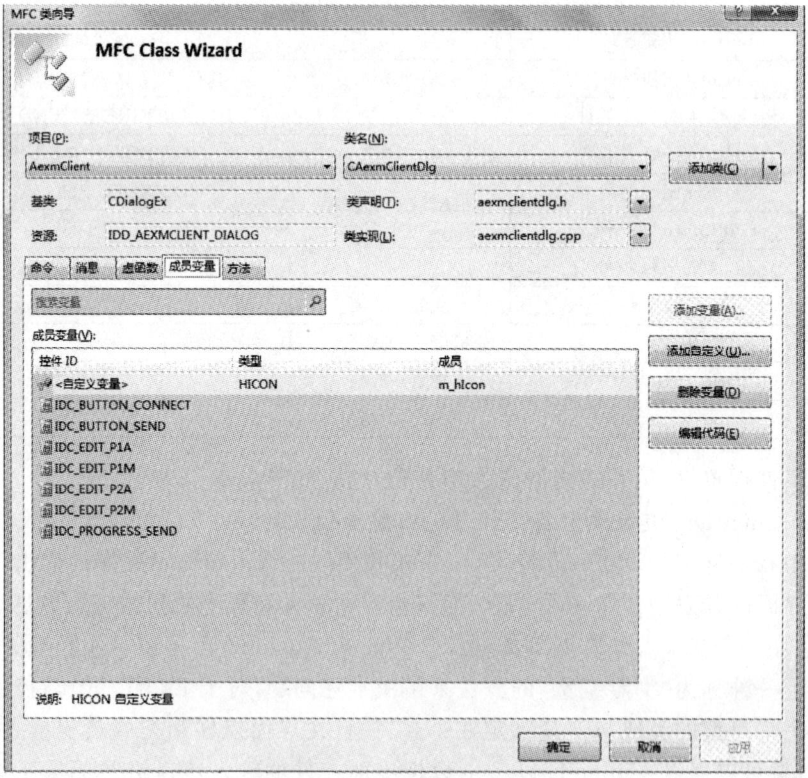

图 5.5-10　类向导界面

可以看见在界面设计时给各个控件定义的ID，例如选择 IDC_EDIT_P1A 控件 ID，然后单击右侧的“添加变量”按钮，或者直接双击控件 ID 就可以调出如图 5.5－11 所示的添加成员变量界面。

用户可以在如图 5.5－11 所示界面内填写“成员变量名称”，选择“类别”和“变量类型”等内容，最后按确定按钮即可在界面控件和成员变量之间建立绑定关系。本例需要为四个编辑框控件和一个进度条控件添加成员变量，这些变量属性如表 5.6－2 所列。自定义变量和通过类向导添加的变量都可以在类的构造函数内设定默认值。

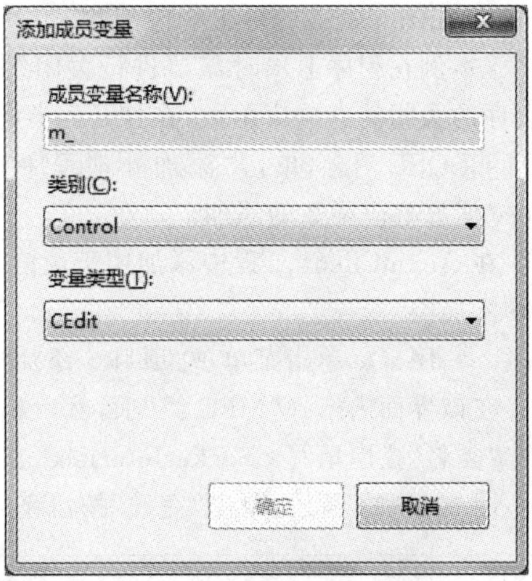

图 5.5－11 添加成员变量界面

表 5.6－2 各个控件的绑定成员变量设置表

ID	成员变量名称	类 别	变量类型	默认值
IDC_PROGRESS_SEND	m_ProgCtrl	Control	CProgressCtrl	
IDC_EDIT_P1M	m_P1M	Value	double	3
IDC_EDIT_P1A	m_P1A	Value	double	0
IDC_EDIT_P2M	m_P2M	Value	double	2
IDC_EDIT_P2A	m_P2A	Value	double	45

4）给 AexmClientDlg 类界面上各个按钮控件添加单击响应函数

用户界面除了接受用户输入数据和显示类成员变量数据之外，还要响应用户的各种单击操作来完成各种程序功能，如单击按钮控件或改变列表栏的内容等操作，这时就需要在相关类里提供控件的各种响应函数，这些工作也可以通过类向导来完成。

在图 5.5－10 所示的类向导界面里，选择“命令”页，这时可以在“对象 ID”栏内看见程序定义的各种 ID，包括用户自定义的 ID。选择 IDC_BUTTON_CONNECT，然后单击“消息”栏内相应的消息选项，如 BN_CLICKED，最后单击右侧的“添加处理程序”按钮，或者直接双击“消息”栏内 BN_CLICKED 消息选项，就可以调出如图 5.5－12 所示的“添加成员函数”界面。

图 5.5－12 添加成员函数界面

在该界面上可以填写“成员函数名称”，一般情况下接受默认名称即可，单击“确定”完成“成员函数”添加。本例中为 ID 号为 IDC_BUTTON_CONNECT 的按钮添加名为 OnClickedButtonConnect 的单击响应函数，为 ID 号为 IDC_BUTTON_SEND 的按钮添加名为

OnClickedButtonSend的单击响应函数。

由于本例在程序退出时需要进行关闭线程函数及断开SOCKET链接等操作，所以还要添加程序的关闭消息响应函数，在打开的类向导界面内选中“消息”页，在左侧的“消息”栏内选中WM_CLOSE消息，单击“添加处理程序”，或直接双击WM_CLOSE消息即可自动完成OnClose消息响应函数的添加。

5）在AexmClient工程中添加用于通信的套接字CSocketInterface类

● 添加类

用鼠标单击菜单项“项目 > 添加类”，弹出如图5.5-13所示的添加类向导界面。在该界面内选择“MFC类”项，然后单击“添加”按钮，弹出类基本信息填写对话框，在“类名”栏内填写CSocketInterface，在“基类”项内选择CObject，其余项接受默认值，如图5.5-14所示，单击“完成”按钮完成自定义类CSocketInterface的添加。

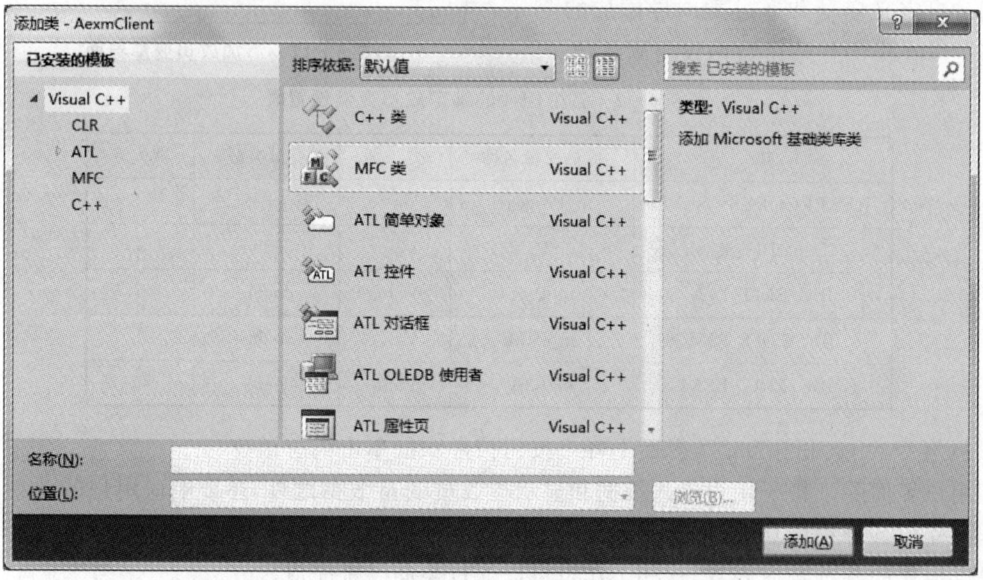

图5.5-13 添加类向导界面

● 添加类成员变量和方法函数。

根据本节第1小节第(2)部分的分析，还需要在生成的CSocketInterface类里添加类成员变量和方法函数，可以采用纯手工的方式在SocketInterface.h和SocketInterface.cpp文件中实现上述目的，也可以借助Visual Studio 2010的类向导工具添加类成员变量和方法函数。单击菜单项“项目 > 类向导”，调出如图5.5-10所示的类向导界面，在“类名”列表内选择CSocketInterface类，选择“成员变量”页，然后单击右侧的“添加自定义”按钮，就可以调出添加自定义成员变量界面，用户可以在该界面内选择“访问”类型，选择或填写“变量类型”以及填写“变量名”等内容，图5.5-15所示为添加类成员变量m_hRecvData的过程。

在如图5.5-15所示界面单击“确定”按钮，完成m_hRecvData成员变量的添加。在如图5.5-10所示的类向导界面，选择“方法”页，然后单击右侧的“添加方法”按钮，就可以调出添加类方法界面，用户可以在该界面内填写“返回类型”、“函数名称”、“参

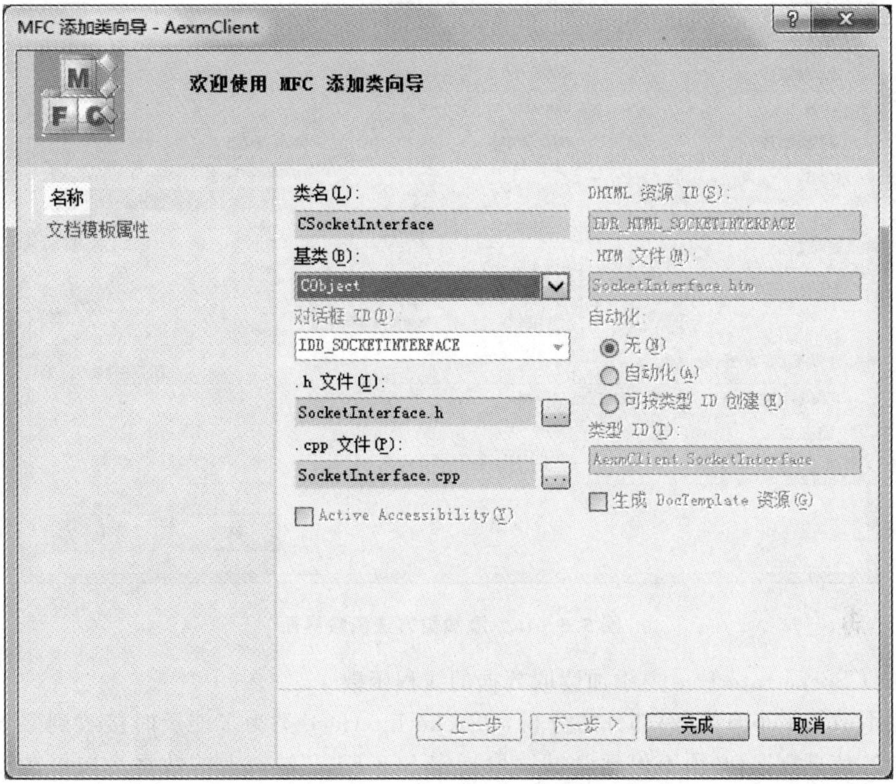

图 5.5-14　添加类基本信息界面

数类型”和“参数名称”等内容，图 5.5-16 所示为添加类方法函数 ClientSocketConnect 的过程。单击“确定”按钮完成 ClientSocketConnect 方法函数声明和定义的添加。

用上述同样的方法可以添加 CSocketInterface 类的其他成员变量和方法函数，这里不再赘述，请参见本小节 CSocketInterface 类的详细代码。

图 5.5-15　添加类成员变量界面

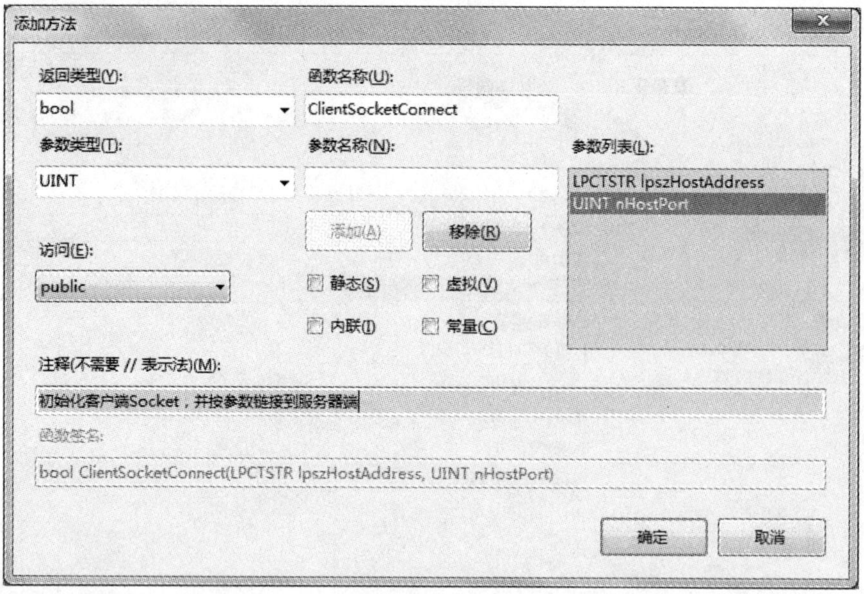

图 5.5-16 添加类方法函数界面

6）给 CSocketInterface 类添加读取数据的线程函数

根据本节第 1 小节第(2)部分的分析，CSocketInterface 类为了能及时接收到服务器端发送来的应答信息数据，必须不停地尝试读取指定 SOCKET 端口上的数据。如果在程序的主线程(在 Windows 系统内，每个程序运行时，系统都在内存中为之创建一个进程。每个进程可以包含一个或多个线程，通常情况下，一个进程只包含一个线程，称该线程为主线程。当其包含多个线程时，也称系统为程序创建的进程为主线程，在该线程内可以创建辅助线程，如工作者线程或界面线程等)内实现这个过程，则会导致程序的假死，为了避免这种情况的发生，可以在程序的主线程之外再新建一个辅助线程，用于完成某项特定的任务，如本例从 SOCKET 端口读取数据等等。辅助线程，从功能上理解，基本等同于一个独立的程序，只是其运行方式有些特别。辅助线程由主线程创建，主线程可以将他挂起(暂停运行)，也可以关闭辅助线程，而且可以在主线程与辅助线程之间进行数据的交互。本例只是简单地讲述辅助工作者线程的创建与应用，详细的论述请读者参考相关书籍。

本例从 SOCKET 端口读取数据辅助线程创建可以遵循如下步骤。

- 定义辅助线程指针属性变量。

  在 CSocketInterface 类的头文件 SocketInterface.h 内定义如下线程指针变量，代码如下所示：

```
CWinThread * m_pThrReadData;
```

- 定义线程函数。

  在 CSocketInterface 类的 SocketInterface.cpp 文件的顶部，类定义的外部，即所有类成员函数之外，定义如下线程函数，代码如下所示：

```
UINT BeginReadDataThread( LPVOID pParam)
{
    ((CSocketInterface *)pParam)->ReadData();
```

```
    return 1;
}
```

线程函数的格式是固定的，其返回值只能是 UINT 类型，只有一个 LPVOID 类型的参数。一般而言参数是主线程传递给线程函数的数据结构指针，该数据结构用户可以根据需要自定义，这里为了方便，把主线程的对象指针作为参数传递给线程函数，这样线程函数就可以调用主线程内的任意函数与变量，本例就是调用了 CSocketInterface 类的 ReadData 成员函数（不停地尝试读取指定 SOCKET 端口上的数据，见本例第五部分的详细代码），解决了主线程与普通线程之间数据交互的问题。

● 创建线程。

根据本节第 1 小节第(2)部分的分析，当 CSocketInterface 类实现了链接服务器之后，就随时准备接收服务器端程序发送来端应答信息数据，因此本例可以在主链接服务器函数 ClientSocketConnect()内调用辅助线程创建函数，代码如下：

```
m_pThrReadData=AfxBeginThread(BeginReadDataThread,this);
```

● 关闭线程。

当程序运行结束，需要在主线程结束之前关闭由它创建的辅助线程，因此本例可以在 CSocketInterface 类的关闭 SOCKET 函数 CloseSocket()内，调用辅助线程的关闭函数，代码如下：

```
::TerminateThread(m_pThrReadData,0);
```

7) 在 AexmClientDlg 类里添加 CSocketInterface 类成员变量

根据本节第 1 小节第(2)部分的分析，AexmClientDlg 类通过包含 CSocketInterface 类成员变量的方式，实现与服务器端程序的网络通信。在 AexmClientDlg 类的 AexmClientDlg.h 文件中，定义类成员变量的步骤如下。

● 包含类成员变量所属类的头文件。

本例需要包含 CSocketInterface 类成员变量，因此需要包含 CSocketInterface 类的头文件，代码如下所示：

```
#include "SocketInterface.h"
```

● 定义类成员变量。

代码如下：

```
CSocketInterface m_VectorSocket;
```

8) 在 AexmClientDlg 类里实现数据已经接收事件的响应函数

根据本节第 1 小节第(2)部分的分析，当 CSocketInterface 类的读取数据线程在其 SOCKET 中读取了从服务器端程序发送来的数据之后，发布数据已经接收事件和消息。而 AexmClientDlg 类则需要响应该事件和消息，完成相关类成员变量的更新和界面更新。其中事件和响应函数的应用可以归纳为如下几个步骤。

● 在事件的发布方类中定义事件成员变量。

CSocketInterface 类读取了从服务器端程序发送来的数据之后，发布数据已经接收事件，因此需要在 CSocketInterface 类的 SocketInterface.h 文件内定义如下事件成员变量，代码如下：

```
HANDLE m_hRecvData;
```

● 在事件的发布方类中创建事件,并给事件成员变量赋值。

在 CSocketInterface 类的构造函数内创建该事件变量,代码如下:

```
m_hRecvData=::CreateEvent(NULL, TRUE, FALSE, NULL);
```

其中 CreateEvent 函数的第一个参数指的是该事件是否能被子线程继承,这里选择不能继承;第二个参数指的是事件的复位是手动(TRUE)还是自动(FALSE),这里选择手动,即事件发布(使事件有信号)后,需要手动把事件复位(使事件无信号);第三个参数指的是事件的初始状态,TRUE 为有信号,FALSE 为无信号,这里选择无信号;第四个参数指的是该事件的名称,这里选择不指定名称。

● 在事件的发布方类中发布事件。

当 CSocketInterface 类的 ReadData 函数内读取了从服务器端程序发送来的数据之后,发布数据已经接收事件,即把事件置为有信号,代码如下:

```
::SetEvent(m_hRecvData);
```

● 在事件的侦听方类中定义事件响应函数。

根据本节第1小节第(2)部分的分析,AexmClientDlg 类响应了 CSocketInterface 类的 m_hRecvData 事件,本例定义其响应函数为 ProcessRecvData,在该响应函数代码中有关事件的部分如下:

```
void AexmClientDlg::ProcessRecvData()
{
    while (1)
    {
        if(::WaitForSingleObject(m_VectorSocket.m_hRecvData,
            INFINITE)==WAIT_OBJECT_0)
        {
            // 重置事件变量,以备下次检测
            ::ResetEvent(m_VectorSocket.m_hRecvData);
            ...
        }
    }
}
```

WaitForSingleObject 函数为单个事件等待函数,它的第一个参数为需要等待的事件变量,本例为 CSocketInterface 类对象 m_VectorSocket 的 m_hRecvData 事件变量;第二个参数是等待时间(单位为毫秒),这里设置为 INFINITE,表示无限时等待事件的发生。当函数的返回值为 WAIT_OBJECT_0 时,表示事件已经发布且本函数已经侦听到该事件;为 WAIT_TIMEOUT 时,表示函数等待时间已到,但是事件未发布。本例的事件变量创建时选择的是手动复位,所以当侦听方检测到事件发生后,调用 ResetEvent 函数对事件进行复位。如果事件在创建之初就是设定为自动复位,则侦听方不需要调用 ResetEvent 函数对事件进行复位,事件自动复位,读者可以尝试。

从该响应函数的实现可以看出,如果在主线程内执行该事件的响应函数,势必会导致程序的假死,因此也必须采用另起一个工作者线程的方式来避免这种情况发生。具体的方法和步骤参见 CSocketInterface 类添加读取数据工作者线程的方法和步骤,这里不再赘述，详细代码参见本例第10)部分。

9) 在AexmClientDlg类里实现自定义消息映射函数

CSocketInterface类的读取数据线程在其SOCKET中读取了从服务器端程序发送来的数据之后，发布数据已经接收了自定义消息，AexmClientDlg类响应该消息，并更新界面。消息的应用可以归纳为如下几个步骤(其中声明、定义和注册消息的映射函数，都可以通过类向导实现，这里为了加深读者对消息应用过程的理解，采用了手工编码的方式实现)：

- 在消息的发布方类中定义消息变量。

  CSocketInterface类读取了从服务器端程序发送来的数据之后，发布数据已经接收了自定义消息，因此需要在CSocketInterface类的SocketInterface.h文件内定义如下消息变量，代码如下所示：

```
#define WM_MESSAGE_UPDATEINTERFACE WM_USER+1
```

  其中WM_MESSAGE_UPDATEPHASOR是用户自定义消息的名称，WM_USER是一个常量，是Windows系统留给用户自定义消息的最小ID号，从0到WM_USER－1是系统保留的消息，从WM_USER到0x7FFF是用户自定义消息，本例选择在WM_USER基础上加1作为自定义消息WM_MESSAGE_UPDATEINTERFACE的ID号。由于自定义消息不是类的成员变量，所以上述语句放在类定义之外，一般放在类定义符之上，请参见本例第10)部分的详细代码。

- 在消息的发布方类中发布消息。

  当CSocketInterface类读取了从服务器端程序发送来的数据之后，发布数据已经接收的消息，代码如下所示：

```
::PostMessage(AfxGetMainWnd()->GetSafeHwnd(),
            WM_MESSAGE_UPDATEINTERFACE,0,0);
```

  该函数的第一个参数指的是响应该消息的窗口类句柄，本例是AexmClientDlg类窗口句柄；第二个参数是自定义消息名称；第三和第四个参数是随消息发送的数据，这里没有随消息发送的数据，因此用0作为参数。

- 在消息的侦听方类中声明消息映射函数。

  在AexmClientDlg类的AexmClientDlg.h文件的消息映射函数声明区，即DECLARE_MESSAGE_MAP()宏之上，定义如下的消息映射函数：

```
afx_msg LRESULT UpdateInterface(WPARAM,LPARAM);
```

  其中UpdateInterface是用户自定义消息映射函数名称，其余格式是VC++2010内部规定，用户不能更改。参数WPARAM和LPARAM，是消息发送方发送来的数据，一般是一个数据结构体的指针，本例没有随消息传递数据，有兴趣的读者可以尝试，只是需要注意，在发布消息时需要把自定义的数据结构体指针的类型强制转换成WPARAM和LPARAM这两种类型。

- 在消息的侦听方类中给消息注册映射函数。

  在AexmClientDlg类的AexmClientDlg.cpp文件的消息映射区，即如下一对宏定义之间，注册消息映射函数，代码如下：

```
BEGIN_MESSAGE_MAP(AexmClientDlg, CDialogEx)
    ...
```

```
    ON_MESSAGE(WM_MESSAGE_UPDATEINTERFACE,UpdateInterface)
    ...
END_MESSAGE_MAP()
```

其中 WM_MESSAGE_UPDATEINTERFACE 是用户自定义消息的名称，UpdateInterface 是用户自定义消息映射函数上述代码就把映射函数注册到相应的消息上，当消息发布之后，注册的映射函数自动被调用。

● 在消息的侦听方类中定义和实现消息映射函数。

在 AexmClientDlg 类的 AexmClientDlg.cpp 文件内，按普通方法函数的方式定义消息映射函数，本例的实现代码如下：

```
LRESULT AexmClientDlg::UpdateInterface(WPARAM wParam,LPARAM lParam)
{
    UpdateData(FALSE);// 更新界面
    m_ProgCtrl.SetPos(m_ProgIndex);// 设置进度条
    return 1;
}
```

10）客户端程序代码

通过上述步骤实现的 AexmClientDlg 类和 CSocketInterface 类的主要代码如下，为了方便阅读和理解，这里只列出自定义代码和部分 Visual Studio 2010 自动生成的代码。

```
//CSocketInterface.h 文件
#pragma once
// CSocketInterface 命令目标

typedef struct
{
    double P1M;
    double P1A;
    double P2M;
    double P2A;
}VectorData;//复数一和二的摸与幅角组成的结构体

#define WM_MESSAGE_UPDATEINTERFACE WM_USER+1

class CSocketInterface : public CObject
{
public:
    CSocketInterface();
    virtual ~CSocketInterface();
    HANDLE m_hRecvData;
    CWinThread * m_pThrReadData;
    //表明 Socket 是否已经初始化
    bool m_bSocketInitialed;
    //用于接收服务器端应答信息数据,1 表示正确接收到数据
```

```
    double m_Answerback;
    int m_SockFlag;
    SOCKET m_pClientReadWriteSk;
    bool ClientSocketConnect(LPCTSTR lpszHostAddress, UINT nHostPort);
    // 关闭客户端 Socket
    void CloseSocket(void);
    void ReadData(void);
    int SendData(VectorData & SendData);
};
```

// SocketInterface.cpp : 实现文件

```
#include "stdafx.h"
#include "AexmClient.h"
#include "SocketInterface.h"
// CSocketInterface
UINT BeginReadDataThread( LPVOID pParam)
{
    ((CSocketInterface *)pParam)->ReadData();
    return 1;
}
CSocketInterface::CSocketInterface()
{
    m_pClientReadWriteSk=INVALID_SOCKET;
    m_pThrReadData=NULL;
    m_bSocketInitialed=false;
    m_SockFlag=0;
    m_Answerback=0;
    //版本号
    WORD wVersionRequested= MAKEWORD(2,2);
    //WSA
    WSAData wsaData;
    LPWSADATA lpWSAData = &wsaData;
    if (WSAStartup(wVersionRequested,lpWSAData) != 0)
    {
        AfxMessageBox("初始化网络失败!");
    }
    m_hRecvData=::CreateEvent(NULL, TRUE, FALSE, NULL);
}
CSocketInterface::~CSocketInterface()
{
    CloseSocket();
    WSACleanup();
```

```
}
// 初始化客户端Socket,并按参数链接到服务器端
bool CSocketInterface::ClientSocketConnect(LPCTSTR lpszHostAddress, UINT nHostPort)
{
    if (m_bSocketInitialed)//防止用户反复调用本函数
    {
        return TRUE;
    }
    //SOCKADDR
    sockaddr_in addrSrv;
    memset(&addrSrv,0,sizeof(sockaddr_in));
    addrSrv.sin_addr.S_un.S_addr=inet_addr(lpszHostAddress);
    addrSrv.sin_family=AF_INET;
    addrSrv.sin_port=htons(nHostPort);
    //SOCKET
    m_pClientReadWriteSk = socket(AF_INET,SOCK_STREAM,IPPROTO_TCP);
    if (m_pClientReadWriteSk == INVALID_SOCKET)
    {
        return false;
    }
    //CONNECT
    if (connect(m_pClientReadWriteSk,(const sockaddr *)(&addrSrv),
        sizeof(sockaddr)) == SOCKET_ERROR)
    {
        return false;
    }
    m_bSocketInitialed=true;
    m_pThrReadData=AfxBeginThread(BeginReadDataThread,this);
    return true;
}
// 关闭客户端Socket
void CSocketInterface::CloseSocket(void)
{
    if (m_pThrReadData)
    {
        ::TerminateThread(m_pThrReadData,0);
    }

    if (m_pClientReadWriteSk!=INVALID_SOCKET)
    {
        shutdown(m_pClientReadWriteSk,2);
        Sleep(1);
        closesocket(m_pClientReadWriteSk);
```

```
    }
    m_bSocketInitialed=false;
}
void CSocketInterface::ReadData(void)
{
    char DataLen=0;
    int RecvDataNum=0;
    if (m_pClientReadWriteSk!=INVALID_SOCKET)
    {
        while (1)
        {
            RecvDataNum=0;
            while (RecvDataNum < sizeof(char))
            {
                RecvDataNum=recv(m_pClientReadWriteSk,
                    (char *)&m_Answerback,sizeof(double),m_SockFlag);
                if (RecvDataNum <=0)
                {
                    if (WSAGetLastError() == WSAENOBUFS)
                        continue;
                    if (RecvDataNum==0)
                    {
                        closesocket(m_pClientReadWriteSk);
                        m_bSocketInitialed=false;
                        return;
                    }
                    int ErrorNum=WSAGetLastError();
                    CString ErrStr;
                    ErrStr.Format("接收数据失败,错误代码为:%d",ErrorNum);
                    AfxMessageBox(ErrStr);
                    closesocket(m_pClientReadWriteSk);
                    m_bSocketInitialed=false;
                    return;
                }
            }
            //通知主线程对数据进行处理
            if (m_Answerback > 0)
            {
                m_Answerback=0;
                ::SetEvent(m_hRecvData);
                ::PostMessage(AfxGetMainWnd()->GetSafeHwnd(),
                    WM_MESSAGE_UPDATEINTERFACE,0,0);
            }
```

```
        }
    }
}
int CSocketInterface::SendData(VectorData & SendData)
{
    int SendDataNum=0;

    if (m_pClientReadWriteSk!=INVALID_SOCKET)
    {
        SendDataNum=0;
        while (SendDataNum < sizeof(SendData))
        {
            SendDataNum=send(m_pClientReadWriteSk,
                (char *)&SendData,sizeof(SendData),m_SockFlag);
            if (SendDataNum==SOCKET_ERROR)
            {
                if (WSAGetLastError() == WSAENOBUFS)
                    continue;
                int ErrorNum=WSAGetLastError();
                CString ErrStr;
                ErrStr.Format("发送数据失败,错误代码为:%d",ErrorNum);
                AfxMessageBox(ErrStr);
                return SendDataNum;
            }
        }
        return SendDataNum;
    }
    return 0;
}

// AexmClientDlg.h : 头文件
#pragma once
#include "SocketInterface.h"

// AexmClientDlg 对话框
class AexmClientDlg : public CDialogEx
{
// 构造
public:
    AexmClientDlg(CWnd * pParent = NULL);      // 标准构造函数

// 对话框数据
    enum { IDD = IDD_AEXMCLIENT_DIALOG };
```

```
    protected:
    virtual void DoDataExchange(CDataExchange * pDX);       // DDX/DDV 支持


// 实现
protected:
    HICON m_hIcon;

    // 生成的消息映射函数
    virtual BOOL OnInitDialog();
    afx_msg void OnPaint();
    afx_msg HCURSOR OnQueryDragIcon();
    afx_msg LRESULT UpdateInterface(WPARAM,LPARAM);
    DECLARE_MESSAGE_MAP()
public:
    double m_P1A;
    double m_P1M;
    double m_P2A;
    double m_P2M;
    CProgressCtrl m_ProgCtrl;
    CSocketInterface m_VectorSocket;
    int m_ProgIndex;
    CWinThread * m_pThrProcessRecvData;
    afx_msg void OnClickedButtonConnect();
    afx_msg void OnClickedButtonSend();
    afx_msg void OnClose();
    void ProcessRecvData();
};

// AexmClientDlg.cpp : 实现文件

#include "stdafx.h"
#include "AexmClient.h"
#include "AexmClientDlg.h"
#include "afxdialogex.h"

#ifdef _DEBUG
#define new DEBUG_NEW
#endif

// AexmClientDlg 对话框
```

```
UINT BeginProcessRecvDataThread( LPVOID pParam)
{
    ((AexmClientDlg *)pParam)->ProcessRecvData();
    return 1;
}
AexmClientDlg::AexmClientDlg(CWnd* pParent /*=NULL*/)
    : CDialogEx(AexmClientDlg::IDD, pParent)
{
    m_hIcon = AfxGetApp()->LoadIcon(IDR_MAINFRAME);
    m_P1A = 0.0;
    m_P1M = 3.0;
    m_P2A = 45.0;
    m_P2M = 2.0;
    m_ProgIndex = 0;
}
void AexmClientDlg::DoDataExchange(CDataExchange* pDX)
{
    CDialogEx::DoDataExchange(pDX);
    //  DDX_Text(pDX, IDC_EDIT_P1A, m_P1M);
    DDX_Text(pDX, IDC_EDIT_P1A, m_P1A);
    DDX_Text(pDX, IDC_EDIT_P1M, m_P1M);
    DDX_Text(pDX, IDC_EDIT_P2A, m_P2A);
    DDX_Text(pDX, IDC_EDIT_P2M, m_P2M);
    DDX_Control(pDX, IDC_PROGRESS_SEND, m_ProgCtrl);
}
BEGIN_MESSAGE_MAP(AexmClientDlg, CDialogEx)
    ON_WM_PAINT()
    ON_WM_QUERYDRAGICON()
    ON_BN_CLICKED(IDC_BUTTON_CONNECT,
                &AexmClientDlg::OnClickedButtonConnect)
    ON_BN_CLICKED(IDC_BUTTON_SEND,
                &AexmClientDlg::OnClickedButtonSend)
    ON_MESSAGE(WM_MESSAGE_UPDATEINTERFACE,UpdateInterface)
    ON_WM_CLOSE()
END_MESSAGE_MAP()
// AexmClientDlg 消息处理程序
BOOL AexmClientDlg::OnInitDialog()
{
    CDialogEx::OnInitDialog();
    // 设置此对话框的图标。当应用程序主窗口不是对话框时,框架将自动
    // 执行此操作
    SetIcon(m_hIcon, TRUE);          // 设置大图标
    SetIcon(m_hIcon, FALSE);         // 设置小图标
```

```
    // TODO：在此添加额外的初始化代码
    // 设置进度条的范围
    m_ProgCtrl.SetRange(0,10);
    // 给进度条当前值赋初值 0
    m_ProgIndex=0;
    // 给线程指针变量赋初值
    m_pThrProcessRecvData=NULL;
    return TRUE;                    // 除非将焦点设置到控件,否则返回 TRUE
}
void AexmClientDlg::OnClickedButtonConnect()
{
    // TODO：在此添加控件通知处理程序代码
    if (!m_VectorSocket.ClientSocketConnect("127.0.0.1",5000))
    {
        AfxMessageBox("链接失败!");
    }


}
void AexmClientDlg::OnClickedButtonSend()
{
    // TODO：在此添加控件通知处理程序代码
    // 获得界面值
    UpdateData(TRUE);
    // 准备数据并发送
    VectorData SendData;
    SendData.P1M=m_P1M;
    SendData.P1A=m_P1A;
    SendData.P2M=m_P2M;
    SendData.P2A=m_P2A;
    m_VectorSocket.SendData(SendData);
    // 启动事件等待线程
    m_pThrProcessRecvData=AfxBeginThread(BeginProcessRecvDataThread,this);
}
void AexmClientDlg::OnClose()
{
    // TODO：在此添加消息处理程序代码和/或调用默认值
    // 在程序退出之前关闭线程
    if (m_pThrProcessRecvData)
    {
        ::TerminateThread(m_pThrProcessRecvData,0);
    }
    CDialogEx::OnClose();
}
```

```
LRESULT AexmClientDlg::UpdateInterface(WPARAM wParam,LPARAM lParam)
{
    UpdateData(FALSE); // 更新界面
    m_ProgCtrl.SetPos(m_ProgIndex); // 设置进度条
    return 1;
}
void AexmClientDlg::ProcessRecvData()
{
    while (1)
    {
        if(::WaitForSingleObject(m_VectorSocket.m_hRecvData,
            INFINITE)==WAIT_OBJECT_0)
        {
            // 重置事件变量,以备下次检测
            ::ResetEvent(m_VectorSocket.m_hRecvData);
            // 更新进度条当前值
            m_ProgIndex+=1;

            if (m_ProgIndex >=10) // 总共发送 10 次
            {
                break;
            }
            // 准备发送数据,每次将复数一的幅角值增加 15 度
            m_P1A+=15.0;
            // 发布更新界面消息
            ::PostMessage(AfxGetMainWnd()->GetSafeHwnd(),
                WM_MESSAGE_UPDATEINTERFACE,0,0);
            // 发送新的数据
            VectorData SendData;
            SendData.P1M=m_P1M;
            SendData.P1A=m_P1A;
            SendData.P2M=m_P2M;
            SendData.P2A=m_P2A;
            m_VectorSocket.SendData(SendData);
        }
    }
}
```

11）客户端程序生成

客户端程序代码编辑完毕之后,用鼠标单击 Visual Studio 2010 集成开发环境的菜单项“生成 > 生成 AexmClient”,或单击工具栏内的“”图标会在刚才创建的 Visual Studio 2010 工程 AexmClient 目录下的 Debug 目录内生成 AexmClient.exe 文件。

说明

- CSocketInterface 类中有关 SOCKET 的创建、客户端的链接函数、服务器端的侦听函数、数据接收与发送函数的详细使用说明请读者参考 Visual Studio 2010 的帮助文件，或其他参考书籍。
- 在客户端程序的开发中用到了线程函数，在程序中适当的运行线程函数，能极大的改善程序的使用体验，避免程序的死锁状态。但是线程函数在调试，以及与主线程之间的数据交互方法方面都比较复杂，建议读者不要滥用。
- 本例通过传递主线程类对象的指针，解决了线程函数与主线程之间的数据交互问题，但是请读者一定要注意避免同时在主线程与线程函数内访问同一个变量，以及在主线程终止运行之前，一定要先终止线程函数的运行，具体应用见 AexmClientDlg 类的 OnClose 函数及 CSocketInterface 类的析构函数。如果不这样做，则当主线程退出之后，线程函数依然存在，如果在线程函数内访问了主线程的变量，而该变量此时已经不存在，会导致程序的崩溃。
- C++中通过类属性包含方式进行类组合应用时，需要在类文件的开头部分包含属性对象变量类的头文件，如 AexmClientDlg 类的头文件开头部分就包含了 CSocketInterface 类的头文件 #include "SocketInterface. h"，如果 CSocketInterface 类的头文件不在工程文件夹内，还需要指定绝对路径，这主要是为了让编译器能找到包含成员变量类的定义。因为 MATLAB 是解释执行语言，同样情况下，只要包含的成员变量类定义在 MATLAB 的搜索路径类内就可以。

3. 服务器端软件开发

例【5.5-1-S】 根据本节第1小节的分析，服务器端程序采用 MATLAB 设计开发带界面的程序 AexmServerDlg，用于演示：MATLAB 中利用 SOCKET 的相关函数实现网络通信；MATLAB 定时器的使用方法。

1）编写 VectorEventData 事件数据类

先在 MATLAB 当前目录或搜索路径目录上创建一个名为 Aexm050501 的文件夹，编写如下 VectorEventData 事件数据类。

```
% VectorEventData.m 类定义文件
classdef VectorEventData < event.EventData
    properties
        P1
        P2
    end
    methods
        function obj=VectorEventData(V1,V2)
            if nargin > 0
                obj.P1=V1;
                obj.P2=V2;
            end
        end
```

```
    end
end
```

2）编写 ServerSocket 类

在 Aexm050501 的文件夹创建如下 ServerSocket 类文件。

```
% ServerSocket.m 类定义文件
classdef ServerSocket < handle
    properties
        SocketObj                           % 服务器端 socket 对象
        RecvData                            % 服务器端接收到的数据
        Answerback                          % 用于发送给客户端程序的应答信息
        VectorData                          % 事件数据类属性变量
    end
    events
        RecvDataEvent
    end
    methods
        function obj=ServerSocket(rhost,rport)
            obj.SocketObj=tcpip(rhost,rport,'NetworkRole', 'server');
            set(obj.SocketObj, 'InputBufferSize', 1024 * 10);
            set(obj.SocketObj,'ByteOrder','littleEndian')                        %  <16>
            obj.VectorData=VectorEventData();       % 创建事件数据类对象
            obj.Answerback = 1;
        end
        function OpenSocket(obj)
            fopen(obj.SocketObj);
        end
        function CloseSocket(obj)
            fclose(obj.SocketObj);
            delete(obj.SocketObj);
        end
        function SendData(obj)
            fwrite(obj.SocketObj,obj.Answerback,'double');
        end
        function ReadData(obj,src,event)
            if obj.SocketObj.BytesAvailable > 0
                obj.RecvData=fread(obj.SocketObj,4,'double');
                        % 本例接收四个双精度数据,分别表示复数一和二的模和幅角
                M1=obj.RecvData(1);                 % 给事件数据类对象赋值
                A1=obj.RecvData(2);
                M2=obj.RecvData(3);
                A2=obj.RecvData(4);
                obj.VectorData.P1=M1 * cos(A1/180 * pi)+M1 * sin(A1/180 * pi) * i;
```

```
                obj.VectorData.P2=M2 * cos(A2/180 * pi)+M2 * sin(A2/180 * pi) * i;
                obj.notify('RecvDataEvent',obj.VectorData);  % 接收到数据之后发布事件
                obj.SendData;                                 % 给客户端程序发送应答信息
            end
        end
    end
end
```

3）编写 AexmServerDlg 类

人机交互界面类 AexmServerDlg 继承了例 4.2-1 中的 Aexm040201View 类，因此首先把 Aexm040201View.m 文件拷贝到 Aexm050501 目录，然后编写如下的 AexmServerDlg 类文件。

```
% AexmServerDlg.m  类定义文件
classdef AexmServerDlg < Aexm040201View
    properties
        hP1RealEdit                                   % 复数 P1 的实部
        hP1ImagEdit                                   % 复数 P1 的虚部
        hP2RealEdit                                   % 复数 P2 的实部
        hP2ImagEdit                                   % 复数 P2 的虚部
    end
    events
        CompPlusEvent
    end
    methods
        function obj=AexmServerDlg(ViewSize)
            obj=obj@Aexm040201View(ViewSize);         % 父类构造函数建图形窗
            X=0.15;Y=0.75;L=0.16;H=0.1;               % 左上可编辑文本框位置
            x=0.01; y=0.75; h=0.07;                   % 左上静态文本框位置
            D=0.2;                                    % 上下控件间的距离
            BC=obj.BackgroundColor;
            uicontrol('style','text','BackgroundColor',BC,...
                'position',[x,y,2 * h,h],'string','P1 实部 ','FontSize',11);
            obj.hP1RealEdit=uicontrol('style','edit',...   % 创建 P1 实部编辑框
                'position',[X,Y,L,H],'string','1','FontSize',12);
            uicontrol('style','text','BackgroundColor',BC,...
                'position',[x,y-D,2 * h,h],'string','P1 虚部 ','FontSize',11);
            obj.hP1ImagEdit=uicontrol('style','edit',...   % 创建 P1 虚部编辑框
                'position',[X,Y-D,L,H],'string','3','FontSize',12);
            uicontrol('style','text','BackgroundColor',BC,...
                'position',[x,y-2 * D,2 * h,h],'string','P2 实部 ','FontSize',11);
            obj.hP2RealEdit=uicontrol('style','edit',...   % 创建 P2 实部编辑框
                'position',[X,Y-2 * D,L,H],'string','-3','FontSize',12);
            uicontrol('style','text','BackgroundColor',BC,...
```

```
                'position',[x,y-3 * D,2 * h,h],'string','P2 虚部 ','FontSize',11);
            obj.hP2ImagEdit=uicontrol('style','edit',...    % 创建 P2 虚部编辑框
                'position',[X,Y-3 * D,L,H],'string','1','FontSize',12);
            axes('position',[0.4,0.15,0.5,0.7]);            % 创建坐标轴
        end
        function ProcessRecvData(obj,src,event)
            set(obj.hP1RealEdit,'string',num2str(real(event.P1)));  % 用接收数据更新 P1 实部
            set(obj.hP1ImagEdit,'string',num2str(imag(event.P1))); % 用接收数据更新 P1 虚部
            set(obj.hP2RealEdit,'string',num2str(real(event.P2)));  % 用接收数据更新 P2 实部
            set(obj.hP2ImagEdit,'string',num2str(imag(event.P2))); % 用接收数据更新 P2 虚部
            obj.notify('CompPlusEvent',event);
        end
    end
end
```

4）编写 AexmVector 类

生成@AexmVector 类文件的具体步骤如下：

- 把类文件夹@Aexm040502Vector 整个拷贝至 Aexm050501 的文件夹；
- 把类文件夹名从@Aexm040502Vector 修改为@AexmVector；
- 打开@AexmVector 类文件夹，把 Aexm040502Vector.m 的文件名修改为 AexmVector.m；
- 打开类文件 AexmVector.m，并进行如下修改：
  - ◇ 把该文件内原先的所有 Aexm040502Vector 修改成 AexmVector；
  - ◇ 在方法块的最下方，增添事件响应函数 RespondCompPlus，参见第 <44> ～ <48> 行；
  - ◇ 完成以上修改，进行该文件的保存操作。

```
% AexmVector.m   向量图示类定义文件
classdef AexmVector < handle
    properties
        V
        Hg
    end
    properties(Dependent)
        d3=[];
    end
    methods
        function obj=AexmVector (u1,s,u2)              %构造函数
            nx=nargin;
            if nx==0                                    %允许无输入调用情况
                u1=0.5+1j;u2=1+0.5j;s='+';
                nx=3;
            end
            switch nx
```

```
                case 1                                    %仅接受 1 个输入量
                    D.d(1)=u1;D.s=',';
                    obj.V=D;
                case 3
                    D.d(1)=u1;D.d(2)=u2;D.s=s;
                    obj.V=D;
                otherwise
                    error('只允许输入量数目 1 或 3!')
            end
        end
        function set.V(obj, D)                            %属性 V 的设置函数
            obj.V=D;
        end
        function D3=get.d3(obj)                           %因变属性 d3 的寻访函数
            D=obj.V;s=D.s;
            switch s
                case '+'
                    D3=D.d(1)+D.d(2);
                case '-'
                    D3=D.d(1)-D.d(2);
                case ','
                    D3=[];
                otherwise
                    error('V.s 只接受"+"、"-"、","符号!');
            end
        end
        function RespondCompPlus(obj,Hsrc,EventData)                          %   <44>
            obj.V.d(1)=EventData.P1;
            obj.V.d(2)=EventData.P2;
            obj.Draw;
        end                                                                   %   <48>
    end
end
```

5）编写 ServerMainFunc 函数

在 Aexm050501 的文件夹创建如下SeverMainFunc 函数文件

```
% ServerMainFunc.m  文件
function ServerMainFunc()
    DlgA=AexmServerDlg([0.2,0.2,0.5,0.6]);
    VectorA=AexmVector();
    LHP2D=DlgA.addlistener('CompPlusEvent',@VectorA.RespondCompPlus);
    SocketA=ServerSocket('127.0.0.1', 5000);
    SocketA.OpenSocket;
```

```
    LHD2S=SocketA.addlistener('RecvDataEvent',@DlgA.ProcessRecvData);
    MyTimer=timer('TimerFcn',@SocketA.ReadData, 'Period',1);
    set(MyTimer,'ExecutionMode','fixedRate');
    start(MyTimer);
end
```

说明

- 服务器端 ServerSocket 类文件中的第 <16> 行 set(obj.SocketObj,'ByteOrder','littleEndian');语句,设置了从 SOCKET 内读取数据时的字节顺序。当一个数据超过一个字节时,例如一个 double 类型的数据在内存中占有 8 个字节,则 8 个字节在内存中有两种排列方式,一种是低字节在前,高字节在后;另一种正好相反,高字节在前,低字节在后。MATLAB 默认的数据在内存中的排列顺序是高字节在前,低字节在后,而 Visual Studio 2010 则是低字节在前,高字节在后。上述语句告诉 MATLAB 以低字节在前,高字节在后的方式来读取并组合成目标数据,不然从 SOCKET 内读取的数据将是一堆乱码。
- C++中有线程函数来解决程序死锁问题,MATLAB 中没有提供类似的机制,但是 MATLAB 提供了定时器功能,定时器对象的作用与线程函数的作用基本类似。可以把定时器理解为一个具有时间事件的对象,每次到指定的时间,定时器对象都发布时间事件,而创建定时器对象时指定的侦听函数将响应该事件。

4. C/S 架构软件的联合运行与测试

(1) 运行客户端程序

在资源管理器运行 D:\Mywork\ExampleA\AexmClient\Debug\AexmClient.exe 文件,可以得到如图 5.5-17 所示界面。

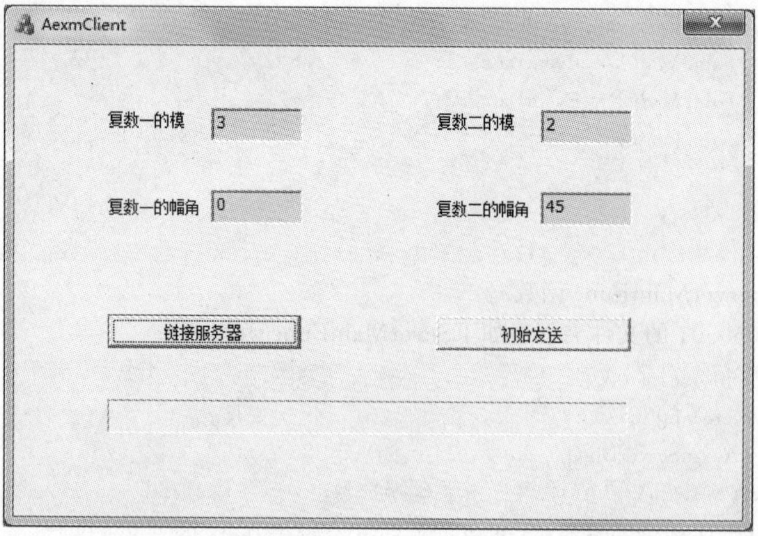

图 5.5-17 AexmClient 程序初始界面

(2) 运行服务器端程序

在 MATLAB 命令窗口运行如下命令：

```
ServerMainFunc
```

当运行到该函数的“SocketA. OpenSocket;”语句时，MATLAB 会进入死锁状态，等待客户端程序的链接。这时在客户端程序的界面上单击“链接服务器”按钮，此时 MATLAB 解除死锁状态，并弹出 AexmServerDlg 类对象的界面，如图 5.5－18 所示。

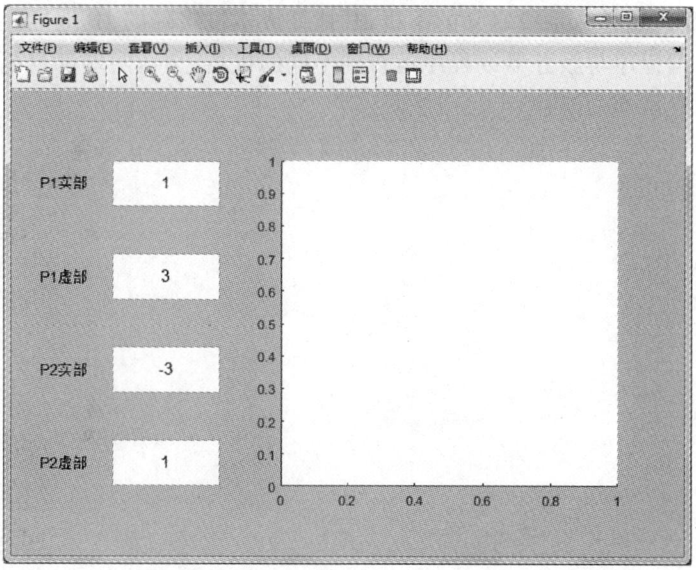

图 5.5－18　AexmServerDlg 程序初始界面

(3) 客户端和服务器端程序联合运行演示

在客户端程序 AexmClient 界面上单击“初始发送”按钮，此时开始在客户端程序与服务器端程序之间进行数据的交互，客户端程序的进度条会不断向前滚动，服务器端程序 AexmServerDlg 会持续展示从客户端程序发送而来的两个向量相加的图形，当预设的发送次数到达之后，客户端程序则停止继续发送数据。运行过程中的客户端和服务器端程序界面如图 5.5－19 所示。

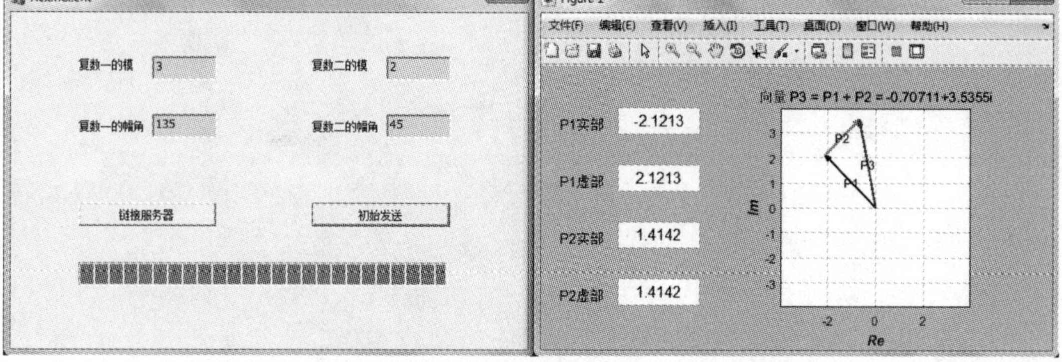

图 5.5－19　AexmClient 程序和 AexmServerDlg 程序运行时界面

说明

- 本例客户端程序与服务器端程序在一台机器上运行，其中 SOCKET 的 IP 地址 127.0.0.1 代表本机地址（本例要能正常运行，机器必须要能链接上网络，互联网或局域网都可以）。
- 如果客户端和服务器端在同一台机器上运行，如果一端用的是系统定义的本机 IP 地址 127.0.0.1，另一端用的是本机实际的 IP 地址，如 114.221.53.20，则两端不能建立链接，必须两端都是系统定义的本机 IP 地址或本机实际的 IP 地址。
- 如果客户端程序与服务器端程序运行到不同的机器上时，两端都只能用本机实际的 IP 地址来建立两端的链接。

B篇

MATLAB面向C/C++编程

权威统计资料表明，C/C++和MATLAB都是2017年世界流行的十大主流编程语言。面向对象的C/C++语言，特别适于开发Windows、Linux等多种平台上的各种应用程序，其高效、灵活及访问硬件的能力广受各类编程人员的青睐。而MATLAB专事科学计算，特别适合科学探索、数字仿真，其应用工具包中的软件资源几乎涉及各个学科领域。毫不夸张地说，只要涉及数值计算，甚至包括符号计算，人们的首选就是MATLAB。

近年来，深度学习、大数据分析、人工智能的突破和迅速市场化，使数学计算在应用开发中的分量越来越重，对科研人员和程序开发人员的要求也越来越高——既要能用MATLAB实施科学计算，又要能用

C/C++开发应用程序。然而，MATLAB和C/C++两种语言间，无论是执行方式，还是数据组织，都存在着很大的固有差异。

MathWorks公司，近20年前就预测到MATLAB和C/C++之间的联合编程和交叉应用，并开发了“面向C/C++编程”的一系列工具包。经过时间的洗涤和市场的磨练，通过一系列的升级改版，现今面向C/C++的MATLAB接口和编译程序已相对稳定，进行两种语言的无缝结合已经成为可能。

在考虑了需求和可能两方面的因素后，本书作者编写本篇，以期帮助正在学习和使用MATLAB的高校师生、科研人员较快地理解和掌握MATLAB“面向C/C++”的编程。同时，也希望本篇内容能帮助具有C/C++编程基础的高校师生及科研开发人员顺利掌握“C/C++与MATLAB”的联合编程。

本篇由5章组成，所有示例在MATLAB R2017b和Visual Studio 2010环境下调试、运行。

第6章讲述MATLAB与C/C++交换信息所依赖的mxArray、mwArray两种阵列结构的创建、读取、赋值和删除等操作函数的具体调用格式。该章内容是为方便读者查阅而编写的，不必系统阅读。读者只要简单浏览，能理解mxArray和mwArray阵列结构在MATLAB和C/C++之间交换数据中的作用即可。

第7章围绕在MATLAB中调用由C/C++源文件编译而来的MEX文件展开。

第8章集中讲述C/C++程序对MATLAB的MAT函数库的调用。

第9章系统阐述MATLAB引擎概念和功用，引擎函数库以及在MATLAB环境和Visual Studio环境内编译调用引擎函数库的C/C++程序。

本篇最后一章专述如何将MATLAB函数编译生成可独立运行的程序或动态链接库，如何配置MATLAB编译器外部的C/C++编译器；详述生成外用文件的mcc命令和应用编译器。该章最后以综合算例展示：MFC应用程序框架及其综合应用。

第6章 数据接口

本章第6.1节介绍MATLAB阵列数据类型、MATLAB和C/C++数据在内存中的不同存储方式以及MATLAB为实现与C/C++程序的联合开发提供的两种C/C++数据接口,mxArray和mwArray阵列结构数据类型,用于解决两者之间在数据互通互联方面的问题;第6.2节按mxArray变量创建、删除、赋值、数据和属性读取等不同应用,详细介绍相关API函数的使用方式;第6.3节按mwArray变量的创建、赋值、数据和属性读取等不同应用,详细介绍mwArray类相关成员函数的使用方法。

6.1 MATLAB数据

6.1.1 MATLAB阵列

熟悉MATLAB的读者都知道:在编写MATLAB脚本和函数程序时,无需像C/C++那样对变量类型(例如整型、浮点型等等)进行事先申明,就可直接对变量进行赋值操作。这是因为MATLAB对任何数据都采用同一种阵列(Array)结构加以组织。MATLAB的各种变量,不管是8位、16位、32位整数,还是单精度、双精度浮点数,也不管是标量(Scalar)、向量(Vector)、矩阵(Matrix),还是字符串数组(Character Array)、元胞数组(Cell array)、构架(Structure)及对象(Object),都采用MATLAB阵列结构加以存储。

MATLAB阵列包含的内容如下(参见图6.1-1):

- 数据类型信息,诸如数值型(numeric、int、double)、字符型(char)、逻辑型(logical)等。
- 数据维度信息,如维数(Dimension)、规模(Size)。

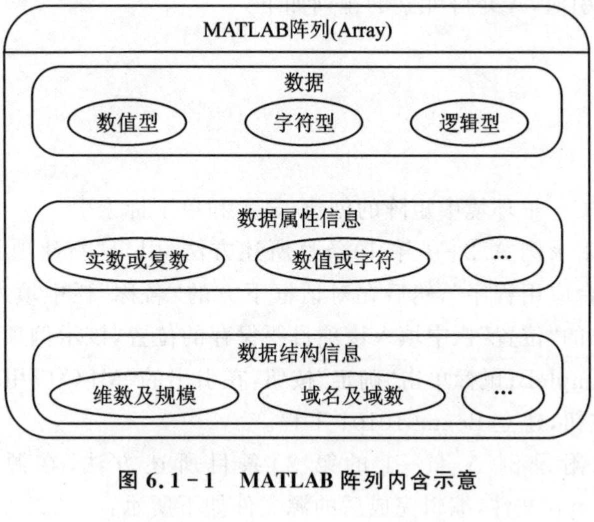

图6.1-1 MATLAB阵列内含示意

- 数据本身。
- 若是数值(Numeric)数据,则还包含是实数还是复数的信息。
- 若是稀疏(Sparse)矩阵,则还包含详细的稀疏结构信息,如非零元素序号、非零元素数等。
- 若是构架(Structure)或对象(Object),则还包含它们的域名及域的个数。

6.1.2 数据存储方式

由于 MATLAB 诞生于 Fortran,在数据解析和存储时形成了“按列解析和存储数据”的约定。这与 C/C++“按行解析和存储数据”的规约正好相反。为避免空泛,本小节通过例 6.1-1 来体现两者的不同。

例【6.1-1】 本例通过矩阵 $\boldsymbol{A}=\begin{bmatrix}1 & 2\\3 & 4\end{bmatrix}$ 在 MATLAB 和 C/C++中的创建表达式、矩阵显示形式,以及单下标索引时矩阵元素的排列次序的观察,体会 MATLAB 和 C/C++两种软件环境对于相同字面意义矩阵元素在内存中的排放差异,了解 MATLAB 和 C/C++两种软件在数据解析和存储方式上的不同。

1) 试验一:MATLAB 环境中矩阵创建、显示和单下标索引

在 MATLAB 命令窗中运行以下命令。

```
disp('A矩阵的字面表述如下:')
A = [1,2;3,4]                          % 注意:创建时赋值号右边的元素次序          <2>
disp('按单下标顺序索引时,A矩阵元素的排列如下:')
fprintf('%d\n%d\n%d\n%d\n',A(1),A(2),A(3),A(4))                                 %  <4>
                                       % 注意:该命令结果中的元素次序
```

矩阵 A 的字面表述如下:

```
A =

     1     2
     3     4
```

按单下标顺序索引时,A 矩阵元素的排列如下:

```
1
3
2
4
```

2) 试验二:在 C/C++环境中矩阵的创建、显示和单下标索引

- 建立工程:按附录例 A.2-1 第 1)条目所述方法,引出“新建项目”对话框,鼠标单击“Win32 控制台应用程序”,然后在对话框下方的“名称”栏中填入 Bexm010101 内容;在对话框下方的“位置”栏中填入该项目要保存的位置,该示例项目填写的内容是 D:\Mywork\ExampleB;鼠标单击“确定”按钮,在引出的“MFC 应用程序向导”对话框中,单击“完成”按钮,建立 Bexm010101 工程。
- 编辑程序:按附录例 A.2-1 的第 3)条目所述方法,在源文件编辑器内打开 Bexm010101.cpp 文件,编辑完成后的源文件如下所示:

```
#include "stdafx.h"
int _tmain(int argc, _TCHAR * argv[])
{
    int i,j;
    int A[2][2]={1,2,3,4};                    //注意:创建时的元素次序              <5>
    printf("矩阵 A 的字面表述如下:\n");
    printf("A = \n");
    for (i=0;i < 2;i++)                       //行
    {
        for (j=0;j < 2;j++)                   //列
        {
            printf("      %d",A[i][j]);
        }
        printf("\n");
    }
    //获得矩阵 A 在内存中的首地址
    int * pA=&A[0][0];
    printf("按单下标顺序索引时,A 矩阵元素的排列如下:\n");
    for (i=0;i < 2*2;i++)                     //按单下标次序显示矩阵元素值          <19>
    {
        printf("      %d",pA[i]);
    }
    printf("\n");                                                                //  <23>
    return 0;
}
```

● 编译和运行程序:按附录 A 例 A.2 - 1 的第 5)条目所述方法,对 Bexm010101 工程进行编译和程序运行,运行结果如图 6.1 - 2 所示。

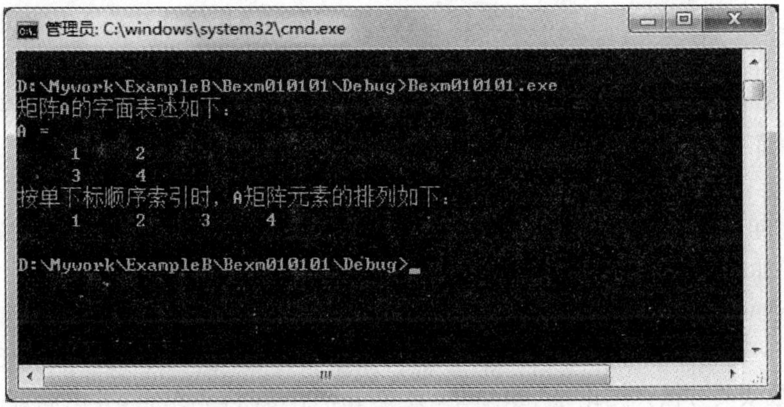

图 6.1 - 2　Bexm010101 程序运行结果

说明

● 关于试验一的说明:

◇ 为生成示例要求的矩阵 A,行 <2> 命令赋值号右边的元素是按人们数学认知习惯方式“按行排放”的。

◇ 行<4>命令，按单下标序号大小依次显示矩阵A的元素。但运行结果却显示：MATLAB内存中的矩阵元素“按列存放”。

◇ 本例试验结果的一般性结论：在MATLAB中，不管是向量（列或行数组）、矩阵（二维数组），还是多维数组，它们的元素数据的存储，总是“按列存放”的。即，第2列接在第1列之下；若是m行n列p页的3维数组，则再把第2页第1列接在第1页最后列之下；依次类推，各列首尾相串成一个由$(m\times n\times p)$个元素构成长列向量，存放在内存中。

● 关于试验二的说明：

◇ 为生成示例要求的矩阵A，Bexm010101.cpp文件中行<5>命令赋值号右边的元素也是“按行排放”的。

◇ Bexm010101.cpp文件行<19>到<23>，按单下标序号大小依次显示矩阵A的元素，结果表明：C/C++确实是“按行存放元素”的。

◇ 本例试验结果的一般性结论：C/C++存储数据时，总是把m行n列矩阵自上至下的各行，首尾相串成一个由$(m\times n)$个元素构成长行向量，存放在内存中。

● 充分理解MATLAB和C/C++在数据存储和解析上差异的重要性在于：

◇ 内存中同一个数据块，在MATLAB和C/C++中的解析结果是完全不同的。

◇ 当需要在MATLAB和C/C++环境中实施数据交换时，直接采用数据拷贝，将必然导致错误。

◇ 当需要把C/C++中的数据组织成mxArray或mwArray阵列结构时，直接采用数据拷贝也将导致难以察觉和发现的致命错误。更详表述请见B篇第7章的例7.6-1。

6.1.3 C/C++数据接口

MATLAB和C/C++在各自专业领域所拥有的优势和资源，都是双方从业人员希望综合利用的。为满足MATLAB和C/C++两类软件开发人员共享资源、综合编程的愿望，MATLAB提供一系列的软件二次开发接口，如为MATLAB软件从业人员利用C/C++而开发的MEX程序（详见B篇第7章），为C/C++软件从业人员利用MATLAB资源开发的MATLAB引擎函数库（详见B篇第9章），以及借助MATLAB编辑器生成C/C++动态链接库（详见B篇第10章）。

然而，以上任何一种接口的使用，都必然涉及MATLAB和C/C++之间的数据交换，必然涉及数据重组和类型转换。这是因为C/C++语言有多种不同的数据类型，而对于MATLAB来说，正如前面所述，其所有数据都采用统一的阵列加以组织。

为实现MATLAB和C/C++间数据的正确转换，MATLAB为C和C++分别提供了名为mxArray和mwArray的阵列结构，以及与它们相配套的API(Application Programming Interface)函数或类方法。无论是mxArray还是mwArray阵列结构，其内涵都和MATLAB阵列(Array)相一致。换句话说，所有MATLAB程序都能正确接受并处理mxArray或mwArray阵列结构中的数据。

mxArray和mwArray阵列结构是架设在MATLAB和C/C++之间的桥梁。它们解决了两种软件间数据的互通互联，它们在MATLAB和C/C++混合编程中扮演着极其重要的角色。为此,下面的第 6.2 节和第 6.3 节将分别介绍用于 mxArray 和 mwArray 创建、寻访、赋值、删除等操作的 API 函数及类方法。

6.2 mxArray 阵列结构

6.2.1 创建和删除 mxArray

1. mxArray 创建和删除函数汇总

mxArray 常用创建和删除函数表见表 6.2-1。

表 6.2-1 mxArray 常用创建和删除函数表

	函数名称	功 能
数值类	mxCreateDoubleScalar	创建双精度标量 mxArray
	mxCreateDoubleMatrix	创建初始全 0 的双精度矩阵 mxArray
	mxCreateNumericMatrix	创建初始全 0 的指定类型矩阵 mxArray
	mxCreateNumericArray	创建全 0 的指定类型的多维数组 mxArray
字符串类	mxCreateString	创建字符串 mxArray
	mxCreateCharMatrixFromStrings	创建字符串矩阵 mxArray
构架类	mxCreateStructMatrix	创建构架矩阵 mxArray
复 制	mxDuplicateArray	借助复制,创建数组 mxArray
删 除	mxDestroyArray	删除 mxArray
	mxFree	释放 mxArray 中数据所占空间

2. 数值型 mxArray 创建函数的调用格式

pX = mxCreateDoubleScalar(va);

创建取 va 值的、双精度标量的 mxArray 阵列结构

pX = mxCreateDoubleMatrix(m, n, CFlag);

创建全 0 的、(m * n)规模的、双精度复/实数矩阵的 mxArray 阵列结构

pX = mxCreateNumericMatrix(m, n, Cid, CFlag);

创建全 0 的、(m * n)规模的、Cid 指定类型的、复/实数矩阵的 mxArray 阵列结构

pX = mxCreateNumericArray (nd, sz, Cid, CFlag);

创建全 0 的、nd 指定维数的、sz 数组指定规模的、Cid 指定类型的、复/实数多维数组的 mxArray 阵列结构

说明

- va:输入数值,用于初始化 mxArray 标量。
- m、n:非负整数,分别用于指定待创建矩阵的行数和列数。
- nd:非负整数,用于指定待创建多维数组的维数。
- sz:非负整数构成的(1 * nd)行数组,用于指定待建多维数组的规模。

- CFlag：用于指明待建 mxArray 是实数型或复数型：
  - ◇ mxREAL：指定创建实数型 mxArray。
  - ◇ mxCOMPLEX：指定创建复数型 mxArray。
- Cid：该参数为 mxClassID 枚举类型，用于指定元素的数值类型，该输入参数的可取选项关键词如表 6.2-2 所列。
- pX：是创建函数返回的 mxArray 指针变量。
- 指针变量区别于普通的基本数据类型变量，具有如下特点：
  - ◇ 指针变量的值是地址，可以理解为实际数据存放在内存中的地址。内存中同一段数据的地址可以赋值给多个指针变量，这些指针变量都可以对内存中的数据进行访问和修改操作。
  - ◇ 指针变量是有类型的，例如整形指针、双精度指针、mxArray 指针等。
  - ◇ 指针变量有且仅有加和减两种运算。如果指针变量类型所代表的数据在内存中占有 4 个字节，则该指针变量加 1 表示地址增加了 4 个字节，减 1 则表示地址减少了 4 个字节。
  - ◇ 数组名也是地址，表示数组中第一个元素的地址。因此指针变量也可以像数组名一样采用下标的形式访问或修改内存中的数据。
  - ◇ 指针变量和普通变量一样，其值也存放在内存中，放在内存中就有地址，指针变量的地址就是指针的指针，称为二级指针。
  - ◇ 普通变量在生命周期结束之后，变量及其在内存中的数据都被删除，程序不能再次访问这个变量；同样道理，指针变量在生命周期结束之后，指针变量及其在内存中的数据（地址值）都被删除，但区别于普通变量，指针变量指向的地址内的数据依旧存在，程序仍然可以通过别的方法访问这些数据，从这个意义上来说，指针变量是跨生命周期的。
- 在此值得强调指出的是：
  - ◇ 在所有涉及 mxArray 的 C 程序中，都必须包含的头文件 matrix.h。该文件由 MATLAB 提供；该文件位于 matlabroot\extern\include 文件夹（在此 matlabroot 指 MATLAB 的安装目录）。
  - ◇ 在创建函数调用前，必须为待建 mxArray 申明指针变量名（比如 pX）。变量名称的具体申明命令格式为 mxArray * pX。如果 mxArray 创建成功，则函数返回值是指向所建 mxArray 的指针；如果堆区内存不够，无法创建所需 mxArray 变量，则返回 NULL。
  - ◇ 关于头文件和指针变量名申明的应用示例，请参见例 6.2.1。

表 6.2-2 mxClassID 枚举类型中常用的可取选项

选项名称	含 义	选项名称	含 义
mxINT8_CLASS	8 比特整数	mxUINT8_CLASS	8 比特无符整数
mxINT16_CLASS	16 比特整数	mxUINT16_CLASS	16 比特无符整数
mxINT32_CLASS	32 比特整数	mxUINT32_CLASS	32 比特无符整数
mxINT64_CLASS	64 比特整数	mxUINT64_CLASS	64 比特无符整数
mxSINGLE_CLASS	32 比特单精度	mxDOUBLE_CLASS	64 比特双精度

例【6.2-1】 通过两组简单而完整的 C/C++源代码，向读者演示：mxArray 阵列结构创建函数使用的前提条件；强调所有涉及 mxArray 的 C/C++源代码所必须具备的头文件；各种数值类型 mxArray 创建函数的具体调用。

1）双精度标量 mxArray 的创建

以下源代码创建一个采用 mxArray 阵列结构保存的双精度标量 5.0。

```
//Bexm010201_1.cpp                    创建双精度标量的源文件
#include "matrix.h"                   //必须包含的头文件                              <2>
mxArray * pDS;                        //为待建 mxArray 设定指针变量名                  <3>
pDS=mxCreateDoubleScalar(5.0);        //创建双精度标量 5.0,并返回指针量
```

2）多种数值数组 mxArray 的创建

以下源代码创建 3 个不同数值类型的、元素全为 0 的、数组 mxArray。

```
//Bexm010201_2.cpp      创建多种数值类型的数组 mxArray
#include "matrix.h"     //必须包含的头文件                                          <2>
mxArray * pDMR;         //为待建 mxArray 设定指针变量名 pDMR                         <3>
mxArray * pIMR;
mxArray * pDAC;
pDMR = mxCreateDoubleMatrix (2, 5, mxREAL);
        //创建(2*5)双精度实数矩阵的 mxArray 阵列,并返回 pDMR 指针
pIMR = mxCreateNumericMatrix (5,1, mxINT8_CLASS,mxREAL);
        //创建(5*1)规模的、8 比特整数实向量的 mxArray,并返回 pIMR 指针
mwSize sz[3] = {2,3,4};                   //用非负整数设置数组的规模 sz
pDAC = mxCreateNumericArray (3, sz, mxSINGLE_CLASS,mxCOMPLEX);
        //创建(2*3*4)的、单精度复数 3 维数组的 mxArray,并返回 pDAC 指针
```

说明

- 关于头文件的说明：所有涉及 mxArray 的 C/C++源文件的可执行代码的首行都必须显式或隐式地包含头文件 matrix.h，本例 Bexm010201_1.cpp 和 Bexm010201_2.cpp 源文件都涉及 mxArray 阵列结构，所以这两个文件的可执行代码的首行都包含头文件 matrix.h。这属于显式的包含方式，隐式的包含方式见例 6.2-2。
- 所有 mxArray 的创建函数返回的都是 mxArray 类型指针变量，例如 Bexm010201_1.cpp 第 <3> 行中声明的指针变量 pDS，可以理解为内存中实际数据的地址，通过该地址可以对数据进行读取和修改等操作。
- 以上源文件仅用于向读者简单明了的演示各种数值类型 mxArray 创建函数的具体调用，并不能直接运行。经编译连接后能产生执行代码的例子，请参考例 6.2-2 和例 6.2-3 等。

例【6.2-2】 本例为体现 mxArray 阵列结构在 MATLAB 和 C/C++程序数据交互中的作用，采用 C 语言编写 C_MEX 源文件，并编译产生 MEX 文件（有关 MEX 文件的编写格式、编译等详细内容，请参考 B 篇第 7 章），向读者演示：mxArray 阵列结构创建函数使用的前提条件；强调所有涉及 mxArray 的 C/C++源代码所必须具备的头文件；数值类型 mxArray 创

建函数的具体调用；数据从 MATLAB 空间传递到 C/C++程序空间，经过运算之后，再从 C/C++程序空间传递回 MATLAB 空间的过程。

1）创建 C_MEX 源文件 Bexm010202.c

```
//Bexm010202.c              C_MEX 源文件
#include "mex.h"      //编写 C_MEX 文件所必需的头文件，隐式包含了 matrix.h 头文件     <2>
//-----------------------计算子例程 -----------------------------
void plus(double y[],double x[])
{
    y[0]=x[0]+5;     //将 MATLAB 空间变量
}
//-----------------------接口子例程 -----------------------------
void mexFunction(int nlhs, mxArray *plhs[], int nrhs, const mxArray *prhs[])
{
    double *x, *y;     //声明双精度指针变量 x 和 y,用于计算子例程的输入和输出参数
    plhs[0]=mxCreateDoubleScalar(0);
        //创建标量 mxArray,用于接收计算子例程的输出数据,并传递回 MATLAB 空间
    x=mxGetPr(prhs[0]);              //获得 MATLAB 空间传递而来的 mxArray 中数据的指针
    y=mxGetPr(plhs[0]);              //获得 plhs[0]所指 mxArray 数据的指针
    plus(y,x);                       //调用 plus 计算子例程
}
```

2）编译 C_MEX 源文件

在 MATLAB 命令窗口，执行如下命令

```
mex Bexm010202.c                %对 C_MEX 源文件进行编译链接

使用 'Microsoft Visual C++ 2010 (C)' 编译。
MEX 已成功完成。
```

3）在 MATLAB 环境下执行 MEX 文件

```
a=4                             %为 MEX 文件提供输入量
b= Bexm010202(a)                %应实现 b=a+5 运算，因此输出结果应是 9

a =

     4


b =

     9
```

在 MATLAB 空间内产生变量 a，传递到 Bexm010202.mexw64 文件内，经过加 5 运算之后重新返回 MATLAB 空间，并产生变量 b。

说明

- 关于头文件的说明：所有涉及 mxArray 的 C/C++源文件的可执行代码的首行都必须显式或隐式的包含头文件 matrix.h，本例第 <2> 行中包含的 mex.h 头文件中已经包含了头文件 matrix.h，这种情况属于隐式包含。显式包含方式参见例 6.2-1。
- 由 C_MEX 源文件编译之后产生的 MEX 文件，虽然能在 MATLAB 环境下执行，但本质上是 C/C++可执行程序，详见 B 篇第 7 章内容。

3. 字符串型和构架型 mxArray 创建函数的调用格式

pX= mxCreateString(Str)；

创建由 Str 初始化的、字符串向量 mxArray 阵列结构

pX = mxCreateCharMatrixFromStrings(m, StrMatrix)；

创建 m 行的、由 StrMatrix 初始化的字符串矩阵 mxArray 阵列结构

pX = mxCreateStructMatrix(m, n, FNum, FNames)；

创建(m * n)规模的、FNum 指定域个数，FNames 指定域名的构架矩阵 mxArray 阵列结构

说明

- Str：字符指针，用于初始化字符串 mxArray。
- m、n：非负整数，分别用于指定待创建矩阵的行数和列数。
- StrMatrix：字符指针数组，用于初始化字符串矩阵 mxArray。
- FNum：非负整数，指定构架矩阵 mxArray 中每个构架元素的域个数
- FNames：字符指针数组，指定构架矩阵 mxArray 中每个构架元素的各个域名
- pX：是创建函数返回的 mxArray 指针变量

例【6.2-3】　本例在 C_MEX 源文件内创建构架矩阵 mxArray，并将该 mxArray 传递回 MATLAB 空间，演示以下内容：构架矩阵 mxArray 创建函数的具体调用；新创建的构架矩阵 mxArray 内每个元素的各个域都为空的事实。

1) 创建 C_MEX 源文件 Bexm010203.c

```
//Bexm010203.c                    C_MEX 源文件
#include "mex.h"     //编写 C_MEX 文件所必需的头文件，隐式包含了 matrix.h 头文件      <2>
void mexFunction(int nlhs, mxArray *plhs[], int nrhs, const mxArray *prhs[])
{
    const char * FieldName[]={"DataFileName","StepTime"};                          // <5>
    plhs[0] = mxCreateStructMatrix (2,3,2,FieldName);
        //创建构架矩阵 mxArray，并传递回 MATLAB 空间
}
```

2) 编译 C_MEX 源文件

在 MATLAB 命令窗口，执行如下命令：

```
mex Bexm010203.c                % 对 C_MEX 源文件进行编译链接
```

使用 'Microsoft Visual C++ 2010 (C)' 编译。

MEX 已成功完成。

3）在 MATLAB 环境下执行 MEX 文件、生成构架型变量

```
b= Bexm010203()          % MEX 文件应该生成构架型矩阵变量，并赋值给 b
b(1,2)                   % 构架型矩阵变量 b 内每个元素的各个域都为空

b =

  包含以下字段的 2×3 struct 数组：

    DataFileName
    StepTime

ans =

  包含以下字段的 struct：

    DataFileName：[]
        StepTime：[]
```

说明

- 数值型和字符型 mxArray，在创建时阵列结构内的数据就已经初始化，数值型都初始化为 0，而字符型则由创建函数的指定输入字符串初始化。构架矩阵 mxArray 创建之后，矩阵内每个元素都是构架变量，每个构架变量的域名完全相同，且每个域都为空的 mxArray 指针，要使创建的构架型 mxArray 能实用，必须要在创建之后给每个元素的每个域单独赋值，详见例 6.2-4 和例 6.2-5。
- 第 <5> 行代码用字符串给字符常量指针数组赋值，这里需要特别强调：
  ◇ C/C++代码中给数组赋值采用“英文大括号”。
  ◇ C/C++字符串的表述方式与 MATLAB 语言不同，即 C/C++语言中字符串是由“英文双引号”括起来的字符序列，而 MATLAB 语言中是由“英文单引号”括起来的字符序列。
  ◇ C/C++语言中字符串和单个字符表示了两种类型，字符串是字符指针类型，而单个字符就是字符类型，字符变量由单个字符，采用“英文单引号”括起来表示，例如“char Val = 'a';”。
- 常量指针区别于指针变量的主要特征在于，不论该指针指向的内存地址内的数据具有常量或变量属性，都不能通过该指针去修改那数据的值，而只能访问那数据。常量指针的特点如下：
  ◇ 常量指针的声明可以如 const char * Val;这种形式。注意：关键字 const 必须放在最前面，即类型符的前面。
  ◇ 常量指针的值可以改变，如可以先声明，然后再给 Val 赋值，而且字符变量或字符常量的指针都可以给其赋值。
  ◇ 再次强调，不能通过常量指针作为表达式左值去修改内存中的数据，如 * Val = 'a'，或 Val[0] = 'a'。

◇ 常量指针主要用于函数的形参，确保在函数体内能通过该形参指针访问数据，却不能更改数据，以防止误操作引起不可预料的错误。

● 除了指针变量、常量指针，还有一种称之为指针常量的指针，区别于常量指针和指针变量的特征在于其指针值不能改变，具有如下特点：

◇ 必须在声明指针常量的同时初始化其值，如 char * const Val = "Test"；。注意：关键字 const 必须放在变量名和“*”符之间。

◇ 指针常量的值不能改变，例如不能再次给 Val 赋值。

◇ 指针常量指向的内存地址内保存的数据可以通过指针常量来修改，正因为如此，不能用常量的指针在指针常量定义时给其赋值，否则将产生二义性。

4. 拷贝和删除 mxArray 函数的调用格式

pX= mxDuplicateArray(pA)；

　　创建与输入参数 pA 指定的 mxArray 完全相同的 mxArray 阵列结构

mxDestroyArray(pA)；

　　删除指针 pA 指定的 mxArray 阵列结构，释放堆内存空间

mxFree(pD)；

　　释放数值型指针 pD 指定的堆内存空间

说明

● pA：输入的 mxArray 指针变量。

● pD：输入的基本数据类型指针变量。

● pX：是拷贝函数返回的 mxArray 指针变量

6.2.2 读取和赋值 mxArray 中的数据

所有的数值型 mxArray 变量在创建时，都在程序的堆内存中开辟了一份空间，用来存储其包含的数据，这些数据都初始化为 0。若要更改其包含数据的默认值，一种方法是先获得包含这些数据的指针，之后通过指针来更改这些数据；另一种方法是重新在程序的堆内存中开辟一份空间，并事先填充上更改后的数据，然后把原来的数据空间释放，再把其数据指针指向刚开辟的地址空间。

1. mxArray 中数据的赋值和读取函数汇总

mxArray 中常用的数据读取和赋值函数如表 6.2－3 所列。

表 6.2－3　mxArray 中常用的数据读取和赋值函数表

	函数名称	功　能
数值类读取	mxGetPr	获得双精度 mxArray 的实部数据指针
	mxGetPi	获得双精度 mxArray 的虚部数据指针
	mxGetData	获得数值型 mxArray 的实部数据指针
	mxGetImagData	获得数值型 mxArray 的虚部数据指针

续表 6.2-3

	函数名称	功 能
数值类赋值	mxSetPr	给双精度 mxArray 的实部数据重新赋值
	mxSetPi	给双精度 mxArray 的虚部数据重新赋值
	mxSetData	给数值型 mxArray 的实部数据重新赋值
	mxSetImagData	给数值型 mxArray 的虚部数据重新赋值
构架类读取	mxGetField	获得构架型 mxArray 中指定元素的指定域名的域
	mxGetFieldByNumber	获得构架型 mxArray 中指定元素的指定域名索引的域
构架类赋值	mxSetField	给构架型 mxArray 中指定元素的指定域名的域赋值
	mxSetFieldByNumber	给构架型 mxArray 中指定元素的指定域名索引的域赋值
字符串读取	mxGetString	获得字符型 mxArray 中的字符串

2. 数值型 mxArray 中数据的读取和赋值函数调用格式

(1) 数值型 mxArray 的读取函数调用格式

pDR = mxGetPr(pDA);

获取 pDA 指定的双精度 mxArray 实部指针,赋值给双精度指针变量 pDR

pDI = mxGetPi(pDA);

获取 pDA 指定的双精度 mxArray 虚部指针,赋值给双精度指针变量 pDI

pR = mxGetData(pA);

获取 pA 指定的 mxArray 实部指针,赋值给无类型指针变量 pR

pI = mxGetImagData(pA);

获取 pA 指定的 mxArray 虚部指针,赋值给无类型指针变量 pI

说明

- pDA:双精度 mxArray 指针变量。
- pDR、pDI:双精度指针变量。如果双精度 pDA 内包含有实部或虚部数据,则 pDR、pDI 分别是实部或虚部数据的首地址,否则为 NULL。
- pA:mxArray 指针变量。
- pR、pI:无类型指针变量。如果 pA 内包含有实部或虚部数据,则 pR、pI 分别是实部或虚部数据的首地址,否则为 NULL。一般情况下,都需要首先判断 pA 内实际包含数据的类型,对 pR 和 pI 进行强制类型转换,再利用有类型的指针进行相关的数据访问和修改操作,例如(int *)pR 将无类型指针强制转换成整型指针。

(2) 数值型 mxArray 的赋值函数调用格式

mxSetPr(pDA, pNDD);

用堆内存中新的双精度数据地址 pNDD,给 pDA 指定的双精度 mxArray 实部指针赋值

mxSetPi(pDA, pNDD);

用堆内存中新的双精度数据地址 pNDD,给 pDA 指定的双精度 mxArray 虚部指针

赋值

mxSetData(pA, pND);

用堆内存中新的数值型数据地址 pND,给 pA 指定的 mxArray 实部指针赋值

mxSetImagData(pA, pND);

用堆内存中新的数值型数据地址 pND,给 pA 指定的 mxArray 虚部指针赋值

说明

- pDA:双精度 mxArray 指针变量。
- pNDD:堆内存中存放新的双精度数据的数组的首地址。
- pA:数值型 mxArray 指针变量。
- pNDD:堆内存中存放新的数值数据的数组的首地址。
- 在此值得强调指出的是:
  - ◇ 所有给数值型 mxArray 的实部或虚部重新赋值的数据都必须位于堆内存中。
  - ◇ 上述函数的运行过程中,并没有内存数据互相拷贝的过程,仅仅是给数值型 mxArray 的实部或虚部指针,指定了新的内存地址。
  - ◇ 由上述可知,给数值型 mxArray 的实部或虚部指针重新赋值之后,其原来指向数据的内存空间,例如刚创建时分配的数据内存空间依然存在,但此时已经无法通过该数值型 mxArray 来访问这部分数据内存空间。为了避免造成内存泄露,必须调用 mxFree 函数释放数值型 mxArray 的实部或虚部指针原来指向的内存数据所占空间,然后调用上述函数重新指定实部或虚部指针的地址。
  - ◇ 用于赋值的 pNDD 或 pND 指向的数组规模,应该与数值型 mxArray 原来的数组规模相同。如果规模不同,上述函数并不会报错,特别是当原来规模比现有规模大时,很有可能会因为规模不匹配而引用不恰当的数据,从而导致程序不可预料的运行结果。

3. 构架型 mxArray 中域数据的读取和赋值函数调用格式

(1) 构架型 mxArray 的读取函数调用格式

pA = mxGetField(pSA, Index, FName);

获取 pSA 指定的构架型 mxArray 数组中,由 Index 指定数组元素索引,FName 指定该构架元素域名的域 mxArray 指针变量

pA = mxGetFieldByNumber(pSA, Index, FIndex);

获取 pSA 指定的构架型 mxArray 数组中,由 Index 指定数组元素索引,FIndex 指定该构架元素域名索引的域 mxArray 指针变量

说明

- pSA:构架数组 mxArray 指针变量。
- Index:非负整数,用于寻访 pSA 中某个构架元素的索引。该索引采用单下标索引形式,从 0 开始计数,最大值为 N−1,其中 N 为 pSA 中所有构架元素的个数。
- FName:字符指针变量,一般采用字符串常量作为输入。该字符串常量指定了构架元素的某个域名。

- FIndex：非负整数，用于寻访构架元素某个域名的索引。该索引从0开始计数，最大值为N－1，其中N为构架元素中所有域的总个数。
- pA：函数返回的指定域 mxArray 指针变量。

(2) 构架型 mxArray 的赋值函数调用格式

mxSetField(pSA, Index, FName, pA);

pSA 是构架型 mxArray 数组，Index 下标指定了某个构架元素，FName 指定了这个构架元素的某个域名，pA 指定的 mxArray 用来给这个域赋值

mxSetFieldByNumber(pSA, Index, FIndex, pA);

pSA 是构架型 mxArray 数组，Index 下标指定了某个构架元素，FIndex 是这个构架元素的某个域名索引，pA 指定的 mxArray 用来给这个域赋值

说明

- pSA：构架数组 mxArray 指针变量。
- Index：非负整数，用于寻访 pSA 中某个构架元素的索引。该索引采用单下标索引形式，从0开始计数，最大值为N－1，其中N为 pSA 中所有构架元素的个数。
- FName：字符指针变量，一般采用字符串常量作为输入。该字符串常量指定了构架元素的某个域名。
- FIndex：非负整数，用于寻访构架元素某个域名的索引。该索引从0开始计数，最大值为N－1，其中N为构架元素中所有域的总个数。
- pA：用于给指定域赋值的 mxArray 指针变量。

例【6.2-4】 本例在 C_MEX 源文件内创建构架矩阵 mxArray，并给其第一个构架元素的各个域赋值，然后将该 mxArray 传递回 MATLAB 空间。本例演示以下内容：给构架矩阵 mxArray 域赋值的函数的具体调用；mxArray 删除函数的具体调用；mxArray 拷贝函数的具体调用；构架 mxArray 的域是给其赋值的 mxArray 的引用，即构架 mxArray 的域并没有在堆内存上重新开辟内存来存放数据。

1) 创建 C_MEX 源文件 Bexm010204.c

```
//Bexm010204.c                        C_MEX 源文件
#include "mex.h"     //编写 C_MEX 文件所必需的头文件，隐式包含了 matrix.h 头文件          <2>
void mexFunction(int nlhs, mxArray * plhs[], int nrhs, const mxArray * prhs[])
{
    const char * FieldName[]={"DataFileName","StepTime"};
    mxArray * pStr;
    mxArray * pScal;
    mxArray * pOut;
    const char Str[]={"Test"};
    double * pTemp = mxCalloc(1,sizeof(double));//在堆内存中创建双精度标量
    double Temp = 5.0;
    pOut = mxCreateStructMatrix (2,2,2,FieldName);//创建临时输出构架矩阵 mxArray
    pStr = mxCreateString (Str);
    mxSetField(pOut,0,"DataFileName",pStr);
```

```
                //给构架矩阵 mxArray 的第一个元素的 DataFileName 域赋值
    pScal= mxCreateDoubleScalar(Temp);
    mxSetField(pOut,0,"StepTime",pScal);
                //给构架矩阵 mxArray 的第一个元素的 StepTime 域赋值
    //mxFree(mxGetPr(pScal));                                  //试验二用 <19>
    //mxSetPr(pScal,pTemp);                                    //试验二用 <20>
    //pTemp[0] = 4.0;                                          //试验二用 <21>
                //观察更改用于给域 mxArray 赋值的 mxArray,是否会改变域值
    plhs[0] = mxDuplicateArray(pOut);//从 pOut 拷贝产生 MEX 函数的输出 mxArray
    mxDestroyArray(pOut);          //删除临时创建的构架矩阵 mxArray          <24>
}
```

2）编译 C_MEX 源文件、产生可执行 MEX 文件

在 MATLAB 命令窗口，执行如下命令

```
mex Bexm010204.c        % 对 C_MEX 源文件进行编译链接
```

```
使用 'Microsoft Visual C++ 2010 (C)' 编译。
MEX 已成功完成。
```

3）试验一：执行 MEX 文件并在 MATLAB 空间观察构架型变量的值

```
b= Bexm010204()              % MEX 文件应该生成构架型矩阵变量，并赋值给 b
b(1,1)                       % 显示构架型矩阵变量 b 第一个元素的各个域
```

```
b =

  包含以下字段的 2×2 struct 数组：

    DataFileName
    StepTime


ans =

  包含以下字段的 struct：

    DataFileName: 'Test'
        StepTime: 5
```

4）试验二：验证构架型 mxArray 域赋值的本质就是引用

打开 Bexm010204.c 源文件，删除第 <19> ～ <21> 行最左边的注释符，保存文件。然后按本例步骤 2）重新编译产生 MEX 文件，并在 MATLAB 指令窗口运行如下指令：

```
clear all
b= Bexm010204()              % MEX 文件应该生成构架型矩阵变量，并赋值给 b
b(1,1)                       % 显示构架型矩阵变量 b 第一个元素的各个域
```

```
b =

  包含以下字段的 2×2 struct 数组：

    DataFileName
    StepTime


ans =

  包含以下字段的 struct：

    DataFileName：'Test'
        StepTime：4
```

运行结果显示，更改了用于给域 mxArray 赋值的 mxArray 之后，域 mxArray 随之改变。

说明

- 构架矩阵 mxArray 的每个元素都是构架型变量，其本身并不直接存放基本类型的数据，而是在其各个域内存放这些基本类型的数据，因此在构架矩阵 mxArray 创建之初，每个元素的各个域都是空的 mxArray 指针。试验二表明：
  - ◇ 给域赋值的本质，就是将某个堆内存中已经存在的 mxArray 指针赋值给域指针，使域指针指向那 mxArray，整个过程并没有给域 mxArray 重新分配内存，一旦更改了那 mxArray 的值，域 mxArray 的值随着改变。
  - ◇ 相同道理，数值型 mxArray 只有在创建之初由创建函数在堆内存中开辟空间存放初始化数据，这之后，如果通过类似 mxSetPr 之类的函数设置新值，这个过程也是将某个堆内存中已经存在的基本数据类型指针赋值给实部数据指针，整个过程即没有重新分配内存，也不存在内存拷贝。当然，为了避免内存泄露，在调用 mxSetPr 之类的函数重新赋值之前，应该采用 mxFree 函数将原先数据所占内存释放，就像本例的第 <19> 行那样。
- 第 <21> 行中，通过数值型指针变量对其指向内存中的数据进行读取和修改时，可以将指针变量当成数组名使用。特别提醒注意：MATLAB 中用数组名和下标寻址数组中元素采用英文小括号，而 C/C++中采用英文中括号。
- 第 <24> 行中的 mxArray 删除函数 mxDestroyArray，将 mxArray 从堆内存中删除，一般情况下，当 mxArray 的创建函数创建的 mxArray 在程序中不再使用时，可以用 mxDestroyArray 将它删除，但是以下几类 mxArray 使用 mxDestroyArray 删除是不合适的：
  - ◇ MEX 函数的输出 mxArray，由于该 mxArray 将用来给 MATLAB 空间内的某个变量赋值，一般还需要继续使用，如果在 MEX 程序内调用 mxDestroyArray 将之删除，会导致 MATLAB 调用 MEX 文件出错。
  - ◇ mxGetField 之类函数获得的域 mxArray，域 mxArray 被删除之后，构架 mxArray 还存在，再次引用该域将产生错误。如果需要给域重新赋值，可以先调用 mxFree

函数释放该域所占内存空间，然后调用 mxSetField 函数给其赋值。如果不再需要构架 mxArray，可以调用 mxDestroyArray 删除整个构架 mxArray，它将删除构架 mxArray 内所有的域，同时释放它们所占内存空间。

◇ mxGetCell 之类函数获得的元胞 mxArray，原因与构架 mxArray 类似，不再赘述。

4. 读取字符串型 mxArray 中的数据的函数调用格式

IFlag = mxGetString(pSA, pC, SL);

获取 pSA 指定的字符串 mxArray 中的字符串数据

说明

- pSA：字符型 mxArray 指针变量。
- pC：字符型指针变量。通常用已经存在的字符串数组名作为输入。
- SL：字符指针 pC 指定的数组长度。通常情况下 SL 的值要比 pSA 指定的字符串 mxArray 内包含的字符元素大 1，或更多。
- IFlag：输出的整型数，0 表示函数执行成功或 SL 值为 0；1 表示执行失败，失败原因主要有以下两种：
  ◇ pSA 指定的不是字符型 mxArray。
  ◇ pC 指定的字符串数组长度太小，不能完全填充 pSA 指定的字符型 mxArray 内包含的所有字符元素。

6.2.3　获取 mxArray 属性

1. 获取 mxArray 属性信息函数汇总

获取 mxArray 属性信息的常用函数表见表 6.2-4。

表 6.2-4　获取 mxArray 属性信息的常用函数表

	函数名称	功　能
获取维度信息	mxGetM	获取 mxArray 阵列变量的行数
	mxGetN	获取 mxArray 阵列变量的列数
	mxGetNumberOfDimensions	获取 mxArray 阵列变量的维数
	mxGetDimensions	获取 mxArray 阵列变量的各维的维数
	mxGetNumberOfElements	获取 mxArray 阵列变量的元素个数
获取数据属性信息	mxGetClassID	获取 mxArray 阵列变量内部数据的类型
	mxIsNumeric	判断 mxArray 阵列变量内部数据是否为数值型
	mxIsComplex	判断 mxArray 阵列变量内部数据是否为复数类型
	mxIsStruct	判断 mxArray 阵列变量是否为构架类型
获取域名信息	mxGetNumberOfFields	获取构架型 mxArray 中每个元素的域个数
	mxGetFieldNameByNumber	获取构架型 mxArray 中指定域名索引的域名
	mxGetFieldNumber	获取构架型 mxArray 中指定域名的索引

2. 获取 mxArray 的维度信息函数调用格式

M = mxGetM(pA);

获取 pA 指定的 mxArray 数组的行数

N = mxGetN(pA);

获取 pA 指定的 mxArray 数组的列数

NDim = mxGetNumberOfDimensions(pA);

获取 pA 指定的 mxArray 数组的维数

Dims = mxGetDimensions(pA);

获取 pA 指定的 mxArray 数组的规模

NEle = mxGetNumberOfElements(pA);

获取 pA 指定的 mxArray 数组的元素个数

说明

- pA:mxArray 指针变量。
- M:函数返回的非负整数,表示 pA 指定的 mxArray 数组的行数。
- N:函数返回的非负整数,表示 pA 指定的 mxArray 数组的列数。
- NDim:函数返回的非负整数,表示 pA 指定的 mxArray 数组的维数。
- Dims:函数返回的非负整数指针,该指针指向的数组,由 pA 指定的数组的各维的维数组成。
- NEle:函数返回的非负整数,表示 pA 指定的 mxArray 数组的所有元素个数。
- 在此,特别提醒注意,MATLAB 中为非负整数定义了 mwSize 和 size_t 两种类型,这两种类型可以互换,在使用上等价于 C/C++中的无符号整数(unsigned int),但不要用 mwSize 和 size_t 两种类型的变量给 unsigned int 类型的变量赋值,因为它们在内存中所占的字节数不同,例如在作者的机器上 mwSize 和 size_t 两种类型的变量占 8 个字节,而 unsigned int 类型的变量占 4 个字节。MATLAB 定义 mwSize 和 size_t 两种类型的目的是,方便用户编写的程序可以跨平台使用。

3. 获取 mxArray 中数据的属性信息函数调用格式

Cid = mxGetClassID(pA);

获取 pA 指定的 mxArray 内包含数据的基本类型

bV = mxIsNumeric(pA);

判断 pA 指定的 mxArray 是否为数值型

bV = mxIsComplex(pA);

判断 pA 指定的 mxArray 内包含数据是否是复数

bV = mxIsStruct(pA);

判断 pA 指定的 mxArray 是否为构架型

说明

- pA:mxArray 指针变量。

- Cid：函数返回的 mxClassID 型数，表示 pA 中包含数据的基本类型，具体意义参见表 6.2-2。
- bV：函数返回的布尔型数，函数判断为真则为 1(或 true)，否则为 0(或 false)。

4. 获取构架型 mxArray 的域名信息函数调用格式

FNum = mxGetNumberOfFields(pSA)；

获取 pSA 指定的构架型 mxArray 中域的个数

FName= mxGetFieldNameByNumber(pSA，FIndex)；

获取 pSA 指定的构架型 mxArray 中，由 FIndex 指定域名索引的域名

FIndex = mxGetFieldNumber(pSA，FName)；

获取 pSA 指定的构架型 mxArray 中，由 FName 指定域名的索引

说明

- pSA：构架数组 mxArray 指针变量。
- FNum：函数返回的整数，表示 pSA 中域的个数。如果返回值为 0，表示函数执行失败，最大的可能是 pSA 指定的 mxArray 不是构架型阵列。
- FName：字符指针变量。作为输入，一般采用字符串常量。作为输出，表示 pSA 中指定域名索引的域名，如果返回 NULL，表示函数执行失败，最大的可能是 pSA 指定的 mxArray 不是构架型阵列，或者 FIndex 指定的域名索引超出范围，例如输入大于 FNum－1 的某个值。
- FIndex：表示 pSA 中特定域名的索引。该索引从 0 开始计数，最大值为 FNum－1，其中 FNum 为 pSA 中所有域的个数。作为输出，如果返回值为－1，表示函数执行失败，最大的可能是 pSA 指定的 mxArray 不是构架型阵列，或者 FName 指定的域名不存在。

6.2.4　mxArray 的 API 函数综合应用示例

前面几小节介绍的各种用于操作 mxArray 阵列结构变量的函数库，是以动态链接库的形式提供给使用者，而动态链接库文件是二进制可执行文件，在 Windows 平台，其扩展名为“dll”。动态链接库文件与普通的可执行文件(扩展名为“exe”)的区别在于，不能独立运行，通过调用方来调用执行。为方便调用方使用动态链接库，其供应方一般会提供三种文件，用于编译的头文件(扩展名为“h”)，用于链接的引入库文件(扩展名为“lib”)，用于运行的动态链接库文件(扩展名为“dll”)。其中头文件包含了函数的声明信息；引入库文件包含了链接库的导出函数名称，以及函数在动态链接库内的位置信息，即函数的指针；动态链接库文件包含了函数的定义和相关运行所需的数据。调用动态链接库的方式有两种，一种是显示的调用，一种是隐式的调用。隐式的调用方式最为常见，程序编写也简约，只需要在调用程序的开发工具环境里设置相关的编译、链接和运行的信息，然后在程序中直接调用动态链接库的导出函数。本小节将以一个完整的示例，详细讲述如何在 C/C++程序中调用 MATLAB 提供的 mxArray 函数库，并利用 Visual Studio 2010 集成开发环境编译和链接 C/C++程序。

例【6.2-5】 本例以 6.2.1、6.2.2 和 6.2.3 这三小节所述内容为基础，举例说明 mxArray

变量的创建、赋值、取值和删除等操作。本例演示：操作 mxArray 变量的各种函数的应用；指出在 Visual Studio 2010 开发的 C/C++程序内应用 mxArray 变量所需的头文件和链接库文件；阐述 Visual Studio 2010 创建项目的包含目录、库目录、附加依赖库，以及解决方案平台等各种属性设置。

1) Bexm010205 示例工程创建

按附录例 A.2-1 第 1)条目所述方法，启动并引出 Visual Studio 2010"新建项目"对话框，鼠标单击"Win32 控制台应用程序"，然后在对话框下方的"名称"栏中填入 Bexm010205；在对话框下方的"位置"栏中填入该项目要保存的位置，本示例项目填写的内容是 D:\Mywork\ExampleB，上述内容填写完毕后，按"确定"按钮，在引出的"应用程序向导"对话框中直接按"完成"按钮，完成工程项目创建。

2) 项目解决方案平台设置

Visual Studio 2010 默认的项目解决方案是基于 Win32 平台的，由于本例的开发环境是 64 位 Windows7+64 位 MATLAB，所以需要把项目的解决方案平台设置为 64 位平台。用鼠标单击菜单项"项目 > Bexm010205 属性(P)"，或按键盘快捷键 Alt + F7 即可弹出"Bexm010205 属性页"对话框，在该对话框的左侧列表中，先双击"配置属性"项展开其包含的属性项，如图 6.2-1 所示。然后单击右上侧的"配置管理器"按钮，打开如图 6.2-2 所示的"配置管理器"对话框。

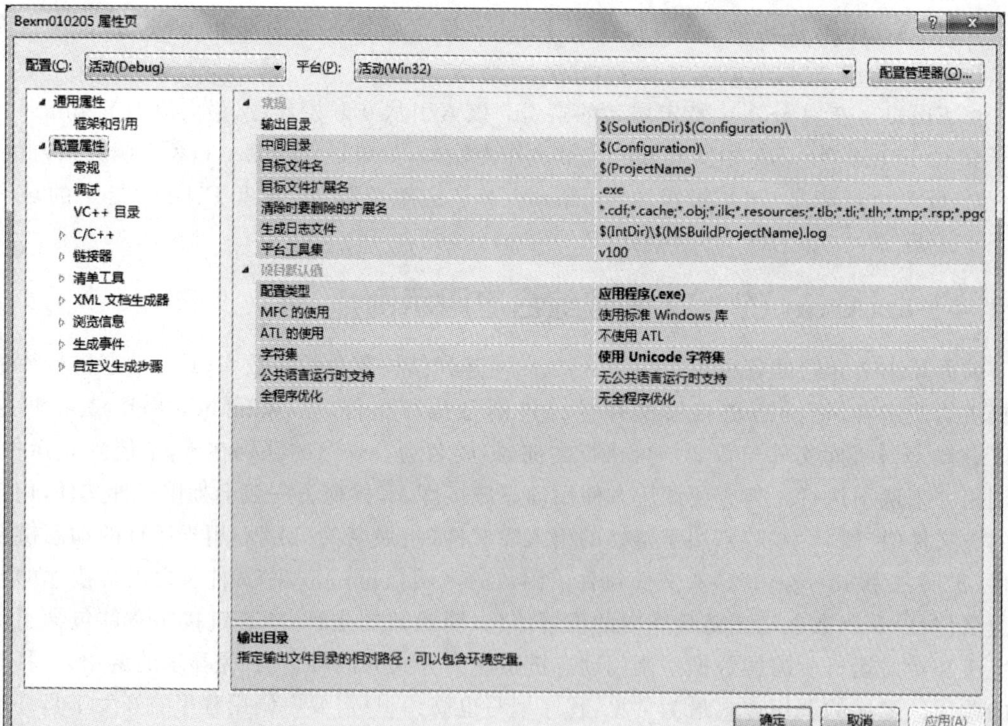

图 6.2-1 Bexm010205 项目属性设置界面

在图 6.2-2 所示"活动解决方案平台"下拉栏内单击右侧的下拉箭头，在弹出的下拉菜单项内选择"新建"项，在弹出的对话框的"键入或选择新平台"下拉栏内单击右侧的下拉箭头，并

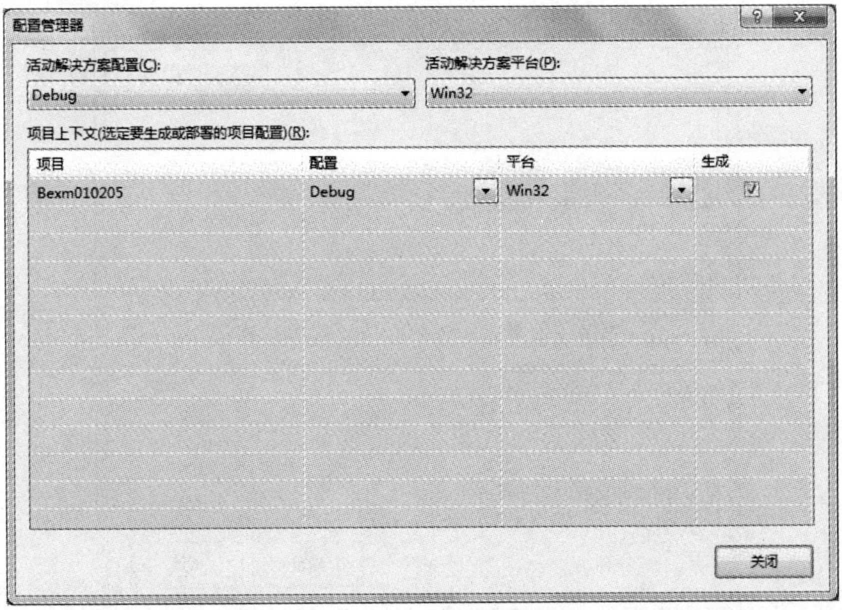

图 6.2-2 配置管理器对话框界面

选择“x64”项，如图 6.2-3 所示。然后单击“确定”按钮，回到图 6.2-2“配置管理器”对话框，接着单击“关闭”按钮。

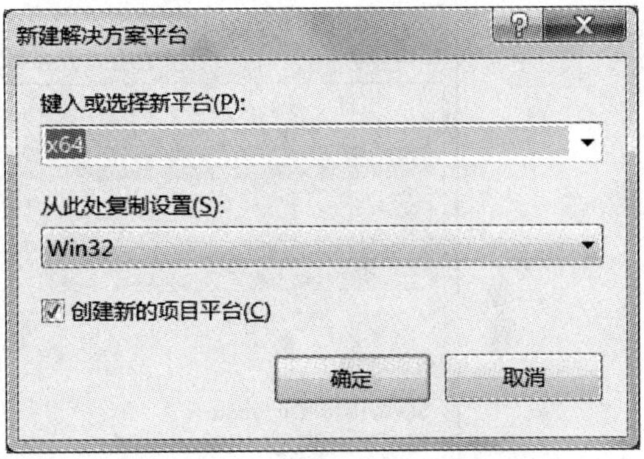

图 6.2-3 新建解决方案平台界面

3) 项目编译所需外部函数目录设置，以及链接所需外部类库设置

为了使项目在编译时，Visual Studio 2010 能找到 MATLAB 提供的 mxArray 变量应用 API 函数的头文件(如 matrix.h)，以及链接库文件(如 libmx.lib)，需要设置与本项目相关的目录属性；为了使项目在链接时能链接到正确的链接库文件，还必须要对项目的依赖库属性进行设置。

- 编译所需头文件包含目录的设置：在图 6.2-1“Bexm010205 属性页”的对话框中单击左侧项目栏内的“VC++目录”项，然后单击右侧列表中的“包含目录”项的编辑框，单击编辑框右侧的下拉箭头，并选择“编辑”项，引出如图 6.2-4 所示的“包含目录”对话框。在“包含目录”对话框上方的列表中双击空白处，或单击图标，此时会在空白列表内自动产生一个编辑框，单击该编辑框右侧的目录选择 ... 图标按钮，然后选择 MATLAB 的头文件包含目录，作者机器上为“D:\Program Files\MATLAB\R2017b\extern\include”，如图 6.2-5 所示，最后单击“确定”按钮。
- 编译所需链接库目录设置：回到图 6.2-1“Bexm010205 属性页”的对话框，继续选择单击右侧列表中的“库目录”项的编辑框，单击编辑框右侧的下拉箭头，并选择“编辑”项，引出 “库目录”对话框，在“库目录”对话框上方的列表中双击空白处，或单击图

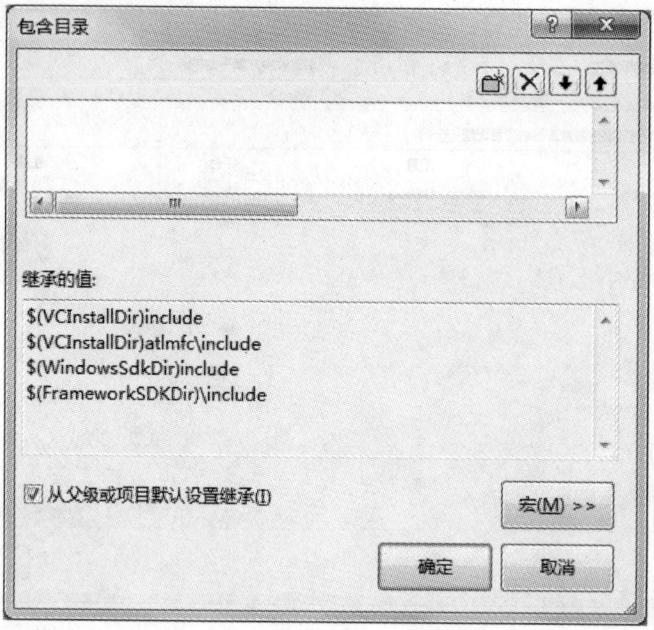

图 6.2-4　包含目录编辑界面

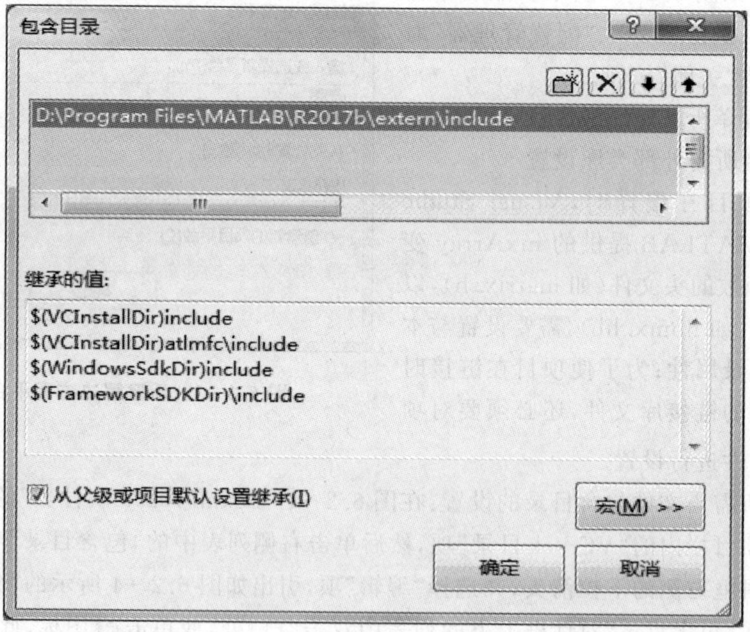

图 6.2-5　包含目录编辑后的界面

标,此时会在空白列表内自动产生一个编辑框,单击该编辑框右侧的目录选择 ... 图标按钮,选择选择 MATLAB 的库目录包含目录,作者机器上为"D:\Program Files\MATLAB\R2017b\extern\lib\win64\microsoft",如图 6.2-6 所示,然后单击"确定"按钮。

- 链接所需的外部链接库设置:再次回到图 6.2-1"Bexm010205 属性页"对话框,用鼠标双击左侧列表中的"链接器"项展开其下属性设置项,单击"输入"项,如图 6.2-7 所

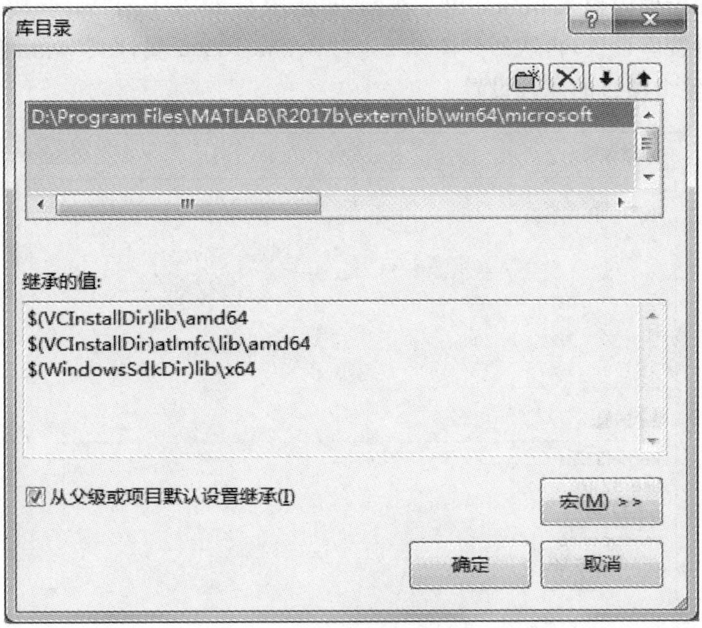

图 6.2-6　库目录编辑后的界面

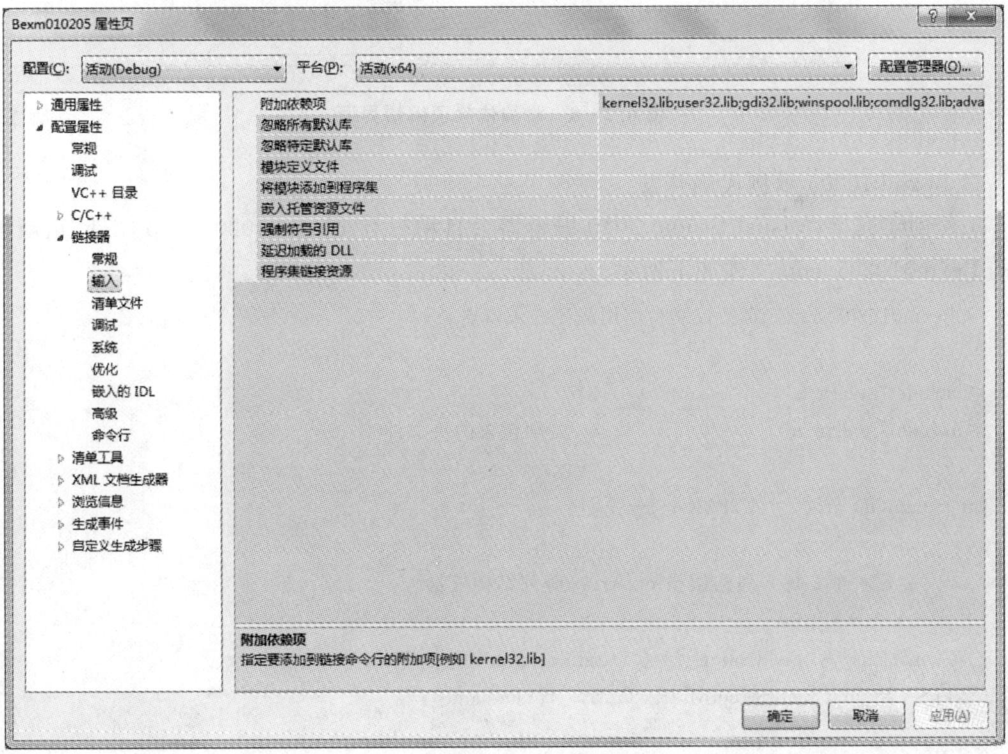

图 6.2-7　属性页附加依赖项界面

示。然后单击图 6.2-7 右侧列表中的“附加依赖项”的编辑框，单击编辑框右侧的下拉箭头，并选择“编辑”项，引出如图 6.2-8 所示的“附加依赖项”对话框，并在其上方的空白编辑框内输入 libmx. lib。最后，单击图 6.2-8 上的“确定”按钮，完成项目链接所需的链接库设置，再次回到图 6.2-7“Bexm010205 属性页”对话框，单击“确定”按钮，完成整个项目的属性设置。

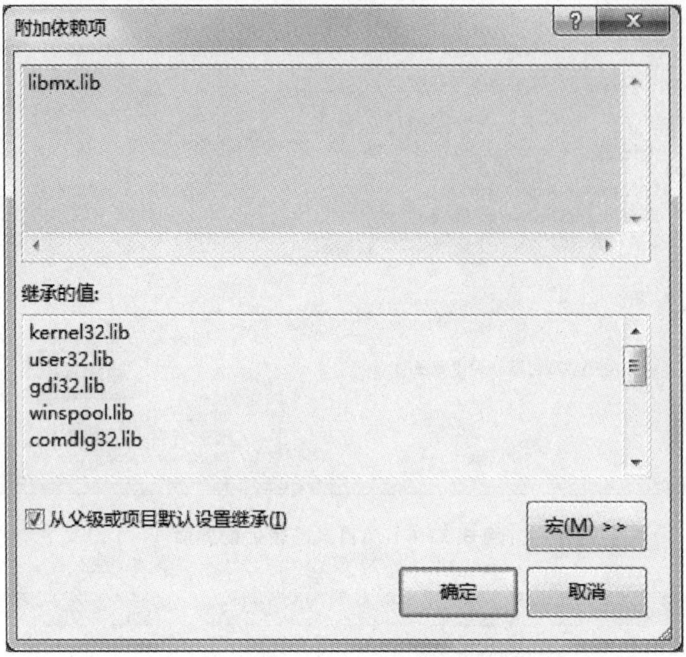

图 6.2-8　附加依赖项编辑界面

4) Bexm010205 示例代码开发

工程创建完毕，Visual Studio 2010 编辑器会自动打开 Bexm010205. cpp 文件，重新编辑后的 Bexm010205. cpp 文件如下所示。

```
// Bexm010205.cpp : 定义控制台应用程序的入口点。

#include "stdafx.h"
#include "matrix.h"                    //必须包含的头文件

int _tmain(int argc, _TCHAR * argv[])
{
    //创建一个 2 行 5 列构架型 mxArray 阵列结构变量
    mxArray * pSA;
    const char * FieldName[]={"DataFileName","StepTime","Data"};
    pSA = mxCreateStructMatrix (2,5,3, FieldName);

    //创建字符型 mxArray 变量,并给 pSA 的第一个元素的"DataFileName"域赋值
    mxArray * pStr;
    const char Str[]={"Test"};
    pStr = mxCreateString (Str);
```

```
mxSetField(pSA,0, "DataFileName", pStr);

//创建标量双精度 mxArray 变量,并给 pSA 的第一个元素的"StepTime"域赋值
mxArray * pDS;
pDS= mxCreateDoubleScalar(5.0);
mxSetField(pSA,0, "StepTime", pDS);

//创建 2 行 5 列双精度 mxArray 变量,并给 pSA 的第一个元素的"Data"域赋值
mxArray * pDM;
pDM = mxCreateDoubleMatrix (2,5, mxCOMPLEX);
//获得 pDM 变量的实部数据的首地址,并给其赋值
double * pRealDataBuf=NULL;
double TempBuf[10]={0,1,2,3,4,5,6,7,8,9};
//在堆内存中分配 10 个双精度数据的空间
pRealDataBuf =( double * )mxCalloc(10, sizeof(double));
//通过内存拷贝的方式,给堆内存空间赋值
memcpy(pRealDataBuf,TempBuf, 10 * sizeof(double));
//先释放 pDM 实部数据空间
mxFree(mxGetPr(pDM));
//重新给 pDM 实部数据赋值
mxSetPr(pDM, pRealDataBuf);
//用 pDM 变量给 pSA 的第一个元素的"Data"域赋值
mxSetField(pSA,0, "Data", pDM);

int i;
printf("pSA 数组的维度信息为:\n");
mwSize NDim = mxGetNumberOfDimensions(pSA);
const size_t * Dims = mxGetDimensions(pSA);
printf("总共%d 维,",NDim);
for (i=0;i < NDim;i++)
{
    printf("  第%d 维:%d   ",i+1,Dims[i]);
}
printf("\n\n");

printf("pSA 数组的元素个数为:\n");
size_t ElementNum;
ElementNum = mxGetNumberOfElements (pSA);
printf("%d\n",ElementNum);
printf("\n");

printf("pSA 中构架元素的域个数为:\n");
```

```
    size_t FieldNum;
    FieldNum = mxGetNumberOfFields (pSA);
    printf("%d\n",FieldNum);
    printf("\n");

    printf("pSA 中构架元素的各个域名分别为:\n");
    for (i=0;i < FieldNum;i++)
    {
        printf(mxGetFieldNameByNumber (pSA,i));
        printf("\n");
    }
    printf("\n");

    printf("pSA[0]的 DataFileName 域值为:\n");
    mxArray * pTempArray;
    pTempArray = mxGetField (pSA,0, "DataFileName");
    char StrBuf[6];
    mxGetString(pTempArray,StrBuf,6);
    printf(StrBuf);
    printf("\n");
    printf("\n");

    printf("pSA[0]的 StepTime 域值为:\n");
    pTempArray = mxGetField (pSA,0, "StepTime");
    double * TempDou;
    TempDou=mxGetPr(pTempArray);
    printf("%.2f\n",TempDou[0]);
    printf("\n");

    printf("pSA[0]的 Data 域值为:\n");
    pTempArray = mxGetField (pSA,0, "Data");
    TempDou=mxGetPr(pTempArray);
    ElementNum = mxGetNumberOfElements (pTempArray);
    for (i=0;i < ElementNum;i++)
    {
        printf("%.2f ",TempDou[i]);
    }
    printf("\n");

    mxDestroyArray(pSA);
    return 0;
}
```

5) Bexm010205 示例的编译与运行

用鼠标单击菜单项“生成—>生成 Bexm010205(U)”，或单击工具栏内的图标，即可对整个项目进行编译和链接。在 Visual Studio 2010 集成开发环境下按“Ctrl+F5”键盘快捷键，或单击“调试”菜单的“开始执行(不调试)(H)”项，即可执行程序，该程序执行结果如图 6.2-9 所示。

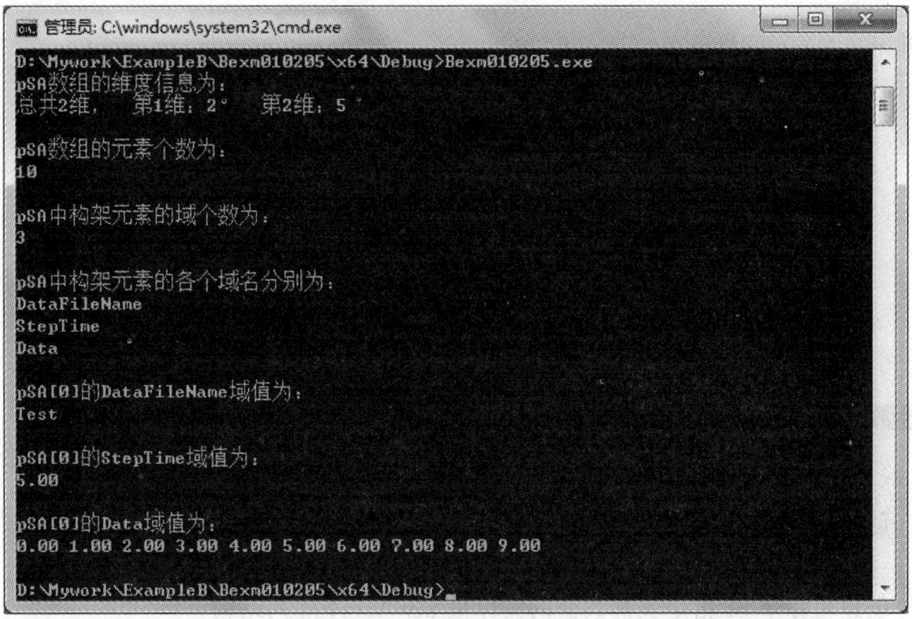

图 6.2-9　项目运行结果界面

说明

- Visual Studio 2010 开发的 C/C++程序，如果需要利用 MATLAB 提供的 API 函数，或者第三方提供动态链接库，则在该 C/C++程序的编译、链接和执行这三个阶段分别需要用到第三方提供相关的头文件(*.h)、链接库文件(*.lib)和可执行动态链接库文件(*.dll)。
- 在本例 Visual Studio 2010 开发的项目 Bexm010205 的属性设置里，需要设置包含相关操作 mxArray 变量 API 函数的头文件和链接库文件的目录，以及具体的链接库文件名称，而具体的头文件名称则包含在 C/C++程序的源文件 Bexm010205.cpp 文件内。
- 当 Visual Studio 2010 经过编译和链接产生可执行 C/C++程序，在 Windows 系统内运行本例程序时，还需要在 Windows 的系统路径内设置包含相关操作 mxArray 变量 API 函数的可执行动态链接库文件的目录，具体过程参见本书附录 A.2 节。

6.3　mwArray 阵列结构

mwArray 阵列结构和 mxArray 阵列数据类型的唯一区别在于，mwArray 引入了类的概念，所有的 mwArray 变量都是类变量。在 6.2 节中用于操作 mxArray 变量的各种 API 函数,都通过 mwArray 类的方法函数重新实现,用于完成类似的创建、寻访、赋值、删除阵列结构等操作。

6.3.1　创建 mwArray

1. 创建和拷贝 mwArray 方法函数汇总

创建 mwArray 的构造函数见表 6.3-1。

表 6.3-1　创建 mwArray 的构造函数

方法函数名称	功　能
mwArray	mwArray 类的构造函数,用于创建各种类型,例如数值型、字符型、构架型等 mwArray 类对象
Clone	该函数用于获得 mwArray 变量的一个深拷贝
SharedCopy	该函数用于获得 mwArray 变量的一个引用

2. 创建数值型 mwArray 的构造函数调用格式

cX = mwArray();

　　创建空的 mwArray 阵列结构

cX = mwArray(Sr);

　　创建由标量 Sr 指定实部数值的实标量 mwArray 阵列结构

cX = mwArray(Sr,Si);

　　创建由标量 Sr 和 Si 分别指定实部和虚部数值的复标量 mwArray 阵列结构

cX = mwArray(m, n, Cid, CFlag);

　　创建全 0 的、(m * n)规模的、Cid 指定类型的、复/实数矩阵的 mwArray 阵列结构

cX = mwArray(nd, sz, Cid, CFlag);

　　创建全 0 的、nd 指定维数的、sz 数组指定规模的、Cid 指定类型的、复/实数多维数组的 mwArray 阵列结构

说明

- Sr、Si:输入数值,分别用于初始化标量 mwArray 的实部和虚部。该参数的类型可取选项关键词如表 6.3-2 所列。
- m、n:非负整数,分别用于指定待创建矩阵的行数和列数。
- nd:非负整数,用于指定待创建多维数组的维数。
- sz:非负整数构成的(1 * nd)行数组,用于指定待建多维数组的规模。
- CFlag:用于指明待建 mwArray 是实数型或复数型:
  - ◇ mxREAL:指定创建实数型 mwArray。
  - ◇ mxCOMPLEX:指定创建复数型 mwArray。
- Cid:该参数为 mxClassID 枚举类型,用于指定元素的数值类型,该输入参数的可取选项关键词如表 6.3-2 所列。

- cX:是构造函数返回的数值型 mwArray 对象变量。
- 在此,值得强调指出:所有涉及 mwArray 的 C++程序中,都必须包含的头文件 mclcppclass.h。该文件由 MATLAB 提供;该文件位于 matlabroot\extern\include 文件夹(在此 matlabroot 指 MATLAB 的安装目录)。

表 6.3-2 Sr、Si 参数可取类型选项

选项名称	含 义	选项名称	含 义
mxInt8	8 比特整数	mxUint8	8 比特无符整数
mxInt16	16 比特整数	mxUint16	16 比特无符整数
mxInt32	32 比特整数	mxUint32	32 比特无符整数
mxInt64	64 比特整数	mxUint64	64 比特无符整数
mxSingle	32 比特单精度	mxDouble	64 比特双精度

3. 创建字符型 mwArray 的构造函数调用格式

cX = mwArray(Str);

创建由标量 Sr 指定实部数值的实标量 mwArray 阵列结构

cX = mwArray(m, StrMatrix);

创建 m 行的由 strMatrix 初始化的字符串矩阵 mwArray 阵列结构

说明

- Str:字符指针,用于初始化字符串 mwArray。
- m:非负整数,用于指定待创建矩阵的行数。
- StrMatrix:字符指针数组,用于初始化字符串矩阵 mwArray。
- cX:是构造函数返回的字符型 mwArray 对象变量。如果是字符串矩阵 mwArray,则其列数由 StrMatrix 这个多行字符串数组中的最长字符串决定。

4. 创建构架型 mwArray 的构造函数调用格式

cX = mwArray(m, n, FNum, FNames);

创建(m * n)规模的、FNum 指定域个数,FNames 指定域名的构架矩阵 mwArray 阵列结构

说明

- m、n:非负整数,分别用于指定待创建矩阵的行数和列数。
- FNum:非负整数,指定构架矩阵 mwArray 中每个构架元素的域个数。
- FNames:字符指针数组,指定构架矩阵 mwArray 中每个构架元素的各个域名。
- cX:是构造函数返回的构架型 mwArray 对象变量。

5. 拷贝 mwArray 的方法函数调用格式

cX = mwArray(cA);

创建与输入参数 cA 指定的 mwArray 完全相同的 mwArray 阵列结构

cX = cA.Clone();

创建与cA完全相同的mwArray阵列结构

cX = cA.SharedCopy();

创建cA的引用mwArray阵列结构

说明

- cA:是已经存在的mwArray对象变量。
- cX:是函数返回的mwArray对象变量。

6.3.2 读取和赋值mwArray中的数据

1. mwArray中数据的读取和赋值方法函数汇总

mwArray中常用的数据读取和赋值方法函数见表6.3-3。

表6.3-3 mwArray中常用的数据读取和赋值方法函数表

	方法函数名称	功能
数值类读取和赋值	Get	获得数值型mwArray中指定元素
	GetData	读取mwArray中指定长度的数据段
	Real	获得表示数值型mwArray实部数据的mwArray
	Imag	获得表示数值型mwArray虚部数据的mwArray
	SetData	用缓存中指定的数据给mwArray赋值
构架类读取和赋值	Get	获得构架型mwArray中指定元素的指定域名的域
	Set	用指定的mwArray给构架型mwArray的域赋值
字符类读取和赋值	GetCharData	读取字符型mwArray变量的数据
	SetCharData	给字符型mwArray变量赋值

2. 数值型mwArray中数据的读取和赋值函数调用格式

cX = cA.Get(NDim,Dim1,…,DimN);

获取cA中,由索引参数NDim,Dim1,…,DimN指定的元素,并赋值给cX阵列结构

cA.GetData(pBuf, DLen);

获取cA中,长度由DLen指定的数据,并存放在由pBuf指定的数组中

cX = cA.Real();

获取cA的实部数据,并赋值给cX阵列结构

cX = cA.Imag();

获取cA的虚部数据,并赋值给cX阵列结构

cA.SetData(pBuf, DLen);

用pBuf指定的数组中的DLen个数据,给cA阵列结构赋值

说明

- cA：是已经存在的 mwArray 对象变量。
- NDim：输入参数，指定元素索引的下标描述方式，只能有如下两种可能的取值：
  - ◇ 取值为 1，表示采用单下标索引方式来获得某个元素。
  - ◇ 取值为数组的维数，表示采用多下标索引方式来获得某个元素。
- Dim1、DimN：输入参数，指定了元素索引的具体下标值。该组参数个数不确定，根据 NDim 的取值，也有如下两种取值可能：
  - ◇ 如果参数 NDim 取值为 1，则该组参数只有一个值，它按照“单下标、列优先”的原则索引某个元素。
  - ◇ 如果参数 NDim 取值为数组的维数，则该组参数的值是一组下标值，这组下标值的个数等于 NDim。每个下标值的取值范围在 1 和该维的维数之间，即以全下标的方式索引某个元素。
- pBuf：输入参数，基本数据类型指针变量，指定某个数据数组。
- DLen：输入参数，pBuf 指定数组的长度。
- cX：是函数返回的 mwArray 对象变量。

3. 构架型 mwArray 中数据的读取和赋值函数调用格式

cX = cA.Get(FName,NDim,Dim1,…,DimN);

获取 cA 指定的构架型 mwArray 中，由 FName 指定域名，由索引参数 NDim，Dim1，…，DimN 指定的元素，并赋值给 cX 阵列结构

cA.Set(cB);

用 cB 指定的 mwArray 阵列结构，给 cA 指定的域赋值

说明

- cA：构架型 mwArray 对象变量
- cB：mwArray 对象变量。
- FName：字符指针变量，一般采用字符串常量作为输入。该字符串常量指定了构架元素的某个域名。
- NDim：输入参数，指定元素索引的下标描述方式，只能有如下两种可能的取值：
  - ◇ 取值为 1，表示采用单下标索引方式来获得某个元素。
  - ◇ 取值为数组的维数，表示采用多下标索引方式来获得某个元素。
- Dim1、DimN：输入参数，指定了元素索引的具体下标值。该组参数个数不确定，根据 NDim 的取值，也有如下两种取值可能：
  - ◇ 如果参数 NDim 取值为 1，则该组参数只有一个值，它按照“单下标、列优先”的原则索引某个元素。
  - ◇ 如果参数 NDim 取值为数组的维数，则该组参数的值是一组下标值，这组下标值的个数等于 NDim。每个下标值的取值范围在 1 和该维的维数之间，即以全下标的方式索引某个元素。
- cX：是函数返回的域 mwArray 对象变量。

4. 字符型mwArray中数据的读取和赋值函数调用格式

cA. GetCharData(pBuf, DLen);

获取cA中,长度由DLen指定的字符数据,并存放在由pBuf指定的字符数组中

cA. SetCharData(pBuf, DLen);

用pBuf指定的字符数组中的DLen个字符数据,给cA阵列结构赋值

说明

- cA:是已经存在的字符型mwArray对象变量。
- pBuf:输入参数,字符类型指针变量,指定某个字符数组。
- DLen:输入参数,pBuf指定字符数组的长度。

6.3.3 获取mwArray属性

1. 获取mwArray属性信息方法函数汇总

获取mwArray属性信息的常用方法函数见表6.3-4。

表6.3-4 获取mwArray属性信息的常用方法函数表

	方法函数名称	功 能
获取维度信息	NumberOfDimensions	获取mwArray阵列变量的维数
	GetDimensions	获取mwArray阵列变量的各维的维数
	NumberOfElements	获取mwArray阵列变量的元素个数
获取数据属性信息	ClassID	获取mwArray阵列变量内部数据的类型
	IsNumeric	判断mwArray阵列变量内部数据是否为数值型
	IsComplex	判断mwArray阵列变量内部数据是否为复数类型
获取域名信息	NumberOfFields	获取构架型mwArray中每个元素的域个数
	GetFieldName	获取构架型mwArray中指定域名索引的域名

2. 获取mwArray维度信息函数调用格式

NDim = cA. NumberOfDimensions();

获取cA指定的mwArray数组的维数

Dims = cA. GetDimensions();

获取cA指定的mwArray数组的规模

NEle = cA. NumberOfElements();

获取cA指定的mwArray数组的元素个数

说明

- cA:mwArray阵列对象变量。
- NDim:函数返回的非负整数,表示cA指定的mwArray数组的维数。
- Dims:函数返回的非负整数指针,该指针指向的数组,由cA指定的数组的各维的维数

组成。

- NEle：函数返回的非负整数，表示 pcAA 指定的 mwArray 数组的所有元素个数。
- 在此，特别提醒注意，MATLAB 中为非负整数定义了 mwSize 和 size_t 两种类型，这两种类型可以互换，在使用上等价于 C/C++中的无符号整数(unsigned int)，但不要用 mwSize 和 size_t 两种类型的变量给 unsigned int 类型的变量赋值，因为它们在内存中所占的字节数不同，例如在作者的机器上 mwSize 和 size_t 两种类型的变量占 8 个字节，而 unsigned int 类型的变量占 4 个字节。MATLAB 定义 mwSize 和 size_t 两种类型的目的是，方便用户编写的程序可以跨平台使用。

3. 获取 mwArray 中数据的属性信息函数调用格式

Cid = cA.ClassID()；

　　获取 cA 指定的 mwArray 内包含数据的基本类型

bV = cA.IsNumeric()；

　　判断 cA 指定的 mwArray 是否为数值型

bV = cA.IsComplex()；

判断 cA 指定的 mwArray 内包含数据是否是复数

说明

- cA：mwArray 阵列对象变量。
- Cid：函数返回的 mxClassID 型数，表示 cA 中包含数据的基本类型，具体意义参见表 6.2-2。
- bV：函数返回的布尔型数，函数判断为真则为 1(或 true)，否则为 0(或 false)。

4. 获取构架型 mwArray 的域名信息函数调用格式

FNum = cA.NumberOfFields()；

　　获取 cA 指定的构架型 mwArray 中域的个数

FName= cA.GetFieldName(FIndex)；

　　获取 cA 指定的构架型 mwArray 中，由 FIndex 指定域名索引的域名

说明

- cA：构架型 mwArray 阵列对象变量。
- FNum：函数返回的整数，表示 cA 中域的个数。如果返回值为 0，表示函数执行失败，最大的可能是 cA 指定的 mwArray 不是构架型阵列。
- FName：mwString 类型变量，表示 cA 中指定域名索引的域名。如果 cA 指定的 mwArray 不是构架型阵列，或者 FIndex 指定的域名索引超出范围，例如输入大于 FNum－1 的某个值，则该方法函数将抛出异常信息。
- FIndex：表示 cA 中特定域名的索引。该索引从 0 开始计数，最大值为 FNum－1，其中 FNum 为 cA 中所有域的个数。

6.3.4　mwArray 类方法综合应用示例

本小节将以示例的形式，详细讲述 mwArray 类方法函数在 C/C++程序中的应用。

例【6.3-1】 本例以6.3.1、6.3.2和6.3.3这三小节所述内容为基础，举例说明mwArray变量的创建、赋值、取值等操作。本例演示：mwArray变量的各种方法函数的应用；指出在Visual Studio 2010开发的C/C++程序内应用mwArray变量所需的头文件和链接库文件；

1）Bexm010301示例工程创建

按本书附录A例A.2-1第1)条目所述方法，启动并引出Visual Studio 2010"新建项目"对话框，鼠标单击"Win32控制台应用程序"，然后在对话框下方的"名称"栏中填入Bexm010301；在对话框下方的"位置"栏中填入该项目要保存的位置，本示例项目填写的内容是D:\Mywork\ExampleB，上述内容填写完毕后，按"确定"按钮，在引出的"应用程序向导"对话框中直接按"完成"按钮，完成工程项目创建。

2）项目解决方案平台设置

按例6.2-5中第2)部分介绍的方法，把"活动解决方案平台"选项更改为x64。

3）项目编译所需外部函数目录设置，以及链接所需外部类库设置

为了使项目在编译时，Visual Studio 2010能找到MATLAB提供的有关mwArray类的头文件（如mclcppclass.h），以及链接库文件（如mclmcr.lib），需要设置与本项目相关的目录属性；为了使项目在链接时能链接到正确的链接库文件，还必须要对项目的依赖库属性进行设置。

有关mwArray类的头文件和链接库文件的目录设置与例6.2-5中第3)部分的相关论述完全相同，这里不再赘述。

有关项目链接所需的mwArray类的外部链接库设置方法与例6.2-5中第3)部分的相关论述相同，在引出的"附加依赖项"对话框的空白编辑框内输入"mclmcr.lib"。

4）Bexm010301示例代码开发

工程创建完毕，VC++ 2010编辑器会自动打开Bexm010301.cpp文件，重新编辑后的Bexm010301.cpp文件如下所示。

```
// Bexm010301.cpp : 定义控制台应用程序的入口点。//
//

#include "stdafx.h"
#include "mclcppclass.h"
#include "atlstr.h"//方便调用 CString 类


int _tmain(int argc, _TCHAR * argv[])
{
    //创建一个 2 行 4 列 mwArray 构架阵列变量
    const char * FieldName[]={"DataFileName","StepTime","Data"};
    mwArray cS(2,4,3,FieldName);                                          // <13>

    //创建普通字符型 mwArray 变量，并给 cS 的第一个元素的"DataFileName"域赋值
    mwArray Str("D:\\Test.mat");
```

```
cS("DataFileName",1,1).Set(Str);

//创建普通数值型 mwArray 变量,并给 cS 的第一个元素的"StepTime"域赋值
mwArray Val(1000);
cS("StepTime",1,1).Set(Val);

//创建一个 2 行 5 列数值型 mwArray 变量,并给 cS 的第一个元素的"Data"域赋值
mwArray MA(2, 5, mxDOUBLE_CLASS);
double SetDataBuf[10]={1,2,3,4,5,6,7,8,9,0};
MA.SetData(SetDataBuf,10);
cS("Data",1,1).Set(MA);

printf("cS 数组的元素个数为:\n");
size_t ElementNum;
int i;
ElementNum = cS.NumberOfElements();
printf("%d\n",ElementNum);
printf("\n");

printf("cS 中构架元素的域个数为:\n");
size_t FieldNum;
FieldNum = cS.NumberOfFields();
printf("%d\n",FieldNum);
printf("\n");

printf("cS 中构架元素的各个域名分别为:\n");
for (i=0;i < FieldNum;i++)
{
    mwString TempName = cS.GetFieldName(i);
    printf(TempName);
    printf("\n");
}
printf("\n");

printf("cS[0]的 DataFileName 域值为:\n");
mwArray TempName = cS("DataFileName",1,1);
printf(TempName.ToString());                                   // <53>
printf("\n");
printf("\n");

printf("cS[0]的 StepTime 域值为:\n");
mwArray TempArray = cS("StepTime",1,1);
printf("%.2f\n",(double)TempArray);
```

```
    printf("\n");

    printf("cS[0]的 Data 域值为:\n");
    TempArray = cS("Data",1,1);
    ElementNum = TempArray.NumberOfElements();
    for (i=0;i < ElementNum;i++)
    {
        double TempDou=(double)TempArray.Get(1,i+1);
        printf("%.2f ",TempDou);
    }
    printf("\n");

    return 0;
}
```

5) Bexm010301 示例的编译与运行

用鼠标单击菜单项"生成->生成 Bexm010301(U)",或单击工具栏内的图标,即可对整个项目进行编译和链接。在 Visual Studio 2010 集成开发环境下按快捷键 Ctrl+F5,或单击"调试"菜单的"开始执行(不调试)(H)"项,即可执行程序;也可以在 Windows 系统的 cmd.exe 程序内运行 Bexm010301.exe,该方式下程序执行结果如图 6.3-1 所示。

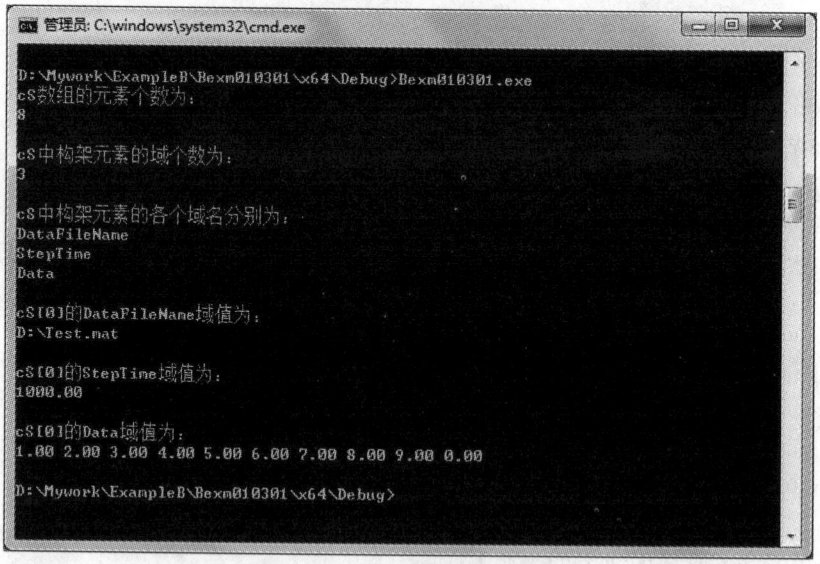

图 6.3-1 项目运行结果界面

说明

- 第 <13> 行声明 mwArray 类对象变量,并用构造函数创建初始化该变量,按 6.3.1 节第 4 部分所述,应该采用"mwArray cS = mwArray(2,4,3,FieldName);"格式,但是经常采用本例的简便格式。
- 第 <53> 行 ToString 方法函数,可以将字符型 mwArray 转换成 mwString 类型变量,而 mwString 类型变量在应用上等价于 C++中的 CString 类。

第7章

MATLAB中调用C/C++程序

MATLAB自身功能强大、环境友善、指令简便，能十分有效地处理各种科学和工程问题，但是MATLAB语言是解释执行语言，不像C/C++等编译执行语言，因而在处理一些不可避免的循环计算瓶颈时效率低下，显得力不从心。为了弥补解释执行语言的不足，MATLAB允许在自身环境内像调用内建函数那样，调用C/C++语言编写的程序，这种文件称之为MEX文件。当然，普通格式编写的C/C++源文件，并不能编译生成这种MEX文件，而只能是特定格式的C/C++源文件，经过编译器的编译，才能产生MEX文件。本章7.2节介绍能编译成MEX文件的C/C++源文件格式；7.3节描述通过MATLAB环境内配置C/C++编译器，然后利用该编译器将特定格式的C/C++源文件编译生成MEX文件，以及在MATLAB环境内运行MEX文件的全过程；7.4节借助示例的形式，演示MEX文件的内在数据流，以及MEX文件内接口子例程和计算子例程之间的关系，加深读者对MEX源文件格式的理解，为编写自定义MEX源文件打下基础；7.5节适度的介绍若干常用的MEX文件API函数，灵活运用这些函数，编写自定义C/C++源文件，可以使得C/C++程序和MATLAB程序更加紧密的结合，从而高效解决实际问题。

本章7.6节以三个示例为依托，介绍MEX文件在实际工程中的应用，以及如何利用Visual Studio 2010集成开发环境开发和调试MEX文件。其中7.6.1小节以信号处理中的滑窗检测法为背景，具体描述如何通过MEX文件，解决实际工程中的计算瓶颈，大幅提高MATLAB程序的运行效率；7.6.2小节介绍在Visual Studio 2010集成开发环境内开发MEX文件的方法，揭示了MEX文件在Windows系统内其实就是动态链接库的本质；7.6.3小节介绍利用Visual Studio 2010调试MEX文件的技巧和方法，为开发规模庞大或算法复杂的MEX文件提供技术支撑。

7.1 关于MEX文件的一般性说明

MEX文件是一种“可在MATLAB中调用的C/C++(或Fortran)衍生程序”。也就是说，MEX文件的源码文件是由C/C++或Fortran语言编写的，后经MATLAB调用C/C++或Fortran编译器处理而生成的二进制文件，可以被MATLAB解释器自动装载并执行的动态链接程序。这种文件在Windows操作系统中使用的后缀是mexw64(64位Windows操作系统)，或mexw32(32位Windows操作系统)。由于作者的机器安装的是64位Windows操作系统，所以下面各章节产生的都是后缀是mexw64的MEX文件。MEX文件的使用极为方便，其调用方式与MATLAB的内建函数完全相同，只需在MATLAB命令提示符下键入MEX文件名(不需要包括后缀名)即可。

MEX文件可应用于以下场合：

● 已存在的较大规模的C/C++和Fortran程序，可以比较容易地在MATLAB中加以调用，而无需重写成 M 文件。

- 在 MATLAB 中运行不很有效的计算瓶颈(一般是包含不可避免的循环时)，可以用 C/C++或 Fortran 重新编写后构成 MEX 文件解决。
- 直接面向硬件编写的 C/C++或 Fortran 程序可以通过 MEX 文件被 MATLAB 调用。

值得指出：MATLAB 本身是一个高效的系统，可以克服 C、Fortran 等低层语言编程的费时和繁琐。一般说来，绝大多数的编程应当用 MATLAB 进行。若不是万不得已，建议不要使用 MEX 手段。

本书 B 篇主要介绍 MATLAB 与 C/C++语言程序之间有关程序与数据的互相调用的方法，所有的例子中用到的非 MATLAB 程序都是 C/C++语言编写的，Fortran 语言程序不在本书的讨论范围，感兴趣的读者可以参考 MATLAB 的相关帮助文档。为了表述方便，下文中用“C_MEX 源文件”表示 C/C++语言编写的源程序，用“MEX 文件”表示 C/C++语言编写的源程序经过 MATLAB 编译器处理而生成的可以在 MATLAB 命令窗口内运行的二进制文件。

7.2 C_MEX 源文件的构成

一般形式的 C/C++语言源程序并不能直接被编译成在 MATLAB 中可以调用的 MEX 文件，只有按约定格式编写的 C_MEX 源文件才能被编译为有效的 MEX 文件。下面将以简单实例说明 C_MEX 源文件的大致结构。

例【7.2-1】 编写实数双精度标量求和，即 $y=x+z$ 运算的 C/C++语言源程序和 C_MEX 源文件。通过本例，从感性上认识：一般 C/C++源码文件如何改写成具有约定格式的 C_MEX 源文件；C_MEX 源文件的基本结构。

1) C 语言源程序

```
#include    <math.h>
void myplus(double y[],double x[],double z[])
{
    y[0]=x[0]+z[0];
    return;
}
```

2) C_MEX 源文件

```
[Bexm020201.c]
#include "mex.h"      //头文件，申明与 MEX 文件交互所必需的类型、宏、函数等。          <1>
/* --------------------- 程序说明 -------------------------------------
a、MEX 文件调用格式
    y=Bexm020201(x,z)
b、程序功能说明
    实现两个实数标量相加
-----------------------------------------------------------------------*/
//-------------------- 计算子例程 ------------------------------
```

```
void myplus(double y[],double x[],double z[])
{
    y[0]=x[0]+z[0];
}
//---------------------- 接口子例程 ----------------------------
void mexFunction(int nlhs, mxArray *plhs[], int nrhs, const mxArray *prhs[])
{
    double *x, *y, *z;                          //定义双精度变量
    int mrows0,ncols0;                          //定义整数变量
    int mrows1,ncols1;                          //定义整数变量
    if (nrhs!=2)                                //检查输入量的数目              <19>
        mexErrMsgTxt("函数有且只有两个输入!");
    if (nlhs!=1)                                //检查输出量的数目
        mexErrMsgTxt("函数有且只有一个输出!");                                //<22>
    mrows0=mxGetM(prhs[0]);                     //获取第一个输入量的行数
    ncols0=mxGetN(prhs[0]);                     //获取第一个输入量的列数
    mrows1=mxGetM(prhs[1]);                     //获取第二个输入量的行数
    ncols1=mxGetN(prhs[1]);                     //获取第二个输入量的列数

    //检查第一输入量的数据是否双精度、实数、标量
    if (!mxIsDouble(prhs[0])||mxIsComplex(prhs[0])||
        !(mrows0==1 && ncols0==1))                                          //<30>
        mexErrMsgTxt("函数输入必须是双精度实数标量!");
    //检查第二输入量的数据是否双精度、实数、标量
    if (!mxIsDouble(prhs[1])||mxIsComplex(prhs[1])||
        !(mrows1==1 && ncols1==1))
        mexErrMsgTxt("函数输入必须是双精度实数标量!");                        //<35>
    //创建输出 mxArray 变量,并将 plhs[0]指向该变量
    plhs[0]=mxCreateDoubleMatrix(mrows0,ncols0,mxREAL);

    x=mxGetPr(prhs[0]);          //获得 prhs[0]所指 mxArray 变量中实数的起始地址
    z=mxGetPr(prhs[1]);          //获得 prhs[1]所指 mxArray 变量中实数的起始地址
    y=mxGetPr(plhs[0]);          //获得 plhs[0]所指 mxArray 变量中实数的起始地址

    myplus(y,x,z);               //调用 myplus 计算子例程
}
```

说明

- C_MEX 源文件必须有 #include "mex. h"头文件包含语句,确保相关 MEX 函数能被正确声明。
- C_MEX 源文件一般由两个相对独立的子例程组成:
  ◇ "计算子例程(computational routine)"用于完成需要用 C/C++语言编写的计算函数。它与具有相同计算功能的一般 C/C++源文件的程序体差别甚微。

◇ “接口子例程(gateway routine)”是计算子例程与MATLAB空间的接口，用于实现MATLAB内存空间和C/C++语言程序内存空间之间的数据交互。它把“计算子例程”作为自己的子程序调用。

◇ 对于一个C_MEX源文件，“接口子例程”是必须的。它是MEX文件的入口，而“计算子例程”可以根据具体情况，可有可无。

- “计算子例程”和“接口子例程”相对独立，可以分成两个源文件，也可以共写在同一个源文件中。
- “接口子例程”的格式是固定的，只能是携带规范参数的void mexFunction(int nlhs, mxArray * plhs[], int nrhs, const mxArray * prhs[])，其参数含义如表7.2-1所列。
- C_MEX源文件名不必与“计算子例程”名称相同，经编译后的MEX文件默认情况下与第一个源文件同名。在MATLAB环境下调用MEX文件的格式，一般情况下即不同于“计算子例程”函数，也不同于“接口子例程”函数，因此建议读者在编写C_MEX源文件时，像本例编写的那样，在文件的开始部分加上MATLAB环境下调用格式说明和MEX文件功能的简单说明。
- 为创建一个比较完善的MEX源文件，需要在C_MEX源文件中包含检查宗量合法性的程序段(如本例第<19>到<22>行，第<30>到<35>行)。

表7.2-1 接口子例程的规范参数的数据类型、名称及其含义

规范参数的数据类型及参数名称	含 义
int nlhs	整数类型的输出量nlhs，表示MEX文件调用后的输出量数目；它也是plhs数组的长度
mxArray * plhs[]	Plhs表示MEX文件输出量的mxArray指针类型数组，数组中按序排列的元素，分别对应调用MEX文件时的各输出量
int nrhs	整数类型的输入量nrhs，表示MEX文件输入量数目；它也是prhs数组的长度
const mxArray * prhs[]	Prhs表示MEX文件输入量的mxArray指针类型数组；数组中按序排列的元素，分别对应调用MEX文件时的各输入量

7.3 编译生成C语言MEX文件

7.3.1 编译器的配置

要实现从C_MEX源文件到MEX文件的转换，就必须先对MATLAB编译器类型进行正确设置。MATLAB可以自动的在编译的过程中选取合适的C/C++编译器，当然，前提是本机上安装了该类型的编译器。但是当用户的机器上安装了多个类型的C/C++编译器，或需要对默认的C/C++编译器类型进行更改时，就需要利用“mex - setup”命令进行相应的操作。

(1) 借助 mex 指令启动配置过程

启动配置的 mex 指令语法如下：

mex - setup lang

其中参数 lang 可以取值为 C、C++、CPP、Fortran，其中 C 是默认值，即当用户调用该指令时没有指定 lang 参数，则 MATLAB 会默认给 lang 赋值 C。

在 MATLAB 指令窗口运行如下指令

```
mex - setup CPP
```

```
MEX 配置为使用 'Microsoft Visual C + + 2010' 以进行 C + + 语言编译。
警告：MATLAB C 和 Fortran API 已更改，现可支持
包含 2^32 - 1 个以上元素的 MATLAB 变量。您需要
更新代码以利用新的 API。
您可以在以下网址找到更多的相关信息：http://www.mathworks.com/help/matlab/matlab_external/upgrading - mex - files - to - use - 64 - bit - api.html。
```

由于本机上只安装了 Visual Studio 2010，所以该指令直接选取了其中的“Microsoft Visual C++ 2010”作为编译 C++语言程序的编译器。

(2) 编译器配置的永久性和可重置性

在第(1)步中所述的编译器配置具有永久性和可重置性：

- 永久性是指以上配置不会因退出当前 MATLAB 操作环境而消失。
- 可重置性是指以上配置是“可修改”的。这就是说，假如外部编译器类型、版本或路径发生了变化，或用户目标发生变化，可随时根据需要重新配置。

7.3.2 借助编译器生成 MEX 文件

为生成 MEX 文件，有下面两种方法可供选用：

(1) 生成编译文件的全指令操作法

该方法的特点是：整个编译操作，全部借助 MATLAB 指令实现。具体步骤如下：

- 利用 cd 指令，把被编译 C_MEX 源文件所在目录设置成当前目录；
- 假设被编译文件为 FileName.c，则为实现编译应在 MATLAB 指令窗中运行指令 mex FileName.c(注意，扩展名必须有)；
- 运行指令 dir FileName.*，显示当前目录上的名为 FileName 的所有文件，以确认 FileName.mexw64 编译文件的存在。

(2) 生成编译文件的混合操作法

该方法的特点是：当前目录设置和编译文件的确认都借助界面实现；文件的编译则借助 mex 指令实现。具体步骤如下：

- 借助 MATLAB 桌面的工具图标，把被编译 C_MEX 文件所在目录设置成当前目录；
- 假设被编译文件为 FileName.c，那么应在 MATLAB 指令窗中运行如下编译指令 mex FileName.c(注意，扩展名必须有)；
- 在 MATLAB 桌面的当前目录窗中，观察确认 FileName.mexw64 编译文件的存在。

值得指出，不管采用哪种操作方法，一定要注意：必须保证被编译链接的源文件在当前目

录上；编译产生的 MEX 文件也一定存放在当前目录上。

例【7.3-1】 利用例 7.2-1 中的 C_MEX 源文件 Bexm020201.c，采用混合法编译生成 MEX 文件 Bexm020301.mexw64，并用此文件实现任何两个实数变量的求和运算。本例演示：编译文件的混合法；感受 MEX 文件的调用格式；dir，mex 指令的使用。

1）编写 Bexm020301.c

Bexm020301.c 源文件由 Bexm020201.c 改编而成，具体步骤如下：

- 创建目录 D:\Mywork\ExampleB\Bexm020301，并把该目录设置为当前目录；
- 把 Bexm020201.c 复制到当前目录上，并改名为 Bexm020301.c；
- 打开 Bexm020301.c 源文件，把所有 Bexm020201 更改成 Bexm020301。

完成上述步骤，就完成了 Bexm020301.c 源文件的编写，详细代码参见电子文档。

2）文件的编译和确认

在 MATLAB 指令窗中运行以下指令，可直接生成所需的 MEX 文件，并通过显示该文件之全名，确认其存在。

```
mex Bexm020301.c                         % 对源码文件进行编译链接                              <1>
dir Bexm020301.*                         % 显示名为 Bexm020301 的所有文件
```

```
    使用 'Microsoft Visual C++ 2010 (C)' 编译。
    MEX 已成功完成。

Bexm020301.c        Bexm020301.mexw64
```

3）MEX 文件的调用格式和其运算正确性验证

在 MATLAB 指令窗中运行以下指令，验证 MEX 文件运算正确性。

```
x = 0.111;z = 0.222;      % 为 MEX 文件提供输入量
y = Bexm020301(x,z)       % 应实现 y = x + z 运算，因此输出结果应是 0.333
```

```
y =
    0.3330
```

说明

- 再次强调：被编译文件的名称必须包含扩展名，参见指令 <1>。
- 关于编译文件调用格式的说明：
  - ◇ 调用指令的名称，就是 MEX 文件名，即 Bexm020301；
  - ◇ 该指令的输入、输出格式，由被编译文件 Bexm020301.c 中接口子程序 mexFunction 的参数列表决定，参见例 7.3-1 中 Bexm020301.c 源文件的第 <19> 到 <22> 行指令和表 7.2-1 中的解释，最直接和有效的方式是引用 Bexm020301.c 源文件中说明部分的调用格式。

7.3.3 编译指令 mex 简介

编译指令 mex 最常用的几种调用格式如下所示：

mex filenames　　　　采用默认选项设置把源文件编译成 MEX 文件

mex　option1…optionN　filenames　　按指定选项设置编译源文件
mex　-setup lang　　　　　　　　　默认编译器设置

说明

- filenames 在本书特指 C/C++语言编写的源文件，必须包括文件的扩展名(c 或 cpp)，filenames 可以是一个文件，也可以是多个文件，但默认方式编译产生的 MEX 文件或可执行文件总以第一个源文件名来命名；
- lang 可以取值 C 或 CPP(注意是大写)，分别表示对 C 语言和 C++语言的 C_MEX 源文件的编译器进行设置；
- option1…optionN 表示编译选项，最常见的编译选项见表 7.3-1。

表 7.3-1　常用编译选项

编译选项名称	编译选项含义
-client engine	该选项表示 C/C++源文件的编译目标不是 MEX 文件，而是独立可执行文件，主要用于在 MATLAB 环境内，编译包含 MAT 函数库或引擎函数库的 C/C++源文件
-outdir dirname	该选项表示编译后的输出文件，存放在由 dirname 指定的目录
-output mexname	该选项表示编译后的目标文件，例如 MEX 文件，或独立可执行文件的名称，不再由第一个源文件名决定，而是由 mexname 确定

7.4　MEX 文件的执行流程

MEX 文件在 Windows 平台其实就是动态链接库，其在 MATLAB 窗口内执行，实质就是 MATLAB 调用了 C/C++语言动态链接库，因此，有必要了解数据是如何从 MATLAB 空间传递到 MEX 文件空间，又如何把 MEX 文件的运行结果传回到 MATLAB 空间。下面将借助例 7.3-1 对执行流程加以说明。

C_MEX 的源码文件 Bexm020301.c 经编译链接后生成动态链接程序 Bexm020301.mexw64，只要该文件在 MATLAB 搜索路径上，则指令 y=Bexm020301(x,z)就能在 MATLAB 指令窗中运行，其执行流程如下：

(1) 由 MATLAB 工作空间向接口子例程传递数据

在 y=Bexm020301(x, z)指令作用下，MATLAB 空间中已经存在的 x,z 数据，通过接口子例程的相关参数传进 Bexm020301.mexw64 文件。参数赋值的具体过程如下：

- nlhs=1：赋值号左边的输出量数(nlhs)为 1；
- nrhs=2：赋值号右边的输入量数(nrhs)为 2；
- plhs→NULL：赋值号左边的输出量指针(plhs)指向“空”，原因是输出 a 还没有产生；
- x→prhs[0]：把 b 输入量对应的 mxArray 变量的指针赋值给输入量指针数组(prhs)的第一个元素；
- z→prhs[1]：把 c 输入量对应的 mxArray 变量的指针赋值给输入量指针数组(prhs)的第二个元素。

(2) 计算子例程的调用前数据准备和调用

- 创建“初始化为0”的 mxArray 的变量，并把该 mxArray 变量的指针赋值给输出量指针数组(plhs)的第一个元素 plhs[0]；
- 从 prhs[0]、prhs[1]、plhs[0]这三个 mxArray 变量里获得实部数据指针，并把这些指针作为调用计算子例程的参数。

(3) 把计算结果送回 MATLAB 工作空间

- 在计算子例程中，由 y[0]=x[0]+z[0]；语句，进行求和运算；
- 把求和结果赋给 y，即把求和结果存放于赋值号左边指针 plhs[0]所指向的 mxArray 变量；
- plhs[0]所指向的 mxArray 结构体中的数据再经由接口子例程返回给 MATLAB 工作空间的 y 变量。

7.5 MEX 函数库介绍

MEX 文件 API(Application Programming Interface)函数库，是 MATLAB 提供的一组皆以前缀 mex 开头的函数，如之前介绍的接口子例程函数，这些函数库以动态链接库的形式提供给使用者。C/C++语言程序通过调用这些库函数，或从 MATLAB 环境(基本空间、主调空间、全局列表空间)中获取需交由 MEX 文件中运算的输入数据，或把运算结果数据带回 MATLAB 环境，或直接调用 MATLAB 的各种函数。MEX 文件 API 函数库的主要用途是改造已有的 C/C++源文件，使之成为本章 7.2 节介绍的 C MEX 源文件，然后由 MATLAB 对其进行编译，最终产生可以在 MATLAB 环境下运行的 MEX 文件。本小节只是适度地介绍若干常用的 mex 库函数，见表 7.5-1。其他库函数和更多的信息请看 MATLAB 的帮助文件。

表 7.5-1 常用的 mex 函数及功能描述

函　数	功　能
mexErrMsgTxt	显示错误信息到 MATLAB 窗口
mexWarnMsgTxt	显示警告信息到 MATLAB 窗口
mexCallMATLAB	在 MEX 文件内调用 MATLAB 内置函数、用户自定义函数或另一个 MEX 文件等
mexEvalString	在 MATLAB 环境内执行参数指定的命令
mexPutVariable	把 MEX 文件内产生的数据推送到指定的 MATLAB 空间内
mexGetVariable	获得指定的 MATLAB 空间内的变量

表 7.5-1 中各种函数的调用形式如下：

mexErrMsgTxt(ErrStr)；

　　中断 MEX 文件运行，把 ErrStr 指定的错误信息显示到 MATLAB 窗口

mexWarnMsgTxt(WarnStr)；

　　把 WarnStr 指定的告警信息显示到 MATLAB 窗口

IFlag = mexCallMATLAB(nlhs, plhs, nrhs, prhs, FName)；

根据参数 nlhs、plhs、nrhs 和 prhs，在 MATLAB 环境调用 FName 指定的函数

IFlag = mexEvalString(CmdStr);

在 MATLAB 环境执行 CmdStr 参数指定的命令

IFlag = mexPutVariable(BS, MValN, ValN);

将 MEX 程序中名为 ValN 的变量，推送到由 BS 指定的 MATLAB 空间，并命名为 MValN

pX = mexGetVariable(BS, MValN);

获取 BS 指定的 MATLAB 空间内的 MValN 变量，赋值给 pX 阵列结构

说明

- ErrStr、WarnStr：字符型指针变量，分别表示错误信息和告警信息。
- FName：字符型指针变量，指定需要在 MATLAB 环境内调用的函数名称。
- nlhs、nrhs：整形变量，分别表示 FName 函数执行所需的输入变量个数，以及函数执行产生的输出变量个数。
- plhs、prhs：mxArray 指针数组变量，其数组长度分别为 nlhs 和 nrhs。plhs 数组元素指定了 FName 函数执行所需的输入变量指针，prhs 数组元素指定了 FName 函数执行产生的输出变量指针。
- CmdStr：字符型指针变量，指定需要在 MATLAB 环境内执行的命令名称。
- BS：字符型指针变量，指定 MATLAB 空间，它可以取如下三个字符串中的任意一个：
  ◇ base：MATLAB 的基本空间；
  ◇ caller：主调者空间；
  ◇ global：全局变量列表空间。
- MValN：字符型指针变量，表示 BS 指定的 MATLAB 空间内的变量名称。
- ValN：字符型指针变量，表示 MEX 程序内的 mxArray 指针变量名称。
- IFlag：函数输出的整型变量，0 表示函数执行成功；1 表示执行失败。
- pX：函数输出的 mxArray 指针变量。
- 在此，值得强调指出：在所有涉及 MEX 函数库的 C 程序中，都必须包含的头文件 mex.h，该文件由 MATLAB 提供，位于 matlabroot\extern\include 文件夹（在此 matlabroot 指 MATLAB 的安装目录）。

7.6 C 语言 MEX 文件应用示例

7.6.1 MATLAB 环境下编译 C_MEX 源文件

在 MATLAB 语言编写的程序中，有些算法必须借助循环，甚至是多重循环来运算，而 MATLAB 脚本语言编写的函数在 MATLAB 环境下是逐语句解释执行的，这与编译后的二进制可执行文件相比，效率非常低下。下面将以实例说明一个完整的 MATLAB 脚本语言编写的函数，如何把其循环计算的瓶颈部分转换成 MEX 文件，从而提高 MATLAB 的计算效率。

例【7.6-1】 设有一组受干扰的采样信号排列成(100×100)规模的数组 A，现需要对该

数组中的每个元素按一定条件进行甄别，以生成甄别数组 D。若某元素 $A(i,j)$ 满足甄别条件，则 $D(i,j)$ 取 1，否则取 0 标志。甄别的方法是：设计两个长度都为 $L=5$(个元素)的窗口，分置于被甄别元素 $A(i,j)$ 的左右两侧，又设 $m_l=\sum_{k=j-L}^{j-1}A(i,j)$，$m_r=\sum_{k=j+1}^{j+L}A(i,j)$。那么甄别条件如下

$$D(i,j)=\begin{cases}1 & A(i,j)\geqslant \mathrm{m/L} \\ 0 & \text{else}\end{cases} \qquad \forall i,j$$

式中：$m=\max(m_l,m_r\}$。本例目的：演示 MEX 文件可有效解决 MATLAB 程序(简称 M 码)中循环运算的耗时瓶颈，感受 MEX 文件执行运算的高效；演示 MEX 函数文件的形成步骤；展示 C_MEX 源文件与一般 C/C++码文件的差别。

在实践本例之前，提醒读者注意：为确保本例实践的正常实施，请把本例所涉及的各种文件放置在同一个目录下，并把该目录设置为当前目录。

1) 包含显式循环的 M 码文件 Bexm020601A.m

在用户设立的当前目录上，编写如下的 M 码程序。

```
% Bexm020601A.m        该文件中直接包含 M 码写成的循环
rng(0)                                    %为保证计算结果可重现和保证不同程序的结果可比照
row=100;
MatrixA=1+0.2*rand(row);                  %生成受扰的采样数组
WinLen=5;                                 %滑动窗口的长度
ZeroMatrix=zeros(row,WinLen);
WorksMatrix=[ZeroMatrix,MatrixA,ZeroMatrix];        %补零扩展
tic                                       %启动计时器
D1=NaN(row);                              %甄别数组内存预置                            <8>
for ii=1:row;
    for jj=1:row
        LeftMean=sum(WorksMatrix(ii,jj:WinLen+jj-1))/WinLen;
        RightMean=sum(WorksMatrix(ii,jj+WinLen+1:WinLen*2+jj))/WinLen;
        MaxMean=max(LeftMean,RightMean);
        if WorksMatrix(ii,WinLen+jj)>=MaxMean
            D1(ii,jj)=1;
        else
            D1(ii,jj)=0;
        end
    end
end                                                                                 %  <20>
t1=toc;                                   %给出从 <8> 到 <20> 之间指令计算所消耗的时间
```

2) 编写“循环由 M 函数文件实现”的 M 码文件 Bexm020601B.m

对 Bexm020601A.m 文件分析可知，在该解算程序，第 <8> 到第 <20> 行之间的循环最耗时。为实现循环运算采用 MEX 函数文件执行的目的，作者建议：先写出执行循环运算的 M 函数文件。这样处理有利于明晰 MEX 文件的输入输出量是什么以及理清 MEX 该执行那些运算。

采用 M 函数文件执行循环运算的 Bexm020601B. m 具体内容如下：

```
%Bexm020601B. m        该文件调用 M 函数文件 MatrixCompute_M. m 实施循环计算
rng(0)
row=100;
A=1+0.2*rand(row);
L=5;
ZeroMatrix=zeros(row,L);
WorksMatrix=[ZeroMatrix, A, ZeroMatrix];
tic
D2=MatrixCompute_M(WorksMatrix,L);       %调用 M 函数文件实施循环计算
t2=toc;
```

执行循环运算的 MatrixCompute_M. m 具体内容如下：

```
% MatrixCompute_M. m             该文件实施循环计算部分
function OutMatrix=MatrixCompute_M(InMatrix,WinLen)
row=size(InMatrix,1);                          %获取 InMatrix 数组的行规模
OutMatrix=NaN(row);                            %为 OutMatrix 数组预置内存以提高计算效率
for ii=1:row;
    for jj=1:row
        LeftMean=sum(InMatrix(ii,jj:WinLen+jj-1))/WinLen;
        RightMean=sum(InMatrix(ii,jj+WinLen+1:WinLen*2+jj))/WinLen;
        MaxMean=max(LeftMean,RightMean);
        if InMatrix(ii,WinLen+jj)>=MaxMean
            OutMatrix(ii,jj)=1;
        else
            OutMatrix(ii,jj)=0;
        end
    end
end
```

3）编写实现 MatrixCompute_M. m 函数计算功能的 C 码程序

根据 MatrixCompute_M. m 函数文件，编写功能相同的 C_MEX 源文件。

```
/* MatrixCompute. c  */
#include "mex. h"
/* --------------------- 程序说明 -------------------------------------
a、MEX 文件调用格式
    OutMatrix=MatrixCompute(InMatrix,L)
    InMatrix              表示输入信号矩阵
    L                     表示滑窗长度
    OutMatrix             表示经过滑窗处理后的输出矩阵
b、程序功能说明
    实现矩阵的滑窗检测
-----------------------------------------------------------------*/
/* ------------------------- 计算子例程 -------------------------*/
```

```
void MatrixProcess(double * OutMatrix, double * InMatrix, int col, int row, int WinLen)
{
    int i,j,k;
    double LeftMean,RightMean,MaxMean;

    /* 对每行每个元素进行处理 */
    for (i=0; i < row; i++)
    {
        for (j=0;j < col-2 * WinLen;j++)
        {
            LeftMean=0;
            RightMean=0;
            for (k=0;k < WinLen;k++)
            {
                /* 提醒读者注意,本例是按行滑窗,但 InMatrix 指针
                是按 prhs[0]矩阵列方向逐渐递增的,因此不能顺序
                取值,而是要隔行跳跃取值。 */
                LeftMean+=InMatrix[i+(j+k) * row];
                RightMean+=InMatrix[i+(j+k+WinLen+1) * row];
            }
            LeftMean=LeftMean/WinLen;
            RightMean=RightMean/WinLen;
            MaxMean=(LeftMean >=RightMean)? LeftMean:RightMean;
            OutMatrix[i+j * row]=(InMatrix[i+(j+WinLen) * row] >=MaxMean)? 1:0;
        }
    }
}

/* ---------------------- 接口子例程 ---------------------- */
void mexFunction( int nlhs, mxArray * plhs[],
                  int nrhs, const mxArray * prhs[])
{
    double * inMatrix;                /* 计算子例程输入矩阵指针 */
    double * outMatrix;               /* 计算子例程输出矩阵指针 */
    int ncols;                        /* 输入矩阵的行数 */
    int nrows;                        /* 输入矩阵的列数 */
    double WinLen;                    /* 滑窗长度 */

    /* 下列检查是针对在 Matlab 指令窗口中进行 MatrixCompute.mexw64 函数
      调用时的输入输出进行检查的,而不是对计算子例程函数的输入输出进行检查 */
    /* 检测输入输出宗量的个数是否满足需求 */
    if(nrhs!=2) {
        mexErrMsgTxt("有且只有二个输入.");
```

```
    }
    if(nlhs!=1) {
        mexErrMsgTxt("有且只有一个输出.");
    }

    /* 获得输入矩阵的数据指针 */
    inMatrix = mxGetPr(prhs[0]);
    WinLen = mxGetPr(prhs[1])[0];

    /* 获得输入矩阵的行数和列数 */
    nrows = mxGetM(prhs[0]);
    ncols = mxGetN(prhs[0]);

    /* 创建输出矩阵 */
    plhs[0] = mxCreateDoubleMatrix(nrows,ncols-2*WinLen,mxREAL);

    /* 获得输出矩阵的数据指针 */
    outMatrix = mxGetPr(plhs[0]);

    /* 调用计算子例程 */
    MatrixProcess(outMatrix,inMatrix, ncols, nrows,WinLen);
}
```

4）把 MatrixCompute.c 编译成 MEX 文件

确保 MatrixCompute.c 文件在当前目录上，运行以下指令，生成 MEX 函数文件 MatrixCompute.mexw64。

```
mex MatrixCompute.c
```

```
使用 'Microsoft Visual C++ 2010 (C)' 编译。
MEX 已成功完成。
```

5）编写"循环由 MEX 函数文件实现"的 M 码文件 Bexm020601C.m

```
%Bexm020601C.m      该文件调用 MEX 函数文件 MatrixCompute.mexw64 实施循环计算
rng(0)
row=100;
A=1+0.2*rand(row);
L=5;
ZeroMatrix=zeros(row,L);
WorksMatrix=[ZeroMatrix,A,ZeroMatrix];
tic
D3=MatrixCompute(WorksMatrix,L);%调用 MEX 函数文件 MatrixCompute.mexw64
t3=toc;
```

6）比较 Bexm020601A.m，Bexm020601B.m 和 Bexm020601C.m 三个文件的运行速度

在 MATLAB 指令窗中运行以下指令

```
Bexm020601A;Bexm020601B;Bexm020601C
S3 = blanks(3);S5 = blanks(5);                    % 为显示,定义空格字符串
disp([blanks(10),'各文件的运行时间比较'])
disp(['Bexm020601A',S3,'Bexm020601B',S3,'Bexm020601C'])
disp([S3,num2str(t1),S5,num2str(t2),S5,num2str(t3)])
```

```
          各文件的运行时间比较
Bexm020601A   Bexm020601B   Bexm020601C
   0.089705      0.048836      0.0035481
```

观察运行结果,可知:采用MEX文件执行循环的Bexm020601C文件的计算用时,为采用M码执行循环的Bexm020601A文件计算用时的4%以下。

说明

- 本例的应用背景是信号处理中的滑窗(Sliding Window)检测法。
- 本书所显示的各文件运行时间,只是用于反映MEX文件执行循环很高效的事实。至于那些具体耗时,则不必过多关注,因为它们会随所用电脑配置的不同而变,会随每个文件不同运行次数而变。特别提醒:MEX函数第一次运行时需要将文件从硬盘加载到MATLAB内存空间,因此所占时间较长,之后再次运行时就只有MEX函数本身的运行时间。
- "接口子例程"不但函数格式是固定的,其包含内容一般也可以划分为函数内部的局部变量定义、接口参数内容属性的正确性检测、输入数据获取、输出数据变量生成和调用计算子例程。其中要特别注意的是接口子例程函数开头部分的局部变量定义,所有接口子例程内部需要的局部变量必须在开头部分统一定义,而不能像普通C/C++函数那样随时定义,随时使用。例如本例中,如果把滑窗长度变量的定义放置到创建输出矩阵部分时,更改部分代码如下:

```
/* 创建输出矩阵 */
double WinLen;
WinLen = mxGetPr(prhs[1])[0];
plhs[0] = mxCreateDoubleMatrix(nrows,ncols-2 * WinLen,mxREAL);
```

  则在编译时会提醒出错,感兴趣的读者可以尝试,这里不再赘述。
- 再次提醒读者,在MATLAB中定义的矩阵变量,通过MEX文件的接口子例程传递到MEX文件内部,再通过mxArray变量的相关取值操作获得其包含数据的指针,该指针是个一维指针,最后在计算子例程中利用该数据指针进行数据操作时,数据指针递加的方向是沿着MATLAB中定义变量的列的方向逐列进行的。在MatrixCompute.c源文件的计算子例程内的相关数据操作,读者可以仔细阅读通过指针累加获得数据的相关代码。

7.6.2 Visual Studio环境下编译C_MEX源文件

通过7.6.1节的叙述可见,在MATLAB环境下编辑和编译C_MEX源文件是很简单的,但是当C_MEX源文件的规模逐渐庞大时,MATLAB编辑器在组织和管理这些文件时就有些局限性,而且很难保证一次就编写正确,此时需要对MEX文件进行调试,而在MATLAB

指令窗口是不能对MEX文件进行调试的，为此就需要借助Visual Studio 2010的集成开发环境来创建MEX文件。

【7.6-2】 本例利用Visual Studio 2010集成开发环境，将例7.6-1中编写的MatrixCompute.c编译成MEX文件。本例演示：Visual Studio 2010集成开发环境内设计开发动态链接库项目；在Visual Studio 2010集成开发环境内编译MEX文件。

1）Bexm020602示例工程创建

按本书附录A例A.2-1第1)条目所述方法，启动并引出Visual Studio 2010“新建项目”对话框，鼠标单击“Win32控制台应用程序”，然后在对话框下方的“名称”栏中填入Bexm020602；在对话框下方的“位置”栏中填入该项目要保存的位置，本示例项目填写的内容是D:\Mywork\ExampleB，上述内容填写完毕后，按“确定”按钮。在弹出的“应用程序向导”对话框中，单击“下一步”按钮，在弹出的“应用程序设置”对话框的“应用程序类型”栏中选择Dll(D)，在“附加选项”内选择“空项目(E)”，如图7.6-1所示。

在如图7.6-1所示的界面内直接按“完成”按钮，完成工程项目创建。

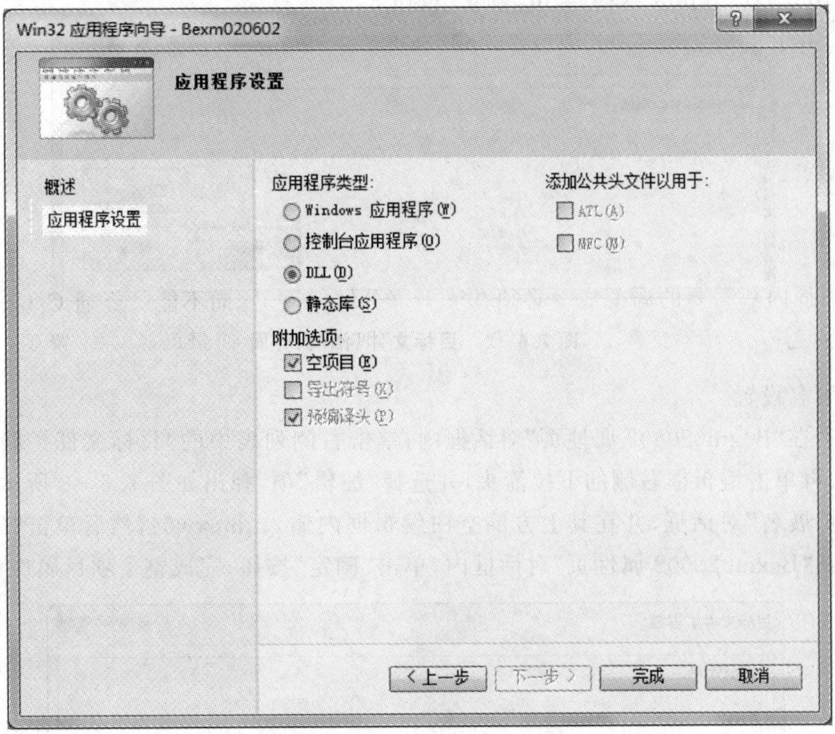

图7.6-1 Bexm020602项目应用程序向导设置界面

2）项目解决方案平台设置

按例6.2-5中第2)部分介绍的方法，把“活动解决方案平台”选项更改为x64。

3）项目编译所需外部函数目录设置及链接所需外部类库设置

为了使项目在编译时，Visual Studio 2010能找到MATLAB提供的有关MEX文件函数库的头文件(如libmex.h)，以及引入库文件(如libmex.lib)，需要设置与本项目相关的目录属性；为了使项目在链接时能链接到正确的引入库文件，还必须要对项目的依赖库属性进行设置。

有关 MEX 文件函数库的头文件和引入库文件的目录设置与例 6.2-5 中第 3)部分的相关论述完全相同,这里不再赘述。

有关项目链接所需的 MEX 文件引入库设置方法与例 6.2-5 中第 3)部分的相关论述相同,在引出的"附加依赖项"对话框的空白编辑框内输入 libmx.lib 和 libmex.lib。

4) 目标文件名称设置

本例借助 Visual Studio 2010 来开发和编译 MEX 文件,采用了 Visual Studio 2010 提供的 DLL 项目构架。默认情况下,编译后的目标文件扩展名为 dll,为了生成标准的扩展名为 mexw64 的 MEX 文件,需要在项目的属性里进行目标文件名和扩展名的设置。

- 目标文件名设置

  打开"Bexm020602 属性页"对话框内,单击左侧任务栏内的"常规"项,然后单击右侧列表中的"目标文件名"的编辑框,再单击编辑框右侧的下拉箭头,并选择"编辑"项,弹出如图 7.6-2 所示的"目标文件名"编辑对话框,并在其上方的空白编辑框内输入 MatrixCompute,然后单击"确定"按钮。

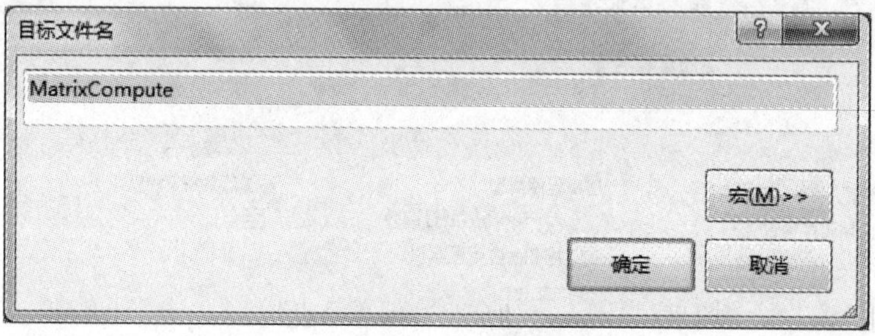

图 7.6-2 目标文件名编辑界面

- 扩展名设置

  在"Bexm020602 属性页"对话框内,单击右侧列表中的"目标文件扩展名"的编辑框,再单击编辑框右侧的下拉箭头,并选择"编辑"项,弹出如图 7.6-3 所示的"目标文件扩展名"对话框,并在其上方的空白编辑框内输入.mexw64,然后单击"确定"按钮,回到"Bexm020602 属性页"对话框内,单击"确定"按钮,完成整个项目属性设置。

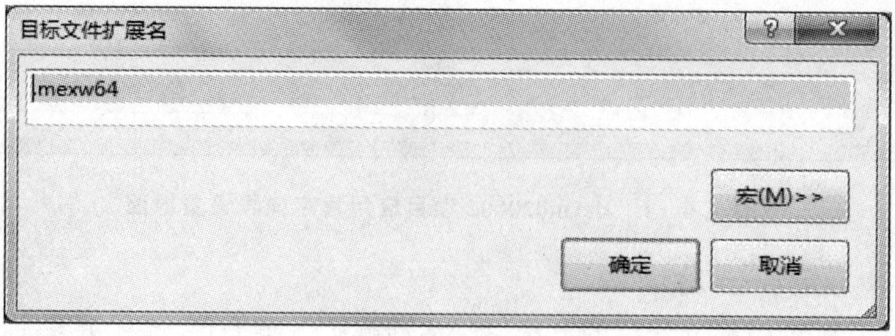

图 7.6-3 目标文件扩展名编辑界面

5) Bexm020602 示例代码开发

把 7.6.1 节例 7.6.1 中创建的名为 MatrixCompute.c 的 C_MEX 源文件复制到刚才创建的 Visual Studio 2010 工程 D:\Mywork\ExampleB\Bexm020602\Bexm020602 目录下,然后

用鼠标单击菜单项“项目—>添加现有项(G)”，弹出如图 7.6-4 所示的“添加现有项”对话框，选中 MatrixCompute.c，然后单击“添加”按钮。

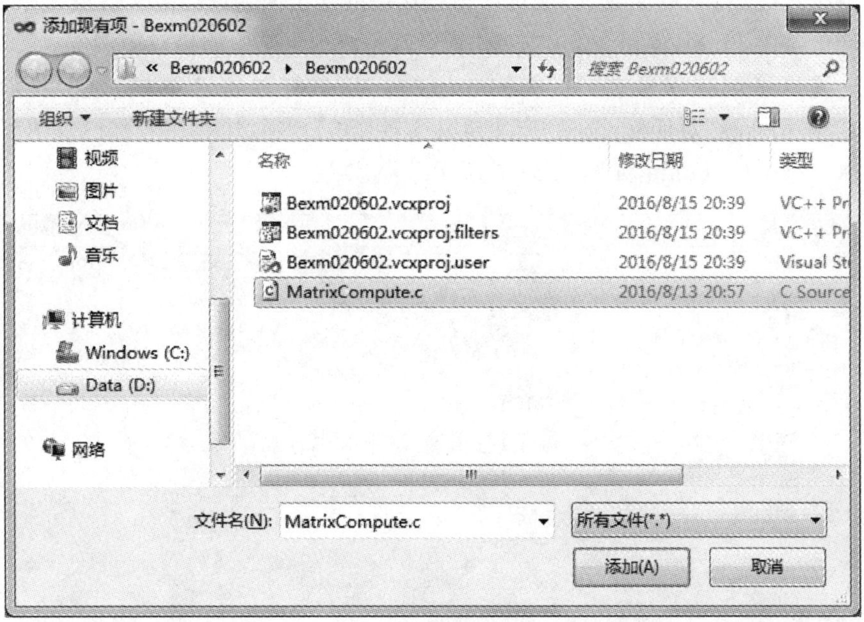

图 7.6-4　添加现有项界面

在 Visual Studio 2010 集成开发环境左侧的解决方案管理面板内选择“解决方案资源管理器”页，并双击“源文件”项展开其包含的所有源文件，此时的界面如图 7.6-5 所示。

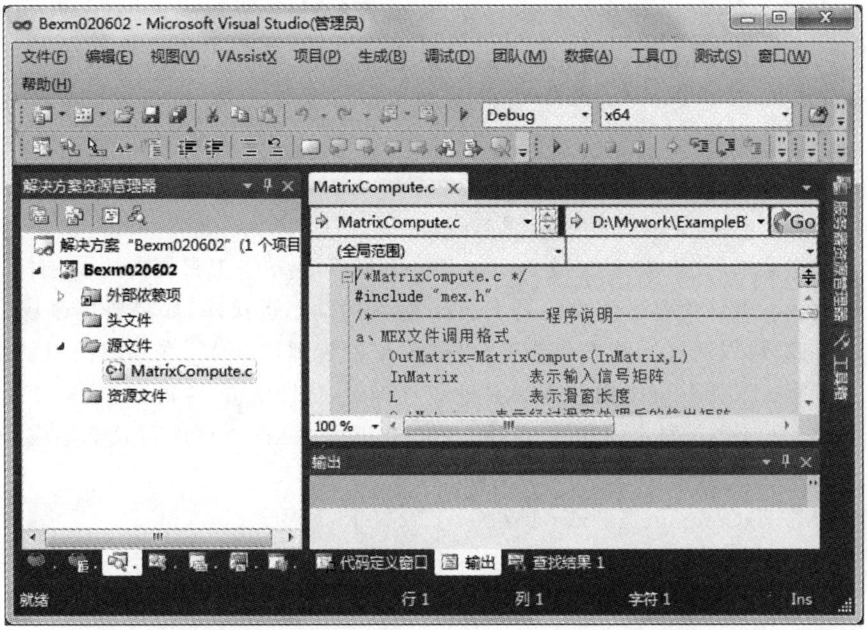

图 7.6-5　添加源文件后的 Visual Studio 2010 集成开发环境界面

6）创建 MatrixCompute. def 文件

既然 MEX 文件在 Windows 平台下的行为与动态链接库的行为一致，那么为了使调用方能正确调用 MEX 文件内的函数，必须对动态链接库的导出函数进行定义。通过 7.2 节和 7.4 节的分析可知，MATLAB 调用 MEX 文件，其实就是调用了其中的接口子例程，因此这里只需要定义输出接口子例程函数名，即 mexFunction。用鼠标单击菜单项“项目—>添加新项(W)”，弹出“添加新项”对话框，选择“模块定义文件(. def)”项，然后在名称栏内填写模块定义文件的名称 MatrixCompute，如图 7.6－6 所示。

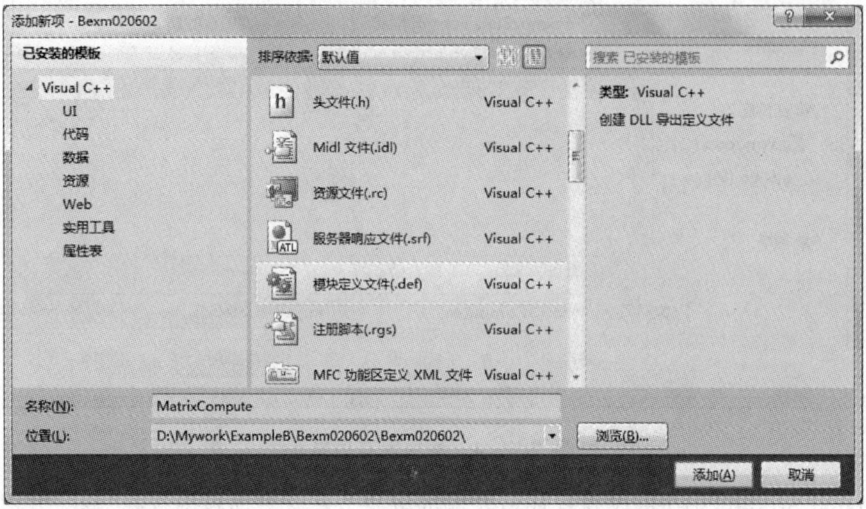

图 7.6－6　添加新项对话框界面

在图 7.6－6 所示界面，单击“添加”按钮，此时在项目“解决方案资源管理器”内的“源文件”目录下自动添加了“MatrixCompute. def”文件，双击该文件并进行编辑，使编辑后的代码如下所示：

```
LIBRARY MatrixCompute
EXPORTS mexFunction
```

7）创建 MatrixCompute. mexw64 文件

用鼠标单击菜单项“生成—>生成 Bexm020602(U)”，或单击工具栏内的图标，即可对整个项目进行编译。默认情况下生成的是 Debug 版本的动态链接库，如果要更改成 Release 版本的动态链接库，可以用鼠标单击菜单项“生成 > 配置管理器(O)”，在弹出的对话框内的“活动解决方案配置(C)”下拉列表内选择“Release”项即可，如图 7.6－7 所示，这里接受默认选择的 Debug 版本，此时会在刚才创建的 VC++ 2010 工程 Bexm020602 目录下生成 x64\Debug 目录，并生成 MatrixCompute. mexw64 文件。

8）验证 MatrixCompute. mexw64 文件

打开 MATLAB，并把 MATLAB 的当前路径设置为 D:\Mywork\ExampleB\Bexm020602\x64\Debug，然后在 MATLAB 指令窗口运行如下指令：

```
rng(0)
row = 100;
A = 1 + 0.2 * rand(row);
```

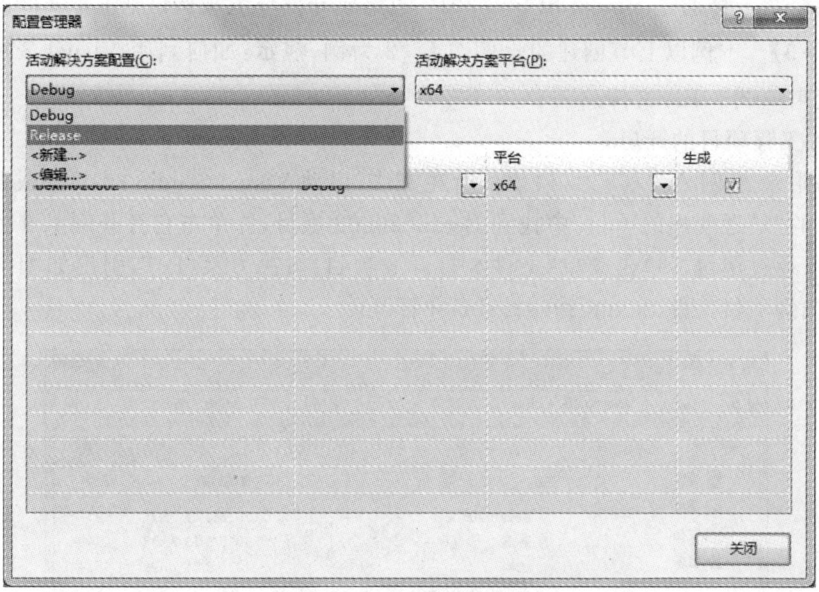

图 7.6-7　配置管理器界面

```
L = 5;
ZeroMatrix = zeros(row,L);
WorksMatrix = [ZeroMatrix,A,ZeroMatrix];
tic
D3 = MatrixCompute(WorksMatrix,L);
t3 = toc

t3 =
    0.0024
```

说明

- 本例第六部分创建的模块定义文件,为动态链接库文件导出函数,供调用方使用。该文件的第一条语句定义动态链接库名称,关键字"LIBRARY"之后填写的是动态链接库的名称;第二条语句定义了动态链接库的输出函数列表,本例只有一个输出函数,如果有多个输出函数,可以按如下格式进行编写:

```
EXPORTS
FunctionName1
FunctionName2
...
FunctionNameN
```

7.6.3　Visual Studio 环境下调试 MEX 文件

当 C_MEX 源文件所涉算法复杂,规模庞大时,很难保证一次就编写正确,满足功能需求,此时就需要对 MEX 文件进行调试,而在 MATLAB 指令窗口借助 mex 指令对 C_MEX 源文件只能进行文件编译,即只能发现语法错误,而不能对 MEX 文件进行算法调试。本节将通过示例的方式介绍一种通过 Visual Studio 2010 的集成开发环境来调试 MEX 文件的方法。

例【7.6-3】 本例以上节创建的示例 7.6-2 为例，演示：如何利用 Visual Studio 2010 集成开发环境来调试 MEX 文件。

1）已有工程项目的开启

按本书附录 A 例 A.2-1 第(1)条目所述方法，启动 Visual Studio 2010 集成开发环境，在“起始页”内的“最近使用的项目”中找到 Bexm020602 项目，并单击它打开例 7.6-2 中创建的工程；也可以通过用鼠标单击菜单“文件 > 打开 > 项目/解决方案(P)”，引出如图 7.6-8 所示的对话框，找到项目文件 Bexm020602.sln，并打开。

图 7.6-8　打开项目对话框界面

2）在源文件内创建断点

在项目“解决方案资源管理器”内的“源文件”目录下有 MatrixCompute.c 文件，双击该文件，在编辑器内打开并显示该文件内容，把编辑器内的光标移动到要进行调试的语句上，在键盘上按快捷键 F9 即可在光标所在的语句设置一个断点，如果有多个语句需要调试，可以按前述方法进行，图 7.6-9 所示为在 nrows=mxGetM(prhs[0])；语句设置断点时的情形。

3）在 MATLAB 环境产生运行 MEX 文件所需的数据

打开 MATLAB，并把 MATLAB 的当前路径切换到包含 7.6.2 节创建的包含 MEX 文件的目录，作者本机的目录为 D:\Mywork\ExampleB\Bexm020602\x64\Debug，在 MATLAB 指令窗口键入如下指令，产生 MatrixCompute.mexw64 文件运行所需要的数据矩阵 WorksMatrix。

```
rng(0)
row = 100;
A = 1 + 0.2 * rand(row);
L = 5;
ZeroMatrix = zeros(row,L);
WorksMatrix = [ZeroMatrix,A,ZeroMatrix];
```

4）把 Visual Studio 2010 附加到 MATLAB 进程

切换到 Microsoft Visual Studio 2010 集成开发环境，单击菜单项“调试—>附加到进程

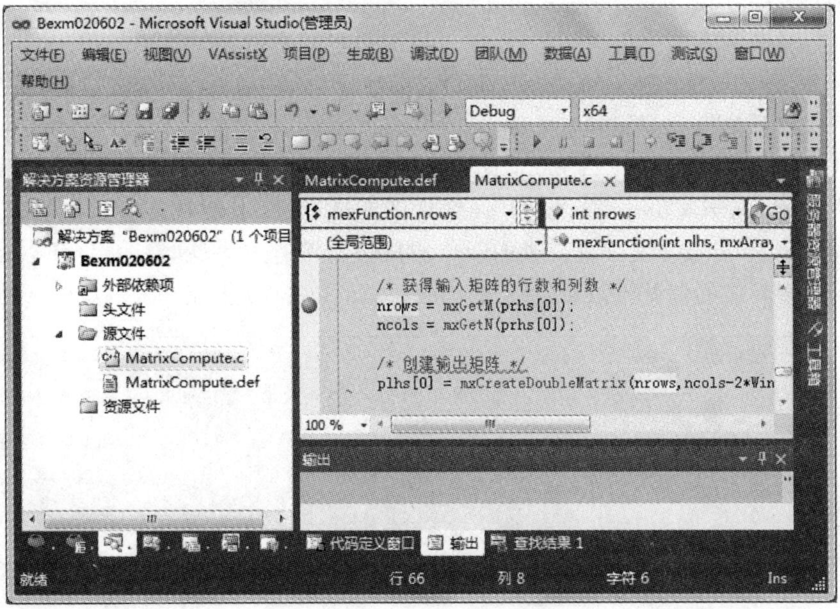

图 7.6-9　断点设置界面

(P)”，引出如图 7.6-10 所示的“附加到进程”对话框，并在该对话框的“可用进程”列表框内选择“MATLAB.exe”进程，最后单击该对话框下部的“附加”按钮。

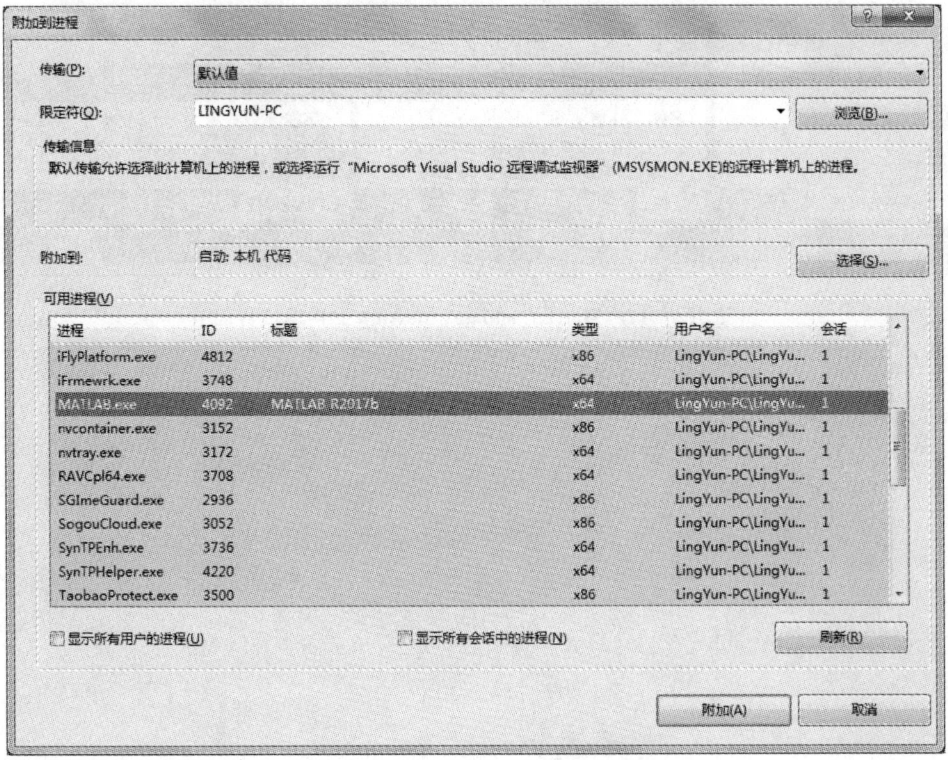

图 7.6-10　附加到进程设置界面

5）调试 MatrixCompute. mexw64 文件

切换到打开的 MATLAB 指令窗口，执行如下指令

```
MexOutMatrix = MatrixCompute(WorksMatrix,L);
```

此时系统自动切换到 Visual Studio 2010 集成开发环境，并把运行指针停留在刚才设置第一个断点的语句上，如图 7.6－11 所示，此时可以利用 Visual Studio 2010 集成开发环境提供的调试方法进行 MatrixCompute. mexw64 文件的调试运行，以便观察各条语句执行的结果；Visual Studio 2010 集成开发环境提供的断点调试快捷键有 F10（单步运行）、F5（运行到下一个断点）等，更多具体的调试方法可以参考 Visual Studio 2010 集成开发环境的帮助文档。

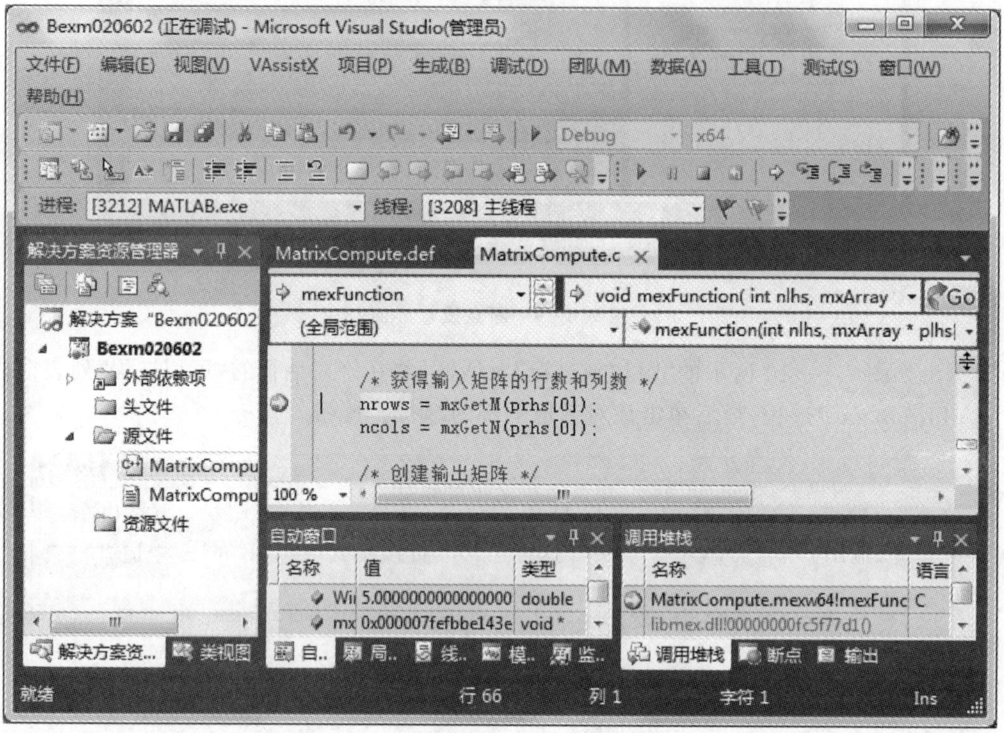

图 7.6－11 MatrixCompute. mexw64 文件调试界面

第 8 章 C/C++程序对 MAT 函数库的调用

MATLAB 提供了一组 MAT 文件 API 函数，用于在 C/C++语言程序内实现 MAT 格式数据文件的创建、打开、读取、修改和关闭等操作。本章 8.2 节对这些常用的 MAT 文件 API 函数进行集中介绍，8.3 节和 8.4 节以算例形式，分别介绍在 MATLAB 环境和 Visual Studio 2010 集成开发环境下调用 MAT 文件 API 函数的 C/C++程序编写和编译方法。

8.1 MATLAB 中数据的输入输出方法

MATLAB 与外界交互数据的方法有多种。用户必须根据所交互数据的格式和量的多少，选择适当的方法，交互的各种方法罗列如下。

- 直接输入输出法。该方法适用于数据量小(在 10 数量级)的场合，由人工从键盘输入，从显示器直接读取。
- 数据的 M 文件输入和 diary 文件输出法。M 文件输入法适用于数据量大、数据本身非机器可读，并且需要被经常输入 MATLAB 的场合。diary 文件不仅包含被"显示"过的数据，而且还包括产生这些数据的相关命令。该数据输出方式适用于今后对数据的文字整理、成档。无论是 M 文件还是 diary 文件都可以用文本编辑器再编辑。
- 输入输出数据的 ASCII 文件法。这种文件可直接用 MATLAB 的 save、load 命令执行。但 ASCII 形式对不适用于元胞、构架等数据类型。ASCII 生成文件可用文本编辑器修改。
- 低层 I/O 命令读写数据法。该方法适于读取那些由其他外部应用程序按照一定格式产生的数据文件。读取数据的低层命令是 fopen、fread、fwrite。
- 读写数据的 MEX 文件法。假如针对某应用数据已经存在的某比较可靠的读写程序(C 或 Fortran)，那么采用那程序的 MEX 文件形式就可以实现与 MATLAB 的交互。
- MAT 文件法。先用 C(或 Fortran)编写一个专门的文件，实现原数据与 MAT 文件格式之间的相互转换，进而借助 save、load 实现 MATLAB 对原数据的读写。

MAT 文件是 MATLAB 数据存储的默认文件格式。它由文件头、变量名和变量数据三部分组成，文件扩展名是 mat；MATLAB 中的 save 命令可以把 MATLAB 中的数据(包括高维数组、元胞、构架等)以二进制形式保存为 MAT 文件，反之 load 命令可以把 MAT 文件保存的数据读入 MATLAB。

为实现外部程序与 MATLAB 交换数据，充分发挥 MAT 文件的作用，就有必要研究如何在 MATLAB 的外部读写 MAT 文件。这就是下节要讨论的内容。

8.2 MAT 函数库介绍

MAT 文件 API(Application Programming Interface)函数库，是 MATLAB 提供的一组

皆以前缀 mat 开头的函数，这些函数库以动态链接库的形式提供给使用者。C/C++语言程序通过对这些库函数调用，用于对 MATLAB 特有的 MAT 格式数据文件进行创建、打开、读取、修改和关闭等操作。本小节只是适度地介绍若干常用的 mat 库函数（见表 8.2-1），其他库函数和更多的信息请看 MATLAB 的帮助文件。

表 8.2-1 常用的 C 语言 MAT 函数及功能描述

函 数	功 能
matOpen	打开或创建一个 MAT 文件
matClose	关闭已经打开的 MAT 文件
matPutVariable	把变量写入到打开的 MAT 文件内
matGetVariable	在打开的 MAT 文件内读取变量
matDeleteVariable	在打开的 MAT 文件内删除变量

表 8.2-1 所列的各种函数的调用形式如下：

pMF = matOpen(FName, Mod);

以 Mod 指定的模式打开 FName 指定文件名的 MAT 文件

IFlag = matClose(pMF);

关闭 pMF 指定的已经打开的 MAT 文件

IFlag = matPutVariable(pMF, ValN, pA);

将 pA 指定的 mxArray 变量，以 ValN 指定的名称写进 pMF 指定的 MAT 文件

pX = matGetVariable(pMF, ValN);

获取 pMF 指定的 MAT 文件中，名为 ValN 的变量，赋值给 pX 指定的 mxArray 变量

IFlag = matDeleteVariable(pMF, ValN);

删除 pMF 指定的 MAT 文件中，名为 ValN 的变量

说明

- FName：字符型指针变量，指定 MAT 文件的名称。
- Mod：字符型指针变量，指定 MAT 文件的打开方式，常用的打开方式有如下几种：
  - ◇ r：以只读的方式打开文件，如果 FName 指定文件不存在，则创建文件。
  - ◇ u：以读或写的方式打开文件，用于更新文件内容，如果 FName 指定文件不存在，不新建文件。
  - ◇ w：以只写的方式打开文件，如果该文件原来有内容，则所有内容都将被删除。
- pMF：MATFile 类型指针变量，指向已经打开的 MAT 文件。
- ValN：字符型指针变量，表示 MAT 文件内某个变量的名称。
- pA：mxArray 指针变量。
- pX：函数输出的 mxArray 指针变量。
- IFlag：函数输出的整型变量，0 表示函数执行成功；非 0 表示执行失败。

在此强调：在所有涉及 MAT 函数库的 C 程序中，都必须包含的头文件 mat.h，该文件由 MATLAB 提供，位于 matlabroot\extern\include 文件夹（在此 matlabroot 指 MATLAB 的安

装目录)。

8.3　调用 MAT 函数库的 C/C++源码应用程序编写

本节利用上节介绍的 MAT 函数库,在 MATLAB 环境下编辑 C/C++程序,并编译成独立可执行程序。为避免叙述的空泛,本节以示例形式展开。

例【8.3-1】　本例目标:用 C 语言编写一个可创建 MAT 文件的独立可执行应用程序 Bexm030301.exe。本例演示:可创建 MAT 文件的独立执行应用程序的源文件编写步骤;MAT 函数库与 mxArray 函数库的配合应用;matOpen、matClose、matGetVariable、matPutVariable、matPutVariableAsGlobal 等 MAT 库函数的使用方法。

1) 编写 Bexm030301.c 源文件

```
/* Bexm030301.c */
#include <stdio.h>                          //用于标准 I/O 程序定义和申明的头文件
#include "mat.h"                            //定义 MAT 文件接入和创建方法的头文件
#include <string.h>                         //用于串操作函数申明的头文件
#define BUFSIZE 255                         //定义缓冲器的最大字节数 255

//------------------------ 子函数 create ---------------------------------
int create(const char * file)
{
    //变量定义及初始化
    MATFile * pmat;                         //为 MAT 文件定义指针
    mxArray * pa1, * pa2, * pa3;            //定义 mwArray 变量的指针
    //定义双精度变量数组
    double data[9] = { 1.0, 4.0, 7.0, 2.0, 5.0, 8.0, 3.0, 6.0, 9.0 };
    char str[BUFSIZE];                      //定义字符串

    //以标准 C 格式输出 MAT 文件名 file
    printf("创建文件名为 %s 的 MAT 文件...\n\n", file);

    //以“写”模式打开名为 file 的 MAT 文件
    pmat = matOpen(file, "w");
    if (pmat == NULL)                       //matOpen 的成功执行将返回非 NULL
    {
        printf("创建名为 % s 的 MAT 文件时发生错误\n", file);
        return(1);                          //返回 1,表示开启失败。
    }

    //令 pa1 为所创(3(3)双精度实矩阵的指针
    pa1 = mxCreateDoubleMatrix(3,3,mxREAL);
    //把 pa1 所指 mxArray 变量起名为 LocalDouble
```

```
    mxSetClassName(pa1, "LocalDouble");

    //令 pa2 为所创(3(3)双精度实矩阵的指针
    pa2 = mxCreateDoubleMatrix(3,3,mxREAL);
    //把 pa2 所指 mxArray 变量起名为 GlobalDouble
    mxSetClassName(pa2, "GlobalDouble");
    //把 data 源缓冲区中内容复制到 pa2 所指 mxArray 实部的目标缓冲区中
    memcpy((void *)(mxGetPr(pa2)), (void *)data, sizeof(data));

    //令 pa3 为所创字符串的指针
    pa3 = mxCreateString("MATLAB: the language of technical computing");
    //把 pa3 所指 mxArray 变量起名为 LocalString
    mxSetClassName(pa3, "LocalString");

    //把 pa1 所指 mxArray 变量写入 pmat 所指 MAT 文件
    matPutVariable(pmat,"LocalDouble", pa1);
    //把 pa2 所指的 mxArray 变量以"全局变量"身份写入 pmat 所指 MAT 文件
    matPutVariableAsGlobal(pmat,"GlobalDouble", pa2);
    //把 pa3 所指 mxArray 变量写入 pmat 所指 MAT 文件
    matPutVariable(pmat, "LocalString", pa3);

    //经过以上操作,pa1 所指的 LocalDouble 变量将是(3(3)的全 0 数组
    //以下两行命令再把 data 源缓冲器中数据复盖在 pa1 所指 mxArray 的全 0 实部上
    //这样的程序设计是"故意"的,是为了表现 MAT 文件中变量的可覆盖性。
    memcpy((void  *)(mxGetPr(pa1)), (void  *)data, sizeof(data));
    matPutVariable(pmat, "LocalDouble", pa1);

    //释放被 mxCreate 配置过的 pa1、pa2、pa3 所指动态内存
    mxDestroyArray(pa1);
    mxDestroyArray(pa2);
    mxDestroyArray(pa3);

    //matClose 关闭 pmat 所指文件成功,返回 0;否则为 1
    if (matClose(pmat) != 0)
    {
        printf("关闭名为 %s  的 MAT 文件失败\n",file);
        return(1);
    }

//----- 以下再次打开刚写入的 MAT 文件,并用 mxGetVariable 对写入内容加以验证 -----
    //以"读"模式打开 pmat 所指的名为 file 的 MAT 文件
    pmat = matOpen(file, "r");
```

```
//matOpen 的成功开启，将返回非 NULL
if (pmat == NULL)
{
    printf("打开名为 %s 的 MAT 文件时发生错误", file);
    return(1);
}

//从 pmat 所指 MAT 文件中读出名为 LocalDouble 的 mxArray 变量，并设指针为 pa1
pa1 = matGetVariable(pmat, "LocalDouble");
//检查读出操作是否成功
if (pa1 == NULL)
{
    printf("读取变量 LocalDouble 时发生错误\n");
    return(1);
}
//检查 pa1 所指 mxArray 变量是否 2 维
if (mxGetNumberOfDimensions(pa1) != 2)
{
    printf("变量保存时发生错误，该矩阵不是二维矩阵\n");
    return(1);
}

//从 pmat 所指 MAT 文件中读出名为 GlobalDouble 的 mxArray 变量，并设指针为 pa2
pa2 = matGetVariable(pmat, "GlobalDouble");
//检查读出操作是否成功
if (pa2 == NULL)
{
    printf("读取变量 GlobalDouble 时发生错误\n");
    return(1);
}
//检查 pa2 是否全局变量
if (!(mxIsFromGlobalWS(pa2)))
{
    printf("变量保存时发生错误，该变量不是全局变量\n");
    return(1);
}

//从 pmat 所指 MAT 文件中读出名为 LocalString 的 mxArray 变量，并设指针为 pa3
pa3 = matGetVariable(pmat, "LocalString");
//检查读出操作是否成功
if (pa3 == NULL)
{
```

```
        printf("读取变量 LocalString 时发生错误\n");
        return(1);
    }

    //把 pa3 所指串 mxArray 变量以 C 格式复制到 str 所指的内存中
    mxGetString(pa3, str, BUFSIZE);
    //检查 str 中字符是否与 "MATLAB: the language of technical computing"相同
    if (strcmp(str, "MATLAB: the language of technical computing"))
    {
        printf("读取的字符串变量内容与原字符串不相符\n");
        return(1);
    }

    //释放被 mxCreate 配置过的 pa1、pa2、pa3 所指动态内存
    mxDestroyArray(pa1);
    mxDestroyArray(pa2);
    mxDestroyArray(pa3);

    //matClose 关闭 pmat 所指文件成功,返回 0;否则为 1
    if (matClose(pmat) != 0)
    {
        printf("关闭名为%s 的 MAT 文件失败\n",file);
        return(1);
    }

    //显示"整个子函数运行成功结束"
    printf("MAT 函数运用示例正确\n");
    //返回"成功结束"的数值标志 0
    return(0);
}

//--------------------------- 主程序 ------------------------------
int main()
{
    int result;

    //调用子程序 create 创建数据文件 MatFunctionTest.mat
    result = create("MatFunctionTest.mat");

    //子程序成功执行返回 0,并显示出"成功指型"的提示
    return (result==0)? EXIT_SUCCESS:EXIT_FAILURE;
}
```

2）生成创建 MAT 文件的独立可执行应用程序

将 Bexm030301.c 编译成独立可执行应用程序，可以借助 mex 指令对源文件进行编译和链接，在 MATLAB 指令窗口键入如下命令：

```
% 把 Bexm030301.c 源程序所在目录设为当前目录
cd D:\Mywork\ExampleB\Bexm030301
mex -client engine Bexm030301.c

使用 'Microsoft Visual C++ 2010 (C)' 编译。
MEX 已成功完成。
```

3）程序 Bexm030301.exe 的执行和运行结果

在 DOS 环境下，只要 Bexm030301.exe 在当前目录下，那么只要输入文件名 Bexm030301 即可。下面是在 MATLAB 环境中运行 Bexm030301.exe 和检查运行结果的命令。

```
clear
!Bexm030301.exe

创建文件名为 MatFunctionTest.mat 的 MAT 文件…

MAT 函数运用示例正确
```

在 MATLAB 命令窗口运行如下命令，加载刚产生的 MatFunctionTest.mat 文件，并显示该 MAT 文件内包含的 MATLAB 变量：

```
load MatFunctionTest.mat
who

您的变量为：

    GlobalDouble  LocalDouble  LocalString

GlobalDouble,LocalDouble,LocalString

GlobalDouble =
     1     2     3
     4     5     6
     7     8     9
LocalDouble =
     1     2     3
     4     5     6
     7     8     9
LocalString =
    'MATLAB: the language of technical computing'
```

说明

- stdio.h 是用于定义标准输入输出结构体、宏、函数等的“头文件”。

- 本例程序中所用 MX 函数：mxCreateDoubleMatrix，mxCreateString，mxDestroyArray，mxIsFromGlobalWS，mxGetNumberOfDimensions，mxGetPr，mxSetClassName 等的用法解释已在程序中简单标出。更详细的说明请参考本书 B 篇 6.2 节和 MATLAB 的帮助文件。
- 这里 mex 命令中用到的-client engine 选项，不仅适用于将编写生成 MAT 数据文件的 C/C++源文件编译成独立可执行应用程序，也适用于将编写调用 MATLAB 引擎函数库的 C/C++源文件编译成独立可执行应用程序。
- 至于如何用 C 编写"读取 MAT 文件"的 MEX 程序，请参阅 MATLAB 帮助文件，读者只要理解本例程序的注解，就不难读懂 MATLAB 的示例文件。
- 如果读者在 Windows 的 DOS 环境窗口内运行 Bexm030301.exe 程序，出现"无法启动程序，因为计算机中丢失 libmx.dll。尝试重新安装该程序以解决此问题。"的提示，极有可能是没有在 Windows 系统环境变量"Path"内添加 matlabroot\bin\win64 目录，导致程序运行时找不到 libmx.dll 文件。解决这个问题的方法是在 Windows 系统环境变量 Path 内添加该目录，方法见本书附录 A 的第 A.2 节所述。如果在程序运行的机器上同时还安装有以前版本的 MATLAB，程序的运行也可能出现异常，可以尝试在 Windows 系统环境变量 Path 内删除以前版本 MATLAB 的相关目录。

8.4 利用 Visual Studio 环境编写调用 MAT 函数库程序

通过 8.2 节和 8.3 节的叙述，读者初步了解了 MAT 函数的种类和使用方法，以及包含 MAT 函数的 C/C++源文件的创建方法。本节将从实用的角度出发，以 Visual Studio 2010 开发前台应用程序界面，以 MAT 函数为核心来操控 MAT 文件，实现 C/C++应用程序的具体数据与 MAT 数据文件之间的交互，进而建立 C/C++应用程序与 MATLAB 之间进行数据交互和数据处理的桥梁。

例【8.4-1】 本例将通过 Visual Studio 2010 集成开发环境，开发一个带有用户操作界面的独立应用程序，实现 MAT 文件的打开、从 MAT 文件内获得变量、解释变量的属性和内容，在用户界面上实现变量属性和内容的显示。本例演示：在 Visual Studio 2010 集成开发环境内开发带用户界面的独立应用程序，以及列表栏、复合工具栏、编辑栏等基本控件的组合应用；在 Visual Studio 2010 集成开发环境内对使用 MAT 函数库的源文件进行编译和链接，进而形成独立应用程序。

1) Bexm030401 算例工程创建

按本书附录 A 例 A.2-1 第 1)条目所述方法，启动并弹出 Visual Studio 2010"新建项目"对话框，鼠标单击"MFC 应用程序"，然后在对话框下方的"名称"栏中填入 Bexm030401；在对话框下方的"位置"栏中填入该项目要保存的位置，本算例项目填写的内容是 D:\Mywork\ExampleB，上述内容填写完毕后，单击"确定"按钮。在弹出的"应用程序向导"对话框中，单击左侧导航栏内的"应用程序类型"项，在"应用程序类型"栏中选择"基于对话框(D)"，取消"使用 Unicode 库(N)"选项的默认选择，其余的接受默认选择，如图 8.4-1 所示。

采用同样的方法，在图 8.4-1 所示的界面内单击左侧导航栏内的"用户界面功能"项，在右侧的对应页的"主框架样式"栏内取消""关于"框"选项的默认选择，其余的接受默认选择；最

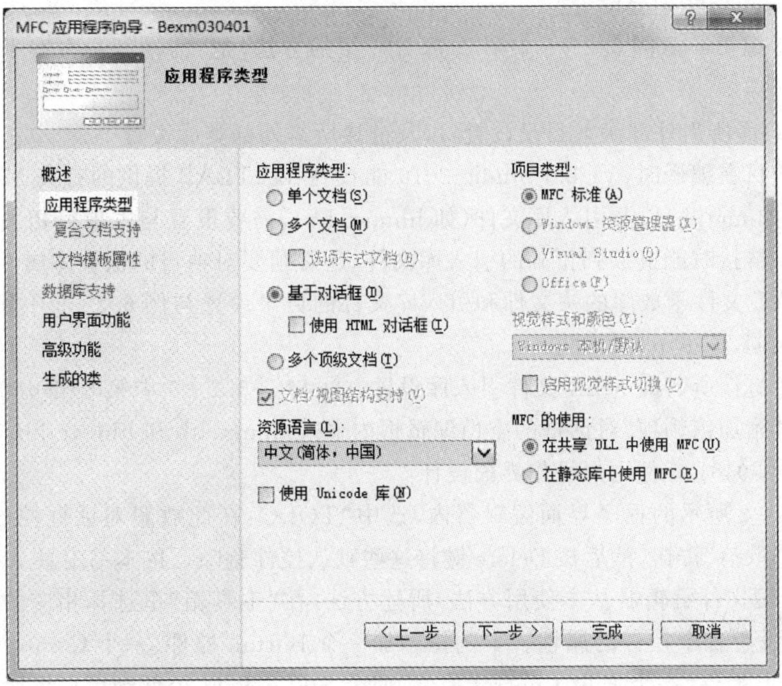

图 8.4-1　MFC 应用程序向导图

后在图 8.4-1 内直接单击“完成”按钮，完成 Bexm030401 工程项目创建。在刚才创建的项目内，Visual Studio 2010 集成开发环境自动创建了 CBexm030401App 和 CBexm030401Dlg 这两个程序类，以及一个用户界面，如图 8.4-2 所示。

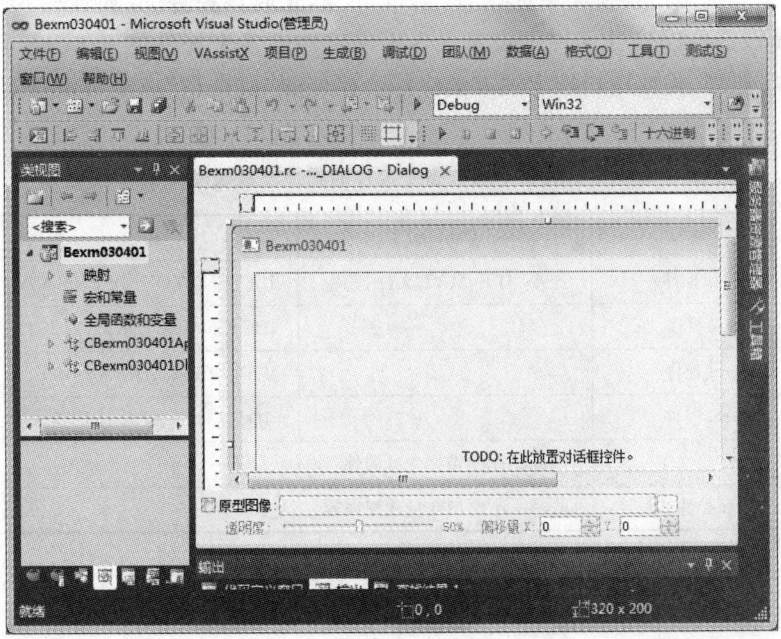

图 8.4-2　Bexm030401 工程项目图

2）项目解决方案平台设置

按本书B篇第6章例6.2-5中第2)部分介绍的方法，把"活动解决方案平台"选项更改为x64。

3）项目编译所需外部函数目录设置，以及链接所需外部类库设置

为了使项目在编译时，Visual Studio 2010能找到MATLAB提供的有关MAT文件函数库的头文件（如mat.h）以及引入库文件（如libmat.lib），需要设置与本项目相关的目录属性；为了使项目在链接时能链接到正确的引入库文件，还必须要对项目的依赖库属性进行设置。

有关MAT文件函数库的头文件和引入库文件的目录设置与例6.2-5中第3)部分的相关论述完全相同，这里不再赘述。

有关项目链接所需的MEX文件引入库设置方法与例6.2-5中第3)部分的相关论述相同，在引出的"附加依赖项"对话框的空白编辑框内输入libmx.lib和libmat.lib。

4）Bexm030401算例用户操作界面设计

在图8.4-2所示的程序界面编辑器内，选中"TODO：在此放置对话框控件。"静态文本框、"确定"和"取消"按钮，然后按Delete键将这些默认控件删除。按本书附录A例A.2-1的第4)部分（资源文件编辑器基本使用方法）所述方法，在"工具箱"里选择相应的控件，添加到用户界面，并设置各个控件的属性。本例将添加一个Button控件、一个Combo Box控件、一个List Control控件、一个Edit Control控件，两个Static Text控件到用户界面，并适当调整大小和位置。

界面上控件的主要用途有接受用户输入信息、响应用户的单击和选择、显示程序信息等，为此需要给控件设置相关的属性，如Caption用于显示控件标题、"ID"用于标示控件的唯一身份信息等。这些属性都可以在控件的"属性栏"内进行设置，如在界面编辑器内选择"Button1"控件，然后单击右键调出快捷菜单选择"属性"菜单项，这时该控件的"属性栏"会自动展开，其显示的各项属性都可以接受用户的设置。界面编辑器上各个控件的Caption、ID、View等属性如表8.4-1所列，需要用户按上述方法在各个控件的"属性栏"内进行设置，其他属性接受默认值。

表8.4-1　各个控件的属性设置表

	Caption	ID	View
Button1 按钮控件	打开 MAT 文件	IDC_BUTTON_OPENMAT	
Combo Box 控件		IDC_COMBO_ARRAYLIST	
List Control 控件		IDC_LIST_ARRAYPRO	Report
Edit Control 控件		IDC_EDIT_ARRARDATA	
Static Text 控件 1	mxArray 类型变量属性		
Static Text 控件 2	mxArray 类型变量数据内容		

按表8.4-1所列设置完毕控件的各个属性之后，用户界面如图8.4-3所示。

5）给用户操作界面上的控件绑定变量

按本书A篇第5章5.5节例5.5-1-C的第2)和3)部分所述方法，为本例中ID为IDC_COMBO_ARRAYLIST、IDC_LIST_ARRAYPRO和IDC_EDIT_ARRARDATA的控件绑定

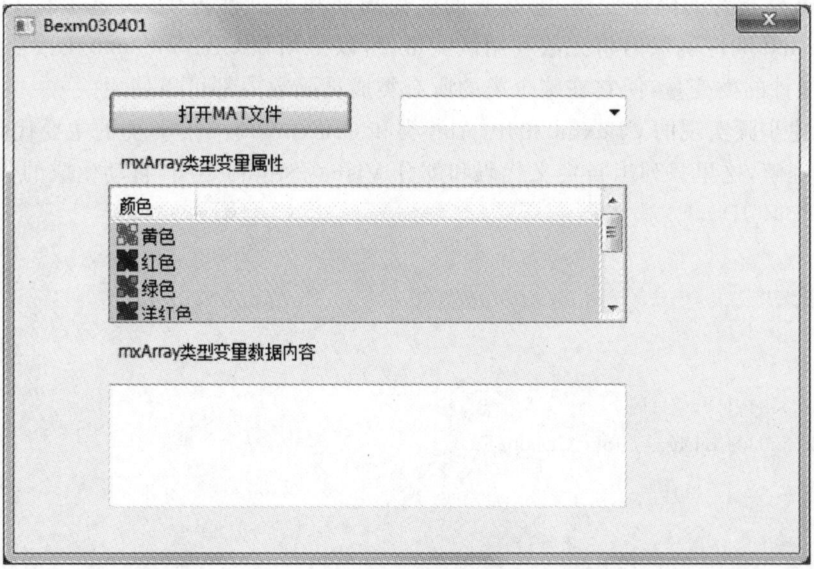

图 8.4-3　控件属性设置完毕后的界面

成员变量，这些成员变量属性如表 8.4-2 所列。

表 8.4-2　各个控件的绑定变量设置表

ID	成员变量名称	类　别	变量类型
IDC_COMBO_ARRAYLIST	m_ArrayList	Control	CComboBox
IDC_LIST_ARRAYPRO	m_ArrayPro	Control	CListCtrl
IDC_EDIT_ARRARDATA	m_ArrayData	Value	CString

6）给用户操作界面上的相关控件添加事件和消息响应函数

用户界面除了接受用户输入数据和显示类成员变量数据之外，还要响应用户的各种单击操作来完成各种程序功能，如单击按钮控件或改变列表栏的内容等操作，这时就需要在相关类里提供控件的各种响应函数。按本书 A 篇第 5 章 5.5 节例 5.5-1-C 的第 4）部分所述方法，为本例中 ID 为 IDC_BUTTON_OPENMAT 的按钮控件，以及 ID 为 IDC_COMBO_ARRAYLIST 的 Combo Box 控件分别添加 BN_CLICKED 和 CBN_SELCHANGE 消息响应函数，函数名称分别为 OnBnClickedButtonOpenmat 和 OnSelchangeComboArraylist。由于本例在程序退出时需要对打开的 MAT 文件进行关闭操作，所以还要添加程序的关闭消息响应函数，可以在"类向导"界面内选中"消息"页，在左侧的"消息"栏内选中 WM_CLOSE 消息，单击"添加处理程序"，或直接双击 WM_CLOSE 消息即可自动完成该消息响应函数的添加。

7）源文件编辑和代码

在本例中，需要打开一个 MAT 文件，并对其中包含变量的内容和属性进行显示，用户单击"打开 MAT 文件"按钮后，在该按钮的触发响应函数 OnBnClickedButtonOpenmat 中，如果打开 MAT 文件执行成功，会得到一个 MAT 文件的指针，用户从 Combo Box 控件中选择不同的变量名时触发的响应函数 OnSelchangeComboArraylist 中也需要用到该 MAT 文件指针，用于获得相关变量的内容和属性。如果在 OnBnClickedButtonOpenmat 响应函数内定义一个MAT文件指针的函数变量，那么它的生命周期和可见性范围，决定了在OnSelchange-ComboArraylist响应函数内将无法利用该变量，所以必须在CBexm030401Dlg类内定义一个MAT文件指针的类变量，使它在整个类的所有类成员函数内都可以使用。

通过上述步骤实现的CBexm030401App类和CBexm030401Dlg类的主要代码如下，为了方便阅读和理解，这里只列出自定义代码和部分Visual Studio 2010自动生成的代码。

```
// Bexm030401Dlg.h : 头文件

#pragma once
#include "mat.h"

// CBexm030401Dlg 对话框
class CBexm030401Dlg : public CDialogEx
{
// 构造
public:
    CBexm030401Dlg(CWnd* pParent = NULL);    // 标准构造函数

// 对话框数据
    enum { IDD = IDD_BEXM030401_DIALOG };

    protected:
    virtual void DoDataExchange(CDataExchange* pDX);    // DDX/DDV 支持

    //用户自定义类变量
public:
    MATFile * pmat;//为MAT文件定义指针

// 实现
protected:
    HICON m_hIcon;

    // 生成的消息映射函数
    virtual BOOL OnInitDialog();
    afx_msg void OnPaint();
    afx_msg HCURSOR OnQueryDragIcon();
    DECLARE_MESSAGE_MAP()
public:
    CComboBox m_ArrayList;
    CListCtrl m_ArrayPro;
    CString m_ArrayData;
    afx_msg void OnClickedButtonOpenmat();
    afx_msg void OnSelchangeComboArraylist();
```

```
    afx_msg void OnClose();
};


// Bexm030401Dlg.cpp : 实现文件
//

#include "stdafx.h"
#include "Bexm030401.h"
#include "Bexm030401Dlg.h"
#include "afxdialogex.h"

#ifdef _DEBUG
#define new DEBUG_NEW
#endif

// CBexm030401Dlg 对话框

CBexm030401Dlg::CBexm030401Dlg(CWnd * pParent /* =NULL */)
    : CDialogEx(CBexm030401Dlg::IDD, pParent)
{
    m_hIcon = AfxGetApp()->LoadIcon(IDR_MAINFRAME);
    m_ArrayData = _T("");
}

void CBexm030401Dlg::DoDataExchange(CDataExchange * pDX)
{
    CDialogEx::DoDataExchange(pDX);
    DDX_Control(pDX, IDC_COMBO_ARRAYLIST, m_ArrayList);
    DDX_Control(pDX, IDC_LIST_ARRAYPRO, m_ArrayPro);
    DDX_Text(pDX, IDC_EDIT_ARRARDATA, m_ArrayData);
}

BEGIN_MESSAGE_MAP(CBexm030401Dlg, CDialogEx)
    ON_WM_PAINT()
    ON_WM_QUERYDRAGICON()
    ON_BN_CLICKED(IDC_BUTTON_OPENMAT,
        &CBexm030401Dlg::OnClickedButtonOpenmat)
    ON_CBN_SELCHANGE(IDC_COMBO_ARRAYLIST,
        &CBexm030401Dlg::OnSelchangeComboArraylist)
    ON_WM_CLOSE()
END_MESSAGE_MAP()
```

```
// CBexm030401Dlg  消息处理程序

BOOL CBexm030401Dlg::OnInitDialog()
{
    CDialogEx::OnInitDialog();

    // 设置此对话框的图标。当应用程序主窗口不是对话框时，框架将自动
    // 执行此操作
    SetIcon(m_hIcon, TRUE);                 // 设置大图标
    SetIcon(m_hIcon, FALSE);                // 设置小图标

    // TODO: 在此添加额外的初始化代码
    //初始化列表栏内表头内容
    m_ArrayPro.InsertColumn(0,"矩阵变量名",LVCFMT_LEFT,100);
    m_ArrayPro.InsertColumn(1,"数据类型",LVCFMT_LEFT,100);
    m_ArrayPro.InsertColumn(2,"矩阵大小",LVCFMT_LEFT,100);

    //给 MAT 文件指针赋初值
    pmat=NULL;

    return TRUE;  // 除非将焦点设置到控件，否则返回 TRUE
}

void CBexm030401Dlg::OnClickedButtonOpenmat()
{
    // TODO: 在此添加控件通知处理程序代码
    /* 每次打开新 MAT 文件时，判断 pmat 指针是否为空
    如果不为空，则关闭 pmat 所指 MAT 文件 */
    if (pmat!=NULL)
    {
        if (matClose(pmat) != 0)
        {
            AfxMessageBox("关闭 MAT 文件时发生错误");
            return;
        }
        pmat=NULL;
    }

    //选择并打开一个 MAT 数据文件
    CString MatFileName;
    CString Ext="MATLAB MAT FILE(*.mat)|*.mat||";
    CFileDialog Open (TRUE, NULL, NULL, OFN_HIDEREADONLY | OFN_OVER-
```

```
    WRITEPROMPT,Ext,NULL);
    if(Open.DoModal()==IDOK)
    {
        MatFileName=Open.GetPathName();
        if(MatFileName.IsEmpty())
        {
            AfxMessageBox("请选择一个 MAT 数据文件");
            return;
        }
    }

    int ArrayNum;
    const char * * ArrayName;

    //以"读"模式打开 pmat 所指的名为 file 的 MAT 文件
    pmat = matOpen(MatFileName, "r");
    //matOpen 的成功开启,将返回非 NULL
    if (pmat == NULL)
    {
        AfxMessageBox("打开 MAT 文件时发生错误");
        return;
    }

    //获取 MAT 文件内的变量个数和变量名称
    ArrayName = (const char * *)matGetDir(pmat, &ArrayNum);

    //先清空变量列表栏内的所有内容
    m_ArrayList.ResetContent();

    //在变量列表栏内加入所有变量的名字
    int i;
    for (i=0;i < ArrayNum;i++)
    {
        m_ArrayList.InsertString(i,ArrayName[i]);
    }
}

void CBexm030401Dlg::OnSelchangeComboArraylist()
{
    // TODO: 在此添加控件通知处理程序代码
    //定义 mxArray 结构体的指针
    mxArray *TempmxArray;
```

```
//TempmxArray 结构体变量的名称
CString ArrayName;
//TempmxArray 结构体变量数据类型
CString ArrayClass;
//TempmxArray 结构体变量数据矩阵的大小
CString ArraySize;

//获得用户当前选择的变量名
m_ArrayList.GetLBText(m_ArrayList.GetCurSel(),ArrayName);

//获得 MAT 文件内对应用户选择变量名的 mxArray 结构体
TempmxArray = matGetVariable(pmat, ArrayName);

//获得 mxArray 结构体变量的属性
if (mxIsNumeric(TempmxArray))
{
    ArrayClass="数值型变量";
}
else
{
    ArrayClass="非数值型变量";
}

//获得 mxArray 结构体变量的矩阵大小
ArraySize.Format("%d 行%d 列矩阵",mxGetM(TempmxArray),mxGetN(TempmxArray));

//先清空属性栏内的内容
m_ArrayPro.DeleteAllItems();

//把 mxArray 结构体变量的属性填入属性栏
m_ArrayPro.InsertItem(0,ArrayName);
m_ArrayPro.SetItemText(0,1,ArrayClass);
m_ArrayPro.SetItemText(0,2,ArraySize);

//获得 TempmxArray 结构体变量的数据内容
m_ArrayData.Empty();
if (mxIsChar(TempmxArray))
{
    m_ArrayData=mxGetChars(TempmxArray);
}
else if (mxIsDouble(TempmxArray))
{
    int i;
```

```
        int DataBufLen= mxGetM(TempmxArray) * mxGetN(TempmxArray);
        double * DataBuf = mxGetPr(TempmxArray);
        CString str;

        for (i=0;i < DataBufLen;i++)
        {
            str.Format("%2.2f ",DataBuf[i]);
            m_ArrayData+=str;
        }
    }

    //把类变量的值显示到绑定的控件内
    UpdateData(FALSE);
}


void CBexm030401Dlg::OnClose()
{
    // TODO: 在此添加消息处理程序代码和/或调用默认值
    //关闭 pmat 所指 MAT 文件
    if (pmat!=NULL)
    {
        if (matClose(pmat) != 0)
        {
            AfxMessageBox("关闭 MAT 文件时发生错误");
            return;
        }
    }
    CDialogEx::OnClose();
}
```

8）编译和链接，以及程序的运行

代码编辑完毕之后，用鼠标单击菜单项“生成 > 生成 Bexm030401”，或单击工具栏内的图标，默认情况下生成的是 Debug 版本，这时会在 D:\Mywork\ExampleB\Bexm030401\x64\Debug 目录生成 Bexm030401.exe 文件，在资源管理器内执行该文件，或用鼠标单击菜单项“调试 > 开始执行(不调试)”，可以得到如图 8.4-4 所示界面。

用鼠标单击“打开 MAT 文件”按钮，在弹出的文件选择界面内选择本章 8.3 节例 8.3-1 创建的 MatFunctionTest.mat 文件，然后在 Combo Box 下列列表内选择 GlobalDouble 变量名，显示的变量属性和内容如图 8.4-5 界面所示。

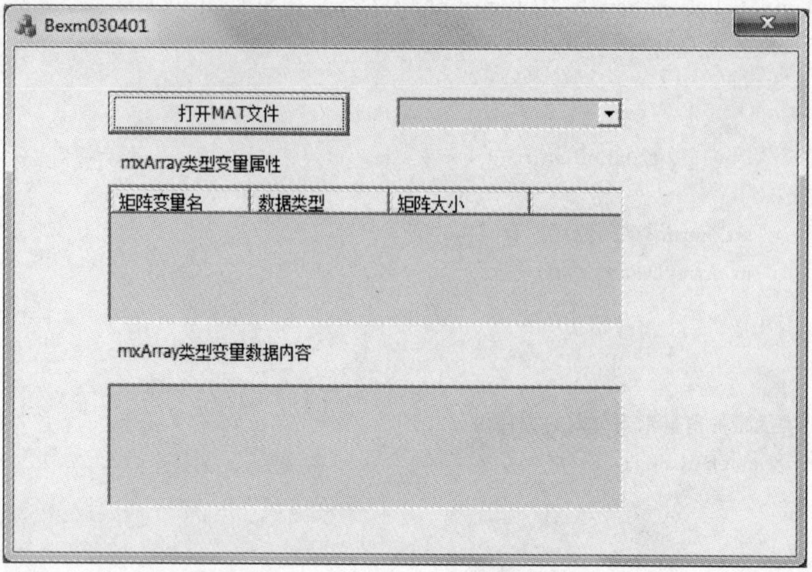

图 8.4-4 应用程序运行的初始界面

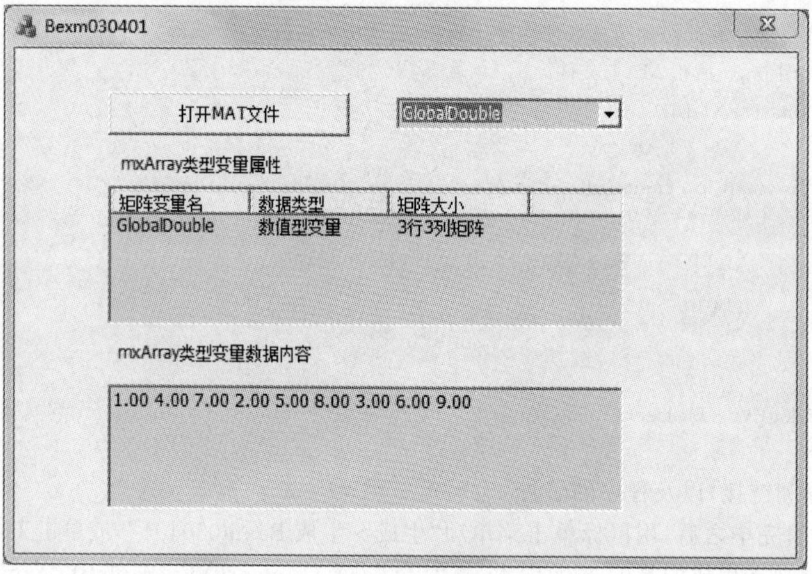

图 8.4-5 MAT 文件内变量属性显示界面

第 9 章

C/C++程序调用 MATLAB 引擎

MATLAB 指令简便，功能强大，各行各业的科技人员都在应用其开发和验证各种核心算法，用于解决各种科学和工程问题。在这个过程中不可避免的会有界面开发、网络数据收发等实际问题需要解决，如果仅仅采用 MATLAB 这一单一的开发工具，显然不是最佳的解决方案。一种更为理想的解决方案是利用 C/C++语言开发程序界面，以及处理网络通信等非核心方面的内容，而以 MATLAB 作为核心算法的开发和计算引擎。MATLAB 引擎 API 函数库就是以此为应用背景，实现 MATLAB 与 C/C++应用程序的无缝结合。

本章 9.2 节对若干常用的引擎函数进行集中介绍，例如引擎的打开和关闭、数据在 MATLAB 空间与 C/C++程序空间之间进行交换、调用引擎执行 MATLAB 指令等函数；9.3 节和 9.4 节以示例形式，分别在 MATLAB 环境和 Visual Studio 2010 集成开发环境下，详细介绍调用引擎函数的 C/C++程序编写和编译方法；9.5 节介绍利用 Visual Studio 2010 集成开发环境进行 C/C++程序与 MATLAB 程序联合调试的技巧和方法，为解决大规模的工程问题提供技术支持。

9.1 MATLAB 引擎概念和功用

MATLAB 引擎库汇集的函数可使用户在自编应用程序中方便地实现对 MATLAB 的调用。也就是说，用户自编界面运行在前台，而 MATLAB 作为计算引擎(Computation Engine)运行在后台。MATLAB 引擎可运用于以下场合：

- MATLAB 在其他语言编写的应用程序中被当作数学库程序调用，充分利用 MATALB 命令简单、计算可靠的优点；
- MATLAB 在专用系统中被当作计算引擎时用，前台是 C/C++等语言编写的 GUI 图形用户接口，后台由 MATLAB 执行各种复杂的计算分析，可大大缩短用户的开发时间。

9.2 MATLAB 引擎函数库介绍

引擎 API(Application Programming Interface)函数库，是 MATLAB 提供的一组皆以前缀 eng 开头的函数，这些函数库以动态链接库的形式提供给使用者。C/C++语言程序通过对这些库函数调用，借用 MATLAB 引擎进行复杂的运算和算法设计开发，从而提高 C/C++语言程序的开发效率。本节只是适度地介绍若干常用的引擎库函数(见表 9.2-1)，其他库函数和更多的信息请看 MATLAB 的帮助文件。

表 9.2-1 中各种函数的调用形式如下：

```
pE = engOpen(NULL);
```

在Windows系统,只能以NULL为输入参数打开引擎

IFlag = engClose(pE);

关闭pE指定的已经打开的MATLAB引擎

IFlag = engPutVariable(pE, ValN, pA);

将pA指定的mxArray变量,以ValN指定的名称写进pE指定的引擎空间

pX = engGetVariable(pE, ValN);

获取pE指定的引擎空间中,名为ValN的变量,赋值给pX指定的mxArray变量

IFlag = engEvalString(pE, CmdStr);

在pE指定的引擎内,执行CmdStr参数指定的命令

IFlag = engOutputBuffer(pE, pBuf, BLen);

在PBuf指定数组首地址,BLen指定数组长度的字符数组内,接收任何函数在引擎内执行之后可能显示在屏幕上的字符

表9.2-1 常用的C语言MATLAB引擎函数及功能描述

函 数	功 能
engOpen	启动指定的MATLAB引擎
engClose	关闭指定的MATLAB引擎
engPutVariable	把mxArray变量送进MATLAB引擎空间,并为之起名
engGetVariable	从MATLAB引擎空间获取变量
engOutputBuffer	为MATLAB引擎准备字符串缓冲区,用于接收engEvalString函数运行之后,一般会在MATLAB命令窗口显示的输出内容
engEvalString	在MATLAB引擎空间中运行任何合法的MATLAB表达式

说明

- pE:Engine类型指针变量,指向已经打开的MATLAB引擎。
- ValN:字符型指针变量,表示MATLAB引擎内某个变量的名称。
- pA:mxArray类型指针变量。
- CmdStr:字符型指针变量,指定需要在MATLAB引擎内执行的命令名称。
- pBuf:字符型指针变量。通常用已经存在的字符串数组名作为输入。
- BLen:整型变量,表示字符指针pBuf指定的数组长度。
- pX:mxArray类型指针变量,指向从MATLAB引擎内获得的变量。
- IFlag:函数返回的整型变量,0表示函数执行成功,非0表示函数执行失败。
- 在此强调:在所有涉及MATLAB引擎函数库的C程序中,都必须包含的头文件engine.h。该文件由MATLAB提供;该文件位于matlabroot\extern\include文件夹(在此matlabroot指MATLAB的安装目录)。

9.3 MATLAB环境下编译调用引擎函数库的C/C++源文件

本节利用上节介绍的引擎函数库,在MATLAB环境下编辑C/C++程序,并编译成独立

可执行程序。为避免叙述的空泛，本节叙述以示例形式展开。

例【9.3-1】 用C语言编写调用 MATLAB 引擎计算三次多项式 x^3-2x+5 根的源程序。本例演示：调用 MATLAB 引擎函数库的C源文件一般结构；引擎函数 engOpen、engClose、engPutVariable、engOutputBuffer、engEvalString 等的用法；MATLAB 环境外数据与引擎函数的配合使用。利用标准的 Windows 信息发布框显示计算结果。

1）编写源程序 Bexm040301.c

```
//Bexm040301.c
#include <windows.h>          //定义编写 Windows 程序所必须的数据类型、宏、函数等
#include <stdlib.h>           //定义通用数据类型、宏、函数等
#include <stdio.h>            //用于标准 I/O 程序定义和申明的头文件
#include "engine.h"           //定义 MATLAB 引擎应用中所必需的数据类型、宏、函数等

int WinMain(HANDLE hInstance, HANDLE hPrevInstance, LPSTR  lpszCmdLine, int nCmdShow)
{
    Engine *ep;                             //定义 ep 为 MATLAB 引擎的指针
    mxArray *P=NULL, *r=NULL;               //定义 2 个空 mxArray 变量
    char buffer[256];                       //定义容量为 256 的缓冲区
    double poly[4]={1,0,-2,5};              //定义双精度变量,含 4 个元素的多项式系数。

    if (!(ep=engOpen(NULL)))                //启动本机 MATLAB 引擎,如果出错则退出程序。
    {
        fprintf(stderr,"\nCan't start MATLAB engine\n");
        return EXIT_FAILURE;
    }

    P=mxCreateDoubleMatrix(1,4,mxREAL);     //令 P 为所创(1X4)双精度实矩阵的指针
    //把 poly 源缓冲区中内容复制到 P 所指 mxArray 实部的目标缓冲区中
    //待复制的字节数为 4 个双精度数
    memcpy((char *)mxGetPr(P),(char *)poly,4*sizeof(double));

    //把 P 所指 mxArray 变量放进 ep 所指的 MATLAB 引擎空间,并起名 p
    engPutVariable(ep,"p",P);

    //为 ep 所指引擎准备 buffer 所指的长度为 256 的缓冲区,
    //用于接收 engEvalString 函数运行之后的屏幕显示结果
    engOutputBuffer(ep,buffer,256);

    //命令 ep 所指引擎对"disp(['多项式    x^3-2x+5    的根']),r=roots(p)"
    //进行串运算,并把计算结果写进 buffer 所指的缓冲区
    engEvalString(ep,"disp(['多项式    x^3-2x+5    的根']),r=roots(p)");

    //该对话框直接建立在根屏幕上,发布 buffer 缓冲区中的内容,
```

```
    //对话框的名称是"Bexm040301 展示 MATLAB引擎的应用"
    //该框带一个"确定"按键。只有单击该键才能执行其他过程。
    MessageBox(NULL,buffer,"Bexm040301 展示 MATLAB引擎的应用",MB_OK);

    engClose(ep);                   //关闭 ep 所指引擎
    mxDestroyArray(P);              //释放被 mxCreate 配置过的 P 所指动态内存
    return EXIT_SUCCESS;
}
```

2）编译链接源程序

将 Bexm040301.c 源文件编译产生独立可执行应用程序，可以借助 mex 指令对源文件进行编译和链接，在 MATLAB 指令窗口键入如下指令：

```
% 把 Bexm040301.c 源文件所在目录设为当前目录
cd D:\Mywork\ExampleB\Bexm040301
mex  -client engine Bexm040301.c
```

```
使用 'Microsoft Visual C++ 2010 (C)' 编译。
MEX 已成功完成。
```

3）运行 Bexm040301.exe

在资源管理器中双击 Bexm040301.exe 文件名，或在 DOS 状态下键入 Bexm040301.exe，或在 MATLAB 命令窗中键入!Bexm040301，都可运行该程序。该程序将首先启动 MATLAB 引擎，然后会得到一个如图 9.3-1 所示的信息窗口，当单击按钮确定后，该窗口被关闭，最后 MATLAB 窗口也被关闭，程序运行结束。

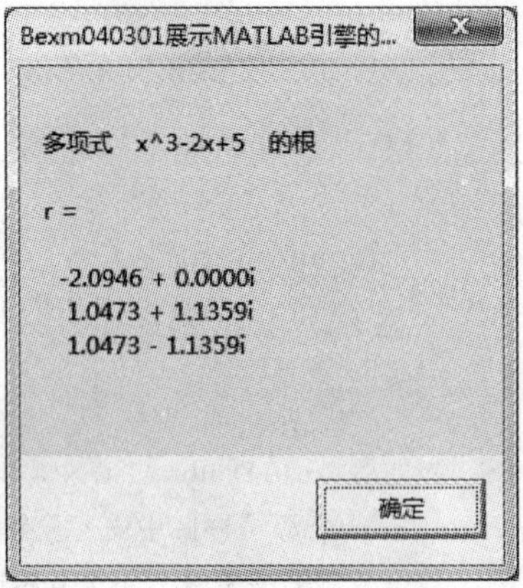

图 9.3-1 运行程序 Bexm040301.exe 得到的信息窗口

说明

- 这里 mex 命令中用到的"-client engine"选项不仅适用于编写调用 MATLAB 引擎的源文件，也适用于编写生成 MAT 数据文件的源码文件。
- engOpen(startcmd)根据 startcmd 字符串指定的命令启动 MATLAB 引擎。在 Windows 平台上，startcmd 字符串可以取 NULL。
- MessageBox 引出 Microsoft Windows 的一个模板对话框（见图 9.3-1）。该对话框包含：信息图标、文字消息发布区、"确定"按键。特别提醒：一旦该信息发布框弹出，在"确定"按键被单击之前将中断对其他应用程序的输入。只有在单击"确定"按键解除信息发布后，才能执行其他应用程序。

例【9.3-2】 本例演示：MATLAB 引擎对用户自编 M 函数文件的调用；借用 DOS 界面作为 MATLAB 的命令输入和结果发布窗。

1）编写源文件 Bexm040302.c

```
//Bexm040302.c
#include <stdlib.h>                    //定义通用数据类型、宏、函数等
#include <stdio.h>                     //用于标准 I/O 程序定义和申明的头文件
#include <string.h>
#include "engine.h"                    //定义 MATLAB 引擎应用中所必需的数据类型、宏、函数等
#define  BUFSIZE 512
int main()
{
    Engine *ep;
    mxArray *Pz = NULL, *result = NULL;
    char buffer[BUFSIZE];
    double zeta[1] = {30};             //MATLAB 环境外数据示例
    if (!(ep = engOpen(NULL)))
    {
        fprintf(stderr, "\nCan't start MATLAB engine\n");
        return EXIT_FAILURE;
    }
    //-----------------------------------------------------------------
    //程序段 1:(A)把 zeta 数据送进 MATLAB;(B)利用引擎进行计算。
    //-----------------------------------------------------------------
    //创建指针为 Pz 的(1*1)实型 mxArray
    Pz = mxCreateDoubleMatrix(1, 1, mxREAL);
    //把 zeta 中的全部数据复制到 Pz 所指 mxArray 变量中
    memcpy((void *)mxGetPr(Pz), (void *)zeta, sizeof(zeta));
    //把 Pz 所指 mxArray 变量送进 MATLAB 引擎空间,并取名为 z
    engPutVariable(ep, "z", Pz);
    //把符合 MATLAB 语法的命令送进引擎空间执行,执行 engly 文件
    engEvalString(ep, "cd D:\\Mywork\\ExampleB\\Bexm040302");                  //<28>
    engEvalString(ep, "engly(z);");                                             //<29>
    printf("按 Enter 键继续!\n\n");    //在 DOS 界面显示提示内容
    fgetc(stdin);    //等待键盘输入,在此用来保证图形窗在前台有足够停留时间。
    printf("程序段 1 运行已经结束。下面处于程序段 2 运行过程中!\n");
    mxDestroyArray(Pz);                //释放 Pz 所占内存
    engEvalString(ep, "close;");       //关闭 MATLAB 引擎
    //-----------------------------------------------------------------
    /*程序段 2:    由于 DOS 界面成为 MATLAB 引擎的工作界面。(A)用户可以在该 DOS 环境下
    输入任何符合 MATLAB 语法的命令,并看到相应结果;(B)假如用户要关闭该程序,一定要创建数
    值变量 Exit。*/
    //-----------------------------------------------------------------
    engOutputBuffer(ep, buffer, BUFSIZE);
    //为 ep 所指引擎配置 buffer 所指的长度为 BUFSIZE 的缓冲区,
```

```
    //准备承接 MATLAB 的输出。
    while (result == NULL) {
        char str[BUFSIZE];
        printf("注意:\n");
        printf("·此界面上,可输入任何 MATLAB 命令。\n");
        printf("·若想退出,请对 Exit 变量赋任何数值。\n");
        printf(">>");
        fgets(str, BUFSIZE-1, stdin);            //获得用户输入的字符串 str
        engEvalString(ep, str);                  //把从界面输入的串 str 送进引擎计算
        printf("%s", buffer);                    //把计算结果显示在界面上

        //从引擎空间中读出名为 Exit 的变量
        if ((result = engGetVariable(ep,"Exit")) == NULL)
            printf("可继续运行!\n");
    }
    printf("运行结束!\n");
    mxDestroyArray(result);
    engClose(ep);
    return EXIT_SUCCESS;
}
```

2）编写 MATLAB 函数文件 engly.m

```
% engly.m
function engly(z)
    [X0,Y0,Z0]=sphere(z);
    X=2*X0;
    Y=2*Y0;
    Z=2*Z0;
    surf(X0,Y0,Z0);
    shading interp;
    hold on,mesh(X,Y,Z),colormap(hot),hold off;
    hidden off;
    axis equal,axis off;
```

3）生成独立可执行应用程序

在 MATLAB 命令窗口键入如下命令：

```
%把 Bexm040302.c 源程序所在目录设为当前目录
cd D:\Mywork\ExampleB\Bexm040302
mex -client engine Bexm040302.c

使用 'Microsoft Visual C++ 2010 (C)' 编译。
MEX 已成功完成。
```

4）运行 Bexm040302.exe 文件

● 在 Windows 内打开 cmd 程序，切换到 D:\Mywork\ExampleB\Bexm040302 目录，然

后在 DOS 状态下键入 Bexm040302.exe 可执行程序，即可运行该程序。该程序过程分为两个阶段。第一阶段实现把数据读入 MATLAB 引擎空间，然后调用用户自编的 MATLAB 函数文件绘制如图 9.3-2 所示界面中的图形。

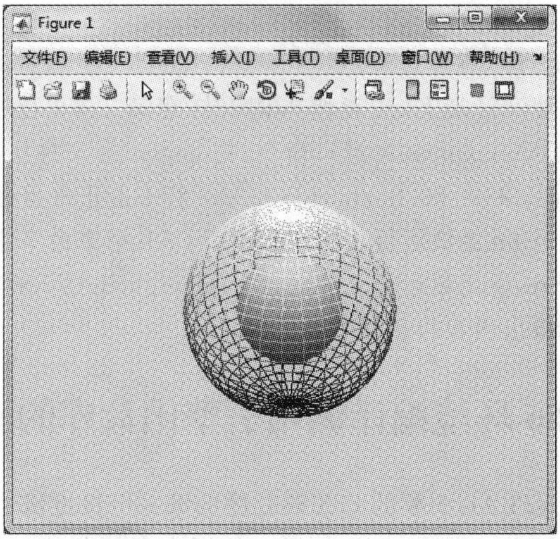

图 9.3-2　engEvalString(ep, "engzzy(z);")产生的图形

- 在 DOS 界面上，按 Enter 键，进入程序的第二阶段：允许在 DOS 界面上输入任何合法的 MATLAB 命令，就像在 MATLAB 命令窗那样。图 9.3-3 所示为运行示例。图中显示的"输入的 MATLAB 命令"是 rand('state',1), D=eig(rand(3,3))在按 Enter 键后，计算结果就显示在命令的下方。

图 9.3-3　DOS 界面上的操作和运行记录示意

● 图 9.3-3 还显示：输入 Exit=3 指令，退出该程序执行(向 Exit 赋任何数值，都可达到退出程序目的)。

说明

● 由于 Bexm040302.c 中的第 <29> 行 engEvalString(ep, "engzzy(z);")中使引擎调用了自编函数 engly.m，在此提醒：运行 Bexm040302.exe 之前，必须先把 engly.m 复制到 MATLAB 的搜索目录上，或者像本例一样在第 <28> 行增加 engEvalString(ep, "cd D:\\Mywork\\Bexm040302");命令，把 engly.m 文件所在的目录设置为 MATLAB 引擎的当前目录，否则，Bexm040302.exe 将不能正常运行。

● 要获得 engEvalString 函数运行之后，在 MATLAB 引擎命令窗口内显示的输出内容，必须在 engEvalString 函数运行之前运行 engOutputBuffer 函数，配置接收 MATLAB 引擎命令窗口内输出内容的字符串缓冲区。

9.4 Visual Studio 环境编译调用引擎函数库的 C/C++源文件

上节介绍了调用 MATLAB 引擎的 C 源码程序的编写链接方法。此法虽比较基础，但有时也显得繁琐。尤其当那些习惯集成开发环境的用户利用集成开发环境开发用户界面、MATLAB 引擎作为后台计算工具时，感觉更甚。为此，本节将通过示例介绍如何利用 Visual Studio 2010 集成开发环境创建调用 MATLAB 引擎的 C++源程序。

例【9.4-1】 利用 Visual Studio 2010 集成开发环境编写综合运用 MAT 数据文件和 MATLAB 引擎技术求矩阵的奇异值的 C++源码程序。本例演示：如何在 Visual Studio 2010 集成开发环境编写、编译、链接调用 MATLAB 引擎库的 C++源文件；C/C++程序准备数据，MATLAB 作为后台计算引擎工具的项目联合开发模式。

1) Bexm040401 示例工程创建

按本书附录 A 例 A.2-1 第 1)条目所述方法，启动并弹出 Visual Studio 2010"新建项目"对话框，鼠标单击"Win32 控制台应用程序"，然后在对话框下方的"名称"栏中填入 Bexm040401；在对话框下方的"位置"栏中填入该项目要保存的位置，本示例项目填写的内容是 D:\Mywork\ExampleB，上述内容填写完毕后，单击"确定"按钮。在弹出的"应用程序向导"对话框中，直接单击"完成"按钮，完成工程项目创建。

2) 项目解决方案平台设置

按例 6.2-5 中第 2)部分介绍的方法，把"活动解决方案平台"选项更改为"x64"。

3) 项目编译所需外部函数目录设置，以及链接所需外部类库设置

为了使项目在编译时，Visual Studio 2010 能找到 MATLAB 提供的有关引擎函数库的头文件(如 engine.h)以及引入库文件(如 libeng.lib)，需要设置与本项目相关的目录属性；为了使项目在链接时能链接到正确的引入库文件，还必须要对项目的依赖库属性进行设置。

有关引擎函数库的头文件和引入库文件的目录设置与例 6.2-5 中第 3)部分的相关论述完全相同，这里不再赘述。

有关项目链接所需的引擎函数库的引入库设置方法与例 6.2-5 中第 3)部分的相关论述相同，在弹出的"附加依赖项"对话框的空白编辑框内输入"libmx.lib""libmat.lib"和"libeng.lib"。

4）Bexm040401 示例代码开发

对工程中创建的 Bexm040401.cpp 文件进行编辑，编辑完成后的代码如下所示：

```
// Bexm040401.cpp : 定义控制台应用程序的入口点。

#include "stdafx.h"
#include "engine.h"                 //定义 MATLAB 引擎应用中所必需的数据类型、宏、函数等
#include "mat.h"                    //定义 MAT 文件接入和创建方法的头文件
#include <windows.h>                //定义编写 Windows 程序所必须的数据类型、宏、函数等


int _tmain(int argc, _TCHAR* argv[])
{
    double * b,a[9]={1,4,7,2,5,8,3,6,9};
    const char *file="mymat.mat";
    mxArray *Ain, *Aout, *SV;
    Engine * ep;
    MATFile *mat;
    //------------------- 数据写入 mymat.mat 文件后关闭之 -------------
    //以"写"方式打开名为 file 的 mymat.mat 文件,并为它设定指针 mat
    mat=matOpen(file,"w");
    //创建指针为 Ain 的(3*3)实型 mxArray
    Ain = mxCreateDoubleMatrix(3,3,mxREAL);
    //把 a 源缓冲区中内容复制到 Ain 所指 mxArray 实部的目标缓冲区中
    //待复制的字节数为 9 个双精度数
    memcpy((char *)mxGetPr(Ain),(char *)a,9*sizeof(double));

    //把 Ain 所指 mxArray 放进 mat 所指的 mymat.mat 文件
    matPutVariable(mat,"z",Ain);
    //关闭 mat 所指的 mymat.mat 文件
    matClose(mat);
    //释放 Ain 所指 mxArray 缓冲区
    mxDestroyArray(Ain);

    //打开 mymat.mat 文件并把数据读出,然后送到引擎中计算,最后从引擎中取出并显示
    //-------- 读 mymat.mat 文件后的数据,送引擎计算,显示返回结果 -------

    //以"读"方式打开名为 file 的 mymat.mat 文件,并为它设定指针 mat
    mat=matOpen(file,"r");
    //从 mat 所指 MAT 文件中读出名为 z 的 mxArray 变量,并设指针为 Aout。
    Aout =matGetVariable(mat,"z");
    //开启本地 MATLAB 引擎,若成功便执行以下命令。
    if(ep=engOpen(NULL))
    {
        //把 Aout 所指 mxArray(带变量名 z)数据送进 MATLAB 引擎空间
```

```
        engPutVariable(ep,"z",Aout);
        //在引擎空间中求z矩阵的奇异值
        engEvalString(ep,"sv=svd(z);");
        //从引擎空间中获取算得的sv存入SV所指的mxArray
        SV=engGetVariable(ep,"sv");
        //获取SV所指的mxArray实部的指针b
        b=mxGetPr(SV);
        //在DOS界面上显示"奇异值为"
        printf("奇异值为");
        printf("\n");
        for(int i=0;i < 3;i++)
        {
            //在同一行中显示所有奇异值
            printf("   %.2f",b[i]);
        }
        //关闭MATLAB引擎
        engClose(ep);
        //关闭mat所指mymat.mat文件
        matClose(mat);
        //释放Aout所占内存
        mxDestroyArray(Aout);
        //释放SV所占内存
        mxDestroyArray(SV);
    }
    else
    {
        //MATLAB引擎开启失败的提示
        printf("Can't open matlab");
    }
    return 0;
}
```

5）创建 Bexm040401.exe 文件

用鼠标单击菜单项“生成＞生成 Bexm040401(U)”，或单击工具栏内的图标，即可对整个项目进行编译。这时会在“D:\Mywork\ExampleB\Bexm040401\x64\Debug”目录生成 Bexm040401.exe 文件。

6）运行 Bexm040401.exe

在 Windows 内打开 cmd 程序，切换到 D:\Mywork\ExampleB\Bexm040401\x64\Debug 目录，然后在 DOS 状态下键入 Bexm040401.exe，运行此文件得到如图 9.4-1 所示的结果。

说明

- 注意：出于篇幅考虑，本例所写源程序中省略了若干不影响正常运行的操作判断语句。但作为一个完整规范的程序，那些判断是不可省略的。

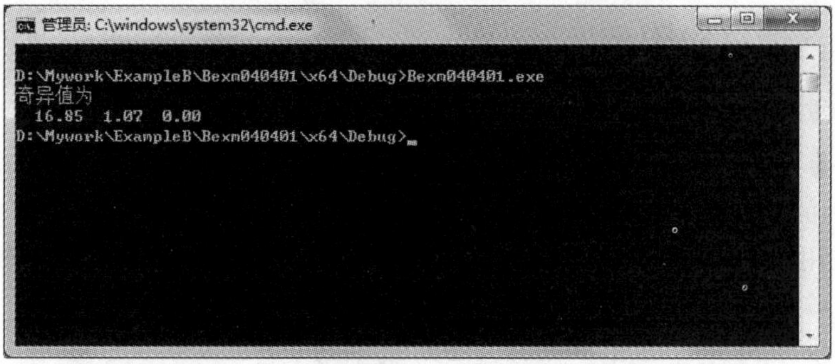

图 9.4－1　Bexm040401.exe 程序运行界面

9.5　C/C++应用程序与 M 函数联合调试技术

9.5.1　联合调试流程

当 MATLAB 在专用系统中被当作计算引擎用时，一种典型应用是前台用 C/C++等语言编写 GUI 图形用户接口，用于处理数据采集和数据后续处理或显示等工作，后台由 MATLAB 引擎执行各种数据处理的复杂的计算分析。这种程序架构在项目比较庞大时，通常需要对程序的各个组件部分进行调试，一种方法是前台的 C/C++程序把采集的数据记录成数据文件，在 MATLAB 环境下调试各种数据处理算法，然后在把 MATLAB 中调试好的数据处理算法的输出数据记录成数据文件，最后在 C/C++程序内调试数据的后续处理或显示部分代码；另一种方法是对 C/C++应用程序和 MATLAB 的数据处理算法之间进行在线联合调试，该联合调试的过程如图 9.5－1 所示。

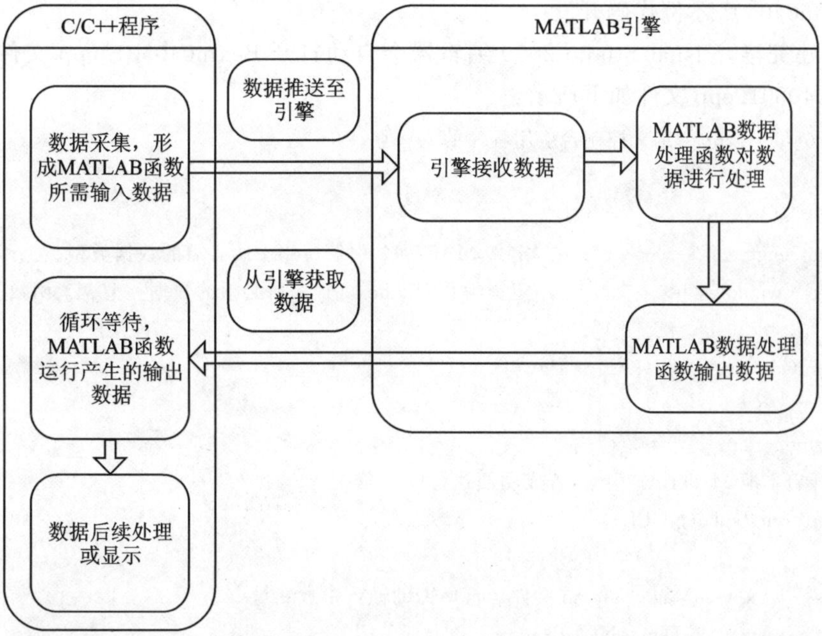

图 9.5－1　C/C++应用程序与 MATLAB 函数之间进行在线联合调试示意图

9.5.2 联合调试应用示例

下例将着重讲述C++应用程序和M函数文件之间的在线联合调试技术。

例【9.5-1】 利用Visual Studio 2010集成开发环境编写一个通过MATLAB引擎技术调用M函数文件的C++应用程序，以及C++应用程序和M函数文件之间的联合调试。本例演示：C++应用程序和M函数文件之间的联合调试技术。

1) Bexm040501示例工程创建

按本书附录A例A.2-1第1)条目所述方法，启动并弹出Visual Studio 2010"新建项目"对话框，鼠标单击"Win32控制台应用程序"，然后在对话框下方的"名称"栏中填入Bexm040501；在对话框下方的"位置"栏中填入该项目要保存的位置，本示例项目填写的内容是D:\Mywork\ExampleB，上述内容填写完毕后，单击"确定"按钮。在弹出的"应用程序向导"对话框中，直接单击"完成"按钮，完成工程项目创建。

2) 项目解决方案平台设置

按例6.2-5中第2)部分介绍的方法，把"活动解决方案平台"选项更改为x64。

3) 项目编译所需外部函数目录设置，以及链接所需外部类库设置

为了使项目在编译时，Visual Studio 2010能找到MATLAB提供的有关引擎函数库的头文件(如engine.h)以及引入库文件(如libeng.lib)，需要设置与本项目相关的目录属性；为了使项目在链接时能链接到正确的引入库文件，还必须要对项目的依赖库属性进行设置。

有关引擎函数库的头文件和引入库文件的目录设置与例6.2-5中第3)部分的相关论述完全相同，这里不再赘述。

有关项目链接所需的引擎函数库的引入库设置方法与例6.2-5中第3)部分的相关论述相同，在引出的"附加依赖项"对话框的空白编辑框内输入libmx.lib和libeng.lib。

4) Bexm040501示例代码开发

工程创建完毕，Visual Studio 2010编辑器会自动打开Bexm040501.cpp文件，重新编辑后的Bexm040501.cpp文件如下所示：

```
// Bexm040501.cpp : 定义控制台应用程序的入口点。

#include "stdafx.h"
#include "engine.h"              //定义MATLAB引擎应用中所必需的数据类型、宏、函数等
#include <windows.h>             //定义编写Windows程序所必须的数据类型、宏、函数等

int _tmain(int argc, _TCHAR * argv[])
{
    Engine * ep;
    //开启本地MATLAB引擎，若成功便执行以下命令。
    if(ep=engOpen(NULL))
    {
        //定义GenMagicData.m文件运行所需的输入参数变量
        mxArray * Dim=NULL;
        int DimNum=5;
```

```
Dim= mxCreateDoubleScalar(DimNum);

//定义 GenMagicData.m 文件运行所需的输出数据变量
mxArray * MatrixData=NULL;

//把输入参数变量送进 MATLAB 引擎空间
engPutVariable(ep,"Dim",Dim);

//把 GenMagicData.m 文件所在目录设为当前目录
engEvalString(ep,"cd D:\\Mywork\\ExampleB\\Bexm040501;");

//把 GenMagicData.m 文件在编辑器中打开
engEvalString(ep,"edit GenMagicData.m;");

//等待用户对 GenMagicData.m 文件进行调试,并
//一直尝试获取 GenMagicData.m 文件运行结果
while (1)
{
    MatrixData=engGetVariable(ep,"ans");                          //<36>
    if (MatrixData==NULL)
    {
        Sleep(1000);
    }
    else
        break;
}

//显示 MatrixData 数据内容
double * DataBuf = NULL;
DataBuf = mxGetPr(MatrixData);
int i,j;
printf("产生的魔方矩阵如下:\n");
for (i=0;i < DimNum;i++)
{
    for (j=0;j < DimNum;j++)
    {
        printf("%f\t",DataBuf[i+j * DimNum]);
    }
    printf("\n");
}

//关闭 MATLAB 引擎
engClose(ep);
```

```
        //释放 Dim 和 MatrixData 所占内存
        mxDestroyArray(Dim);
        mxDestroyArray(MatrixData);
    }
    return 0;
}
```

5）创建 Bexm040501.exe 文件

用鼠标单击菜单项“生成 > 生成 Bexm040501(U)”，或单击工具栏内的图标，即可对整个项目进行编译。默认情况下生成的是 Debug 版本，这时会在 D:\Mywork\ExampleB\Bexm040501\x64\Debug 目录生成 Bexm040501.exe 文件。

6）创建调试用 M 函数文件

```
% GenMagicData.m 文件
function MatrixData = GenMagicData( Dim )
    if Dim > 0
        MatrixData=magic(Dim);
    else
        disp('函数输入参数 Dim 需大于 0!');
        MatrixData=[];
    end
```

把创建的 GenMagicData.m 文件保存在 D:\Mywork\ExampleB\Bexm040501 目录。

7）Bexm040501.exe 和 GenMagicData.m 的联合调试

本例设计的调试过程是，在 Bexm040501 程序中先产生 GenMagicData.m 文件运行所需的输入数据，并把该数据送至 MATLAB 的引擎空间中，然后调用 MATLAB 编辑器打开 GenMagicData.m 文件，供用户进行调试。如果 GenMagicData.m 文件运行满足用户需要并产生输出数据，程序的控制返回 Bexm040501 程序，并根据从 MATLAB 引擎空间内获得的数据继续进行 Bexm040501 程序的相关调试。整个调试过程步骤如下：

- 在 Bexm040501.cpp 文件内创建断点。

  首先在 Bexm040501.cpp 文件的循环等待从 MATLAB 引擎空间内获取数据的程序段之后设置断点，把编辑器内的光标移动到要进行调试的语句上，在键盘上按快捷键 F9 即可在光标所在的语句设置一个断点，如果有多个语句需要调试，可以按前述方法进行，图 9.5-2 所示为在 double * DataBuf=NULL;语句设置断点时的情形。

- 启动 C/C++应用程序的调试。

  在 Visual Studio 2010 集成开发环境内，单击菜单项“调试(D) > 启动调试(S)”或按键盘上的 F5 键，即可启动 Bexm040501.exe 程序的调试，该程序首先把 GenMagicData.m 文件运行所需的输入数据送至 MATLAB 的引擎空间中，并调用 MATLAB 编辑器打开 GenMagicData.m 文件，然后进入循环等待部分。

- 在 MATLAB 编辑器内创建断点。

  在 MATLAB 编辑器内把光标移动到 GenMagicData.m 文件的第三行，按键盘上的 F12 键设定断点，如图 9.5-3 所示。

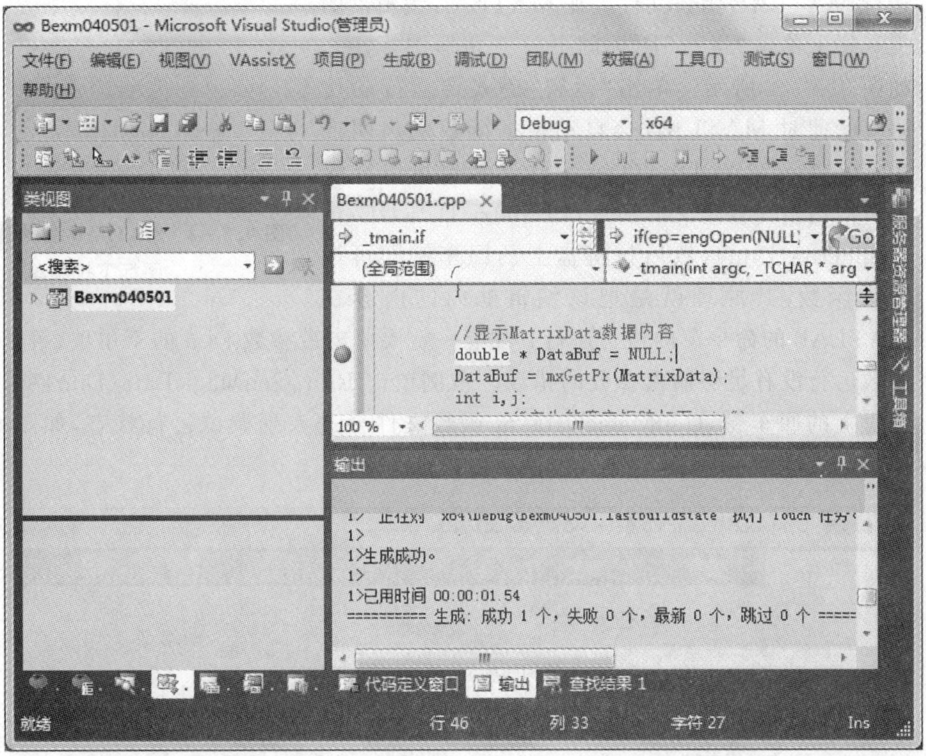

图 9.5－2　Bexm040501.cpp 文件断点设置

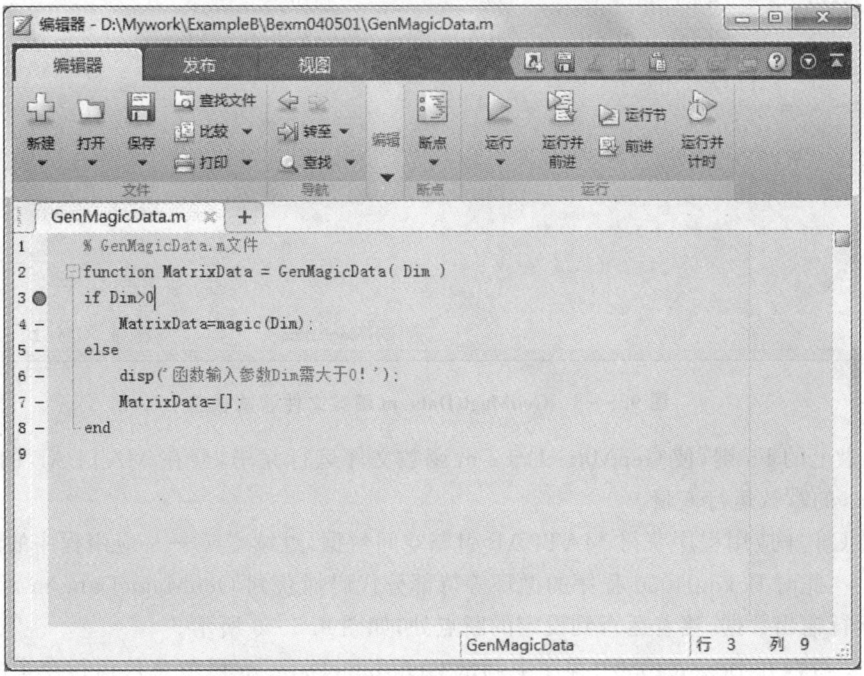

图 9.5－3　GenMagicData.m 文件断点设置

- 运行MATLAB函数文件。在MATLAB编辑器的工具栏上单击“运行”图标的下拉三角形图标，如图9.5-4所示。单击“运行：*键入要运行的代码*”项，此时MATLAB会自动根据函数的声明产生Run：GenMagicData(Dim)项，读者也可以在该编辑框内填写自定义的命令，如MatrixData=GenMagicData(Dim)，然后按键盘上的回车键即可运行该函数，其原理就是把该编辑框内的内容在MATLAB的命令窗内进行运行。注意一定要单击带参数Dim的菜单项，否则会产生函数运行没有足够输入参数的错误。本例单击Run：GenMagicData(Dim)项，然后按键盘上的回车键，GenMagicData.m函数文件会进入到调试运行状态，如图9.5-5所示。

图9.5-4　MATLAB编辑器运行图标下拉菜单

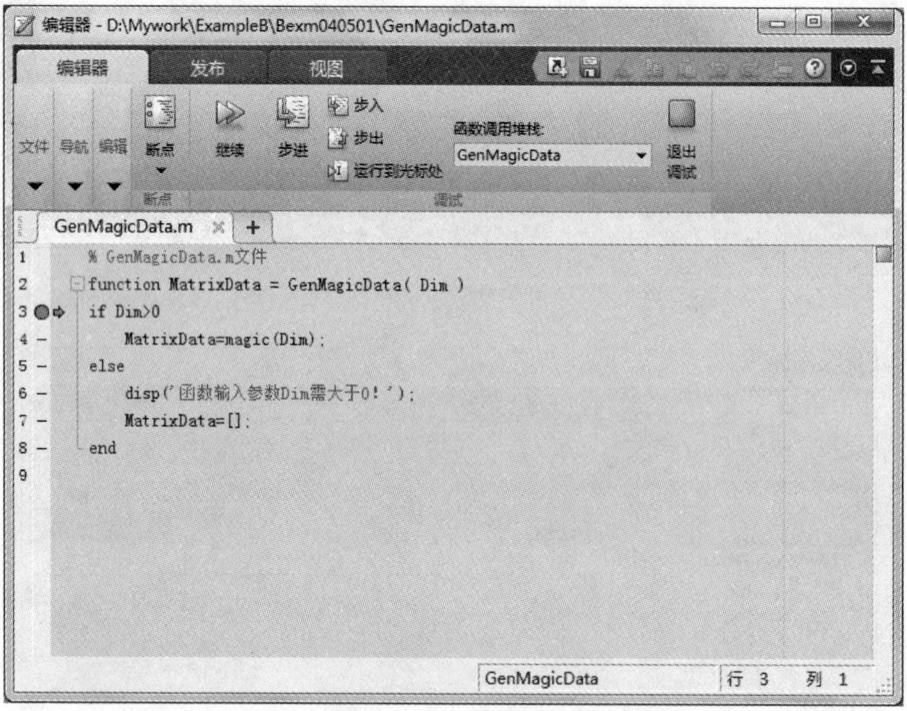

图9.5-5　GenMagicData.m函数文件调试状态

按键盘上的F5键，使GenMagicData.m函数文件运行完毕，会在MATLAB的引擎空间内产生ans的默认运行变量。

- C/C++应用程序获得MATLAB引擎空间数据，继续C/C++应用程序的调试。

  此时Bexm04050程序的循环等待部分代码捕获到GenMagicData.m函数文件的运行输出数据，接着运行到设定的断点处，如图9.5-6所示。

接着就可以在Bexm040501程序中调试GenMagicData.m函数文件运行产生的数据了，进而实现C/C++应用程序与M函数文件的联合调试。读者可以在如图9.5-6所示的Visual Studio 2010集成开发环境的调试状态下进行单步调试(按键盘上的F10键)，如图9.5-7

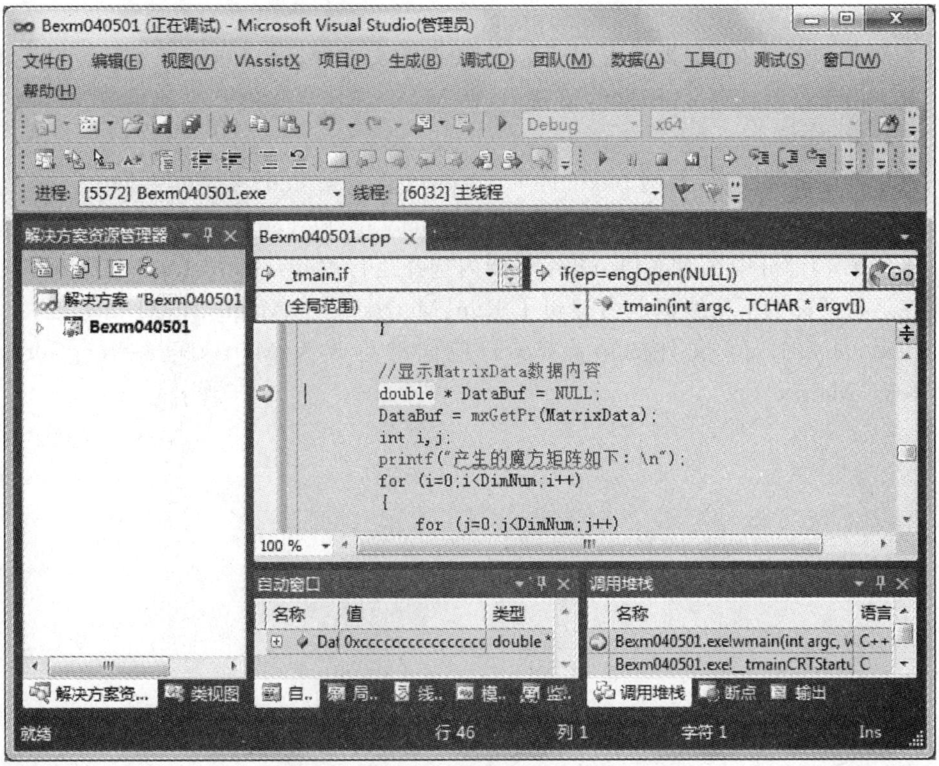

图 9.5-6　Bexm040501.cpp 文件调试状态

所示为调试过程中显示的魔方矩阵，整个程序运行完毕后该窗口会自动关闭，同时 MATLAB 引擎和编辑器也会关闭。

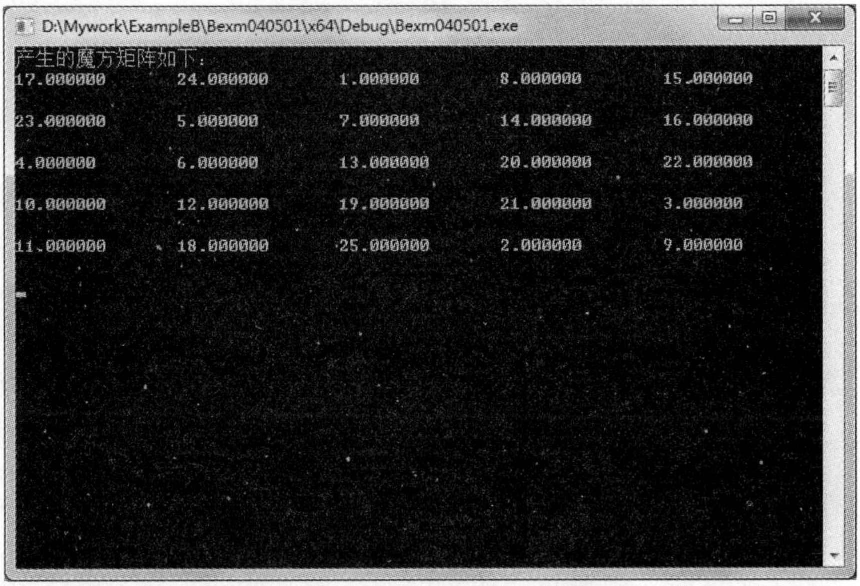

图 9.5-7　调试过程中显示的魔方矩阵

说明

- 本例在 MATLAB 编辑器内调试运行 M 函数文件时，可以自定义编辑函数的运行方式。由于可以自定义，函数运行完毕，在 MATLAB 空间内产生的函数输出变量名也是自定义的。
- 这里特别提醒注意，本例 Bexm040501.cpp 文件的第 <36> 行中，从 MATLAB 引擎中获得变量 ans 的语句为 MatrixData＝engGetVariable(ep," ans");，此语句对应的是本例第 7)部分中在 MATLAB 编辑器内选择运行 Run:GenMagicData(Dim)项，如果在运行图标的下拉编辑框内编辑了 Run:Matrix＝GenMagicData(Dim)项并运行，则 Bexm040501.cpp 文件的第 <36> 行应同时更改为 MatrixData = engGetVariable(ep,"Matrix");。

第 10 章 MATLAB 编译器

几乎所有使用过 MATLAB 的科技人员，无不为该软件的简洁、便捷、功能强大和可靠所震撼，同时也对 MATLAB 产生了新的期望：希望获得可摆脱 MATLAB 环境而可独立执行的应用程序，或供其他用户调用的动态链接库。

MATLAB 编译器就是实现用户期望的一个工具，通过 MATLAB 编译器几乎可以将所有 M 函数文件编译成可独立执行的应用程序或动态链接库，用户可以通过调用 mcc 指令或应用程序编译器这两种方式实现 MATLAB 编译器功能。10.2 节详细介绍 mcc 指令的使用规则及多个常用指令选项的含义和应用范围，并在 10.2.4 节以示例的形式阐述 MATLAB 编译器的工作流程、产生的目标文件，剖析生成的 C/C++头文件和源文件，分析并指出 MATLAB 编译器产生的 C/C++源文件并不是算法层面的源文件，而只是一个调用 MCR 运行时库的接口源文件。应用程序编译器是一个具有用户界面的图形化 MATLAB 编译器工具，不仅能实现所有 mcc 指令的功能。而且还具有制作目标文件发布安装包的功能。10.3 节以示例的形式，描述了从 M 函数文件经过应用程序编译器编译生成可独立执行应用程序的目标文件，制作发布安装包，最后在第三方机器上安装运行的全过程。10.4 节介绍如何把一个 MATLAB 环境下开发的具有用户操作界面并能显示用户数据图形的 M 函数文件，编译产生一个可独立执行的应用程序。

除了把 M 函数文件编译产生可独立执行的应用程序之外，MATLAB 编译器的另一个典型应用就是把复杂的算法设计和数据显示编写成 M 函数文件，然后利用 MATLAB 编译器将其转换成动态链接库，最终发布给客户，方便客户把这些动态链接库嵌入到自己开发的 C/C++程序中。10.5.1 节和 10.5.2 节分别演示将 M 函数文件编译生成 C 语言和 C++语言的动态链接库，然后介绍在 Visual Studio 2010 集成开发环境内编辑、编译、链接生成一个调用动态链接库文件的 C/C++应用程序并执行该应用程序的方法。

本书的很多例子都是利用 Visual Studio 2010 集成开发环境设计开发的，常用到的应用程序类型有“控制台应用程序”和“MFC 应用程序”，初学者往往对“MFC 应用程序”的运行逻辑、项目工程内多个类的功能和协作关系感到困惑，无法通过 MFC 提供的程序框架快速实现项目开发。10.5.3 节以基于对话框和单个文档应用程序这两个最常用的 MFC 应用程序框架为例，阐述这类应用程序的隐式程序入口、执行流程、多个自动生成 MFC 类的分工和之间的协作关系，简单介绍通过获得 MFC 类指针，实现多个 MFC 类之间的组合应用，以及菜单项的设计和响应函数开发、程序异常处理、程序窗口句柄捕获和定位窗口位置等内容。

10.1 MATLAB 编译器概述

MATLAB R2017b 版随带了 6.5 版的编译器，本节首先介绍该编译器的主要功能和适用范围及仍然存在的局限性，最后以实例介绍如何将 M 脚本文件转换为函数文件，以便采用

MATLAB 编译器来对之进行编译。

10.1.1 编译器的功能

- 产生 C/C++独立外部应用程序。
- 产生 C/C++共享库(动态链接库),方便 MATLAB 算法代码集成到其他 C/C++应用程序中。
- 对 MATLAB 开发的算法代码进行加密。
- 使 MATLAB 开发的程序能在没有获得 MATLAB 许可证的机器上运行。编译器编译产生的目标程序要在没有安装 MATLAB 的目标机上运行,可以通过在目标机上安装 MATLAB 提供的运行时组件(MATLAB Compiler Runtime,简称 MCR),该组件的安装程序 MCRInstaller.exe 位于 matlabroot\toolbox\compiler\deploy\win64 目录下,其中 matlabroot 为 MATLAB 的安装目录;在目标机上运行 MCRInstaller.exe 并在计算机的路径变量设置中设置了 MATLAB 运行时组件的路径之后,就可以在目标机上运行编译后的 MATLAB 程序,即 MCR 相当于编译后 MATLAB 程序的计算引擎。上述过程也可以通过 MATLAB 的应用程序编译器简单方便的实现,详见第 10.3 节。

MATLAB 编译器的主要功能就是把在 MATLAB 环境下编写的 M 语言代码即常用的 M 函数,编译成可独立运行的外部应用程序或动态链接库。它不能用来把 MATLAB 代码编译成易阅读、高效和可嵌入的 C 源代码,不能把 MATLAB 代码编译成 MEX 文件或嵌入到 Simulink 中的模块。

10.1.2 编译器的局限性

- 不支持 MATLAB 中包含有预先定义有用户界面接口的函数;
- 不支持 MATLAB 的打印或报告函数,例如 help、doc 等函数;
- 不支持 Simulink 的相关函数;
- 不支持符号工具箱的所有函数。

10.1.3 把脚本文件改写为函数文件

熟悉 MATLAB 的读者都知道,脚本文件也是一类最常用的 M 文件。但是 M 脚本文件只能被 MATLAB 编译器编译成独立应用程序,却不能被编译成动态链接库供 C/C++程序直接调用。解决这个矛盾的方法是:先把脚本 M 文件改写成函数 M 文件,然后再对这函数文件进行编译。下面通过举例进行阐述。

例【10.1-1】 编写一个绘圆的 M 脚本文件 Bexm050101_S.m,然后将之更改为 M 函数格式,但不修改程序的功能,最后通过 MATLAB 编译器编译,获得一个可独立运行的绘圆程序。

1) 编写绘圆脚本文件。

```
% Bexm050101_S.m 文件;
r=2;
t=0:pi/100:2*pi;
x=r*exp(i*t);
```

```
plot(x,'r * ');
axis('square')
```

2）把脚本文件改写成函数文件。

改写方法：在原始脚本文件最前端，加一行“function Bexm050101_F ”语句即可。具体如下：

```
% Bexm050101_F.m 文件；
function Bexm050101_F
r=2;
t=0:pi/100:2 * pi;
x=r * exp(i * t);
plot(x,'r * ');
axis('square')
```

3）对 Bexm050101_F.m 进行编译。

在 MATLAB 命令窗口运行如下命令

```
mcc -m Bexm050101_F.m
```

4）运行生成的可执行文件 Bexm050101_F.exe

在 MATLAB 命令窗口运行如下命令

```
!Bexm050101_F        % 调用 Bexm050101_F 绘制一半径为 2 的圆，见图 10.1-1
```

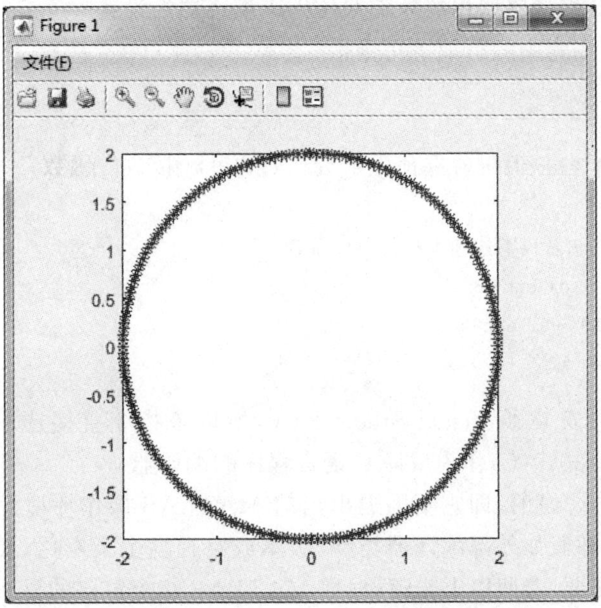

图 10.1-1 可执行文件 Bexm050101_F.exe 所画的圆

说明

- 虽然现在的 MATLAB 编译器既能对 MATLAB 脚本文件进行编译，也能对 MATLAB 函数文件进行编译，但是 MATLAB 脚本文件进行编译后的适应范围有限，建议读者还是把 MATLAB 脚本文件转换成 MATLAB 函数文件之后，再调用 MATLAB 编译器把它转换成编译后的程序发布给最终的使用者。

- 第 10.1.2 节列出的 MATLAB 编译器的局限性，并不表明包含这些指令的 M 函数都不能被编译，也可能是指编译后的可执行程序不能正确执行包含这些函数的指令，而是给出相关的警告信息，这里不详细举例说明，感兴趣的读者可以自己尝试，如在 Bexm050101_F.m 函数文件内加入 help randn 语句，然后重复本例第(3)和第(4)部分，观察运行结果。

10.2 MATLAB 编译器配置和入门

10.2.1 为正确使用 MATLAB 编译器进行配置

要实现从 M 函数文件到可独立运行外部程序或 C/C++动态链接库的转换，必须在本机上安装合适的 C/C++编译器，然后对 MATLAB 编译器进行正确的设置，为其指定默认的 C/C++编译器。MATLAB 在第一次使用编译器时，将会自动选择合适的 C/C++编译器。然而，当用户的机器上安装了多个类型的 C/C++编译器或需要对默认的 C/C++编译器类型进行更改，都可以手动进行配置。

本节的编译器配置包括两个过程：第一，设置外部 C/C++编译器的类型；第二，利用 MATLAB 提供的标准文件对用户设置加以验证。详细内容将在随后的两小节中阐述。

(1) 对 MATLAB 编译器调用的外部 C/C++编译器的设置

在 MATLAB 命令窗中运行如下指令：

```
mbuild -setup
```

```
MBUILD 配置为使用 'Microsoft Visual C++ 2010 (C)' 以进行 C 语言编译。

要选择不同的语言，请从以下选项中执行一种命令：
mex -setup C++ -client MBUILD
mex -setup FORTRAN -client MBUILD
```

说明

- 由于本机上只安装了 Visual Studio 2010，所以该指令直接选取了其中的 Microsoft Visual C++ 2010(C)作为编译 C 语言程序的编译器。
- 以上配置是"永久"的，即它不因退出当前 MATLAB 操作环境而消失；以上配置又是"可修改"的，即假如外部编译器类型、版本或路径发生了变化，或用户目标发生变化，可随时根据需要，参照以上步骤，根据 MATLAB 指令窗口的提示重新配置。

(2) 配置正确性的验证

在验证过程中所用的原始文件都取自 MATLAB。这样做的目的是：避免因原始文件的不当，而造成验证失败。

MATLAB 编译器使 M 文件变成生成独立可执行应用程序全过程正确与否的验证步骤为：

- 先将 matlab\R2017b\extern\examples\compiler 目录下的 magicsquare.m 文件复制到用户自己的工作目录(比方 D:\Mywork\ExampleB)，然后将此文件名改为 my_ magicsquare. m。

- 在 MATLAB 指令窗中运行以下指令后，将在 D:\Mywork\ExampleB 目录下产生 my_ magicsquare. exe。

```
cd D:\Mywork\ExampleB
mcc -m my_magicsquare.m                                              % <1>
```

- 打开 Windows 的 DOS 窗口，并使 D:\Mywork\ExampleB 成为当前目录，运行 my_ magicsquare. exe 4，若得到结果与图 10. 2 - 1 所示相同，就表示 MATLAB 编译器工作正常。

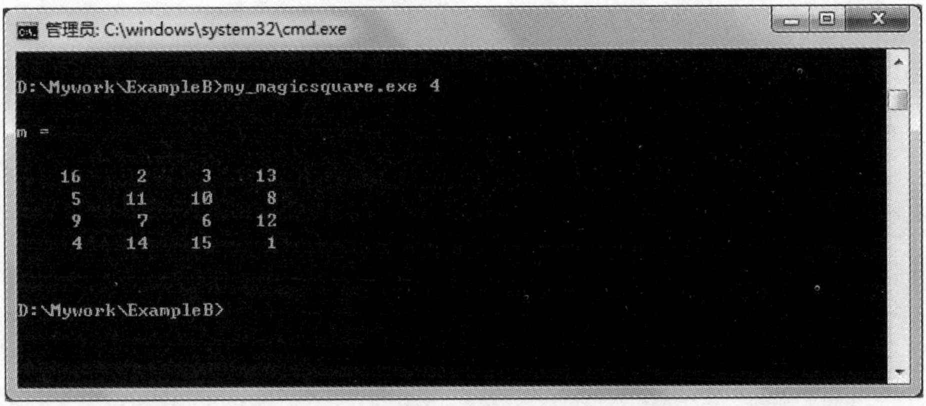

图 10. 2 - 1　在 DOS 窗口运行验证程序 my_magicsquare. exe 所得的结果

说明

- 指令 <1> 中宏选项 m 表示产生语言 C/C++的可执行外部应用程序。在此，mcc 指令在把 M 函数文件变成 C/C++源文件之后，会自动调用 mbuild 指令把 C/C++源文件转换为可独立执行应用程序文件。
- 一般情况下 mbuild 指令只在配置外部 C/C++编译器时显性调用，其他情况下都由 mcc 指令隐性调用。
- 6. 5 版的编译器是独立于 MATLAB 的一个产品，不仅可以在 MATLAB 命令窗中运行 mcc 指令和 mbuild 指令，也可以在 DOS 状态下运行。

10. 2. 2　MATLAB 编译器使用入门

本节通过示例介绍，让读者比较完整地体验利用编译器指令 mcc 产生可独立运行外部应用程序的过程。

例【10. 2 - 1】　编写这样一个 MATLAB 函数，对于给定矩阵 $\boldsymbol{A}$，如果存在 $\boldsymbol{S}$ 使得 $\boldsymbol{S}^{-1}\boldsymbol{A}\boldsymbol{S}=\boldsymbol{\Lambda}$，则求出 $\boldsymbol{S}$，否则给出信息说明所给的矩阵 $\boldsymbol{A}$ 不能对角化。然后对该函数进行编译，产生一个可独立运行的外部应用程序。本例目的：演示从 MATLAB 函数编写到编译产生可独立运行外部应用程序的全过程；mcc 指令的基本应用。

1) 编写 Bexm050201. m 函数文件

新建 D:\Mywork\ExampleB\Bexm050201 目录，并把它设置为 MATLAB 的当前工作目录，编写主函数 Bexm050201. m 文件和子函数 Bexm050201_eig. m 文件。

```
% Bexm050201.m 文件
function Bexm050201
    A = [4,0,0;0,3,1;0,1,3];
    S = Bexm050201_eig(A)

% Bexm050201_eig.m 文件
function S=Bexm050201_eig(A)
    [m,n]=size(A);
    if m~=n
        error('输入矩阵应是方阵!');
    end;
    e=eig(A);
    %检查输入矩阵的特征值是否各异
    same=0;
    for i=1:m-1
        for j=(i+1):m
            if e(j)==e(i)
                same=1;
            end
        end
    end
    % A 可以对角化的条件是 A 具有互异特征值或者 A 为埃尔米特矩阵。
    if any(any((A'-A)))&(same==1)
        error('矩阵无法对角化!');
    end
    [v,d]=eig(A);
    S=v;
```

2）在 MATLAB 环境中验证 M 函数的正确性

在 MATLAB 命令窗口运行如下指令：

```
Bexm050201

S =

         0         0    1.0000
   -0.7071    0.7071         0
    0.7071    0.7071         0
```

3）生成可独立运行的外部程序

在 MATLAB 指令窗中，运行如下指令：

```
mcc -m Bexm050201.m
```

4）验证 Bexm050201.exe

打开 DOS 窗口，在 D:\Mywork\ExampleB\Bexm050201 目录下，运行 Bexm050201.exe，得如图 10.2-2 所示的结果。

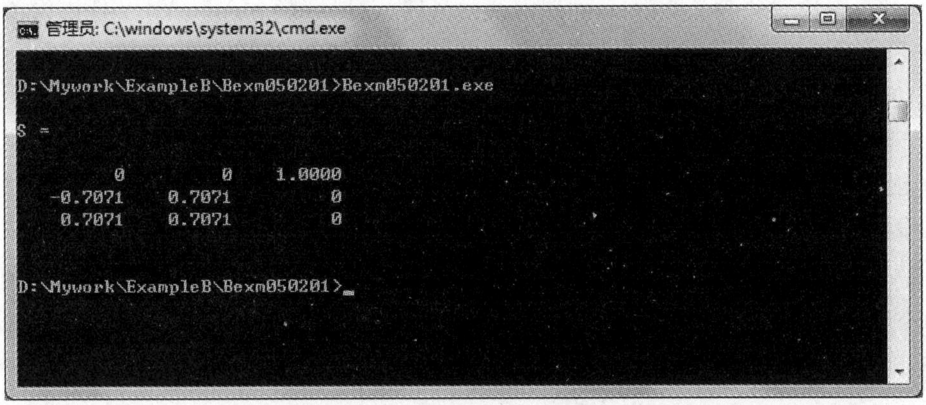

图 10.2-2　在 DOS 窗口运行生成程序 Bexm050201.exe 所得的结果

说明

- MATLAB 编译器会自动分析 mcc 指令中指定的 M 函数文件，当指令中指定的 M 函数文件调用子函数文件时，编译器会自动把相关子函数文件也编译进可独立执行应用程序。

10.2.3　编译指令 mcc 简介

不论是生成可独立执行外部应用程序，还是生成 C/C＋＋动态链接库文件，只要源码是 M 函数文件，都可以借助编译指令 mcc 实现。但是，要注意以下要点：

- mcc 要求源码文件位于 MATLAB 的搜索路径上，如果在 DOS 状态下运行编译指令，则要求源码文件位于 Windows 搜索路径上；
- 如果源码文件多于一个，生成目标文件名总取第一个源码文件名；
- 编译后将产生一组文件，包括 C/C＋＋语言接口源文件、头文件、目标文件、说明文件和日志文件等；
- 编译得到的文件缺省情况下将被 mcc 保存于 MATLAB 的当前目录下。

1. mcc 的两种典型调用

mcc -m FileName1.m	由 FileName1.m 生成可独立执行应用程序
mcc -l FileName1.m FileName2.m	由 FileName1.m 和 FileName2.m 生成动态链接库文件

说明

- 编译生成了一组文件，包括 C/C＋＋语言的接口源文件、头文件以及目标文件等。
- 编译得到的可独立执行应用程序 FileName1.exe 或 FileName1.dll 动态链接库文件的运行不依赖于 MATLAB 环境，但是需要同版本 MCR 的支持。
- mcc 命令行中包括的 MATLAB 源文件可以带扩展名，也可以不带扩展名，如果 MATLAB 源文件不带扩展名，则 mcc 指令将自动在当前目录或 MATLAB 搜索目录内寻找相应的文件，如果有同名 P 码文件或 MEX 文件存在，则 M 文件将被忽略。
- mcc 指令行内指定的 M 函数文件，如果调用了子函数、P 码文件或 MEX 文件，MAT-

LAB 编译器会通过分析，自动搜索这些文件，并把这些 MATLAB 文件也编译进目标文件。

例【10.2-2】 本例演示：当 mcc 命令行中未指定源文件的扩展名时，且当前目录下有同名的 M 函数文件和 P 码文件，mcc 指令编译的其实是 P 码文件。

1）创建 Bexm050202.p 文件

新建 D:\Mywork\ExampleB\Bexm050202 目录，并把它设置为 MATLAB 的当前工作目录，然后编写如下 Bexm050202.m 文件。

```
% Bexm050202.p 文件
function Bexm050202
    clf;
    r=2;
    t=0:pi/100:2*pi;
    x=r*exp(i*t);
    plot(x,'r');
    axis('square');
    title('P 码文件 ');
```

在 MATLAB 指令窗运行如下指令创建 Bexm050202.p 文件。

```
pcode Bexm050202.m
```

2）编写 Bexm050202.m 函数文件

对本例第一部分编写的 Bexm050202.m 函数文件进行修改，更改后的函数文件如下所示：

```
% Bexm050202.m 文件
function Bexm050202
    clf;
    r=2;
    t=0:pi/100:2*pi;
    x=r*exp(i*t);
    plot(x,'r');
    axis('square');
    title('M 函数文件 ');
```

3）编译产生 Bexm050202.exe 可独立执行应用程序

在 MATLAB 指令窗运行如下指令：

```
mcc -m Bexm050202
```

4）验证 Bexm050202.exe 程序

在 MATLAB 指令窗运行如下指令：

```
!Bexm050202.exe    %产生如图 10.2-3 所示结果
```

说明

- 如果在当前目录下有同名 P 码文件与 M 函数文件存在时，则当 mcc 指令中指定待编译的 MATLAB 源文件没有指定扩展名时，其实被编译的是同名 P 码文件，这一点请读者留意。

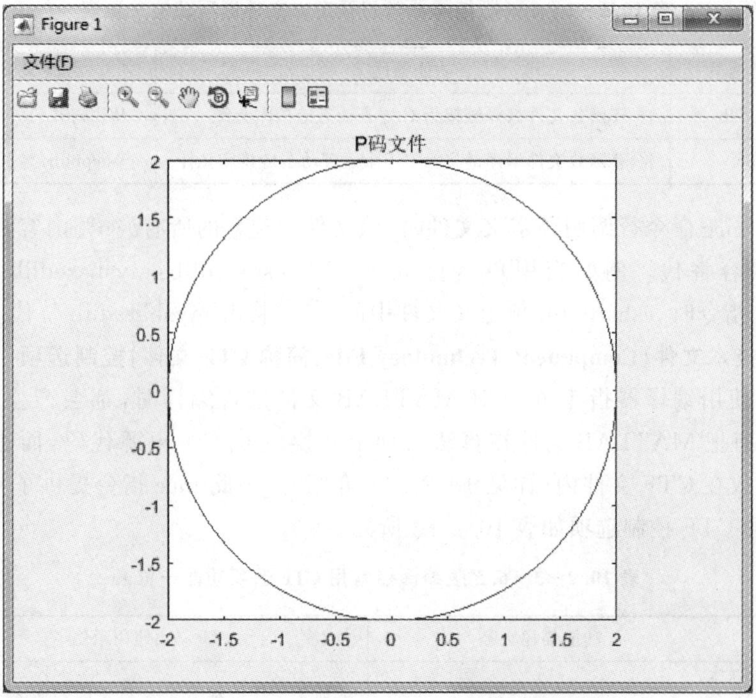

图 10.2-3　运行 Bexm050202.exe 程序所得的结果

2. mcc 的选项标志

MATLAB 编译器定义和采用了大量的选项标志，通过指定相应的选项可以从同一个 M 源文件出发，得到符合不同应用场合的不同目标文件。如要了解 mcc 的所有选项标志，可在 MATLAB 命令窗中运行下述指令：

```
mcc -?                                  %查询 mcc 指令的所有选项
```

下面将根据选项的功能分类简单介绍一些常用的选项。

(1) 宏选项(macro options)

MATLAB 编译器最常用的功能，就是把 M 函数文件编译成可独立执行应用程序或动态链接库文件，为了方便用户完成这些最基本功能，MATLAB 提供了宏选项，每个宏选项都由一组等价的单选项组成。常用的宏选项可参见表 10.2-1。

表 10.2-1　6.5 版编译器常用宏选项功能一览表

宏选项	功能描述	等价的组合选项
-m	将 M 函数文件编译链接为可独立执行应用程序	-W main -T link:exe
-l	将 M 函数文件编译链接为动态链接库文件	-W lib -T link:lib

(2) 预定义文件选项(Bundle File)

为了方便用户的使用，MATLAB 预定义了一些选项文件，如表 10.2-2 所列。文件内容由一些 MATLAB 编译器的选项组成。当用户在 mcc 命令行通过 -B <filename> 的方式使用该预定义选项文件时，MATLAB 编译器自动把指定文件的内容替换 -B <filename> 。

表 10.2-2 6.5版编译器常用预定义文件选项功能一览表

预定义文件选项	功能描述	预定义文件内容
-B csharedlib	将M函数文件编译链接为C语言动态链接库文件	-W lib:%1% -T link:lib
-B cpplib	将M函数文件编译链接为C++语言动态链接库文件	-W cpplib:%1% -T link:lib

当用户在mcc命令行调用预定义文件时,该文件中包含的所有%n%内容,都由mcc命令行中的相关内容替代。例如当用户运行 mcc - B csharedlib:mysharedlib FileName1.m FileName2.m 指令时,csharedlib预定义文件中的%1%将由mysharedlib替代。

(3) 组件技术文件(Component Technology File,简称CTF文件)控制选项

当用户在使用编译器指令mcc对MATLAB文件进行编译时,都会产生CTF文件,但mcc指令并没有把MATLAB文件在算法层面上转换成C/C++源代码,而是把MATLAB文件加密后存放在CTF文件内(详见10.2.4节介绍)。为此mcc指令提供了CTF控制的相关选项,常用的CTF控制选项如表10.2-3所列。

表 10.2-3 6.5版编译器常用CTF选项功能一览表

选 项	功能描述	使用示例
-a filename	用于把filename指定的MATLAB文件添加到CTF文件内	下列选项指令把testdir目录内的所有包含文件,其子目录内的所有包含文件,以及其目录树结构都添加到CTF文件内: • 把MATLAB文件添加到CTF文件 mcc -m FuncName.m -a testdata.mat; • 把目录内所有内容添加到CTF文件 mcc -m FuncName.m -a ./testdir 通配符的使用: • mcc -m FuncName.m -a ./testdir/ * 把testdir目录内的所有文件都添加到CTF文件内,但不包括子目录内的文件; • mcc -m FuncName.m -a ./testdir/ *.m 把testdir目录内的所有m文件都添加到CTF文件内,但不包括子目录内的m文件
-C	不把编译产生的CTF文件嵌入到编译产生的目标文件内,如可独立执行应用程序或动态链接库文件;默认情况下编译产生的CTF文件都是嵌入在目标文件内的(注意该选项是大写字母C)	mcc -m -C FuncName.m 产生FuncName.exe文件的同时,还产生FuncName.ctf文件

(4) 目标文件目录选项

在缺省的情况下,编译器会将创建生成的目标文件写至当前工作目录下,如果用户希望编译器将这些文件直接保存到某个特定的目录下,可以在编译指令中添加d选项,该选项的使用格式如下:

mcc -d directory

说明

- 其中 directory 即指定了文件保存的位置。
- 读者可以通过 MATLAB 的在线查询或相应的帮助文档来获得关于这些选项标志的详细信息以及使用方法。
- 在编译器指令(mcc)之后,用户可以指定一个或多个选项标志。一般而言,选项标志由一个减号开始,各个选项标志之间以空格隔开。有一些选项标志可以连续的列举出来,共用同一个减号,但是要注意不是所有的选项标志都允许这样指定。在一个编译指令中,如果所指定的各个选项发生了冲突,mcc 将自动以位于最右端的选项为准。

3. 设置缺省选项文件

如果在编译 M 文件时,要经常指定一些固定的选项,而 MATLAB 又没有提供相应的选项文件,那么用户可以考虑将这些固定的选项写进选项文件,然后用本下节的第二部分介绍的 B 选项调用该选项文件。还有一种更为简便的方法,就是编辑 MATLAB 提供的 macro_default 文件,该文件没有扩展名,位于 matlabroot\ toolbox\compiler\bundles 目录下,默认情况下没有内容。用户可以对其进行编辑,把经常需要使用的选项写进该默认选项文件,然后保存到原来的目录,或保存至当前工作目录。下面将以示例的形式介绍默认选项文件的编辑和使用。

例【10.2-3】 该示例的目的:如何编辑 macro_default 文件;macro_default 文件的使用方法;说明 macro_default 文件与 mcc 指令中包含的其他选项之间的关系。

1) 编写 Bexm050203.m 函数文件

新建 D:\Mywork\ExampleB\Bexm050203 目录,并把它设置为 MATLAB 的当前工作目录,Bexm050203.m 文件,由例 10.2-2 中创建的 Bexm050202.m 文件改编而来,具体步骤如下:

- 把例 10.2-2 中创建的 Bexm050202.m 文件复制到 D:\Mywork\ExampleB\Bexm050203 目录,并改名为 Bexm050203.m。
- 打开 Bexm050203.m 文件,把所有 Bexm050202 更改为 Bexm050203,然后关闭文件,完成文件的改编。

2) 编辑默认选项文件

在资源管理器的 matlabroot\ toolbox\compiler\bundles 目录内找到 macro_default 文件,并用 Windows 自带的记事本程序打开它,加入-m 选项后保存,并把该文件复制到 D:\Mywork\ExampleB\Bexm050203 目录。此时 macro_default 文件的内容如下:

```
-m
```

3) 调用默认选项文件编译 Bexm050203.m 文件

在 MATLAB 指令窗口运行如下指令:

```
mcc Bexm050203.m
dir
```

```
Bexm050203.m            readme.txt
macro_default           requiredMCRProducts.txt
```

```
Bexm050203.exe          mccExcludedFiles.log
```

4）默认选项文件和其他选项的关系

删除当前目录下的 Bexm050203.exe 文件，然后在 MATLAB 指令窗口运行如下指令：

```
mcc -l Bexm050203.m
dir
```

```
Bexm050203.exp          macro_default
Bexm050203.exports      mccExcludedFiles.log
Bexm050203.c            Bexm050203.h            eadme.txt
Bexm050203.def          Bexm050203.lib          requiredMCRProducts.txt
Bexm050203.dll          Bexm050203.m
```

说明

- 编译指令 mcc 开始运行时，首先依次在当前目录和 matlabroot \toolbox\compiler\bundles 目录中寻找文件 macro_default 文件，找到文件后，就将文件中自定义缺省选项读入，并使它在 mcc 命令行中紧挨着 mcc 指令插入。
- 如果原 mcc 指令行中没有与之“冲突”的选项，那么自定义缺省项就发挥作用；如果 mcc 指令行中存在与之“冲突”的选项，自定义缺省项就不起作用；如果没有找到文件 macro_default，则 mcc 直接按指令行选项执行。在本例内-l 宏选项与-m 宏选项发生冲突，此时 macro_default 文件内的默认-m 选项不起作用，mcc 命令行中的-l 选项起作用。

10.2.4 编译器工作流程介绍

MATLAB 编译器的主要功能就是把在 MATLAB 环境下编写的 M 函数文件，编译成可独立执行应用程序或动态链接库文件。一个 M 文件的典型编译成动态链接库文件的典型编译过程如图 10.2-4 所示。

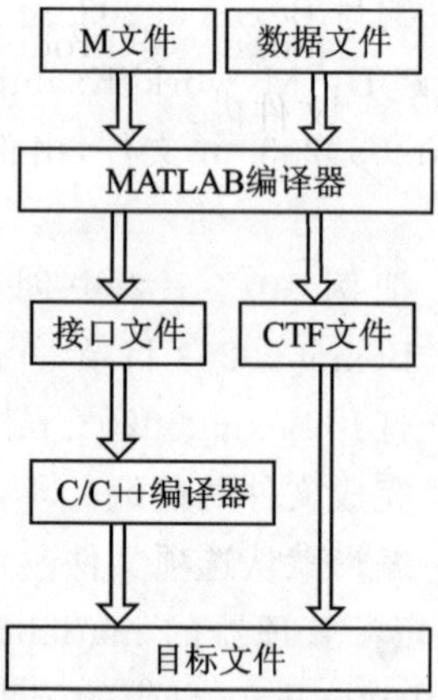

图 10.2-4 M 函数文件编译成动态链接库文件的流程图

例【10.2-4】 该示例通过把 M 函数文件转换成 C 语言动态链接库文件，演示：mcc 指令编译 M 函数文件的过程和产生的中间文件；接口文件(Wrapper File)的内容；组件技术文件(Component Technology File，简称 CTF 文件)的概念与作用；MATLAB 编译器与 C/C++ 编译器在不同阶段的作用。

1）编写 Bexm050204.m 函数文件

```
% Bexm050204.m 文件
function Bexm050204(r)
    t=0:pi/100:2*pi;
    x=r*exp(i*t);
    plot(x,'r*');
    axis('square');
```

2）编译 Bexm050204. m 函数文件到动态链接库

在 MATLAB 指令窗口运行如下指令。

```
mcc -l -C Bexm050204.m                                          % <1>
```

该指令运行结束之后会在当前目录产生 Bexm050204. exports、Bexm050204. def、Bexm050204. h、Bexm050204. c、Bexm050204. ctf、Bexm050204. lib、Bexm050204. dll、Bexm050204. exp、mccExcludedFiles. log、readme. txt 和 requiredMCRProducts. txt 共 11 个文件。这些文件可以分为如下几种类型：

- 接口文件：
  - ◇ Bexm050204. h；
  - ◇ Bexm050204. c；
  - ◇ Bexm050204. exports；
  - ◇ Bexm050204. def。
- 组件技术文件：Bexm050204. ctf
- 目标文件：
  - ◇ Bexm050204. lib；
  - ◇ Bexm050204. exp；
  - ◇ Bexm050204. dll。
- 日志文件：
  - ◇ mccExcludedFiles. log；
  - ◇ readme. txt；
  - ◇ requiredMCRProducts. txt。

3）接口文件内容

- Bexm050204. exports 文件：文件包含了 Bexm050204. m 转换成动态链接库之后可以供用户调用的函数名称。

```
Bexm050204Initialize
Bexm050204InitializeWithHandlers
Bexm050204Terminate
Bexm050204PrintStackTrace
mlxBexm050204
mlfBexm050204
```

- Bexm050204. def 文件：该模块定义文件包含了 Bexm050204 动态链接库的名称和导出函数名称。

```
LIBRARY Bexm050204
EXPORTS
Bexm050204Initialize
Bexm050204InitializeWithHandlers
Bexm050204Terminate
Bexm050204PrintStackTrace
mlxBexm050204
mlfBexm050204
```

● Bexm050204.h文件：文件内包含了相关函数的声明以及一些说明信息，下面列出的是Bexm050204.exports文件中包含的函数的声明。读者可以在计算机上打开Bexm050204.h文件学习整个文件内容。

```
#include "mclmcrrt.h"

extern LIB_Bexm050204_C_API
bool MW_CALL_CONV Bexm050204InitializeWithHandlers(
        mclOutputHandlerFcn error_handler,
        mclOutputHandlerFcn print_handler);

extern LIB_Bexm050204_C_API
bool MW_CALL_CONV Bexm050204Initialize(void);

extern LIB_Bexm050204_C_API
void MW_CALL_CONV Bexm050204Terminate(void);

extern LIB_Bexm050204_C_API
void MW_CALL_CONV Bexm050204PrintStackTrace(void);

extern LIB_Bexm050204_C_API
bool MW_CALL_CONV mlxBexm050204(int nlhs, mxArray * plhs[], int nrhs, mxArray * prhs[]);

extern LIB_Bexm050204_C_API bool MW_CALL_CONV mlfBexm050204(mxArray * r);
```

● Bexm050204.c文件：文件内包含了相关函数的"源码"，但是该"源码"并不是Bexm050204.m文件在算法层直接转换成C/C++语言的真正意义上的源码，这些函数"源码"只是提供了调用相关MCR函数库的入口。下面列出的是Bexm050204.exports文件中包含的函数的定义，读者可以在计算机上打开Bexm050204.c文件学习整个文件的内容。

```
#include <stdio.h>
#define EXPORTING_Bexm050204 1
#include "Bexm050204.h"

static HMCRINSTANCE _mcr_inst = NULL;
#include <windows.h>
static char path_to_dll[_MAX_PATH];

BOOL WINAPI DllMain(HINSTANCE hInstance, DWORD dwReason, void * pv)
{
    if (dwReason == DLL_PROCESS_ATTACH)
    {
        if (GetModuleFileName(hInstance, path_to_dll, _MAX_PATH) == 0)
            return FALSE;
```

```
    }
    else if (dwReason == DLL_PROCESS_DETACH)
    {
    }
    return TRUE;
}

static int mclDefaultPrintHandler(const char * s)
{
  return mclWrite(1 /* stdout */, s, sizeof(char) * strlen(s));
}

static int mclDefaultErrorHandler(const char * s)
{
  int written = 0;
  size_t len = 0;
  len = strlen(s);
  written = mclWrite(2 /* stderr */, s, sizeof(char) * len);
  if (len > 0 && s[ len-1 ] != '\n')
    written += mclWrite(2 /* stderr */, "\n", sizeof(char));
  return written;
}

LIB_Bexm050204_C_API
bool MW_CALL_CONV Bexm050204InitializeWithHandlers(
    mclOutputHandlerFcn error_handler,
    mclOutputHandlerFcn print_handler)
{
    int bResult = 0;
  if (_mcr_inst != NULL)
    return true;
  if (!mclmcrInitialize())
    return false;
  if (!GetModuleFileName(GetModuleHandle("Bexm050204"), path_to_dll, _MAX_PATH))
    return false;
    bResult = mclInitializeComponentInstanceNonEmbeddedStandalone( &_mcr_inst,
        path_to_dll, "Bexm050204", LibTarget, error_handler, print_handler);
    if (!bResult)
    return false;
  return true;
}

LIB_Bexm050204_C_API
```

```
bool MW_CALL_CONV Bexm050204Initialize(void)
{
  return Bexm050204InitializeWithHandlers(mclDefaultErrorHandler, mclDefaultPrintHandler);
}

LIB_Bexm050204_C_API
void MW_CALL_CONV Bexm050204Terminate(void)
{
  if (_mcr_inst != NULL)
    mclTerminateInstance(&_mcr_inst);
}

LIB_Bexm050204_C_API
void MW_CALL_CONV Bexm050204PrintStackTrace(void)
{
  char** stackTrace;
  int stackDepth = mclGetStackTrace(&stackTrace);
  int i;
  for(i=0; i < stackDepth; i++)
  {
    mclWrite(2 /* stderr */, stackTrace[i], sizeof(char)*strlen(stackTrace[i]));
    mclWrite(2 /* stderr */, "\n", sizeof(char)*strlen("\n"));
  }
  mclFreeStackTrace(&stackTrace, stackDepth);
}

LIB_Bexm050204_C_API
bool MW_CALL_CONV mlxBexm050204(int nlhs, mxArray *plhs[], int nrhs, mxArray *prhs[])
{
  return mclFeval(_mcr_inst, "Bexm050204", nlhs, plhs, nrhs, prhs);
}

LIB_Bexm050204_C_API
bool MW_CALL_CONV mlfBexm050204(mxArray* r)
{
  return mclMlfFeval(_mcr_inst, "Bexm050204", 0, 0, 1, r);
}
```

4）动态链接库导出函数类别和命名规则

由 MATLAB 的 M 函数编译产生的动态链接库文件中，供调用方使用的函数类别和命名规则如下：

● MCR 运行库的接口控制函数

◇ Bexm050204Initialize 函数名称由“链接库名称＋Initialize”组成；该函数的功能是在

MCR 运行库内初始化该动态链接库，必须在调用任何由 M 函数文件对应的动态链接库导出函数之前调用。

◇ Bexm050204Terminate 函数名称由“链接库名称＋Terminate”组成；该函数的功能是当动态链接库的调用方不再使用该动态链接库时，在 MCR 运行库内清除该动态链接库。

● 对应待编译 M 函数文件的动态链接库输出函数

◇ mlxBexm050204 函数名称由前缀 mlx＋“M 函数文件名”组成，不管 M 函数文件名的首字母是否是大写字母，该函数中的“M 函数文件名”的首字母一定是大写字母；该函数就是 mcc 命令行中指定待编译的对应 M 函数文件。

◇ mlfBexm050204 函数名称由前缀 mlf＋“M 函数文件名”组成，不管 M 函数文件名的首字母是否是大写字母，该函数中的“M 函数文件名”的首字母一定是大写字母；该函数的功能与 mlxBexm050204 函数相同，只是接口定义不同。

◇ 每个 mcc 命令行中指定待编译的 M 函数文件在动态链接库中都有两个对应函数输出，一个前缀是 mlx，一个前缀是 mlf，如果 mcc 命令行中有多个待编译的 M 函数文件，则动态链接库中有多对以前缀 mlx 和 mlf 开头的函数供调用方使用。

◇ mlxBexm050204 函数，其接口定义类似 mexFunction 函数的接口定义，由输出参数个数、输出参数指针数组、输入参数个数、输入参数指针数组组成；mlfBexm050204 函数的接口定义按输出参数个数、从左到右的每个输出参数、从左到右的每个输入参数顺序构成，因为 Bexm050204. m 文件中没有输出参数，所以 mlfBexm050204 函数的接口定义中只有输入参数 r。

5）组件技术文件（CTF 文件）

mcc 指令在对 M 函数文件进行编译时，都会产生 CTF 文件（默认情况下该 CTF 文件包含在目标文件内），本例通过-C 选项使得 CTF 文件独立存在。CTF 文件包含了在 mcc 指令中编译的 M 函数文件的源码，以及这些 M 函数文件运行所需要的其他 MATLAB 文件，所有这些文件都经过标准的 AES 加密算法进行加密处理，然后打包封装。

mcc 编译产生的目标文件，不论是独立可执行应用程序或动态链接库文件，其运行过程都是通过接口函数调用 MCR 运行时库，然后由 MCR 运行时库调用 CTF 文件内的 M 函数文件，然后把运行结果返回给目标文件。

6）MATLAB 编译器与 C/C＋＋编译器

mcc 指令在对 M 函数文件进行编译时，首先会调用 MATLAB 编译器把 M 函数文件编译成 C/C＋＋语言的接口文件和 CTF 文件，然后调用 C/C＋＋编译器（该编译器是通过 mbuild-setup 指令配置的默认 C/C＋＋编译器）把接口文件和 CTF 文件编译成目标文件。

说明

● 指令 <1> 中选项-C 的作用是取消 CTF 文件包含在目标文件中的默认配置，使 CTF 文件独立于目标文件而存在。

● 指令 <1> 中选项-l 没有显式的指定动态链接库的名称，此时以 mcc 指令行中第一个 M 函数文件的名称命名动态链接库。如果需要自定义动态链接库的名称，可以用-B csharedlib 选项指定动态链接库文件名称。

● 在 mcc 命令产生的 C 语言动态链接库内以前缀 mlx 和 mlf 起始的函数，对应了 mcc

命令行中相应M函数文件，这两个函数的命名是以M函数的“文件名”命名的，而不是M函数文件内的定义的“函数名”。其实读者也可以这样理解，在MATLAB命令窗口内调用M函数文件时，同样是以M函数的“文件名”来调用的，而不是M函数文件内定义的“函数名”。

- 有关如何在C/C++程序内调用mcc指令编译生成的C语言动态链接库和C++语言动态链接库，详见10.5节。

10.3 应用程序编译器

10.3.1 应用程序编译器概述

在10.2节简单介绍了编译指令mcc的几种典型调用形式，如要了解mcc的所有选项标志及应用，可在MATLAB命令窗中运行mcc -? 指令，查询mcc指令的所有选项，可以发现编译器定义和采用了大量的选项标志，初学者要完全理解和掌握这些命令和选项比较繁琐，而且把编译后的目标文件发布给第三方使用时，还需要做很多的额外工作，为此MATLAB提供了一个图形化的管理、编译和发布安装包工具“应用程序编译器”，它不仅提供了与编译器指令mcc同样的编译功能，还提供了编译目标文件的发布和安装包的制作功能。

应用程序编译器与mcc指令相比，有如下优势：

- 在统一的图形界面上交互式的完成相关配置与编译任务，操作简单明了，不需要记忆很多命令选项。
- 引入了工程概念，把所有需要编译的MATLAB文件，统一纳入到一个工程文件中，为编译工作的延续性和可扩展性提供了保障。
- 可以方便地对编译后的目标文件进行打包发布，制作发布安装包，供第三方在没有安装MATLAB的机器上使用这些编译后的目标文件。

10.3.2 应用程序编译器使用入门

本节通过示例介绍，让读者比较完整地体验利用应用程序编译器产生可独立执行应用程序的过程。

例【10.3-1】 利用应用程序编译器建立一个脱离MATLAB环境，可独立执行的应用程序。该例的目的：应用程序编译器界面布局和功能介绍；给新建工程添加MATLAB文件；工程编译和编译产生文件及目录结构介绍；打包目标文件，制作发布安装包；目标文件的发布和安装。

1）编写Bexm050301.m函数文件，及其运行所需MAT文件

新建目录D:\Mywork\ExampleB\Bexm050301，并在MATLAB中设置该目录为当前工作目录，然后编写如下Bexm050301.m函数文件。

```
% Bexm050301.m 文件
function Bexm050301
    clf;
```

```
load circle_radius.mat;
t=0:pi/100:2*pi;
x=r*exp(i*t);
plot(x,'r*');
axis('square');
```

在 MATLAB 指令窗运行如下指令，产生 Bexm050301.m 函数文件运行所需的 circle_radius.mat 文件。

```
r = 2;
save circle_radius.mat r;
```

2）应用程序编译器的启动

启动应用程序编译器有如下两种方法：

- 在指令窗运行 deploytool 指令；
- 鼠标单击 MATLAB 主窗口"APP"页的"Application Compiler"图标。

本例以在 MATLAB 的指令窗口运行指令的方式打开应用程序编译器。

```
deploytool                    % 显示图形化的编译器操作界面，如图 10.3-1 所示
```

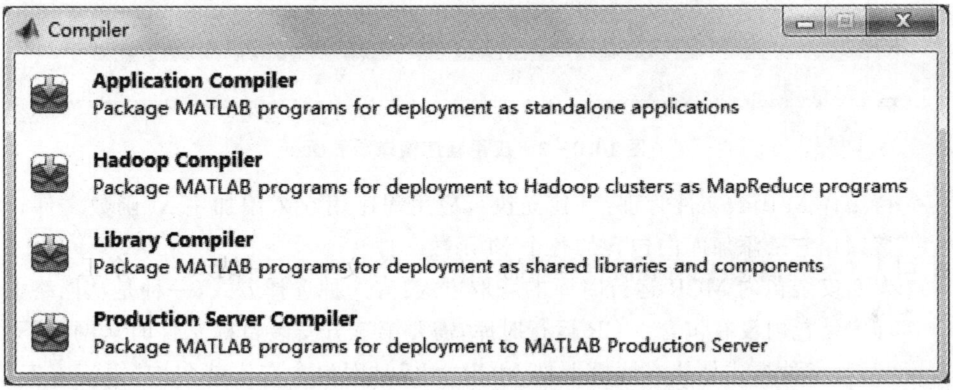

图 10.3-1　应用程序编译器向导界面

该图形界面相当于工程创建向导，可以选择的选项有：

- 创建可独立执行应用程序(Application Compiler)；
- 创建分布式集群程序(Hadoop Compiler)；
- 创建共享动态链接库(Library Compiler)；
- 创建 MATLAB 产品服务器(Production Server Compiler)。

本例的目的是创建可独立执行应用程序，因此在如图 10.3-1 所示的界面上用鼠标单击 Application Compiler 选项，弹出如图 10.3-2 所示界面。

3）应用程序编译器界面布局和功能简介

图 10.3-2 所示界面是一个标准的 Windows 界面，且风格与 MATLAB 2017b 的风格一致。该界面上按功能可以划分为如下几个区。

- 快捷工具条区：
  - ◇ 工程文件管理：包括新建、打开工程、保存按钮。
  - ◇ 应用程序类型显示：显示当前工程的编译目标程序类型。

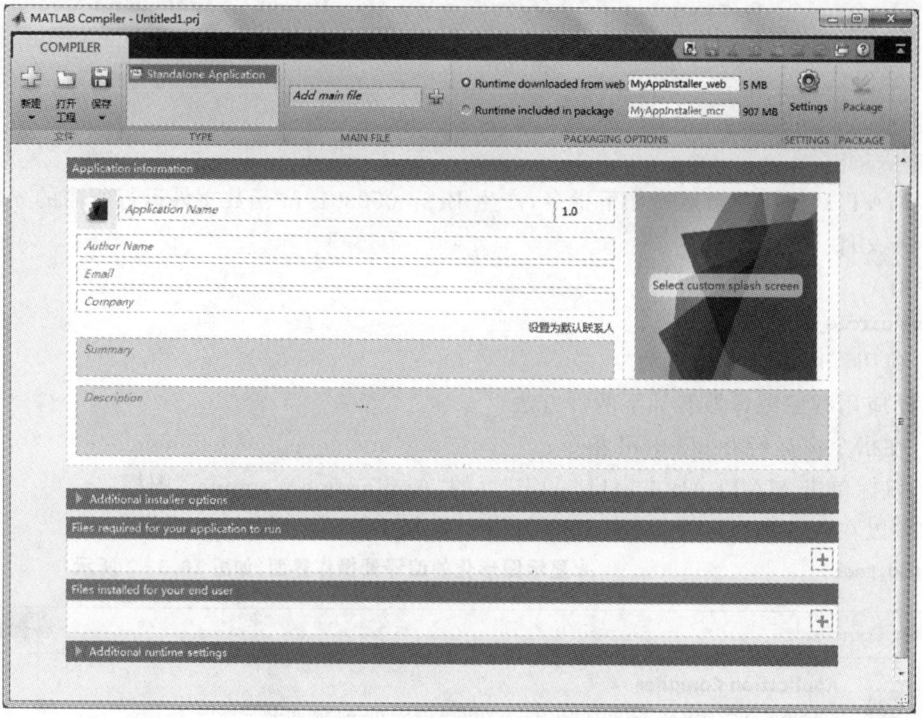

图 10.3-2　应用程序编译器界面

◇ 待编译 M 函数文件管理：可独立执行应用程序用它来添加主 M 函数文件，动态链接库用它来添加库内包含的各个 M 函数文件。

◇ 发布安装包内 MCR 运行时库的获取方式：有两种选择方式，一种是从网络上获取，即安装包内没有包含 MCR 运行时库，需要第三方安装目标文件时从网络下载并安装；另一种方式是从本地机上把 MCR 运行时库包含在安装包内，第三方安装目标文件的同时，安装 MCR 运行时库。

◇ 工程设置：用于设置工程编译后的目标文件在本地机上的目录信息以及一些额外的编译选项设置，这些选项标志会在编译工程中传递给 mcc 指令；一般情况下，用户不需要进行特别的设置，接受默认设置即可。

◇ 打包编译按钮：对工程进行编译，并生成发布安装包等目标文件。

● 应用程序信息设置(Application Information)区

应用程序信息设置区可以在编辑区内，对应用程序的名称、版本、作者姓名、作者 Email、作者公司、程序的摘要与概述进行填写设置。

● 附加安装信息(Additional Installer Options)

附加安装信息区可以对默认的发布包的安装目录，以及需要在安装过程中告知用户的信息进行设置。

● 运行应用程序所需文件(Files required for your application to run)

如果待编译 M 函数文件，调用了一些子函数 M 文件或数据文件，都可以通过单击右边的“+”按钮，在弹出的文件选择对话框内选择文件并添加。应用程序编译器有一定的自主分析能力，它会主动分析主函数，并在搜索目录内查找相关子函数 M 文件，并自动在运行应用程序所需文件内加载这些文件。添加了这些文件后，它们存放在编译产生的 CTF 文件内，该功能与 mcc 指令的-a 选项类似。

● 与应用程序一起安装的文件(Files installed for your end user)

应用程序编译器根据用户选择的目标程序类型，列出发布安装包内包含的安装文件，用户也可以单击右边的"＋"按钮，在弹出的文件选择对话框内，自主选择添加随安装包一起发布的其他文件。

● 附加运行设置(Additional Runtime Settings)

附加运行设置可以对应用程序运行时是否出现 Windows 命令窗口，以及是否创建日志文件进行设置。

4）添加待编译 M 函数文件

在图 10.3－2 所示的可独立执行应用程序编译器图形界面内，单击工具栏内的 Add main file 栏旁边的"＋"按钮，在弹出的文件选择对话框内选择 Bexm050301.m 文件，并单击"打开"按钮。添加了主函数文件之后，整个界面的很多与之相关的内容自动发生了改变，例如工程名称、应用程序信息内的应用程序名称、打包安装包内包含的应用程序名称都更改为与主 M 函数文件相同的名称。

如果要更改主 M 函数文件，可以先单击工具栏内的 Bexm050301.m 栏旁边的"－"按钮，此时工具栏内的 Bexm050301.m 文件被删除，同时"－"按钮变成"＋"按钮，又可以从新按上述步骤添加工程的主 M 函数文件。

由于 Bexm050301.m 文件运行时需要加载 circle_radius.mat 文件，因此在"运行应用程序所需的文件"部分，单击右侧的"＋"按钮，在弹出的添加文件选择对话框内选择 circle_radius.mat 文件，并单击"选择"按钮完成添加。

如果要继续添加其他所需文件，则继续单击"运行应用程序所需的文件"部分右侧的"＋"按钮添加相关文件；如果要删除已经添加的所需文件，则在"运行应用程序所需的文件"中选中该文件，直接按键盘上的 Delete 键即可。

添加主 M 函数文件和其运行所需的文件之后，单击快捷工具栏区的"保存"图标，在弹出的保存对话框内接受默认工程名设置，并保存。这时会在当前目录内创建了一个 Bexm050301.prj 工程文件。此时应用程序编译器如图 10.3－3 所示。

5）制作发布安装包

● 安装包的名称设置。

在如图 10.3－3 所示界面的快捷工具栏上，有发布安装包内 MATLAB 运行时库 MCR 的两种获取方式单选框，可以选择从 Mathworks 公司的网站获取，也可以选择直接把该运行时库的安装文件打包到目标程序安装包内。默认的选择是从 Mathworks 公司的网站获取，即选择 Runtime downloaded from web 单选框，在其右边有一个编辑框，可以编辑该选项下的发布包名称，默认的发布包名称为 MyAppInstaller_web；本例选择 Runtime included in package 单选框，表示把 MATLAB 运行时库 MCR 的安装文件打包到应用程序的发布安装包内，并把发布包名称更改为 Bexm050301_mcr。

● 发布安装包程序图标与启动安装界面设置。

在图 10.3－3 所示界面的应用程序信息设置区中应用程序名称左边有个图标，

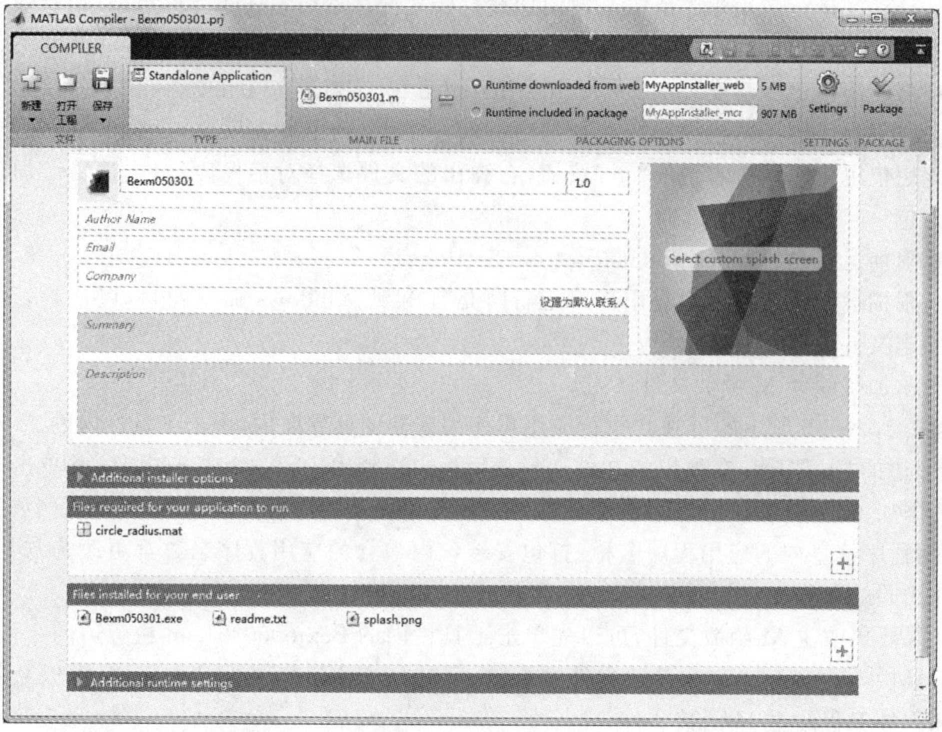

图 10.3-3 应用程序编译器 Bexm050301 工程界面

用鼠标单击该图标会弹出如图 10.3-4 所示的应用程序图标选择框。

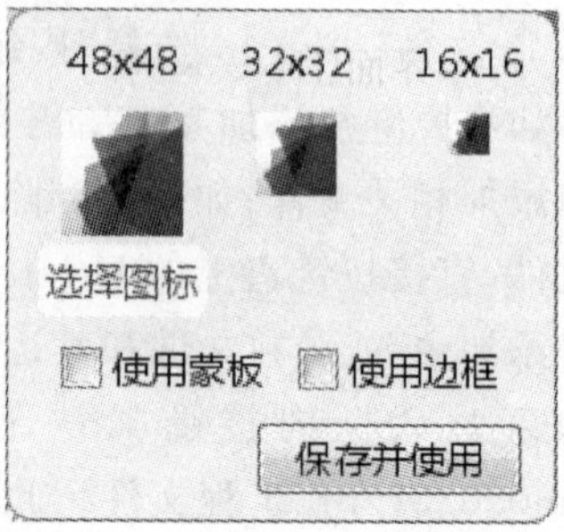

图 10.3-4 应用程序图标选择界面

鼠标单击如图 10.3-4 所示界面的"选择图标"按钮，在弹出的图像文件选择对话框内选择 background.bmp 文件(假设在 D:\Mywork\ExampleB\Bexm050301 目录内有该文件)，并单击对话框内的"打开"按钮，回到如图 10.3-4 所示界面，其他选项接受默认设置(读者也可以对相关属性进行设置)，然后单击"保存并使用"按钮。

同样，在如图 10.3-3 所示界面的应用程序信息设置区中的应用程序名称右边有个大图标，其上有一个 Select custom splash screen 按钮，该按钮用于设置应用程序安装时的启动界面图像。用鼠标单击该按钮，在弹出的图像文件选择对话框内选择 background.bmp 文件，并单击对话框内的"打开"按钮。

- 发布包安装信息设置。

在如图 10.3-3 所示界面的应用程序信息设置区可以对作者姓名和邮箱、应用程序摘要与描述、应用程序的发布公司名称进行相应设置，本例在相应的编辑框内填写对应信息后的界面如图 10.3-5 所示，图 10.3-5 所示的各类应用信息也会出现在发布包的安装向导界面上，见本例的第 6)部分。

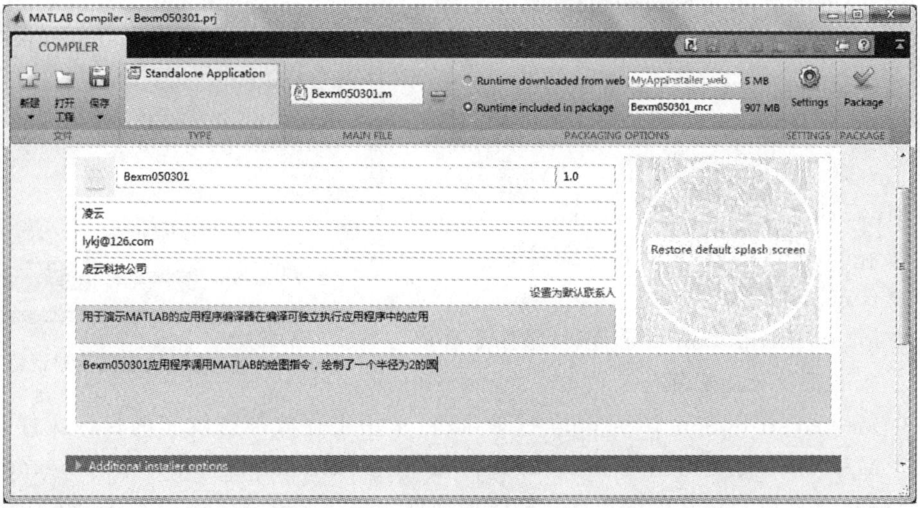

图 10.3－5　填写了应用程序信息后的界面

在如图 10.3－5 所示图形界面内，滑动右侧的上下滚动条，显示 Additional Installer Options 区，在这里可以设置发布包应用程序的安装目录和一些需要在安装过程中告知用户的信息进行设置，以及出现在应用程序安装向导界面上的 logo 图像。本例接收默认安装目录；单击 Select custom logo 按钮，在弹出的图像文件选择对话框内选择 background.bmp 文件，并单击对话框内的“打开”按钮；选择并填写如图 10.3－6 所示的安装提示信息，图 10.3－6 所示附加安装属性信息也会出现在发布包的安装向导界面上，见本例的第 6)部分。

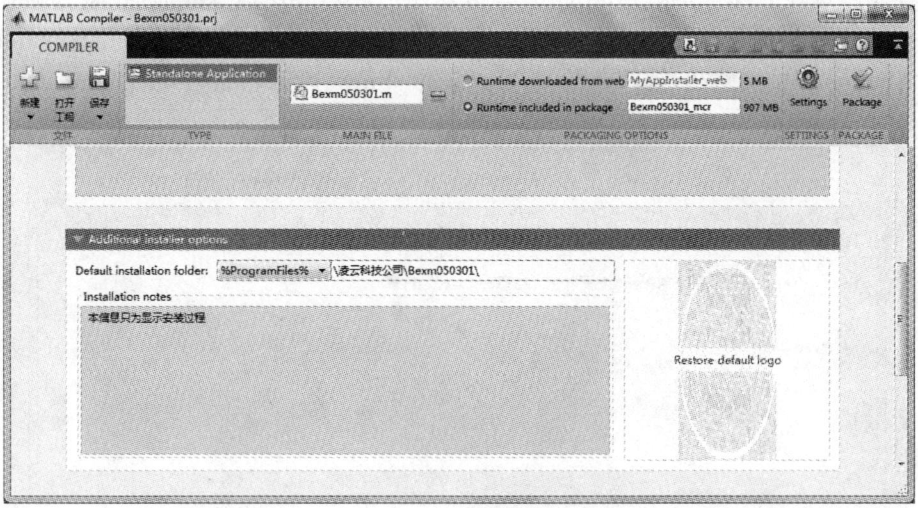

图 10.3－6　填写了附加安装属性信息后的界面

● 创建安装包

在如图 10.3－6 所示的添加了主 M 函数文件和所需数据文件以及对相关的应用程序信息和安装包信息进行设置后的编译器工具图形界面上，单击工具栏内的 Package 按钮，即可启动对M函数的编译，编译工程可能需要花费一段时间，因此应用程序编译器给出了编译进度提示对话框，如图10.3-7所示。

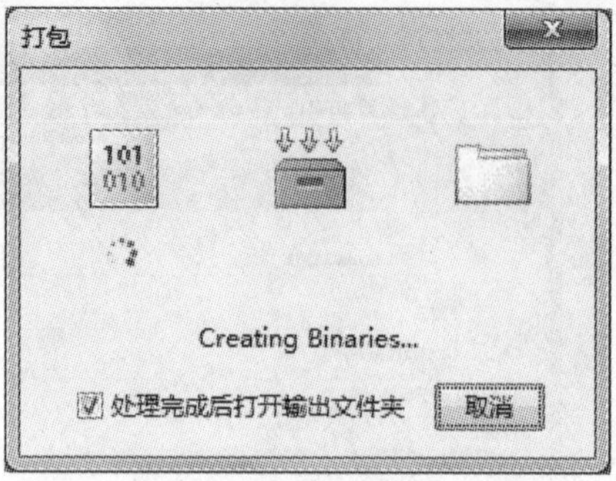

图10.3-7　编译进度提示对话框

编译完成之后，会在工程目录D:\Mywork\ExampleB\Bexm050301\Bexm050301内新建如下三个目录和一个日志文件。

◇ for_redistribution目录，该目录用于存放准备发布的安装包文件。

◇ for_redistribution_files_only目录，该目录用于存放准备发布的目标文件，不包含MATLAB运行时组件MCR的安装文件。例如本例，该目录存放有Bexm050301.exe文件以及该文件的启动界面图像文件splash.png和自述文件readme.txt等。

◇ for_testing目录，该目录包含内容与for_redistribution_files_only目录基本相同，主要用于在编译该工程的本地机上测试编译后的目标文件运行的正确性。

◇ PackagingLog.html日志文件，该文件对整个编译过程所用的指令进行了说明，感兴趣的读者可以自己打开该文件进行查看。

6）目标文件的发布和安装包的安装

在资源管理器内打开D:\Mywork\ExampleB\Bexm050301\Bexm050301\for_redistribution目录，双击Bexm050301_mcr.exe文件启动安装。安装过程是典型的Windows程序安装步骤，用户只需按界面提示即可，下面只对其中几个步骤进行详细说明。

在安装的过程中首先会弹出如图10.3-8所示的应用程序信息界面，界面上显示的信息都是在本例的第5)部分设置的。单击“下一步”按钮会弹出应用程序安装路径选择界面，由于MATLAB不认识中文路径，把默认的C:\Program Files\凌云科技公司\Bexm050301目录，

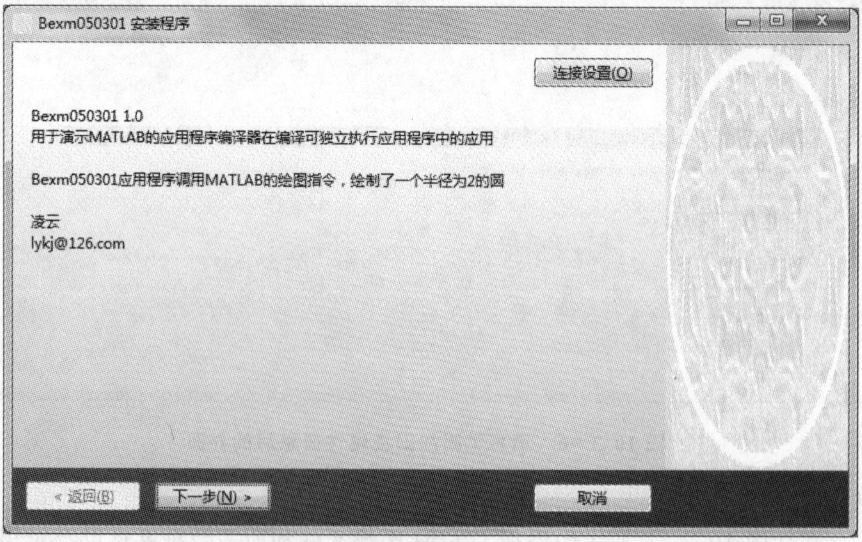

图10.3-8　应用程序安装向导的应用程序信息显示界面

更改为 D:\Program Files\lykjgs\Bexm050301，并勾选“将快捷方式添加到桌面”选择框，单击“下一步”按钮继续安装。

目标文件安装完毕，接着会提示安装 MCR 运行时库，如图 10.3－9 所示。单击如图 10.3－9 所示的“下一步”按钮接着安装。MCR 运行时库安装完毕，则整个软件的安装结束。此时可以在桌面上可以直接双击 Bexm050301 图标运行，在程序的运行之前会弹出第 5）部分设置的程序启动图像，即 background. bmp 图像文件，程序的运行结果同例 10.1－1，这里不再赘述。

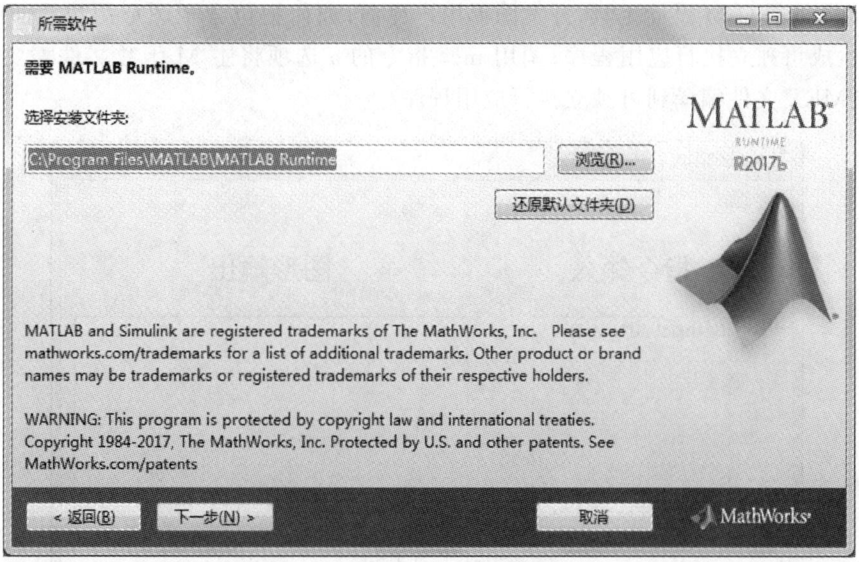

图 10.3－9　MCR 运行时库安装对话框

说明

- 在“运行应用程序所需的文件”部分和“与应用程序一起安装的文件”部分，都可以添加一些目标程序需要用到的子函数文件、数据文件、图形文件或帮助文件等，但是在“运行应用程序所需的文件”部分添加的文件都被加密后存放在编译产生的 CTF 文件内（该文件默认情况下不可见），而在“与应用程序一起安装的文件”部分添加的文件只是简单的添加到安装包内，在第三方机器上进行安装时会同步安装到目标机上。
- MCR 运行时库在本地机上安装过一次之后，下次再有打包程序需要安装该运行时库时，MATLAB 会提示该运行时库已经安装，然后直接跳过该运行时库的安装。
- 本例步骤 5），打包编译之后产生的 for_redistribution 目录和 for_testing 目录可以通过单击快捷工具栏内的按钮，并在弹出的“设置”对话框内进行自定义设置。
- mcc 指令与应用程序编译器的最主要区别在于，mcc 指令只能将 M 函数文件编译成目标文件，供本地机其他用户使用，或调试用；而应用程序编译器不但能对 M 函数文件进行编译，还能制作发布安装包，供第三方在没有安装 MATLAB 的机器上使用。

10.4　编译器生成可独立执行应用程序示例

前面两节简单介绍了 mcc 指令和应用程序编译器的使用方法，通过 mcc 指令和应用程序编译器几乎可以将所有的M函数文件编译成可独立执行应用程序。本节将通过示例,详细介绍几种用户经常会遇见的情况,如M函数调用绘图指令、调用C/C++源文件编译而来的MEX文件、M函数文件具有图形用户界面等情况。

例【10.4-1】 生成一个包含用户界面的M函数文件,用户可以在"指令输入"可编辑文本框内输入指令,然后单击"执行指令"按钮,执行用户输入的MATLAB指令,如果有图形输出,则显示在"图形输出"坐标轴控件内,图10.4-1所示为本例运行结果。本例演示:如何利用MATLAB提供的GUI设计工具,开发图形用户界面;如何把包含了图形用户界面的M文件如何转换生成可独立执行应用程序;调用mcc指令的a选项将主M函数文件需要调用的M函数文件、MEX文件编译到可独立执行应用程序。

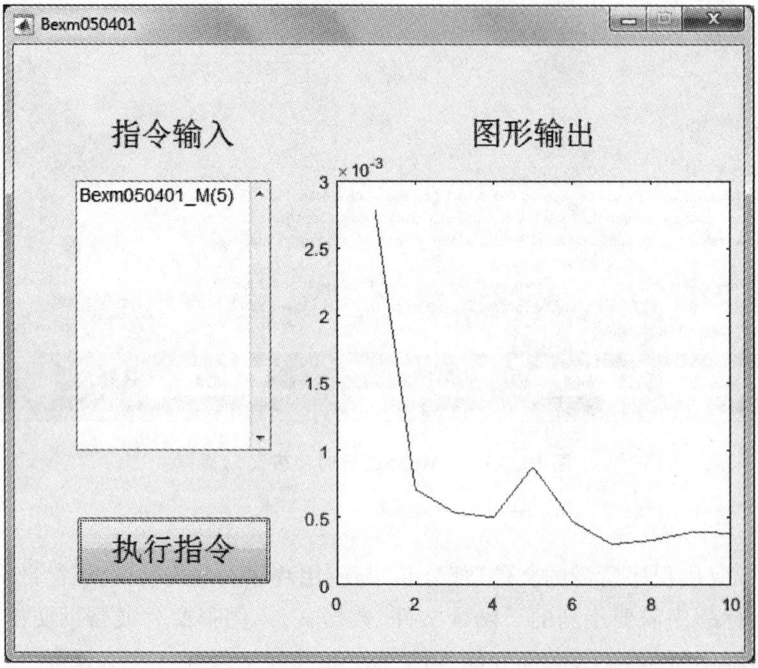

图10.4-1 独立程序Bexm050401.exe运行后的界面显示

1) 开发图形用户界面

- 启动图形用户界面设计工具。

创建D:\Mywork\ExampleB\Bexm050401目录,并设置为MATLAB的当前工作目录,然后在MATLAB指令窗执行如下指令。

```
guide
```

该指令执行完毕会弹出如图10.4-2所示图形用户界面设计工具的起始界面,本例接受所有默认选项,直接单击"确定"按钮。

- 根据本例要求进行界面构建。

在图10.4-2所示图形用户界面设计工具的起始界面中单击"确定"按钮后,弹出空白的图形设计界面,该界面左侧是"控件模板区",右侧是"版面设计工作区"。用鼠标在"控件模板区"单击相关控件,然后用鼠标在"版面设计工作区"的适当位置将该控件拉成适当大小,即可完成该控件在用户图形界面上的初步设计工作。本例的界面上

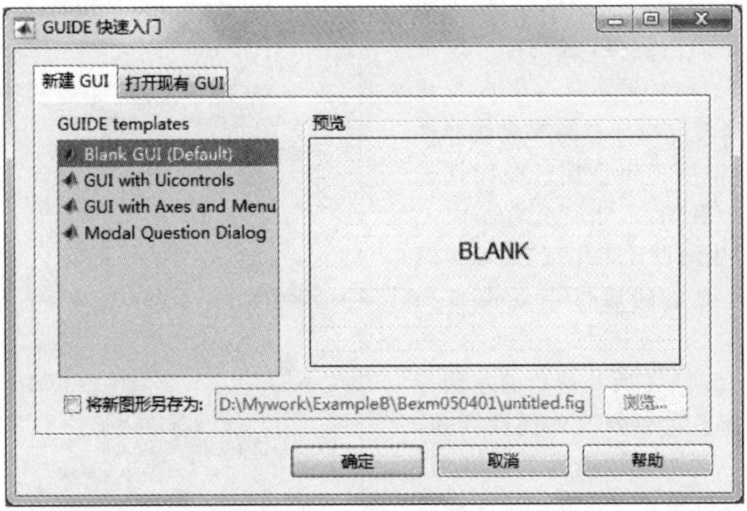

图 10.4-2　图形用户界面设计工具启动后的界面显示

共有两个静态文本框(Static Text)控件、一个可编辑文本框(Edit Text)、一个按钮(Push Button)控件和一个轴(Axes)控件,图 10.4-3 所示为本例界面各个控件位置的初步设计。

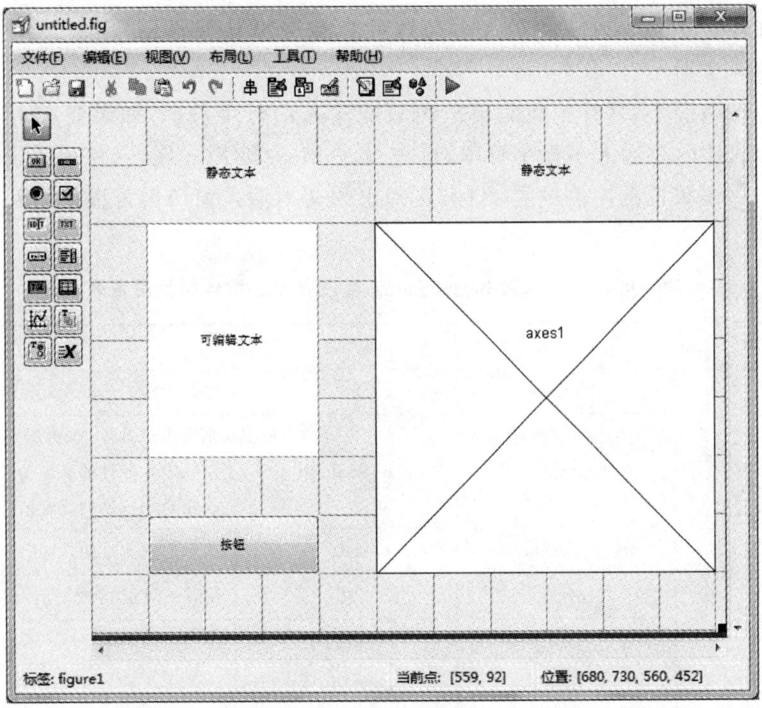

图 10.4-3　本例界面各个控件位置的初步设计结果

● 图形控件的属性设置。

当图形用户界面内的各个控件确定位置之后,需要对各个控件的相关属性进行设置，如控件上显示文字的字体、大小以及显示的内容等，这些都可以通过控件的属性设置窗口来进行更改。用鼠标双击任意需要更改属性的控件，即可弹出该控件的属性设置窗口。例如，双击如图 10.4-3 所示的“版面设计工作区”的可编辑文本框，弹出的属性设置窗口如图 10.4-4 所示。

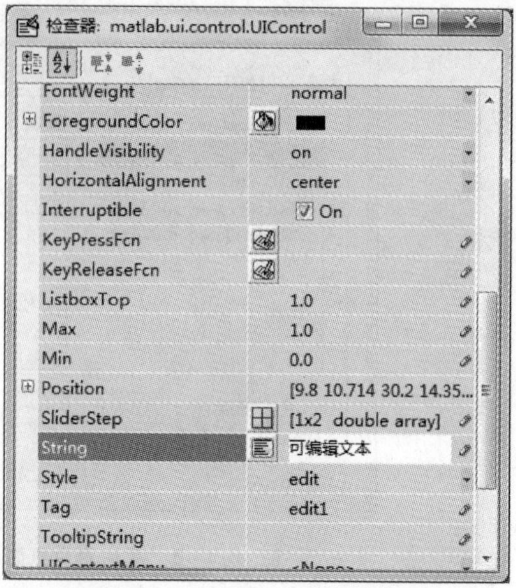

图 10.4-4　控件属性设置窗口界面

图 10.4-4 所示窗口的左侧为该控件所有可供修改的属性列表，右侧对应的则是该属性的默认值。控件属性设置窗口共提供了两种属性值更改的方法，一种是属性值是用户自定义可编辑的，在该可编辑框的右侧有✎标记，用户直接在可编辑框内输入即可；另一种是属性值只能在提供的几个值当中选择一个的，在该下拉列表框的右侧有▾标记，单击该下拉列表框，在弹出的下拉列表内单击选择一个值即可。在本例中各个控件的绝大多数属性都接受默认属性值，需要读者更改的属性见表 10.4-1 所示。

一般情况下，属性值可编辑框内只能输入单行字符串，如果要在可编辑文本框的 String 属性内要输入多行字符串，首先设置 Max 和 Min 属性，使得 Max－Min>1，然后单击可编辑框的左侧的☰图标，在弹出的文本输入窗口内可以使用回车键输入多行字符串。

表 10.4-1　示例 Bexm050401 用户界面的控件属性设置表

图形控件	属性名	属性值	说　明
可编辑文本框 Edit Text	FontSize	0.07	字体大小
	FontUnits	normalized	字体大小单位，本例所选的是“归化单位”，表示控件的高度为 1，字体的大小是相对于控件的高度值
	HorizontalAlignment	left	编辑框内文字向左对齐
	Max	2	Max－Min>1 时，允许多行输入
	Min	0	
	Sting	Bexm050401_M(5)	
按钮 Push Button	FontSize	0.47	
	FontUnits	normalized	
	Sting	指令执行	

续表 10.4-1

图形控件	属性名	属性值	说　明
静态文本框(左) Static Text	FontSize	0.47	
	FontUnits	normalized	
	Sting	指令输入	
静态文本框(右) Static Text	FontSize	0.47	
	FontUnits	normalized	
	Sting	图形输出	

● 保存图形用户界面。

在如图 10.4-4 所示的图形设计界面内完成界面内各个控件位置和属性设计之后，单击菜单项“文件->保存”或工具栏内的图标，对设计的用户界面进行保存，在弹出的保存对话框内设定保存的文件名为 Bexm050401。此时会在当前目录下生成 Bexm050401.fig 和 Bexm050401.m 两个文件，读者可以简单理解为 Bexm050401.fig 是界面信息文件，Bexm050401.m 是响应用户操作的回调函数文件。

2）编辑界面按钮回调函数。

Bexm050401.m 文件由一个主函数和 5 个子函数构成。具体结构和相关说明如下：

● 主函数：

```
function varargout = Bexm050401(varargin)
```

● 子函数：

◇ 界面启动子函数和输出子函数：

```
function Bexm050401_OpeningFcn(hObject, eventdata, handles, varargin)
function varargout = Bexm050401_OutputFcn(hObject, eventdata, handles)
```

◇ 编辑框回调和创建子函数：

```
function edit1_Callback(hObject, eventdata, handles)
function edit1_CreateFcn(hObject, eventdata, handles)
```

◇ 按钮回调子函数：

```
function pushbutton1_Callback(hObject, eventdata, handles)
```

打开 Bexm050401.m 文件，对按钮回调子函数进行编辑，其他函数保持不变，编辑后的按钮回调子函数如下所示：

```
function pushbutton1_Callback(hObject, eventdata, handles)
% hObject     handle to pushbutton1 (see GCBO)
% eventdata   reserved - to be defined in a future version of MATLAB
% handles     structure with handles and user data (see GUIDATA)
CH=get(handles.edit1,'String');          % 获得可编辑框内的用户输入指令内容
if iscell(CH)                            % 如果是多行输入则 CH 是元胞数组
    Nch=size(CH,1);P      for n=1:Nch
        eval(CH{n});                     % 对每行指令单独执行
    end
```

```
else if ischar(CH)                    % 如果是单行输入则 CH 是字符串数组
        eval(CH);                     % 执行单行指令
    end
end
```

3）编写被调用 M 函数文件 Bexm050401_M. m

为演示 mcc 指令的 a 选项的正确使用方法，本例特意设计这样一种程序运行案例，即在本例图形界面的"指令输入"可编辑文本框内输入函数文件名来调用 M 函数文件，而且在该 M 函数文件中还调用了一个 MEX 文件。由于 M 函数文件名是用户自定义输入的，并不是主 M 函数文件(如本例的 Bexm050401. m 是主 M 函数文件调用的子 M 函数文件)，因此 MATLAB 编译器无法通过分析主 M 函数文件自动的编译这些子 M 函数文件以及这些子 M 函数文件调用的 MEX 文件。对这种情况，用户可以通过 mcc 指令的 a 选项把这些文件编译到可独立执行应用程序。

编写如下的 Bexm050401_M. m 函数文件，其中调用的 MatrixCompute. mexw64 文件由本书第 7 章例 7. 6 - 1 中创建，将其复制到 MATLAB 的当前工作目录 D:\Mywork\ExampleB\Bexm050401。

```
%Bexm050401_M.m      该文件调用 MEX 函数文件 MatrixCompute.mexw64 实施循环计算
function Bexm050401_M(L)
rng(0)
row=100;
A=1+0.2 * rand(row);
ZeroMatrix=zeros(row,L);
WorksMatrix=[ZeroMatrix,A,ZeroMatrix];
for LoopIndex=1:10;
    tic
    D3=MatrixCompute(WorksMatrix,L);
    TimeArray(LoopIndex)=toc;
end
plot(TimeArray)
```

4）利用 mcc 指令创建可独立执行的应用程序

在 MATLAB 指令窗口运行如下指令。

```
mcc -m Bexm050401.m -a Bexm050401_M.m MatrixCompute.mexw64
```

编译完成后，会在当前目录下生成 Bexm050401. exe 文件，在 Windows 系统的资源管理器内双击它执行程序，单击"执行指令"按钮后即可得到如图 10. 4 - 1 所示结果。

说明

- 在对图形用户界面设计工具自动生成的 M 文件进行编辑时，一定要仔细阅读文件中的"原有注释"。凡是"原有注释"写明"不得更改"的 M 码，千万不要去改动，除非已经透彻理解"图形用户界面"的工作原理。对于实现某个控件的回调函数等重新添加的 M 码，可以采用逐步编码，逐步调试的方法来实现，不要企图"一口气"完成界面执行 M 文件的编写。
- 通过调用 mcc 指令的 a 选项可以将主 M 函数文件可能需要调用的所有 MATLAB 文

件都编译到目标文件内，例如本例设计的 M 函数文件和 MEX 文件，还有常用到的 MAT 文件，读者可以参考本例实践。

● 由于 a 选项已经把指定的 MATLAB 文件编译成目标文件的一部分，因此在发布目标文件时，就不需要将这些 MATLAB 文件同时发布给第三方。

10.5　编译器生成共享动态链接库示例

利用 MATLAB 编译器把 M 函数文件编译成动态链接库，其主要目的是把 M 函数文件发布给目标机上没有安装 MATLAB 的客户，一种典型应用就是把复杂的算法设计和数据显示编写成 M 函数文件，然后利用 MATLAB 编译器把其转换成动态链接库，最终发布给客户，方便客户把这些动态链接库嵌入到自己开发的 C/C++程序中。

MATLAB 编译器既可以把 M 函数文件编译成符合 C 语言规范的动态链接库，也可以编译成符合 C++语言规范的动态链接库，这两种语言的动态链接库功能完全相同，只是在函数的调用格式上有所不同。它们都包含了三类函数，动态链接库初始化函数、动态链接库终结函数和普通 M 函数文件的输出函数，前两者的调用格式完全相同，只有对应 M 函数文件的普通输出函数的调用格式有所区别。

每个 M 函数文件在 C 语言动态链接库内对应了如下两个输出函数：

● mlx+M 函数文件名：该函数调用时的参数数据类型是 mxArray 类型变量，其接口定义类似 mexFunction 函数的接口定义，由输出参数个数、输出参数指针数组、输入参数个数、输入参数指针数组组成。

● mlf+M 函数文件名：该函数调用时的参数数据类型是 mxArray 类型变量，其接口定义按输出参数个数、从左到右的每个输出参数、从左到右的每个输入参数顺序构成。

每个 M 函数在 C++语言动态链接库内也对应了如下两个输出函数：

● mlx+M 函数文件名：该函数就是 C 语言规范的函数，其调用格式同 C 语言动态链接库中函数完全相同。

● M 函数文件名：该函数调用时的参数数据类型是 mwArray 类型变量，其接口定义按输出参数个数、从左到右的每个输出参数、从左到右的每个输入参数顺序构成。

以前缀 mlx+"M 函数文件名"命名的函数，相对于以前缀 mlf+"M 函数文件名"和"M 函数文件名"命名的函数，在调用时函数参数的格式固定，但调用时参数的准备稍显复杂，其他两种函数的参数格式不固定，但调用时易于理解，读者可以根据自己的喜好选择调用的函数类型。

本节将介绍如何把 M 文件编译成 C/C++动态链接库，然后着重描述如何利用这些 M 文件编译而成的动态链接库。

10.5.1　M 函数文件生成 C 语言动态链接库及调用

例【10.5-1】　创建一个产生随机数的 MATLAB 函数文件，然后利用 MATLAB 编译器编译成 C 语言动态链接库，最后利用 Visual Studio 2010 生成调用该动态链接库的程序。本例目的：演示在 Visual Studio 2010 集成开发环境下编辑、编译和链接生成调用了 MATLAB 编译器产生的动态链接库的 C/C++程序。

1）编写 M 函数文件 RandDataGen.m

创建 D:\Mywork\ExampleB\Bexm050501 目录，并将其设置为 MATLAB 的当前工作目录，编写如下 RandDataGen.m 文件。

```
% RandDataGen.m 文件
function RandData = RandDataGen( Dim )
if Dim > 0
    RandData=rand(Dim);
else
    disp('函数输入参数 Dim 需大于 0！');
    RandData=[];
end
```

2）利用 mcc 指令创建动态链接库文件

在 MATLAB 指令窗运行如下指令。

```
mcc -l RandDataGen.m
使用 'Microsoft Visual C++ 2010 (C)' 编译。
```

编译完成后，在当前目录下生成 RandDataGen.lib、RandDataGen.dll 和 RandDataGen.h 这三个目标文件，供下面测试用。

3）利用 Visual Studio 2010 集成开发环境生成调用动态链接库的程序

● Bexm050501 示例工程创建。

按本书附录 A 例 A.2-1 第 1)条目所述方法，启动并弹出 Visual Studio 2010“新建项目”对话框，鼠标单击“Win32 控制台应用程序”，然后在对话框下方的“名称”栏中填入 Bexm050501；在对话框下方的“位置”栏中填入该项目要保存的位置，本示例项目填写的内容是 D:\Mywork\ExampleB，上述内容填写完毕后，单击“确定”按钮。在弹出的“应用程序向导”对话框中，直接单击“完成”按钮，完成工程项目创建。

● 项目解决方案平台设置。

按例 6.2-5 中第 2)部分介绍的方法，把“活动解决方案平台”选项更改为 x64。

● 项目编译所需外部函数目录设置以及链接所需外部类库设置。

为了使项目在编译时，Visual Studio 2010 能找到 MATLAB 定义的相关头文件，以及引入库文件，需要设置与本项目相关的目录属性；为了使项目在链接时能链接到正确的引入库文件，还必须要对项目的依赖库属性进行设置。

有关引擎函数库的头文件和引入库文件的目录设置与例 6.2-5 中第 3)部分的相关论述完全相同，这里不再赘述。

有关项目链接所需的函数库的引入库设置方法与例 6.2-5 中第 3)部分的相关论述相同，在弹出的“附加依赖项”对话框的空白编辑框内输入 mclmcrrt.lib 和 RandDataGen.lib。其中 RandDataGen.lib 是本例第二部分生成的动态链接库引入库文件，而 mclmcrrt.lib 是调用 RandDataGen 动态链接库文件所必须的关联引入库文件，由 MATLAB 提供。

● Bexm050501 示例代码开发。

工程创建完毕，Visual Studio 2010 集成开发环境编辑器会自动打开 Bexm050501.cpp 文件，重新编辑后的 Bexm050501.cpp 文件如下所示。

```
// Bexm050501.cpp : 定义控制台应用程序的入口点。
//
#include "stdafx.h"

//包含 RandDataGen 动态链接库的头文件
#include "RandDataGen.h"

int _tmain(int argc, _TCHAR * argv[])
{
    //初始化 MATLAB 的 MCR 运行时库
    if(!mclInitializeApplication(NULL,0) )
    {
        printf("不能启动 MATLAB 的 MCR 运行时库!\n");
        return 0;
    }

    //初始化 RandDataGen 动态链接库
    if (!RandDataGenInitialize())
    {
        printf("不能正确初始化 RandDataGen 动态链接库!\n");
        return 0;
    }
    else
    {
        //创建输入数据变量
        int DimNum = 5;
        mxArray * Dim = NULL;
        Dim = mxCreateDoubleScalar(DimNum);

        //定义输出数据变量
        mxArray * RandMatrix = NULL;

        //调用 RandDataGen 动态链接库中的函数
        mlfRandDataGen(1, &RandMatrix, Dim);

        //显示产生的随机数矩阵
        double * RandData = NULL;
        RandData = mxGetPr(RandMatrix);
        int i,j;
        printf("产生的随机数矩阵如下:\n");
        for (i=0;i < DimNum;i++)
        {
            for (j=0;j < DimNum;j++)
```

```
            {
                printf("%f\t",RandData[i+j * DimNum]);
            }
            printf("\n");
        }


        //释放 mxArray 变量所占空间
        mxDestroyArray(RandMatrix);
        mxDestroyArray(Dim);

        //关闭 RandDataGen 动态链接库
        RandDataGenTerminate();
    }
    //关闭 MATLAB 的 MCR 运行时库
    mclTerminateApplication();

    return 0;
}
```

● 创建 Bexm050501.exe 文件并验证。

把本例第二部分在生成的 RandDataGen.h 文件和 RandDataGen.lib 文件，拷贝到 Bexm050501 工程源文件目录 D:\Mywork\ExampleB\Bexm050501\Bexm050501 下。用鼠标单击菜单项"生成->生成 Bexm050501(U)"，即可对整个项目进行编译。默认情况下生成的是 Debug 版本，这时会在 D:\Mywork\ExampleB\Bexm050501\x64\Debug 目录生成 Bexm050501.exe 文件，把本例第二部分生成的 RandDataGen.dll 文件拷贝到该目录，然后在 Windows 的 cmd 命令窗口内执行 Bexm050501.exe 文件，得到如图 10.5-1 所示的结果。

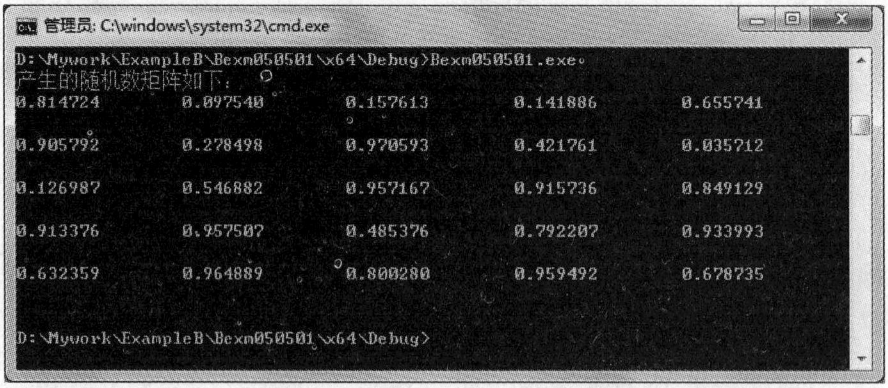

图 10.5-1 Bexm050501.exe 运行结果

说明

● MATLAB 编译器产生的 C/C++动态链接库的调用和普通的动态链接库的调用语法基本相同，需要注意的是 MATLAB 编译器产生的 C/C++动态链接库的调用有相对固定的格式和调用次序，其基本调用次序如下：

◇ 调用 MATLAB 的 MCR 运行时库的初始化函数 mclInitializeApplication，每个 C/C＋＋程序只需调用一次；

◇ 调用 MATLAB 编译器产生的动态链接库的初始化函数，libname＋Initialize，本例的第二部分生成的动态链接库的初始化函数名为 RandDataGenInitialize，如果 C/C＋＋程序调用了多个 MATLAB 编译器产生的动态链接库，则每个这样的动态链接库都需要调用自己的初始化函数；

◇ 调用 MATLAB 编译器产生的动态链接库内的各个函数，例如本例 RandDataGen 动态链接库中的 mlfRandDataGen 函数；

◇ 调用 MATLAB 编译器产生的动态链接库的终结函数，libname＋Terminate，本例的第二部分生成的动态链接库的终结函数名为 RandDataGenTerminate，如果 C/C＋＋程序调用了多个 MATLAB 编译器产生的动态链接库，则每个这样的动态链接库都需要调用自己的终结函数；

◇ 调用 MATLAB 的 MCR 运行时库的终结函数 mclTerminateApplication，每个 C/C＋＋程序只需调用一次。

10.5.2　M 函数文件生成 C＋＋语言动态链接库及调用

例【10.5－2】　编写一个能显示多种数据类型的 M 函数文件，然后利用 MATLAB 编译器编译成 C＋＋语言动态链接库，最后利用 Visual Studio 2010 集成开发环境生成调用该动态链接库的程序。本例目的：演示在 C/C＋＋程序中调用 MATLAB 编译器生成的 C＋＋语言动态链接库和 C 语言动态链接库在导出函数接口参数类型上的不同。

1）编写 CommImageDisplay.m 函数文件

创建 D:\Mywork\ExampleB\Bexm050502 目录，并将其设置为 MATLAB 的当前工作目录，编写如下 CommImageDisplay.m 文件。

```
function CommImageDisplay(DataIn)
% 一、功能说明
%      本函数可以智能的区别显示多种常见的数据，包括实向量，字符串和实标量。
%      每类数据都有自己特定的显示方式，按子图的方式显示在一幅图形中。
% 二、参数说明
% 1.输入数据
%      DataIn 是结构体，它可以包含多种要显示的数据，包括实向量，字符串
%      和标量，分别用 plot 指令绘制实向量和实标量，text 指令绘制字符。

figure(1);
if(isstruct(DataIn))
   FieldName=fieldnames(DataIn);                % 获得 DataIn 的域名数组
   FieldNum=length(FieldName);                  % 获得 DataIn 的域个数
   for Index=1:FieldNum;                        % 对每个域的数据单独显示
        FieldData=getfield(DataIn,FieldName{Index});
        FieldName{Index}=['\fontsize{16}\fontname{隶书}',FieldName{Index}];
```

```
            subplot(FieldNum,1,Index);
            % 单行字符串
            if(isvector(FieldData)&&ischar(FieldData))
                cla;axis off,whitebg([1 1 1]);
                text(0,0.8,FieldData),title(FieldName{Index});
            % 实标量数值
            elseif(isscalar(FieldData)&&isnumeric(FieldData)&&isreal(FieldData))
                Title=[FieldName{Index},'=',num2str(FieldData)];
                cla;plot(FieldData,'b.'),title(Title);
            % 实向量
            elseif(isvector(FieldData)&&isnumeric(FieldData)&&isreal(FieldData))
                cla;plot(FieldData),title(FieldName{Index});
            else
                text(0.1,0.5,'此数据类型不能显示！');
                title(FieldName{Index});
            end
        end
    end
```

2）利用 mcc 指令创建动态链接库文件

在 MATLAB 指令窗运行如下指令。

```
mcc -B cpplib:CommImageDisplay CommImageDisplay.m
```

使用 'Microsoft Visual C++ 2010 (C)' 编译。

编译完成后，在当前目录下生成 CommImageDisplay.lib、CommImageDisplay.dll 和 CommImageDisplay.h 这三个目标文件，供测试用。

3）利用 Visual Studio 2010 集成开发环境生成调用动态链接库的程序

● Bexm050502 示例工程创建。

按本书附录 A 例 A.2-1 第 1)条目所述方法，启动并弹出 Visual Studio 2010"新建项目"对话框，鼠标单击"Win32 控制台应用程序"，然后在对话框下方的"名称"栏中填入 Bexm050502；在对话框下方的"位置"栏中填入该项目要保存的位置，本示例项目填写的内容是 D:\Mywork\ExampleB，上述内容填写完毕后，单击"确定"按钮。在引出的"应用程序向导"对话框中，直接单击"完成"按钮，完成工程项目创建。

● 项目解决方案平台设置。

按例 6.2-5 中第 2)部分介绍的方法，把"活动解决方案平台"选项更改为 x64。

● 项目编译所需外部函数目录设置，以及链接所需外部类库设置。

为了使项目在编译时，Visual Studio 2010 能找到 MATLAB 定义的相关头文件，以及引入库文件，需要设置与本项目相关的目录属性；为了使项目在链接时能链接到正确的引入库文件，还必须要对项目的依赖库属性进行设置。

有关引擎函数库的头文件和引入库文件的目录设置与例 6.2-5 中第 3)部分的相关论述完全相同，这里不再赘述。

有关项目链接所需的函数库的引入库设置方法与例 6.2-5 中第 3)部分的相关论

述相同，在弹出的"附加依赖项"对话框的空白编辑框内输入 mclmcrrt.lib 和 CommImageDisplay.lib。其中 CommImageDisplay.lib 是本例第二部分生成的动态链接库引入库文件，而 mclmcrrt.lib 是调用 CommImageDisplay 动态链接库文件所必须的关联引入库文件，由 MATLAB 提供。

- Bexm050502 示例代码开发。

工程创建完毕，Visual Studio 2010 集成开发环境编辑器会自动打开 Bexm050502.cpp 文件，重新编辑后的 Bexm050502.cpp 文件如下所示：

```
// Bexm050502.cpp : 定义控制台应用程序的入口点。
//

#include "stdafx.h"

//包含 CommImageDisplay 动态链接库的头文件
#include "CommImageDisplay.h"


int _tmain(int argc, _TCHAR * argv[])
{
    //初始化 MATLAB 的 MCR 运行时库
    if( !mclInitializeApplication(NULL,0) )
    {
        printf("不能启动 MATLAB 的 MCR 运行时库!\n");
        return 0;
    }

    //初始化 CommImageDisplay 动态链接库
    if (!CommImageDisplayInitialize())
    {
        printf("不能正确初始化 CommImageDisplay 动态链接库!\n");
        return 0;
    }
    else
    {
        /* 创建输入数据变量 DataIn,包含了"DataFileName","StepTime","Data"
        三个域的结构体变量 */
        //创建 1 行 1 列 DataIn 构架阵列变量
        const char * DataFieldName[]={"DataFileName","StepTime","Data"};
        mwArray DataIn (1,1,3,DataFieldName);

        //创建字符型 mwArray 变量,并给 DataIn 的"DataFileName"域赋值
        mwArray StrArray("Test.mat");
        DataIn ("DataFileName",1,1).Set(StrArray);
```

```
        //创建数值型 mwArray 变量,并给 DataIn 的"StepTime"域赋值
        mwArray ValueArray(1000);
        DataIn ("StepTime",1,1).Set(ValueArray);

        //创建 1 行 10 列数值型 mwArray 变量,并给 DataIn 的"Data"域赋值
        mwArray MatrixArray (1, 10, mxDOUBLE_CLASS);
        double SetDataBuf[10]={1,2,3,4,5,6,7,8,9,10};
        MatrixArray. SetData(SetDataBuf,10);
        DataIn ("Data",1,1).Set(MatrixArray);

        //调用 CommImageDisplay 动态链接库中的函数
        CommImageDisplay(DataIn);

        //等待用户关闭图形窗口
        mclWaitForFiguresToDie(NULL);                                        // <51>

        //关闭 CommImageDisplay 动态链接库
        CommImageDisplayTerminate();
    }
    //关闭 MATLAB 的 MCR 运行时库
    mclTerminateApplication();

    return 0;
}
```

- 创建 Bexm050502.exe 文件并验证。

  把本例第二部分生成的 CommImageDisplay.h 文件和 CommImageDisplay.lib 文件,拷贝到 Bexm050502 工程源文件目录 D:\Mywork\ExampleB\Bexm050502\Bexm050502 下。用鼠标单击菜单项“生成->生成 Bexm050502(U)”,或单击工具栏内的图标,即可对整个项目进行编译。默认情况下生成的是 Debug 版本,这时会在 D:\Mywork\ExampleB\Bexm050502\x64\Debug 目录生成 Bexm050502.exe 文件,把本例第 2)部分生成的 CommImageDisplay.dll 文件拷贝到该目录,然后在 Windows 的 cmd 命令窗口内执行 Bexm050502.exe 文件,得到如图 10.5-2 所示的结果。

说明

- C/C++程序中调用 MATLAB 编译器产生的 C++语言动态链接库与调用 C 语言动态链接库,在调用的格式和次序上完全相同,只是 C 语言动态链接库中函数的参数都是 mxArray 类型变量,而 C++语言动态链接库中函数的参数可以是 mxArray 类型变量,也可以是 mwArray 类型变量,本例采用的就是 mwArray 类型参变量的输出函数。
- 本例第 <51> 行所示代码,用于等待用户关闭弹出的 MATLAB 图形窗口,否则程序紧接着调用后续代码将自动关闭图形窗口。

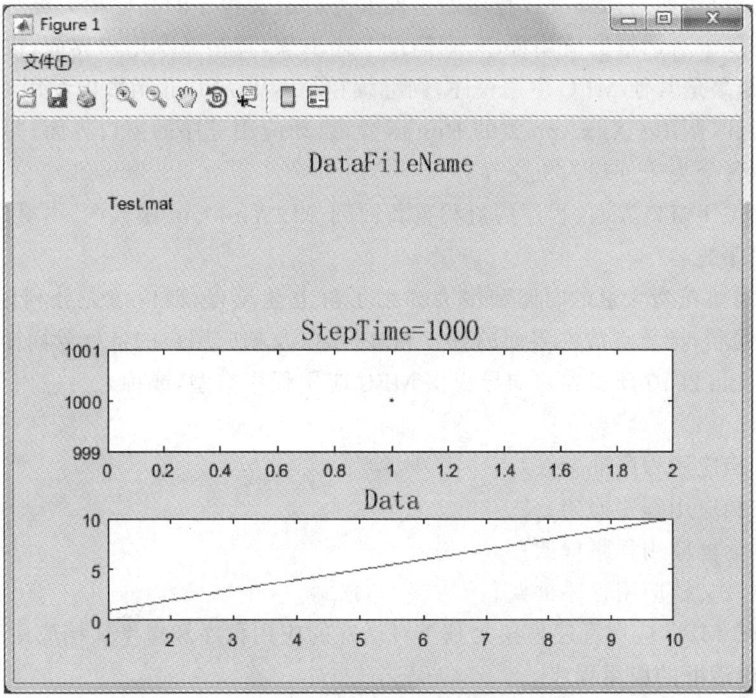

图 10.5-2　Bexm050502.exe 运行结果

10.5.3　MFC 应用程序框架及其综合应用

在本书的应用中，常用到的 Visual Studio 2010 集成开发环境开发的应用程序类型有“控制台应用程序”和“MFC 应用程序”，其中 MFC 是 Microsoft Foundation Classes 的首字母缩写，代表了微软基础类库。

控制台应用程序的开发与编辑可以参考例 10.5-1 和 10.5-2，利用 Visual Studio 2010 新建项目向导自动生成的该类程序结构很简单，只有一个包含_tmain 主函数的程序文件，该主函数就是程序的入口，在主函数内就可以完成程序所有的功能，没有人机交互的界面设计，只适用于一些简单的应用。

MFC 应用程序与控制台应用程序的主要区别在于，一是有人机交互的界面设计，二是没有 main 函数，即程序没有显式的程序入口，取而代之的是一组 MFC 类来实现程序的入口与人机交互界面。每个 Visual Studio 2010 新建项目向导自动生成的 MFC 应用程序都包含有 CXxxApp 类，其中 Xxx 代表项目名称，并包含有一个全局的 CXxxApp 类对象 theApp。每个 MFC 应用程序有且仅有一个从 CWinApp 类派生而来的子类，如 CXxxApp 类。CWinApp 类是 Windows 应用程序的基类，用以维护用户界面的主线程。MFC 程序的执行流程如下：

- 由 Windows 系统调用 CXxxApp 类的构造函数，创建 CXxxApp 类对象；
- 调用 MFC 类库的 AfxWinMain 函数，获得刚才创建的 CXxxApp 类对象的指针，进行初始化工作；
- 在 AfxWinMain 函数内，利用 CXxxApp 类对象的指针，调用 CXxxApp 类的 InitInstance 函数，该函数用于初始化一个应用程序的实例，在函数内创建应用程序的其他相关类对象，如对话框类或程序的主框架类对象及程序的其他相关类对象；

- 如果是基于对话框的应用程序，则经过上述步骤，直接显示用户界面，供用户进行人机交互；如果是其他MFC应用程序，则继续在AfxWinMain函数内利用CXxxApp类对象的指针，调用CXxxApp类的Run函数，启动应用程序的窗口界面，并由与窗口界面相关的各个类来处理人机交互；
- 当用户关闭窗口界面，程序的流程重新回到AfxWinMain函数内，由其终结整个MFC应用程序的运行。

初学者不需要花费大量的时间和精力详细了解上述流程，而应该充分利用MFC应用程序框架带来的便利，把重点放在界面的开发和维护，以及响应用户的各种界面操作。

Visual Studio 2010新建项目向导提供MFC应用程序类型，或称之为应用程序框架，共有四种，分别是：

- 单个文档应用程序框架；
- 多个文档应用程序框架；
- 基于对话框应用程序框架；
- 多个顶级文档应用程序框架。

最常应用的MFC应用程序框架为基于对话框的应用程序和单个文档应用程序。

(1) 基于对话框的应用程序

由Visual Studio 2010新建项目向导自动产生的基于对话框的应用程序有两个最基本的类，CXxxApp类和CXxxDlg类，这两个类的关系和应用分工如图10.5-3所示。基于对话框应用程序的开发与编辑可以参考例8.4-1。CXxxDlg类是在CXxxApp类的InitInstance函数中创建的，但是这两个类并不是典型的类属性包含型组合关系，即CXxxApp类并不包含CXxxDlg类对象作为属性变量。用户的自定义功能开发基本都在CXxxDlg类内完成。

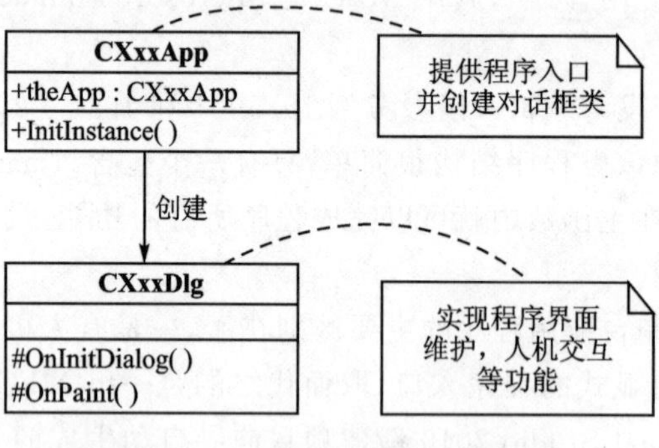

图10.5-3 对话框应用程序类关系

(2) 单个文档应用程序

由Visual Studio 2010新建项目向导自动产生的单个文档(MFC标准应用程序类型)的应用程序有四个最基本的类，即CXxxApp类、CXxxDoc类、CXxxView类和CMainFrame类，这四个类的关系和应用分工如图10.5-4所示。

CXxxDoc类、CMainFrame类和CXxxView类是在CXxxApp类的InitInstance函数中动态创建的，但是CXxxApp类并不包含CXxxDoc类、CMainFrame类和CXxxView类对象属性变量，而且CXxxDoc类、CMainFrame类和CXxxView类这三个类之间也是互相独立的，没

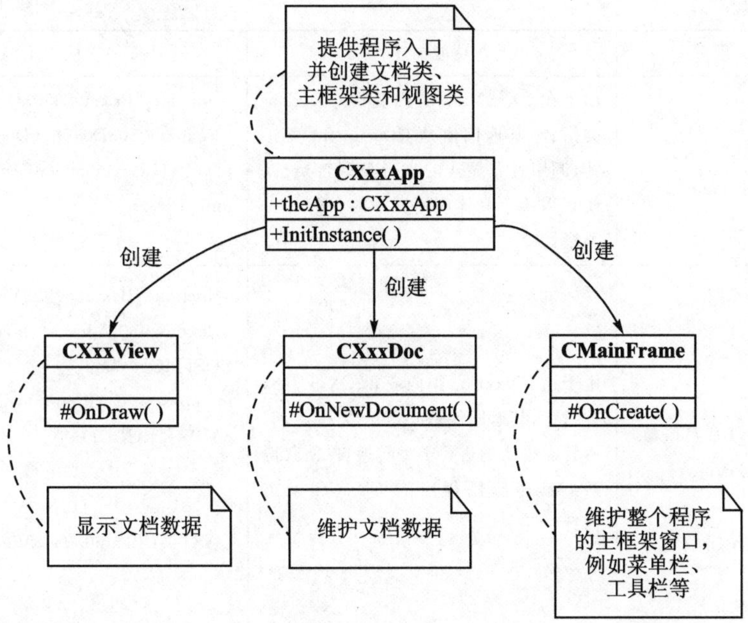

图 10.5-4　单个文档应用程序类关系图

有包含关系。要实现如图 10.5-4 所示各个类之间的交互，即某个类（调用类）要调用另一个类（被调用类）的相关成员函数或变量来完成某项功能，例如：CXxxDoc 类中文档的内容发生改变时，需要通过 CXxxView 类进行显示更新，根据第 4 章和第 5 章所述可知，有两种最基本的实现方法，即类属性包含型组合方式和消息事件型组合方式。

由于 Visual Studio 2010 集成开发环境创建的单文档程序框架内的四个基本类之间没有类属性变量包含关系，因此不能通过类属性包含型组合方式实现类之间的交互，如果采用消息事件型组合方式又稍显复杂。为此，MFC 类库提供了一些全局函数和类函数，通过这些函数可以方便的获得目标类的指针，通过该类指针直接调用该类的成员函数，以此来实现框架内四个基本类之间的交互。表 10.5-1 列出了部分类指针获取函数及其功能描述和简单应用示例。

表 10.5-1　单个文档应用程序框架内相关类指针获得方法

函　数	功能描述	简单应用示例
（全局函数） AfxGetApp	获得 CXxxApp 类指针，其返回值是 CWinApp 类指针，调用者需显式的进行类型转换，以便获得某个具体应用程序的 CXxxApp 类指针	#include "Bexm050503.h" CBexm050503App * pApp; pApp=(CBexm050503App *) AfxGetApp();
（全局函数） AfxGetMainWnd	获得 CMainFrame 类指针，其返回值是 CWnd 类指针，调用者需显式的进行类型转换，以便获得某个具体应用程序的 CMainFrame 类指针	#include "MainFrm.h" CMainFrame * pFrame; pFrame = (CMainFrame *) AfxGet- MainWnd();

续表 10.5-1

函 数	功能描述	简单应用示例
(CView 类成员函数) GetDocument	用于在 CXxxView 类内获得 CXxxDoc 类指针,其返回值是 CDocument 类指针,调用者需显式的进行类型转换,以便获得某个具体应用程序的 CXxxDoc 类指针	#include "Bexm050503Doc.h" CBexm050503Doc * pDoc; pDoc=(CBexm050503Doc *)GetDocument();

(CDocument 类成员函数)
GetNextView
	用于在 CXxxDoc 类内获得 CXxxView 类指针,其返回值是 CView 类指针,调用者需显式的进行类型转换,以便获得某个具体应用程序的 CXxxView 类指针	#include "Bexm050503View.h"
		CBexm050503View * pView;
		POSITION pos;
		for (pos = GetFirstViewPosition (); pos != NULL;)
		{
		pView = DYNAMIC_DOWNCAST (CBexm050503View, GetNextView (pos));
		}

例【10.5-3】 本例将利用 Visual Studio 2010 集成开发环境的新建项目向导新建一个单个文档应用程序框架的例子。该例子除了有单个文档应用程序的基本框架之外,还有一个程序输出内容显示的停靠栏,然后在自动生成的程序基础上新增加“异常捕获”菜单和“MATLAB 图形处理”菜单。“异常捕获”菜单用于捕获 MATLAB 编译器产生的动态链接库中的函数运行时产生的异常,并把异常信息显示到输出停靠窗口的列表控件内;“MATLAB 图形处理”菜单用于调用 MATLAB 图形处理函数,并把 MATLAB 的图形窗口嵌入到单个文档的程序框架内。本例演示:详细介绍 Visual Studio 2010 集成开发环境新建项目向导;单个文档应用程序内各个类的主要功能,以及各个类之间通过类指针互相交互的方法;如何新增加自定义菜单,以及在程序内响应菜单消息;捕获 MATLAB 编译器产生的动态链接库中的函数运行时产生的异常,并处理这些异常;MATLAB 图形窗口嵌入到单个文档应用程序框架的视图内,使 MATLAB 图形窗口就像单个文档应用程序的一部分,而不是一个独立程序窗口。

1) Visual Studio 2010 集成开发环境新建项目向导应用

在 win7 的开始菜单或桌面中单击 Microsoft Visual Studio 2010 快捷启动项,引出 Microsoft Visual Studio 2010 的“起始页”。在该“起始页”上单击“新建项目”项或单击菜单项“文件->新建->项目”,弹出“新建项目”对话框,单击“MFC 应用程序”,然后在对话框下方的“名称”栏中填入 Bexm050503,在“解决方案名称”栏中会自动填写上默认的名称,该默认名称与“名称”栏内的内容一致;在对话框下方的“位置”栏中填入该项目要保存的位置,该示例项目填写的内容是 D:\Mywork\ExampleB;上述内容填写完毕后的界面如图 10.5-5 所示。

- MFC 应用程序向导——概述。

在“新建项目”中填写完相关内容后,单击“确定”按钮,弹出“MFC 应用程序向导”对话框,如图 10.5-6 所示。

在该向导的左侧有向导内容列表,如图 10.5-6 所示,其中当用户在“应用程序类

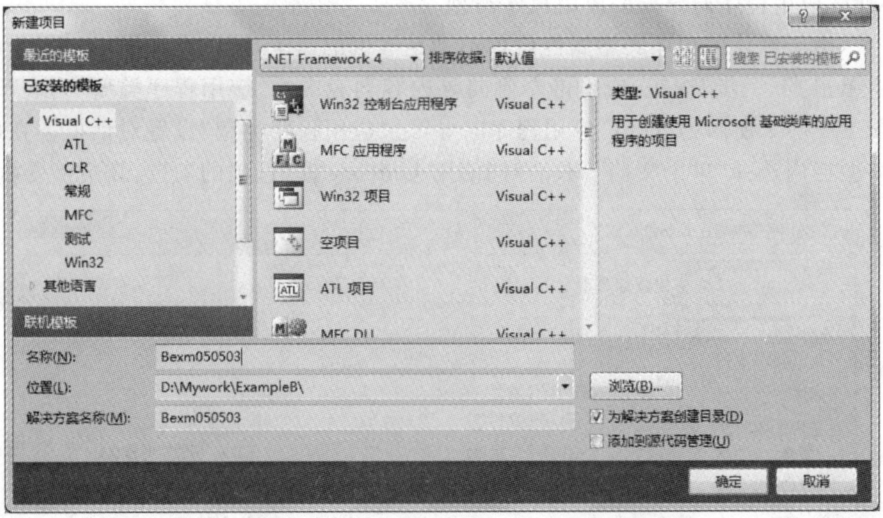

图 10.5-5　Visual Studio 2010 新建项目界面

型”内选择了“基于对话框”应用程序类型之后，会直接跳过“复合文档支持”、“文档模板属性”和“数据库支持”这三项内容，表示该种程序类型不需要进行这些内容的设置。图 10.5-6 所示为“MFC 应用程序向导”的第一步，即“概述”部分，提示用户在该向导后面几步中已经预先填写的程序类型属性，如果用户接受默认程序类型属性设置，则直接单击“完成”按钮就可以完成应用程序框架的自动生成。

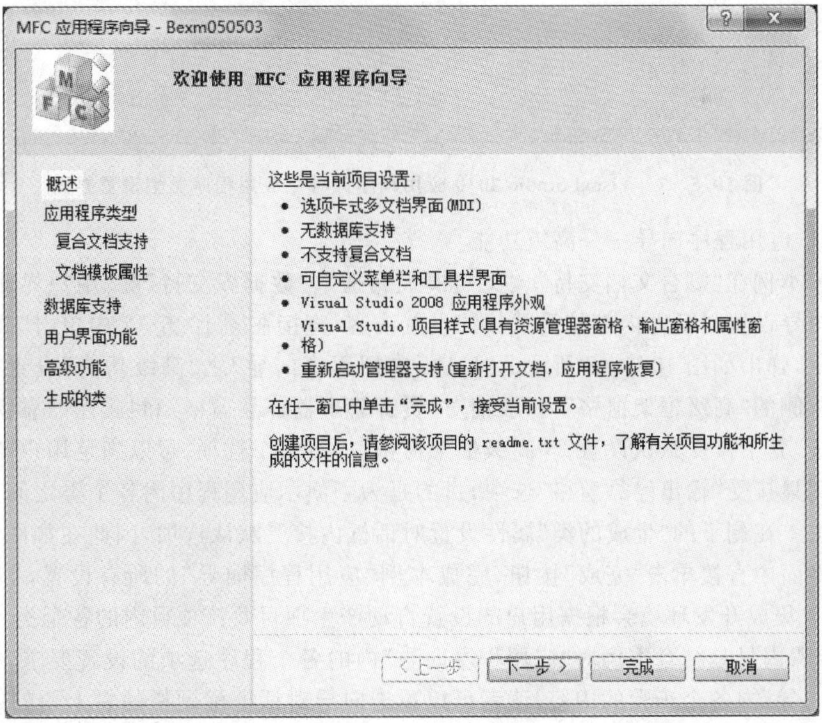

图 10.5-6　Visual Studio 2010 应用程序向导界面

- MFC 应用程序向导——应用程序类型。

由于默认的程序类型属性设置不满足本例的需求，所以在如图 10.5-6 所示界面中单击“下一步”按钮，或单击左侧向导内容列表内的“应用程序类型”列表项，弹出如图 10.5-7 所示的“MFC 应用程序向导”之“应用程序类型”设置对话框。在应用程序类型栏内选择“单个文档”，取消对“使用 Unicode 库”选项的勾选，其余接受默认设置。

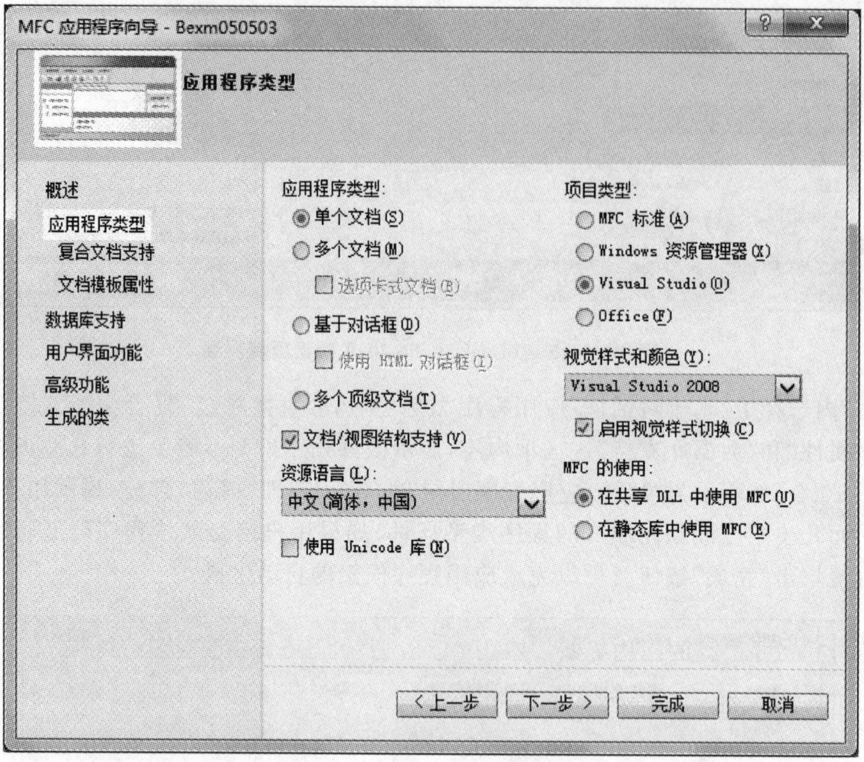

图 10.5-7 Visual Studio 2010 应用程序向导之应用程序类型设置界面

- MFC 应用程序向导——高级功能。

本例在“复合文档支持”、“文档模板属性”、“数据库支持”和“用户界面功能”这四项向导设置对话框内都接受默认的设置内容，直接在图 10.5-7 中单击“高级功能”列表项，弹出如图 10.5-8 所示的“MFC 应用程序向导”之“高级功能”设置对话框。在最右侧的“高级框架窗格”内，取消对“资源管理器停靠窗格”和“属性停靠窗格”选项的勾选，其余接受默认设置。“高级框架窗格”内有多个选项，可以满足用户的多种需求，本例只接受“输出停靠窗格”选项，目的是为了演示应用程序内各个类之间互相交互的方法。在剩下的“生成的类”属性设置对话框内接受默认选项，因此在如图 10.5-8 所示界面中直接单击“完成”按钮，完成本例“应用程序向导”的所有设置，Visual Studio 2010 集成开发环境会根据用户的设置自动产生项目及该项目内的各个类。

在本步骤内只是结合本例对“应用程序向导”内的各个程序选项的设置要求，概要介绍了“应用程序向导”内各个步骤的内容，读者可以单击向导对话框标题栏的右上角的 ? 按钮，详细了解各个步骤内各个选项的含义，以便能利用“应用程序向导”产生一个最接近用户需要的应用程序框架。

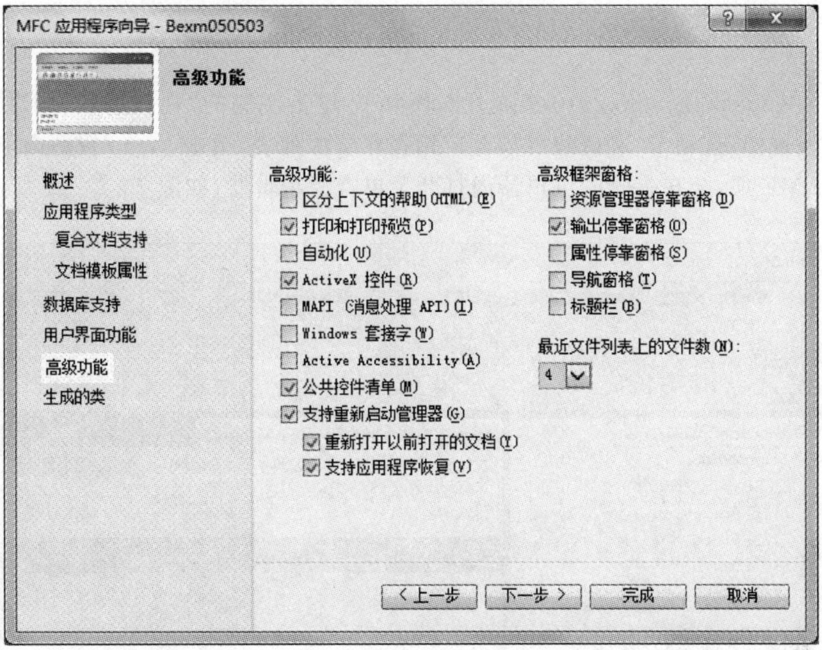

图 10.5-8　VC++ 2010 应用程序向导之高级功能设置界面

2) 单个文档应用程序内各个类之间关系

本例第一部分新建的项目中，Visual Studio 2010 集成开发环境自动产生了 7 个类，除了 CAboutDlg 类（该类的目的是产生程序的版本和开发者信息，一般情况下不涉及程序的实际核心内容），其余 6 个类的结构关系如图 10.5-9 所示。

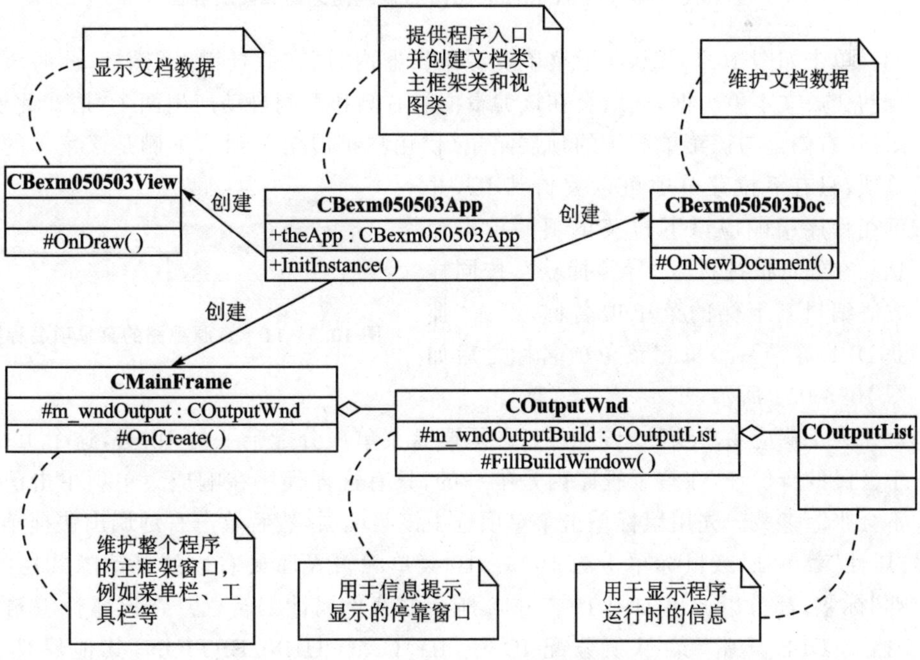

图 10.5-9　Bexm050503 程序内各个类之间关系图

3）创建新菜单项

● 新建菜单

在 Visual Studio 2010 集成开发环境中，单击左侧的“视图列表”停靠窗格下面的“资源视图”选项卡，并逐级的展开应用程序资源列表，单击 Menu 资源内 IDR_MAINFRAME 项，会在右侧的编辑器内打开菜单资源编辑器，如图 10.5-10 所示。

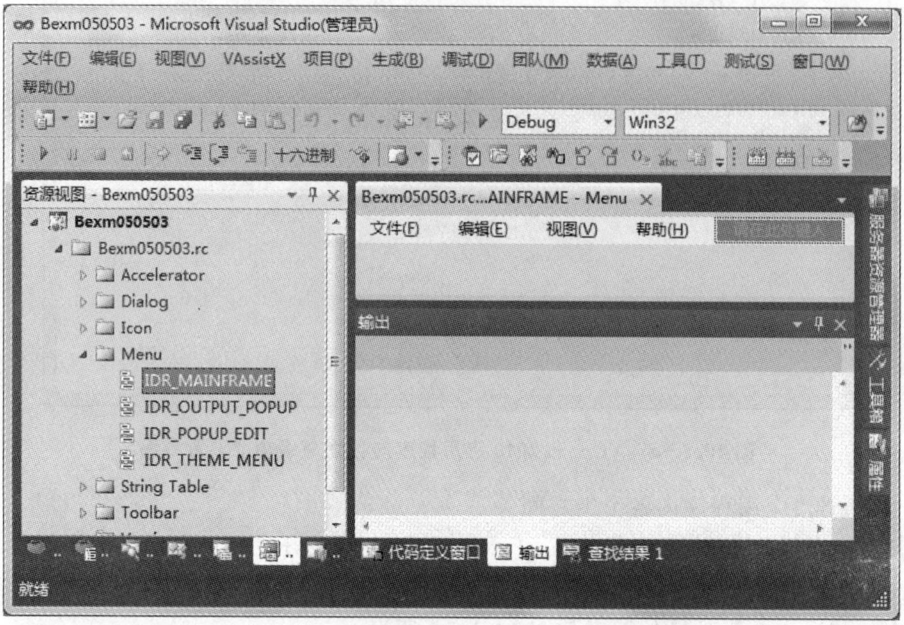

图 10.5-10 Visual Studio 2010 资源视图之菜单编辑界面

单击如图 10.5-10 所示菜单资源编辑器内“请在此处键入”图标，此时该图标会自动变成文本编辑框，同时会在该编辑框的右侧和下侧自动产生两个“请在此处键入”图标，右侧是与该菜单同级的顶层菜单(供用户扩展菜单项)，下侧是该菜单的下拉菜单项，只有下拉菜单项可以编辑其 ID，并可在程序中响应该下拉菜单项的单击消息。在编辑框内键入“异常捕获”，按同样方法编辑其下侧的菜单项名称，键入“捕获 DLL 异常”，编辑完菜单项名称之后如图 10.5-11 所示。

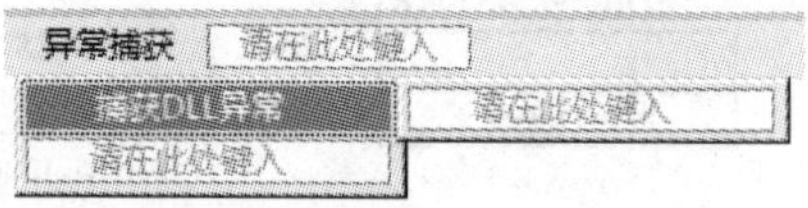

图 10.5-11 资源视图的菜单项名称界面

为了响应菜单项的单击消息，必须要给菜单项分配唯一的 ID 号，这个 ID 号类似于公民的身份证，在整个程序内是唯一的，只有这样程序在响应菜单项单击消息时才不会张冠李戴。先用鼠标单击菜单项选中该菜单项，然后单击右键调出快捷菜单选择“属性”菜单项，或鼠标单击图 10.5-10 菜单编辑界面最右边的自动隐藏栏内的“属性”标签，都可以调出如图 10.5-12 所示的菜单属性编辑栏。在该属性编辑栏内给“捕获 DLL 异常”菜单项分配 ID 号：ID_CATCHEXCEPTION，其他属性接受默认值。

按上述方法再新建一个名称为“MATLAB 图形处理”的顶层菜单，并在其下新建一个名称为“嵌入 MATLAB 图形窗口”的下拉菜单项，该菜单项的 ID 号为 ID_EMBEDMATLABFIGURE。

新建菜单完成之后，可以用鼠标左键单击某个顶层菜单，并保持鼠标左键按下不放，然后左右拖动该顶层菜单，即可调整各个顶层菜单的位置，经过调整之后的菜单如图 10.5－13 所示。

- 响应菜单单击消息。

菜单项编辑完成之后，为了使程序能够响应用户单击该菜单项时的消息，还必须给该菜单项添加单击响应函数。在如图 10.5－10 所示界面中单击左侧的“视图列表”停靠窗格下面的“类视图”选项卡，在该选项卡内整个项目的类视图以多级树状列表的形式显示，单击树状列表左侧的三角形图标，或直接双击列表项即可展开该项的下层列表项。在本例中展开 Bexm050503 项目的类视图后，双击 CBexm050503View 类，此时会在“类视图”选项卡的下半部分显示该类的成员函数和成员变量，同时在右侧的编辑器内会增加该类头文件的编辑卡，如果在“类视图”选项卡的下半部分双击任意一个成员函数则会在编辑器内增加该类 C＋＋文件的编辑卡，并且编辑器的光标会自动停留在该函数的代码处。单击菜单项“项目－>类向导”，或按“Ctrl＋Shift＋X”组合键，调出工程类向导界面，如图 10.5－14 所示。

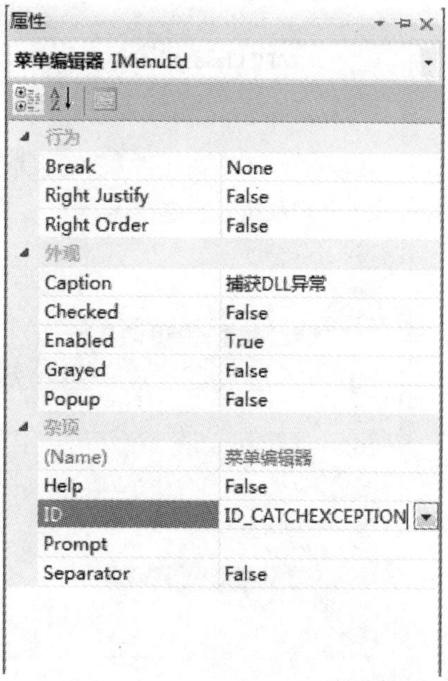

图 10.5－12　菜单项属性编辑界面

图 10.5－13　最终的菜单编辑界面

在如图 10.5－14 所示界面的“类名”列表内选择 CBexm050503View 类，选择“命令”页，这时可以在“对象 ID”栏内看见程序定义的各种 ID，选择一个菜单项 ID，如 ID_CATCHEXCEPTION，然后单击“消息”栏内的 COMMAND 消息选项，最后单击右侧的“添加处理程序”按钮，或者直接双击“消息”栏内 COMMAND 消息选项，就可以调出如图 10.5－15 所示的“添加成员函数”界面。

在如图 10.5－15 所示界面上可以填写“成员函数名称”，一般情况下接受默认名称即可，单击确定完成“成员函数”添加。本例中为新建的两个菜单项，ID 号分别为 ID_CATCHEXCEPTION 和 ID_EMBEDMATLABFIGURE，添加 COMMAND 消息响应函数，函数名称为 OnCatchexception 和 OnEmbedmatlabfigure。此时 MFC 类向导会在 CBexm050503View 类的头文件和 C＋＋文件内自动产生相关函数的声明和定义，分别如下所示。

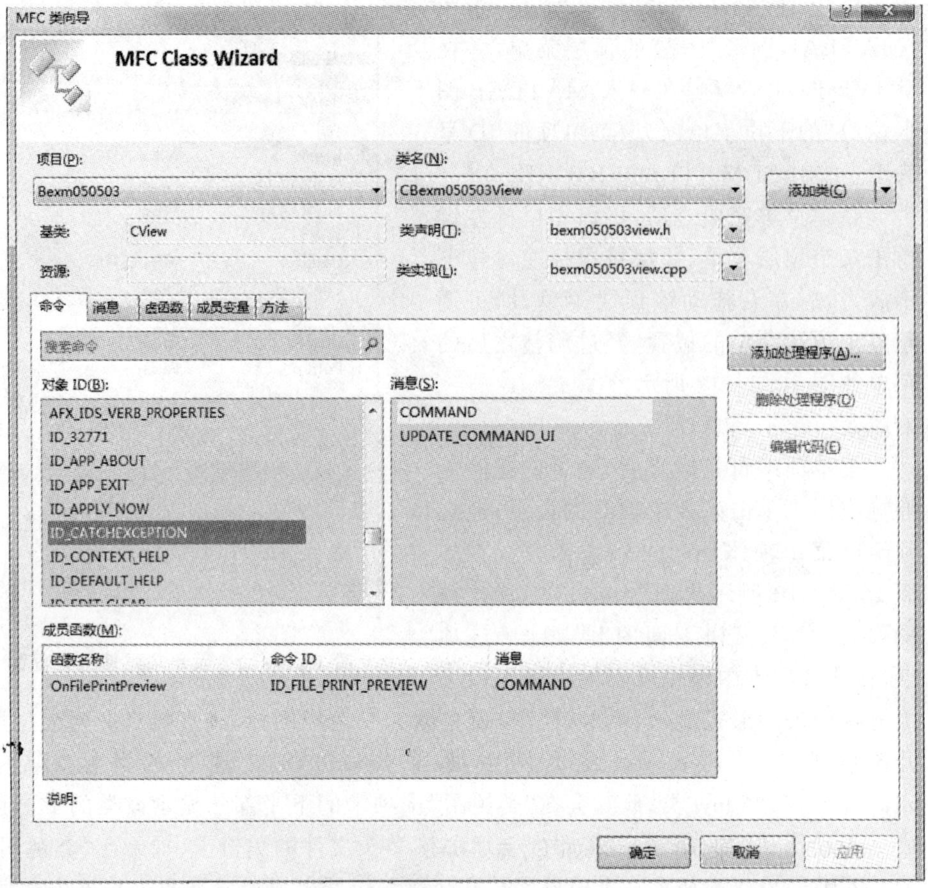

图 10.5-14　MFC 类向导界面

图 10.5-15　添加成员函数界面

```
// Bexm050503View.h
public:
    afx_msg void OnCatchexception();
    afx_msg void OnEmbedmatlabfigure();
```

```
// Bexm050503View.cpp
void CBexm050503View::OnCatchexception()
{
    // TODO: 在此添加命令处理程序代码
}

void CBexm050503View::OnEmbedmatlabfigure()
{
    // TODO: 在此添加命令处理程序代码
}
```

4）捕获 MATLAB 编译器产生的动态链接库中的函数运行时产生的异常

本例设想的操作是，当用户单击“异常捕获->捕获 DLL 异常”菜单项时，触发菜单项的 OnCatchexception 响应函数。事先用 MATLAB 编译器产生一个 C++语言的 RandDataGen 动态链接，并故意设计一个索引超出矩阵维度的错误，然后在 OnCatchexception 响应函数内调用 RandDataGen 动态链接库内的 mlxRandDataGen 和 RandDataGen 函数，捕获其运行产生的异常，并把 MATLAB 给出的错误提示信息显示到输出停靠窗口的列表控件内。其中 mlxRandDataGen 函数是 C 语言接口函数，而 RandDataGen 函数是 C++语言接口函数，捕获它们产生的异常略有不同，详见下面的代码。实现这个任务的具体步骤如下：

- 生成 RandDataGen 动态链接库。

  为了展示如何捕获 MATLAB 编译器产生的动态链接库中的函数运行时产生的异常，特意将例 10.5-1 中的 RandDataGen.m 文件拷贝到“D:\Mywork\ExampleB\Bexm050503”目录，并修改下如下：

```
% RandDataGen.m 文件
function RandData = RandDataGen( Dim )
if Dim > 0
    RandData=rand(Dim);
    % 下行是作者有意添加的错误代码，将产生索引超出矩阵维度的错误
    Data=RandData(Dim+1,Dim+1);
else
    disp('函数输入参数 Dim 需大于 0!');
    RandData=[];
end
```

  然后按例 10.5-2 所述方法把 RandDataGen.m 文件重新编译成 C++类型的动态链接库，产生 RandDataGen.h、RandDataGen.lib 和 RandDataGen.dll 文件。

- 调用 MCR 运行时库和 RandDataGen 动态链接库的初始化和终止函数。

  要调用 RandDataGen 动态链接库，首先要在 Bexm050503View.cpp 文件内包含 RandDataGen.h 文件，代码如下：

```
//作者添加的 RandDataGen 动态链接库的头文件
#include "RandDataGen.h"
```

  MCR 运行时库和 RandDataGen 动态链接库的初始化函数和终止函数都只需要调用一次，而且初始化函数必须在所有库内函数之前调用，终止函数则是在所有库内

函数都不再需要之后调用，因此可以考虑在 Bexm050503View 类的构造函数内调用初始化函数，而终止函数可以在析构函数内调用，代码如下：

```
// CBexm050503View 构造/析构

CBexm050503View::CBexm050503View()
{
    // TODO: 在此处添加构造代码
    //初始化 MATLAB 的 MCR 运行时库
    if( !mclInitializeApplication(NULL,0) )
    {
        AfxMessageBox("不能启动 MATLAB 的 MCR 运行时库!");
    }
    //初始化 RandDataGen 动态链接库
    if (!RandDataGenInitialize())
    {
        AfxMessageBox("不能正确初始化 RandDataGen 动态链接库!");
    }
}

CBexm050503View::~CBexm050503View()
{
    //关闭 RandDataGen 动态链接库
    RandDataGenTerminate();
    //关闭 MATLAB 的 MCR 运行时库
    mclTerminateApplication();
}
```

- 修改 CMainFrame 类和 COutputWnd 类。

在 Bexm050503View 类内实现“异常捕获->捕获 DLL 异常”菜单项的响应函数，其实也可以在 CMainFrame 类内实现，而且代码更加简单，直接在 CMainFrame 类内就可以实现异常信息的显示，无需通过多个类组合的方式实现该功能。本例这样设计是有意的，目的是为了演示如何通过 MFC 提供的函数获得相关类的指针，进而利用该指针调用类的成员函数，从而实现两个 MFC 类的组合应用。

要通过 CMainFrame 类指针来调用该类的成员函数或成员变量，首先要在 Bexm050503View.cpp 文件内包含 MainFrame.h 头文件，代码如下：

```
//作者添加的 CMainFrame 类头文件
#include "MainFrm.h"
```

要把异常信息显示到主框架输出停靠窗口的列表控件内，有两种途径，一是分别在 CMainFrame 类和 COutputWnd 类内声明和实现一个具有公共接口属性的成员函数，例如：

```
void CMainFrame::ShowInfo(CString str)
{
```

```
    m_wndOutput.ShowBuildInfo(str);
}

void COutputWnd::ShowBuildInfo(CString str)
{
    m_wndOutputBuild.AddString(str);
}
```

这样即使在 CMainFrame 类的外部，也可以通过调用 CMainFrame 类的 ShowInfo 成员函数，在输出停靠窗口的列表控件内显示信息。这样处理虽然稍显麻烦，但带来的好处是没有破坏这两个类的封装性。

另一种途径则是直接利用 m_wndOutputBuild 这个列表控件类成员变量，调用它的 AddString 成员函数在该控件内显示异常信息。由于 Visual Studio 2010 集成开发环境自动产生的代码中 CMainFrame 类的 m_wndOutput 类成员变量和 COutputWnd 类的 m_wndOutputBuild 类成员变量都是 protected（受保护类型）类型，这种类型变量只能被声明它的类的相关成员函数调用，而不能在类外部进行调用，因此需要在 MainFrm.h 文件内把 m_wndOutput 类成员变量改成 public（公共类型）类型成员变量，在 OutputWnd.h 文件内把 m_wndOutputBuild 类成员变量改成 public（公共类型）类型成员变量。改动后的相关代码如下：

```
// MainFrm.h
/* 为了演示从 CBexm050503View 类中调用 CMainFrame 类对程序
  框架的相关内容进行更改，特将 protected 改为 public */
public:  // 控件条嵌入成员
        CMFCMenuBar        m_wndMenuBar;
        CMFCToolBar        m_wndToolBar;
        CMFCStatusBar      m_wndStatusBar;
        CMFCToolBarImages  m_UserImages;
        COutputWnd         m_wndOutput;

// OutputWnd.h
/* 为了演示从 CBexm050503View 类中调用 CMainFrame 类对程序
  框架的相关内容进行更改，特将 protected 改为 public */
public:
        CMFCTabCtrl m_wndTabs;
        COutputList m_wndOutputBuild;
        COutputList m_wndOutputDebug;
        COutputList m_wndOutputFind;
```

这样处理很简单，但带来的坏处是破坏了这两个类的封装性。由于本例的重点是讲述如何通过 MFC 提供的函数获得相关类的指针，进而利用该指针调用类的成员函数，从而实现两个 MFC 类的组合应用，因此直接采取了第二种途径，读者应根据实际需要，采用合适的方法。

● 编辑 OnCatchexception 函数。

编辑 Bexm050503View.cpp 文件中的 OnCatchexception 函数，重新编辑后的函数如下：

```
void CBexm050503View::OnCatchexception()
{
    // TODO: 在此添加命令处理程序代码
    /*捕获C语言动态链接库函数运行时产生的异常*/
    //创建输入数据变量
    int DimuNum = 5;
    mxArray * Dim = NULL;
    Dim = mxCreateDoubleScalar(DimuNum);

    //定义输出数据变量
    mxArray * RandMatrix = NULL;

    mxArray * plhs[1];
    mxArray * prhs[1];
    plhs[0]=RandMatrix;
    prhs[0]=Dim;
    //调用RandDataGen动态链接库中的函数
    if (!mlxRandDataGen(1, plhs, 1, prhs))
    {
        CString str;
        str="捕获到mlxRandDataGen函数产生的异常:\n";
        str+=mclGetLastErrorMessage();
        //先把异常信息弹出
        AfxMessageBox(str);

        //然后把异常信息保存到COutputWnd类的列表内
        CMainFrame * pFrame=(CMainFrame *)AfxGetMainWnd();
        int i;
        int ListItemNum;
        ListItemNum = pFrame->m_wndOutput.m_wndOutputBuild.GetCount();
        for (i=0;i < ListItemNum;i++)
        {
            pFrame->m_wndOutput.m_wndOutputBuild.DeleteString(0);
        }
        pFrame->m_wndOutput.m_wndOutputBuild.AddString(str);

        //释放mxArray变量所占空间
        mxDestroyArray(Dim);
    }
```

```
/* 捕获 C++语言动态链接库函数运行时产生的异常 */
//创建输入数据变量
mwArray mwDim(5);

//定义输出数据变量
mwArray mwRandMatrix;

try
{
    RandDataGen(1,mwRandMatrix,mwDim);
}
catch (mwException exp)
{
    CString str;
    str="捕获到 RandDataGen 函数产生的异常:\n";
    str+=exp.what();
    //先把异常信息弹出
    AfxMessageBox(str);

    //然后把异常信息保存到 COutputWnd 类的列表内
    CMainFrame * pFrame=(CMainFrame *)AfxGetMainWnd();
    int i;
    int ListItemNum;
    ListItemNum = pFrame->m_wndOutput.m_wndOutputBuild.GetCount();
    for (i=0;i < ListItemNum;i++)
    {
        pFrame->m_wndOutput.m_wndOutputBuild.DeleteString(0);
    }
    pFrame->m_wndOutput.m_wndOutputBuild.AddString(str);
}
}
```

5）把 MATLAB 图形窗口嵌入到单个文档应用程序框架的视图内

本例通过调用例 10.5-2 编译产生的 CommImageDisplay 动态链接库，产生一个 MATLAB 图形窗口，并将其嵌入到应用程序框架的视图内。

- 调用 CommImageDisplay 动态链接库的初始化和终止函数。

  要调用 CommImageDisplay 动态链接库，首先要在 Bexm050503View.cpp 文件内包含 CommImageDisplay.h 文件，代码如下。

```
//作者添加的 CommImageDisplay 动态链接库的头文件
#include "CommImageDisplay.h"
```

  CommImageDisplay 动态链接库的初始化函数和终止函数的调用与 RandDataGen 动态链接库的应用类似，在 Bexm050503View 类的构造函数内调用初始化函数，而终止函数可以在析构函数内调用，代码参见本例第七部分。

● 编辑 OnEmbedmatlabfigure 函数。

编辑 Bexm050503View.cpp 文件中的 OnEmbedmatlabfigure 函数，编辑后的函数如下。

```
void CBexm050503View::OnEmbedmatlabfigure()
{
    // TODO: 在此添加命令处理程序代码
    /* 创建输入数据变量 DataIn,包含了"DataFileName","StepTime","Data"
    三个域的结构体变量 */
    //创建 1 行 1 列 DataIn 构架阵列变量
    const char * DataFieldName[]={"DataFileName","StepTime","Data"};
    mwArray DataIn (1,1,3,DataFieldName);

    //创建字符型 mwArray 变量,并给 DataIn 的"DataFileName"域赋值
    mwArray StrArray("Test.mat");
    DataIn ("DataFileName",1,1).Set(StrArray);

    //创建数值型 mwArray 变量,并给 DataIn 的"StepTime"域赋值
    mwArray ValueArray(1000);
    DataIn ("StepTime",1,1).Set(ValueArray);

    //创建 1 行 10 列数值型 mwArray 变量,并给 DataIn 的"Data"域赋值
    mwArray MatrixArray (1, 10, mxDOUBLE_CLASS);
    double SetDataBuf[10]={1,2,3,4,5,6,7,8,9,10};
    MatrixArray. SetData(SetDataBuf,10);
    DataIn ("Data",1,1).Set(MatrixArray);

    //调用 CommImageDisplay 动态链接库中的函数
    CommImageDisplay(DataIn);

    //获得 MATLAB 图形窗口的句柄,并将该图形窗口嵌入到视图类中
    ::Sleep(10);
    char wnd_name[]="Figure 1";

    HWND hFig;//窗口句柄对象
    while (1)
    {
        //捕获 MATLAB 图形窗口的句柄
        hFig=::FindWindowA(NULL,wnd_name);
        if (hFig==NULL)
        {
            ::Sleep(10);
        }
```

```
        else
            break;
    }
    //暂时隐藏 MATLAB 图形窗口
    ::ShowWindow(hFig,SW_HIDE);
    //将 MATLAB 图形窗口的父窗口设置为视图类
    ::SetParent(hFig,this->GetSafeHwnd());
    //获得视图类窗口的位置
    CRect ClientRect;
    GetClientRect(&ClientRect);
    //将 MATLAB 图形窗口平铺到视图类所占窗口位置
    ::SetWindowPos(hFig,NULL,0,0,ClientRect.Width(),
        ClientRect.Height(),SWP_NOZORDER|SWP_NOACTIVATE);
    //从新显示 MATLAB 图形窗口
    ::ShowWindow(hFig,SW_SHOW);
}
```

6）程序的编译和链接

- 项目解决方案平台设置。

按例 6.2-5 中第 2)部分介绍的方法，把“活动解决方案平台”选项更改为 x64。

- 项目编译所需外部函数目录设置及链接所需外部类库设置。

为了使项目在编译时，Visual Studio 2010 能找到 MATLAB 定义的相关头文件，以及引入库文件，需要设置与本项目相关的目录属性；为了使项目在链接时能链接到正确的引入库文件，还必须要对项目的依赖库属性进行设置。

有关引擎函数库的头文件和引入库文件的目录设置与例 6.2-5 中第 3)部分的相关论述完全相同，这里不再赘述。

有关项目链接所需的函数库的引入库设置方法与例 6.2-5 中第 3)部分的相关论述相同，在弹出的“附加依赖项”对话框的空白编辑框内输入 mclmcrrt.lib、RandDataGen.lib 和 CommImageDisplay.lib。

- 链接 RandDataGen 和 CommImageDisplay 动态链接库的设置。

把本例第四部分创建的 RandDataGen.h 和 RandDataGen.lib 文件复制到 D:\Mywork\ExampleB\Bexm050503\Bexm050503 这个项目源代码所在的目录；把例 10.5-2 编译生成的 C++类型的动态链接库的 CommImageDisplay.h 和 CommImageDisplay.lib 文件复制到 D:\Mywork\ExampleB\Bexm050503\Bexm050503 这个项目源代码所在的目录。

- 创建 Bexm050503.exe 文件并验证。

用鼠标单击菜单项“生成->生成 Bexm050503(U)”，即可对整个项目进行编译。默认情况下生成的是 Debug 版本，这时会在 D:\Mywork\ExampleB\Bexm050503\x64\Debug 目录生成 Bexm050503.exe 文件，把本例第四部分产生的 RandDataGen.dll 和例 10.5-2 中生成的 CommImageDisplay.dll 复制到该目录。在 Windows 的资源管理器内执行 Bexm050503.exe 文件，并单击菜单“异常捕获->捕获 DLL 异常”和

"MATLAB图形处理->嵌入MATLAB图形窗口"后得到如图10.5-16所示的结果。

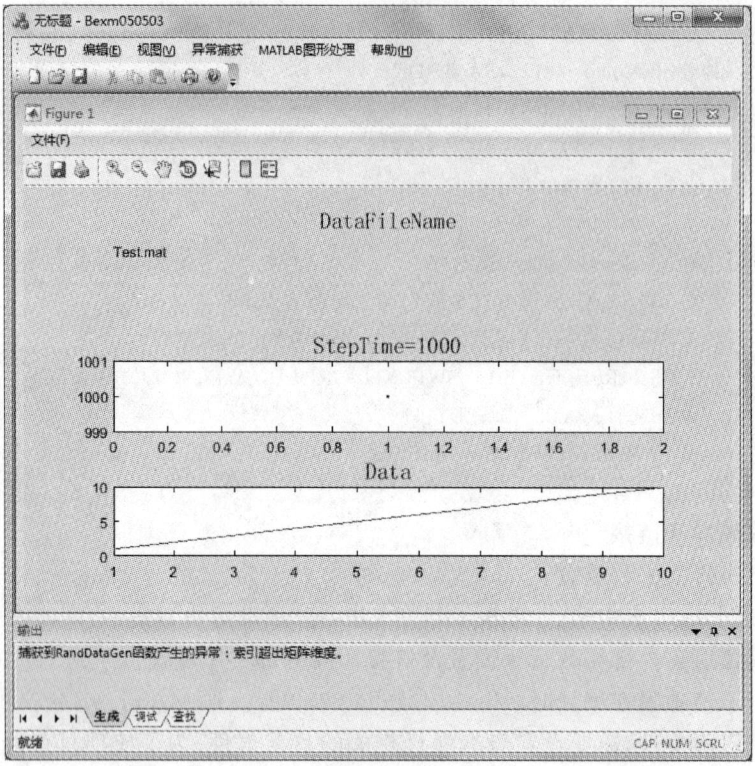

图10.5-16 Bexm050503.exe运行结果

7）程序的所有源代码

为了便于读者阅读、理解和上机操作，这里只列出自定义代码和部分Visual Studio 2010自动生成的代码。

```
// MainFrm.h : CMainFrame 类的接口
//
#pragma once
#include "OutputWnd.h"

class CMainFrame : public CFrameWndEx
{

protected: // 仅从序列化创建
    CMainFrame();
    DECLARE_DYNCREATE(CMainFrame)

// 重写
public:
    virtual BOOL PreCreateWindow(CREATESTRUCT& cs);
```

```
    virtual BOOL LoadFrame(UINT nIDResource,
        DWORD dwDefaultStyle = WS_OVERLAPPEDWINDOW | FWS_ADDTOTITLE,
        CWnd* pParentWnd = NULL, CCreateContext* pContext = NULL);

// 实现
public:
    virtual ~CMainFrame();
#ifdef _DEBUG
    virtual void AssertValid() const;
    virtual void Dump(CDumpContext& dc) const;
#endif

/* 为了演示从 CBexm050503View 类中调用 CMainFrame 类对程序
  框架的相关内容进行更改,特将 protected 改为 public */
public:  // 控件条嵌入成员
    CMFCMenuBar         m_wndMenuBar;
    CMFCToolBar         m_wndToolBar;
    CMFCStatusBar       m_wndStatusBar;
    CMFCToolBarImages   m_UserImages;
    COutputWnd          m_wndOutput;

// 生成的消息映射函数
protected:
    afx_msg int OnCreate(LPCREATESTRUCT lpCreateStruct);
    afx_msg void OnViewCustomize();
    afx_msg LRESULT OnToolbarCreateNew(WPARAM wp, LPARAM lp);
    afx_msg void OnApplicationLook(UINT id);
    afx_msg void OnUpdateApplicationLook(CCmdUI* pCmdUI);
    afx_msg void OnSettingChange(UINT uFlags, LPCTSTR lpszSection);
    DECLARE_MESSAGE_MAP()

    BOOL CreateDockingWindows();
    void SetDockingWindowIcons(BOOL bHiColorIcons);
};
```

// OutputWnd.h : COutputWnd 类的接口

```
//
#pragma once
////////////////////////////////////////////////////////////////////////
// COutputList 窗口

class COutputList : public CListBox
{
```

```
// 构造
public:
    COutputList();

// 实现
public:
    virtual ~COutputList();

protected:
    afx_msg void OnContextMenu(CWnd* pWnd, CPoint point);
    afx_msg void OnEditCopy();
    afx_msg void OnEditClear();
    afx_msg void OnViewOutput();

    DECLARE_MESSAGE_MAP()
};

class COutputWnd : public CDockablePane
{
// 构造
public:
    COutputWnd();

    void UpdateFonts();

// 特性
/*为了演示从CBexm050503View类中调用CMainFrame类对程序
  框架的相关内容进行更改,特将protected改为public*/
public:
    CMFCTabCtrl m_wndTabs;

    COutputList m_wndOutputBuild;
    COutputList m_wndOutputDebug;
    COutputList m_wndOutputFind;

protected:
    void FillBuildWindow();
    void FillDebugWindow();
    void FillFindWindow();

    void AdjustHorzScroll(CListBox& wndListBox);

// 实现
```

```
public:
    virtual ~COutputWnd();

protected:
    afx_msg int OnCreate(LPCREATESTRUCT lpCreateStruct);
    afx_msg void OnSize(UINT nType, int cx, int cy);

    DECLARE_MESSAGE_MAP()
};


// Bexm050503View.h : CBexm050503View 类的接口
//
#pragma once

class CBexm050503View : public CView
{
protected: // 仅从序列化创建
    CBexm050503View();
    DECLARE_DYNCREATE(CBexm050503View)

// 特性
public:
    CBexm050503Doc* GetDocument() const;

// 重写
public:
    virtual void OnDraw(CDC* pDC);  // 重写以绘制该视图
    virtual BOOL PreCreateWindow(CREATESTRUCT& cs);
protected:
    virtual BOOL OnPreparePrinting(CPrintInfo* pInfo);
    virtual void OnBeginPrinting(CDC* pDC, CPrintInfo* pInfo);
    virtual void OnEndPrinting(CDC* pDC, CPrintInfo* pInfo);

// 实现
public:
    virtual ~CBexm050503View();
#ifdef _DEBUG
    virtual void AssertValid() const;
    virtual void Dump(CDumpContext& dc) const;
#endif

// 生成的消息映射函数
```

```
protected:
    afx_msg void OnFilePrintPreview();
    afx_msg void OnRButtonUp(UINT nFlags, CPoint point);
    afx_msg void OnContextMenu(CWnd * pWnd, CPoint point);
    DECLARE_MESSAGE_MAP()
public:
    afx_msg void OnCatchexception();
    afx_msg void OnEmbedmatlabfigure();
};

#ifndef _DEBUG  // Bexm050503View.cpp 中的调试版本
inline CBexm050503Doc * CBexm050503View::GetDocument() const
  { return reinterpret_cast < CBexm050503Doc * >(m_pDocument); }
#endif
```

// Bexm050503View.cpp : CBexm050503View 类的实现

```
//

#include "stdafx.h"
// SHARED_HANDLERS 可以在实现预览、缩略图和搜索筛选器句柄的
// ATL 项目中进行定义,并允许与该项目共享文档代码。
#ifndef SHARED_HANDLERS
#include "Bexm050503.h"
#endif

#include "Bexm050503Doc.h"
#include "Bexm050503View.h"
//作者添加的 CMainFrame 类头文件
#include "MainFrm.h"

//作者添加的 RandDataGen 动态链接库的头文件
#include "RandDataGen.h"

//作者添加的 CommImageDisplay 动态链接库的头文件
#include "CommImageDisplay.h"

#ifdef _DEBUG
#define new DEBUG_NEW
#endif


// CBexm050503View
```

```
IMPLEMENT_DYNCREATE(CBexm050503View, CView)

BEGIN_MESSAGE_MAP(CBexm050503View, CView)
    // 标准打印命令
    ON_COMMAND(ID_FILE_PRINT, &CView::OnFilePrint)
    ON_COMMAND(ID_FILE_PRINT_DIRECT, &CView::OnFilePrint)
    ON_COMMAND(ID_FILE_PRINT_PREVIEW,
        &CBexm050503View::OnFilePrintPreview)
    ON_WM_CONTEXTMENU()
    ON_WM_RBUTTONUP()
    ON_COMMAND(ID_CATCHEXCEPTION, &CBexm050503View::OnCatchexception)
    ON_COMMAND(ID_EMBEDMATLABFIGURE, &CBexm050503View::OnEmbedmatlabfigure)
END_MESSAGE_MAP()

// CBexm050503View 构造/析构

CBexm050503View::CBexm050503View()
{
    // TODO: 在此处添加构造代码
    //初始化 MATLAB 的 MCR 运行时库
    if(!mclInitializeApplication(NULL,0))
    {
        AfxMessageBox("不能启动 MATLAB 的 MCR 运行时库!");
    }
    //初始化 RandDataGen 动态链接库
    if (!RandDataGenInitialize())
    {
        AfxMessageBox("不能正确初始化 RandDataGen 动态链接库!");
    }

    //初始化 CommImageDisplay 动态链接库
    if (!CommImageDisplayInitialize())
    {
        AfxMessageBox("不能正确初始化 CommImageDisplay 动态链接库!");
    }
}

CBexm050503View::~CBexm050503View()
{
    //关闭 RandDataGen 动态链接库
    RandDataGenTerminate();
```

```
    //关闭 CommImageDisplay 动态链接库
    CommImageDisplayTerminate();

    //关闭 MATLAB 的 MCR 运行时库
    mclTerminateApplication();
}

BOOL CBexm050503View::PreCreateWindow(CREATESTRUCT& cs)
{
    // TODO: 在此处通过修改
    //  CREATESTRUCT cs 来修改窗口类或样式

    return CView::PreCreateWindow(cs);
}

// CBexm050503View 绘制

void CBexm050503View::OnDraw(CDC * /* pDC */)
{
    CBexm050503Doc * pDoc = GetDocument();
    ASSERT_VALID(pDoc);
    if (!pDoc)
        return;

    // TODO: 在此处为本机数据添加绘制代码
}

// CBexm050503View  消息处理程序

void CBexm050503View::OnCatchexception()
{
    // TODO: 在此添加命令处理程序代码
    /* 捕获 C 语言动态链接库函数运行时产生的异常 */
    //创建输入数据变量
    int DimuNum = 5;
    mxArray * Dim = NULL;
    Dim = mxCreateDoubleScalar(DimuNum);

    //定义输出数据变量
    mxArray * RandMatrix = NULL;

    mxArray * plhs[1];
    mxArray * prhs[1];
```

```
plhs[0]=RandMatrix;
prhs[0]=Dim;
//调用 RandDataGen 动态链接库中的函数
if (!mlxRandDataGen(1, plhs, 1, prhs))
{
    CString str;
    str="捕获到 mlxRandDataGen 函数产生的异常:\n";
    str+=mclGetLastErrorMessage();
    //先把异常信息弹出
    AfxMessageBox(str);

    //然后把异常信息保存到 COutputWnd 类的列表内
    CMainFrame * pFrame=(CMainFrame *)AfxGetMainWnd();
    int i;
    int ListItemNum;
    ListItemNum = pFrame->m_wndOutput.m_wndOutputBuild.GetCount();
    for (i=0;i < ListItemNum;i++)
    {
        pFrame->m_wndOutput.m_wndOutputBuild.DeleteString(0);
    }
    pFrame->m_wndOutput.m_wndOutputBuild.AddString(str);

    //释放 mxArray 变量所占空间
    mxDestroyArray(Dim);
}

/*捕获 C++语言动态链接库函数运行时产生的异常*/
//创建输入数据变量
mwArray mwDim(5);

//定义输出数据变量
mwArray mwRandMatrix;

try
{
    RandDataGen(1,mwRandMatrix,mwDim);
}
catch (mwException exp)
{
    CString str;
    str="捕获到 RandDataGen 函数产生的异常:\n";
    str+=exp.what();
    //先把异常信息弹出
```

```
        AfxMessageBox(str);

        //然后把异常信息保存到COutputWnd类的列表内
        CMainFrame * pFrame=(CMainFrame *)AfxGetMainWnd();
        int i;
        int ListItemNum;
        ListItemNum = pFrame->m_wndOutput.m_wndOutputBuild.GetCount();
        for (i=0;i < ListItemNum;i++)
        {
            pFrame->m_wndOutput.m_wndOutputBuild.DeleteString(0);
        }
        pFrame->m_wndOutput.m_wndOutputBuild.AddString(str);
    }
}

void CBexm050503View::OnEmbedmatlabfigure()
{
    // TODO:在此添加命令处理程序代码
    /*创建输入数据变量DataIn,包含了"DataFileName","StepTime","Data"
    三个域的结构体变量*/
    //创建1行1列DataIn构架阵列变量
    const char * DataFieldName[]={"DataFileName","StepTime","Data"};
    mwArray DataIn (1,1,3,DataFieldName);

    //创建字符型mwArray变量,并给DataIn的"DataFileName"域赋值
    mwArray StrArray("Test.mat");
    DataIn ("DataFileName",1,1).Set(StrArray);

    //创建数值型mwArray变量,并给DataIn的"StepTime"域赋值
    mwArray ValueArray(1000);
    DataIn ("StepTime",1,1).Set(ValueArray);

    //创建1行10列数值型mwArray变量,并给DataIn的"Data"域赋值
    mwArray MatrixArray (1, 10, mxDOUBLE_CLASS);
    double SetDataBuf[10]={1,2,3,4,5,6,7,8,9,10};
    MatrixArray. SetData(SetDataBuf,10);
    DataIn ("Data",1,1).Set(MatrixArray);

    //调用CommImageDisplay动态链接库中的函数
    CommImageDisplay(DataIn);

    //获得MATLAB图形窗口的句柄,并将该图形窗口嵌入到视图类中
    ::Sleep(10);
```

```
    char wnd_name[]="Figure 1";

    HWND hFig;//窗口句柄对象
    while (1)
    {
        //捕获 MATLAB 图形窗口的句柄
        hFig=::FindWindowA(NULL,wnd_name);
        if (hFig==NULL)
        {
            ::Sleep(10);
        }
        else
            break;
    }
    //暂时隐藏 MATLAB 图形窗口
    ::ShowWindow(hFig,SW_HIDE);
    //将 MATLAB 图形窗口的父窗口设置为视图类
    ::SetParent(hFig,this->GetSafeHwnd());
    //获得视图类窗口的位置
    CRect ClientRect;
    GetClientRect(&ClientRect);
    //将 MATLAB 图形窗口平铺到视图类所占窗口位置
    ::SetWindowPos(hFig,NULL,0,0,ClientRect.Width(),
        ClientRect.Height(),SWP_NOZORDER|SWP_NOACTIVATE);
    //从新显示 MATLAB 图形窗口
    ::ShowWindow(hFig,SW_SHOW);
}
```

说明

- Visual Studio 2010 集成开发环境的新建项目向导功能很强大，定义了多种复杂程序框架，并可以按照用户的定义自动产生程序框架的源代码，用户只需要在该程序框架的基础上简单的进行修改，并添加自己开发的部分功能，就可以快速的完成程序开发任务。本例采用的是单个文档应用程序框架，向导提供了多种停靠窗口栏供用户选择，根据需要，本例只选择了输出窗口停靠栏。对于每个停靠栏，Visual Studio 2010 集成开发环境的新建项目向导都有标准定义，并能自动产生该停靠栏和该停靠栏的主要功能代码，例如：本例中的输出停靠栏 COutputWnd 类，为了让用户方便调用该类来实现程序信息输出，该类定义了 FillBuildWindow()、FillDebugWindow()和 FillFindWindow()三个函数给三个输出页填写输出信息，用户只需要对这三个函数进行简单修改（如给函数增加输出信息的参数）就可以方便其他类进行调用。通过对新建项目向导自动产生的程序代码进行学习，可以更好的理解程序框架结构，提高开发效率。
- 类似本例开发的单个文档应用程序框架，内部各个类互相交织，初学者往往难以理解。

通过本节介绍的单个文档应用程序四个最基本类的关系图，以及本例设计开发的 Bexm050503 程序的六个类之间的关系图，读者对单个文档应用程序框架有了初步的了解，如果需要详细了解各个类，以及各个基本类的内在关联，可以通过调试运行程序的方式进行观察。例如可以在 Visual Studio 2010 集成开发环境内打开 winmain.cpp 文件(该文件位于 vsroot\Microsoft Visual Studio 10.0\VC\atlmfc\src\mfc 目录下，其中 vsroot 是 Visual Studio 2010 的安装目录，在作者的计算机上是 D:\Program Files (x86))，在 AfxWinMain 函数的起始处设置断点，然后在 Bexm050503 工程的每个类的构造函数和析构函数起始处设置断点，最后通过程序调试运行的模式观察这些类的运行次序和包含关系。只有充分理解了这些类的关系，才能充分利用这些类的不同分工，把它们有序的组织起来，进而实现程序的开发。

- 在调用 MATLAB 编译器编译产生的动态链接库时，如果不在编码时考虑调用导出函数时可能发生的异常，则当异常发生时会导致整个程序的崩溃。为了防止这种现象的发生，可以按本例提供的方式，在调用 C 语言动态链接库导出函数语句之后，调用 mclGetLastErrorMessage 函数，对可能的异常进行处理；用 mwException 类处理调用 C++语言动态链接库导出函数可能产生的异常。本例只是介绍了 mclGetLastErrorMessage 函数和 mwException 类的具体用法，更加详细的语法可以参考 MATLAB 帮助文档。
- 本例在处理 MATLAB 图形窗口时，用到了 HWND 窗口句柄对象、FindWindowA、ShowWindow、SetParent、SetWindowPos 等函数，程序中给出了详细的使用说明注释，读者可以参考本例的使用方法，更加详细的语法可以参考 Visual Studio 2010 的帮助文档。
- 类构造函数的运行次序可以理解为，首先按照类头文件中定义的成员变量的顺序，给这些变量分配空间，然后顺序执行构造函数内代码，如果成员变量是类变量，则调用该类的默认构造函数进行该类的空间分配。类的析构函数则按照相反的次序，首先执行析构函数内代码，然后按照构造函数给成员变量分配空间相反的次序给各个成员变量释放空间。
- 面向对象编程，最主要的任务就是类的开发与类的使用，类的开发与具体的专业和任务密切相关，不在本书的讨论范围。有关类的使用，有单个类的简单使用和多个类的组合使用，本书第 1 章中的很多例子都介绍了单个类的使用方法，这里不再赘述。多个类的组合使用方法，在本书第 4 章和第 5 章以及本节都有介绍，归纳起来普通类的组合方式可以通过继承、类包含(一个类中声明另一个类为属性变量)、事件这三种基本方法，而 Visual Studio 2010 提供的 MFC 类则还可以通过自定义消息和类指针的应用来实现类的组合应用。读者可以根据具体的任务，采取最有效和最简便的类组合方式，快速地完成项目开发。

附　录

附录 A

基础准备与入门

本附录包含两节。“A.1　MATLAB 的配置及入门”为不熟悉 MATLAB 的 C/C++从业人员所设。“A.2　Visual Studio 集成开发环境入门”为初学者快速掌握 C/C++的基本应用而设。

A.1 节介绍 MATLAB 软件安装与基本应用，为本书 A 篇示例的实践提供软件环境。A.1.1 节介绍 MATLAB 的正确安装方法和启动 MATLAB 工作界面的布局和组件。A.1.2 节特别强调如何在 Windows 系统路径内设置 MATLAB 的相关目录，以使本书 B 篇示例能正确在用户本机上试验。A.1.3 节以示例形式介绍 MATLAB 命令窗、当前文件夹窗、历史命令窗、M 文件编辑器等重要界面的操作和使用。

A.2 节主要讲述 Visual Studio 2010 的安装启动与基本应用，为本书涉及 C/C++的所有例子的实践提供软件环境。A.2.1 节介绍 Visual Studio 2010 的正确安装方法和集成开发环境的启动，集成开发环境窗口布局及分工。A.2.2 节借助简单示例，介绍集成开发环境新建工程、编辑项目源代码和资源文件、编译和链接项目生成应用程序的过程和方法。

A.1　MATLAB 的配置及入门

A.1.1　MATLAB 的安装与启动

MATLAB 只有在适当的外部环境中才能正常运行。因此，恰当地配置外部系统是保证 MATLAB 运行良好的先决条件。MATLAB 本身可适应于许多机种和系统，如 PC 机和 Unix 工作站等。但本书只针对我国使用最广的 PC 机予以介绍，且要求其安装的是 64 位的 Windows 操作系统。

对 PC 机用户来说，常常需要自己安装 MATLAB。MATLAB R2017b（即 MATLAB 9.3）版要求 Windows 7 及更高版本的 Windows 等平台。下面介绍从光盘上将 MATLAB 软件安装到 64 位的 Windows 7 操作系统的方法。

一般说来，当 MATLAB 光盘插入光驱后，会自启动“安装向导”，该向导会引导用户安装 64 位的 MATLAB 软件。假如自启动没有实现，那么可以在“我的电脑”或“资源管理器”双击光盘中的 setup.exe 应用程序，使“安装向导”启动。安装过程中出现的所有界面都是标准的，用户只要按照屏幕提示操作，如输入用户名、单位名、口令等即可。

在安装 MATLAB R2017b 时，会出现一个界面，该界面上有两个选项：Typical 和 Custom。由于近年电脑的硬盘容量很大，所以一般用户为方便计，直接点选 Typical 即可。

安装完成后，一般会产生两个目录：

- MATLAB 软件所在的目录：

  ◇ 该目录位置及目录名，都是用户在安装过程中指定的。如 D:\Program Files\

MATLAB\R2017b。为了叙述方便，本书将该安装目录统一用 matlabroot 进行表述。

◇ 该目录包含 MATLAB 运作所需的所有文件，如启动文件、各种工具包等。

● MATLAB 自动生成的供用户使用的工作子目录：

◇ 该子目录是由安装 MATLAB 时自动生成的。用户在 MATLAB 命令窗中，运行 pathtool 命令后，所显示的 MATLAB 完整搜索路径列表的最上方就是该工作目录的全路径名。如在本书作者的 windows 7 平台上，所生成的工作子目录的全路径是 C:\Users\LingYun\Documents\MATLAB。（注意：该路径名的细节随平台、用户电脑的登记名不同而不同。）

◇ 该工作子目录的名称是 MATLAB。它一方面可以存放用户操作 MATLAB 所产生的 M、MAT、SXL 等文件；另一方面，该子目录上的文件，又都可以被在 MATLAB 环境中运行的命令所调用。

安装完成后，在本机上启动 MATLAB 有如下两种方法。

(1) 方法一

当 MATLAB 安装到硬盘上以后，一般会在 Windows 桌面上或 Windows 开始菜单内自动生成 MATLAB 程序图标。在这种情况下，只要直接单击那图标即可启动 MATLAB，打开如图 A.1-1 的 MATLAB 操作桌面(Desktop)。注意：本书作者建议用户优先采用启动“方法一”。

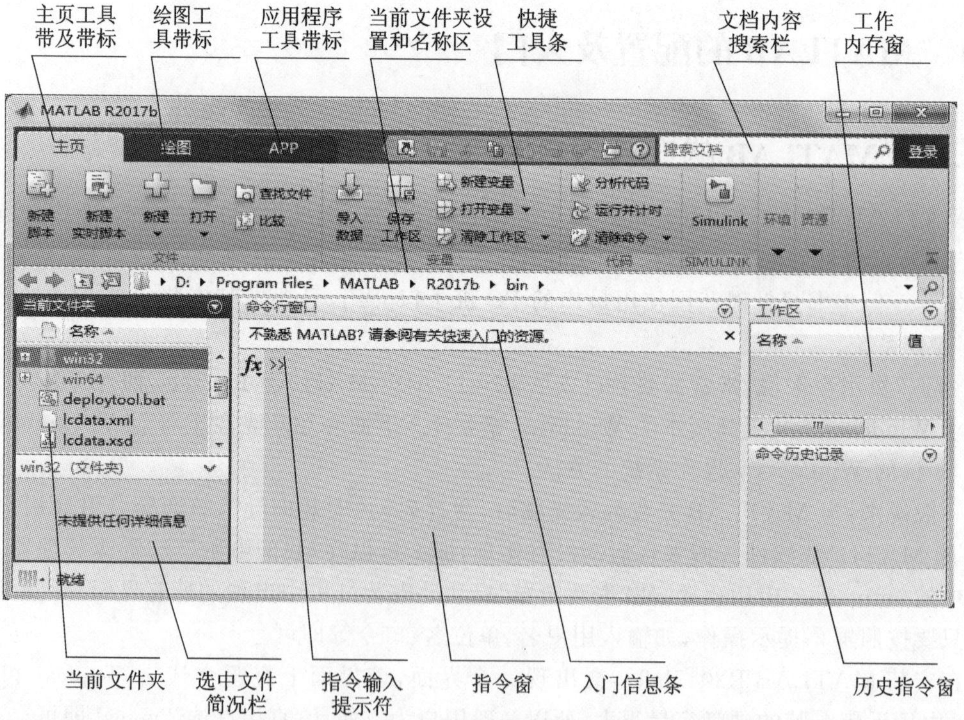

图 A.1-1　Desktop 操作桌面

(2) 方法二

假如 Windows 桌面上没有 MATLAB 图标，那么直接单击 matlabroot\bin 目录下的 matlab. exe，即可启动 MATLAB，其中 matlabroot 为 MATLAB 的安装目录，如 D:\Program Files\MATLAB\R2017b。当然，为今后操作方便，也可以利用 matlab. exe 在 Windows 桌面上生成一个快捷操作图标 MATLAB。

MATLAB R2017b 版 Desktop 操作桌面是一个高度集成的 MATLAB 工作界面，其默认形式如图 A.1-1 所示。整个桌面是沿袭最新 Windows 风格布局的。

该桌面最上方是由体现 MATLAB 功能的工具图标分类组合而成的通栏工具带：主页、绘图、应用程序。

Desktop 桌面中下部分包含四个体现 MATLAB 特征的功能窗口：Command Window 命令窗、Command Current Folder 当前文件夹浏览器、Workspace 工作内存空间浏览器、命令历史记录窗。其中命令窗是最基本、最重要、历史最悠久的窗口，它坐拥 Desktop 桌面中央。

此外，在桌面右顶部有包含帮助浏览器开启按键在内的快捷工具条；在工具带和功能窗口区之间的当前文件夹设置操作区。

值得注意的是，各功能窗与工具带上各种工具菜单的交互使用，可便捷地完成许多功能。

A.1.2 为 MATLAB 配置 Windows 搜索路径

MATLAB 安装完毕后，会在 Windows 操作系统的系统变量 Path 内添加相关的 MATLAB 目录，如 matlabroot\bin 目录，其中 matlabroot 为 MATLAB 的安装目录。该目录主要包含了若干可在 Windows 环境内直接运行的程序命令，如 mcc 命令等。这样，当用户在 Windows 环境内直接运行这些程序时就不会发生找不到可执行文件的错误，因为 Windows 操作系统会在系统变量 Path 代表的系统路径内查找这些程序。

除了安装 MATLAB 时，在 Path 路径上自动添加的 MATLAB 目录外，读者也可能需要在 Windows 系统变量 Path 内添加其他的 MATLAB 目录。例如：本书 B 篇第 8、9、10 章的大部分例题，都需要调用 MATLAB 外部函数库的 C/C++应用程序，读者如需正确实践这些例题，就需要把 matlabroot\bin\win64 目录添加到 Windows 操作系统的系统变量 Path 内。具体的添加步骤如下：

- 先打开"控制面板"，引出包含"系统和安全"图标的界面；再单击"系统和安全"图标，引出包含"系统"图标的窗口；再单击"系统"图标，引出如图 A.1-2 所示的系统设置界面。
- 在图 A.1-2 所示的系统属性设置界面上，单击左侧任务栏内的"高级系统设置"项，弹出如图 A.1-3 所示的系统属性设置对话框。
- 在图 A.1-3 所示的系统属性设置对话框内，选择"高级"页，然后单击该页最下方的"环境变量(N)…"项，弹出如图 A.1-4 所示的系统环境变量对话框。
- 在图 A.1-4 所示的 Windows 系统环境变量对话框内，选择"系统变量"框内的 Path 变量，然后单击"编辑(I)…"按钮，或直接双击"系统变量"框内的 Path 变量，弹出如图 A.1-5 所示的"编辑系统变量"对话框。在该对话框的"变量值(V)"编辑框内，可以添加一个或多个目录，各个目录之间用英文分号";"分隔，这里添加 D:\Program Files

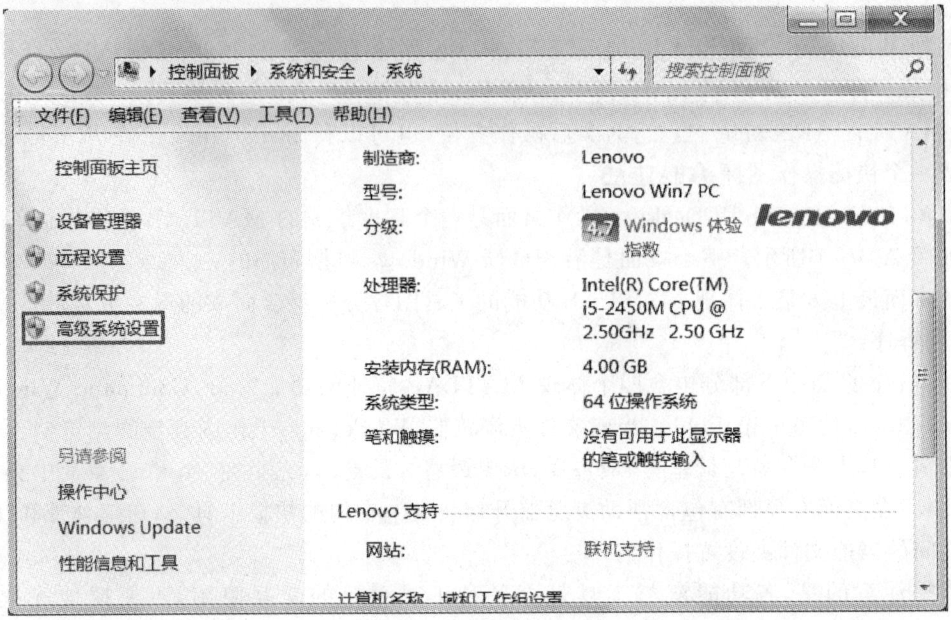

图 A.1-2 系统设置界面

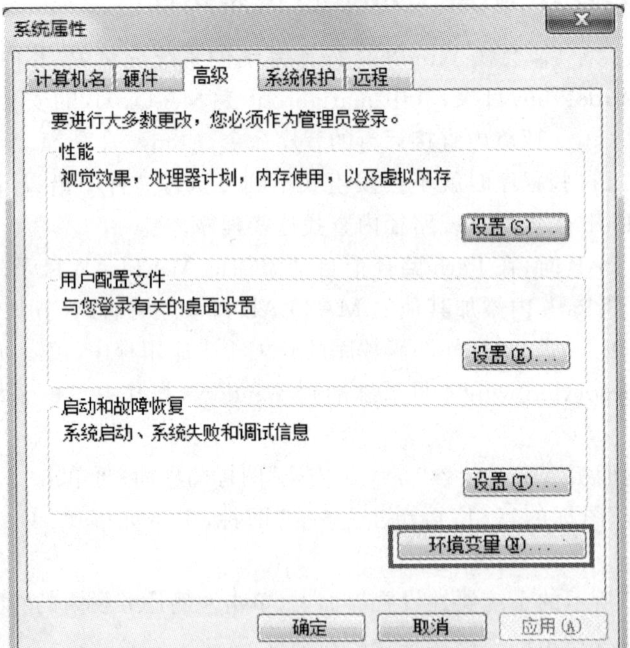

图 A.1-3 系统属性设置对话框

\MATLAB\R2017b\bin\win64 目录，其中 D:\Program Files\MATLAB\R2017b 是作者机器上的 MATLAB 安装目录，读者按自己机器上的 MATLAB 安装目录进行设置。

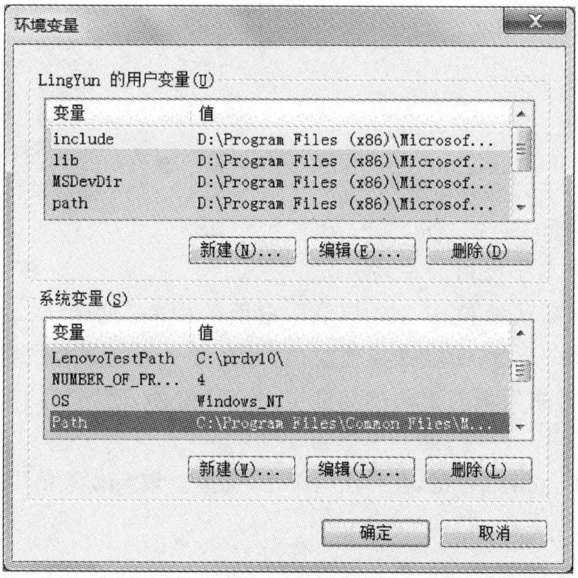

图 A.1-4　系统环境变量对话框

图 A.1-5　编辑系统变量对话框

A.1.3　MATLAB 基本使用方法

MATLAB 的使用方法和界面有多种形式，但最基本的，也是入门时首先要掌握的是 MATLAB 命令窗、编辑器的基本表现形态和操作方式。通过本节的文字解释，相信读者将对 MATLAB 基本使用方法有一个良好的初始感受。

例【A.1-1】　本例通过 MATLAB 内置的随机数生成函数，产生一组随机数，并通过图像的方式展现该随机数。通过本例，从感性上认识：MATLAB 命令窗口的基本应用；MATLAB 桌面上各个窗口的布局；MATLAB 编辑器的基本应用。

1）在 MATLAB 命令窗口内运行命令

● 用键盘在 MATLAB 命令窗中输入以下内容

```
>> S = rng, X = randn(1,5)
```

● 在上述表达式输入完成后，按【Enter】键，该命令被执行，并显示如下结果。

```
S =

包含以下字段的 struct:
```

```
    Type: 'twister'
    Seed: 0
   State: [625x1 uint32]


X =


  -1.3077   -0.4336    0.3426    3.5784    2.7694
```

2) MATLAB桌面各个窗口的布局

MATLAB命令窗默认地位于MATLAB桌面的中间(见图A.1-1)。假如用户希望MATLAB桌面只保留命令窗,而隐藏其他窗口,那么可采用以下操作步骤:

- 单击MATLAB桌面最右上角的功能卡最小化键,使展开功能卡中的所有图标全部隐藏。
- 再单击命令窗右上角的键,在弹出菜单中,选择 最大化 菜单项,就可获得如图A.1-6所示的界面。

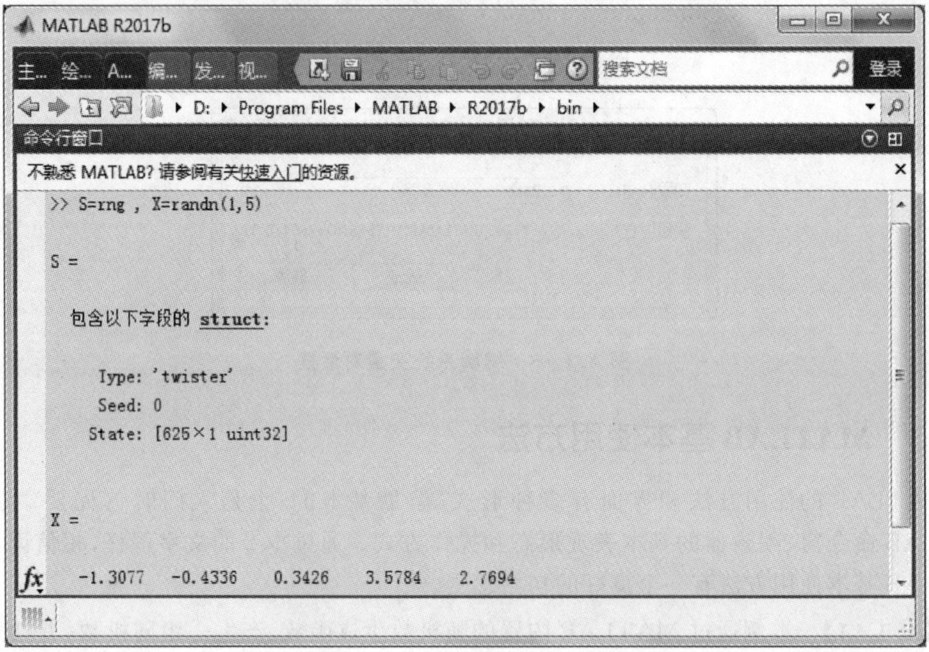

图A.1-6 最大化之后的命令窗

默认情况下MATLAB的各个窗口,如命令窗口、工作内存窗口、历史命令窗口等窗口都是停靠(Dock)在MATLAB操作界面内(见图A.1-1)。假如用户希望这些窗口可以独立于MATLAB操作界面,那么可以单击命令窗右上角的键,在弹出菜单中,选择 取消停靠 菜单项,或者当命令窗口为当前窗口时按快捷键Ctrl+Shift+U,就可获得如图A.1-7所示的界面。

假如用户希望把独立的命令窗口又重新恢复停靠于MATLAB操作界面,那么可以单击独立命令窗右上角的键,在弹出菜单中,选择 停靠 菜单项,或者当独立命令窗口为当前窗口时按快捷键Ctrl+Shift+D,即可使命令窗口恢复到如图A.1-1所示的界面。其他的

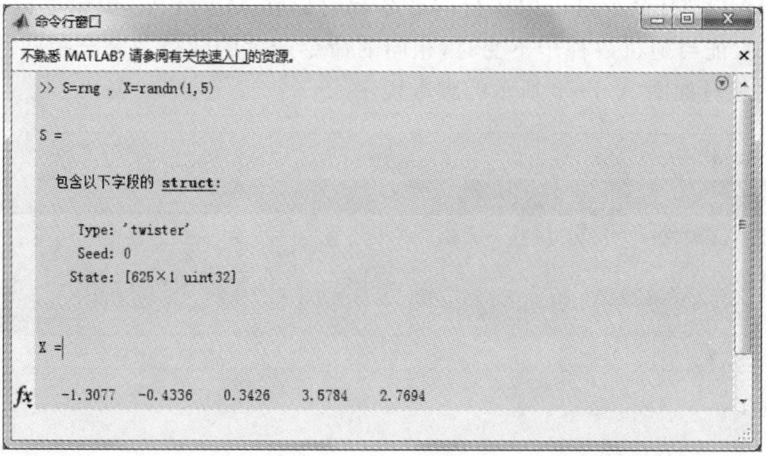

图 A.1-7 几何独立的命令窗

MATLAB操作界面上的窗口,如工作内存窗口、历史命令窗口等,都可以按上述方法进行解停靠与停靠等操作,这里不再赘述。

3) MATLAB编辑器的基本应用

除极简单的问题外,大多数实际问题不可能仅仅依靠MATLAB命令窗口中的一条条零碎的命令解决,而需要编程。MATLAB程序编辑器有如下三种开启方法:

- 单击如图A.1-1所示MATLAB操作界面工具条上的"新建"按钮,在弹出菜单中,选择"脚本"菜单项。
- 在MATLAB命令窗口内键入edit命令,并按Enter键,使该命令被执行。
- 按快捷键Ctrl+N。

以上三种方法都能调出如图A.1-8所示的MATLAB编辑器窗口。

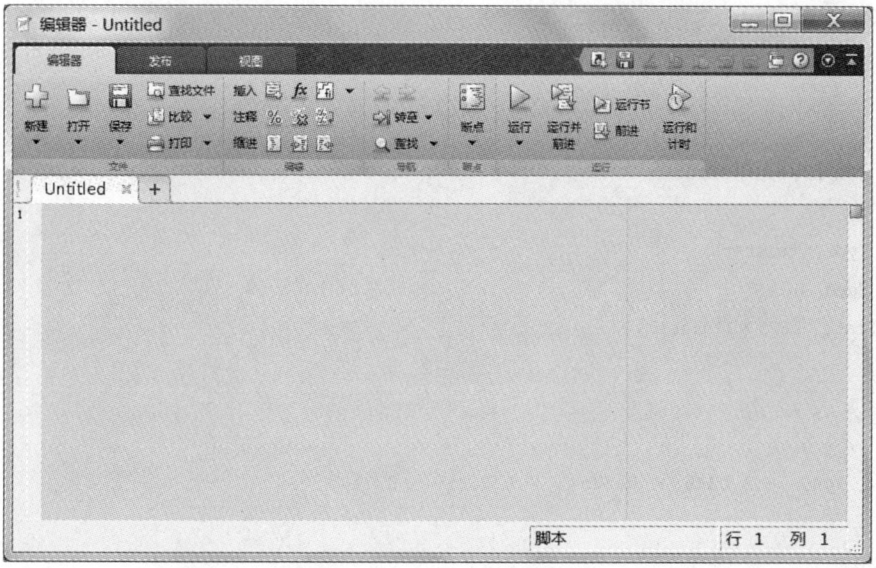

图 A.1-8 几何独立的编辑器窗

所有在MATLAB命令窗口内运行的命令都可以在MATLAB编辑器内进行编辑并运行，例如：需要验证当随机数种子不变时，相同的命令产生的随机数完全相同，可以在MATLAB编辑器内编写如图A.1-9所示的脚本程序。

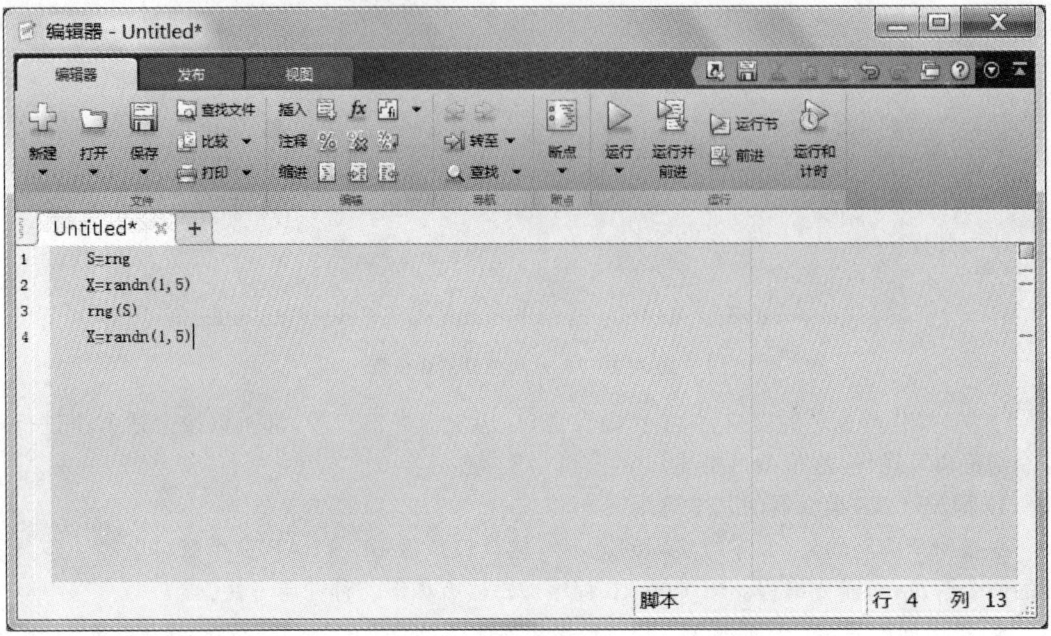

图A.1-9 在MATLAB编辑器内编写程序

单击如图A.1-9所示MATLAB编辑器工具条上的"运行"按钮，由于刚才编写的程序没有保存，MATLAB编辑器先弹出标准的文件保存对话框，在填写文件名(如Cexm0101.m)并保存之后，MATLAB将运行该脚本程序，运行结果如下：

```
Cexm0101

S =

  包含以下字段的 struct:

     Type: 'twister'
     Seed: 0
    State: [625×1 uint32]

X =

   -1.3499    3.0349    0.7254   -0.0631    0.7147

X =

   -1.3499    3.0349    0.7254   -0.0631    0.7147
```

说明

- 有关 MATLAB 软件的详细使用说明请参考 MATLAB 自带的相关帮助文件或《精通 MATLAB R2011a》一书中的相关章节。
- 编辑器窗口也可以像命令窗口一样停靠到 MATLAB 操作界面上，操作方法与命令窗口所述方法相同，停靠后的编辑器界面如图 A.1-10 所示。

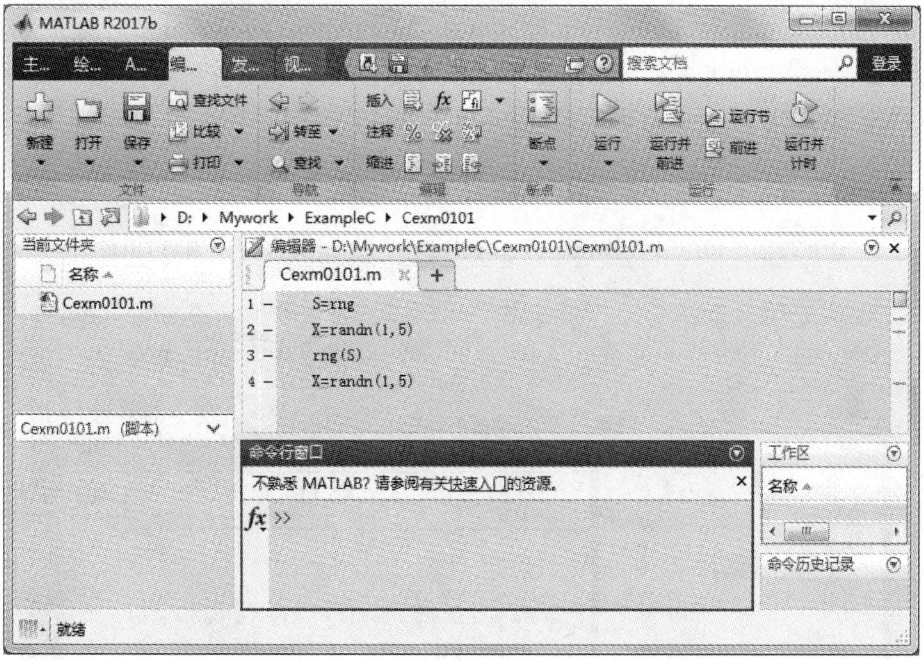

图 A.1-10 编辑器停靠后的 MATLAB 操作界面

A.2 Visual Studio 集成开发环境入门

A.2.1 Visual Studio 2010 的安装与启动

(1) Visual Studio 2010 的安装及启动

Visual Studio 2010 与 MATLAB 的安装程序都是标准的 Windows 安装程序，启动安装程序之后，都会出现"安装向导"。用户只要按照屏幕提示操作就行。当出现"选项"页需要用户对安装内容进行选择时，该界面上有两个选项："完全"和"自定义"，为方便起见，直接单击"完全"即可。安装目录默认为 C:\Program Files\Microsoft Visual Studio 10.0，用户也可以自行选择。

安装完成后，在本机上启动 Visual Studio 2010 集成开发环境有如下两种方法：

- 启动方法一：当 Visual Studio 2010 安装到硬盘上以后，一般会在 Windows 开始菜单内自动生成 Microsoft Visual Studio 2010 目录。在这种情况下，只要单击桌面的"开始"菜单，接着单击 Microsoft Visual Studio 2010 目录，然后单击 Microsoft Visual Studio 2010 菜单项。Visual Studio 2010 安装完成后首次启动运行时，会出现提供给用户选择指定的开发环境类型的对话框界面，由于本书论述的是 MATLAB 面向对象编程和 C/C++编程，所以在该对话框界面中选取“Visual C++开发设置”选项，以便在以后的开发过程中直接进入 Visual C++开发环境。

- 启动方法二：直接到 Visual Studio 2010 的安装目录下的 Common7\IDE 目录，双击 devenv. exe，即可启动 Visual Studio 2010 集成开发环境。当然，为今后操作方便，也可以利用 devenv. exe 在 Windows 桌面上生成一个快捷操作图标。

Visual Studio 2010 集成开发环境是一个标准的 Windows 程序，包含菜单栏、工具栏、状态栏，以及各种操作面板，如解决方案管理面板、文件编辑器、各种信息的输出面板等，打开 Visual Studio 2010 集成开发环境并加载某个项目后的界面如图 A. 2-1 所示。

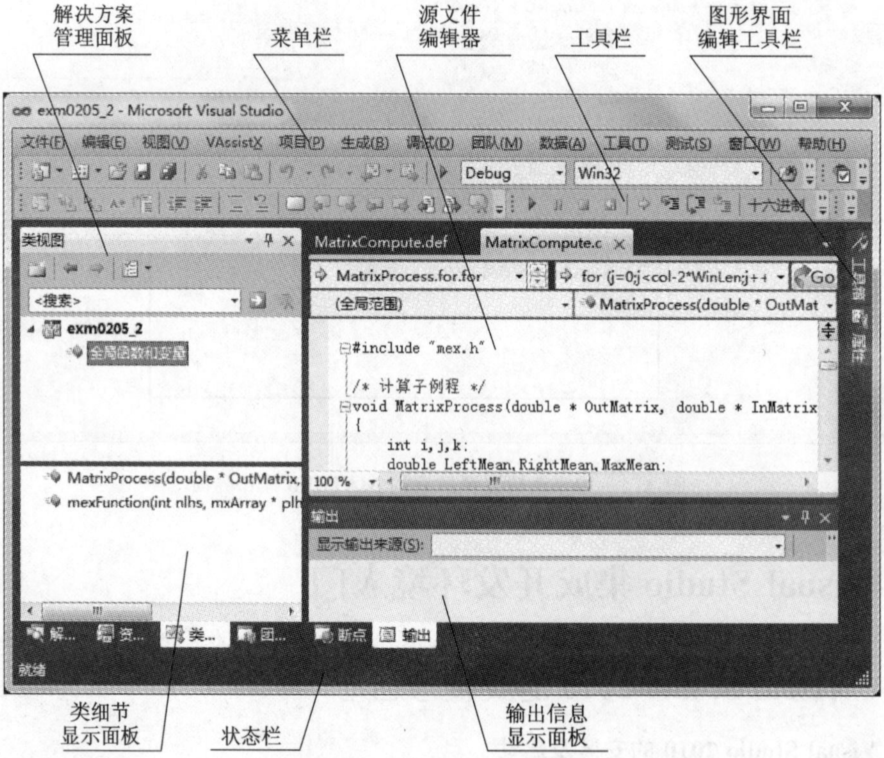

图 A. 2-1 集成开发环境界面

(2) 默认开发环境的设置

如果先前曾使用了其他的开发环境，如 Visual C#、Visual Basic 等，而现在需要从其他开发环境中重新切换到 Visual C++开发环境，并将其作为当前默认的开发环境，可从 Visual Studio 2010 集成开发环境内选择“工具”菜单，单击“导入和导出设置”菜单项命令，屏幕上将出现“导入导出设置向导”对话框，选择“重置所有设置(R)”项，然后单击“下一步(N)”，再次单击“下一步(N)”，来到该向导的“选择一个默认设置集合”页，如图 A. 2-2 所示，在该页上选择“Visual C++开发设置”后单击“完成(E)”，即可完成默认开发环境的重新设置。

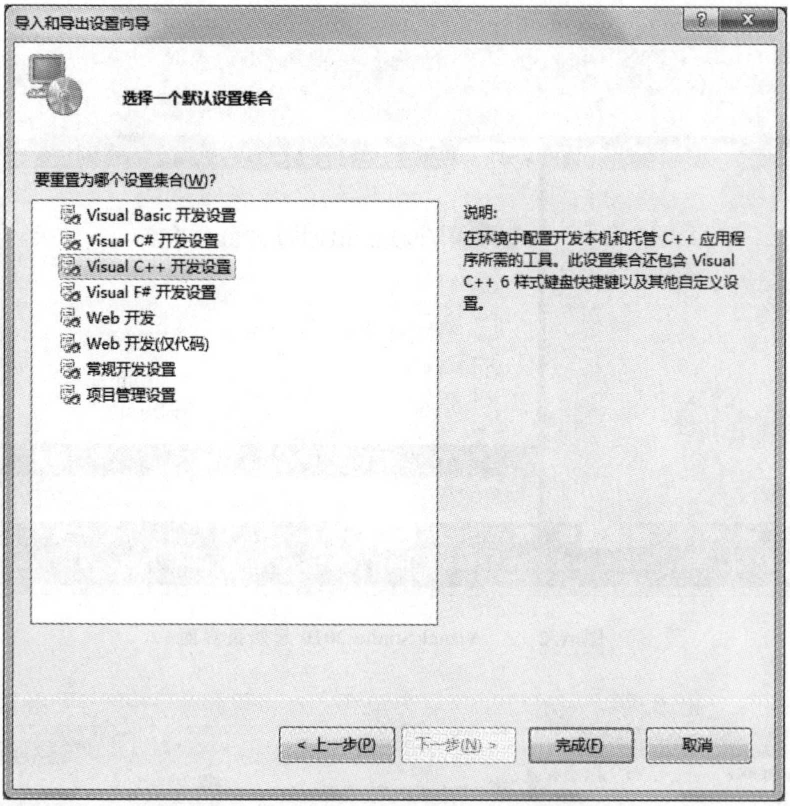

图 A.2－2　导入导出设置向导界面

A.2.2　Visual Studio 环境的基本使用方法

本节通过示例简单介绍：如何利用 Visual Studio 2010 集成开发环境创建一个项目，如何对项目内的源文件和资源文件进行编辑，以及项目的编译、链接与运行。

例【A.2－1】　本例使用 Visual Studio 2010 集成开发环境的新建项目向导，创建标准的 Hello World 单文档应用程序。通过本例，从感性上认识：Visual Studio 2010 集成开发环境新建项目向导的基本应用；Visual Studio 2010 集成开发环境启动界面与打开项目后的界面在菜单栏上的区别；源文件编辑器的应用；资源文件编辑器的应用；项目的编译、链接与运行；项目在 Windows 系统内的存放目录结构。

1）新建项目向导使用的基本步骤

- 按 A.2.1 节介绍的方法启动 Visual Studio 2010 集成开发环境，引出如图 A.2－3 所示 Microsoft Visual Studio 2010 的“起始页”界面。
- 在该“起始页”上单击“新建项目”项，或鼠标单击菜单项“文件”>“新建”>“项目”，引出“新建项目”对话框，如图 A.2－4 所示。
- 在“新建项目”对话框中，单击“MFC 应用程序”，然后在对话框下方的“名称”栏中填入 Cexm0201，在“解决方案名称”栏中会自动填写上默认的名称，该默认名称与“名称”栏内的内容一致；在对话框下方的“位置”栏中填入该项目要保存的位置，该示例项目填

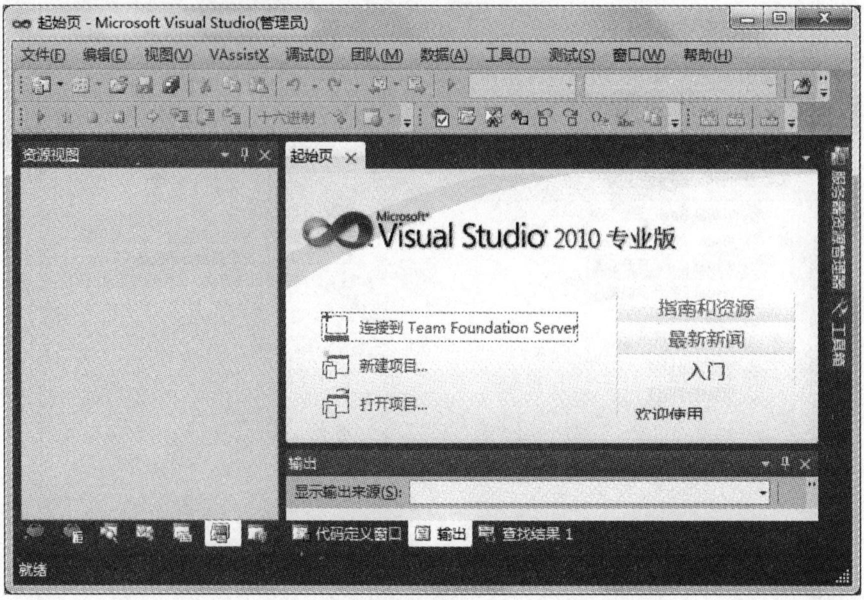

图 A.2-3　Visual Studio 2010 起始页界面

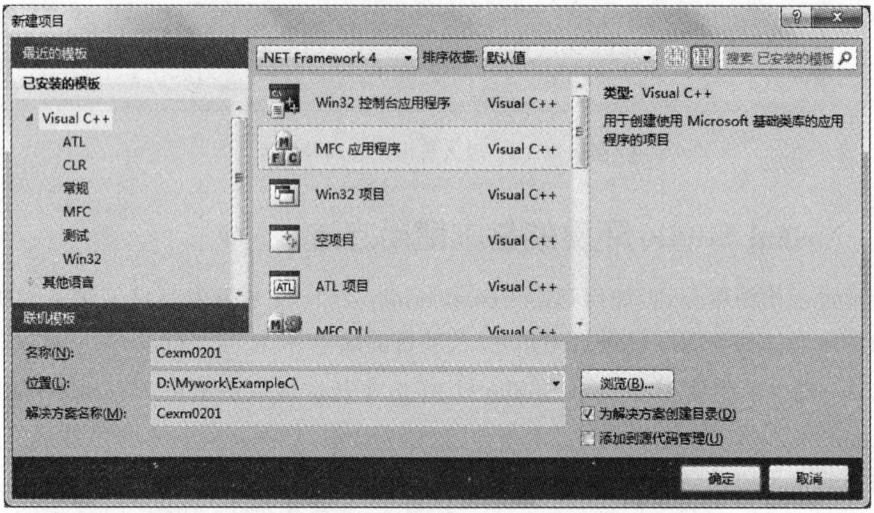

图 A.2-4　新建项目界面

写的内容是 D:\Mywork\ExampleC;鼠标单击“确定”按钮,在引出的“MFC 应用程序向导”对话框中,单击“下一步”按钮,或单击该向导左侧的“应用程序类型”,弹出如图 A.2-5 所示的界面。

- 在“应用程序类型”页,选择“单个文档”应用程序类型,并清除“使用 Unicode 库”选择框的勾选,全部接受向导中的其余默认设置,然后单击“完成”按钮,就可实现 Cexm0201 项目的创建。

顺便指出:“MFC 应用程序向导”对话框左侧任务栏中列出了新建项目所有可以进行预先设置的选项,感兴趣的读者可以打开各个选项进行相关设置。

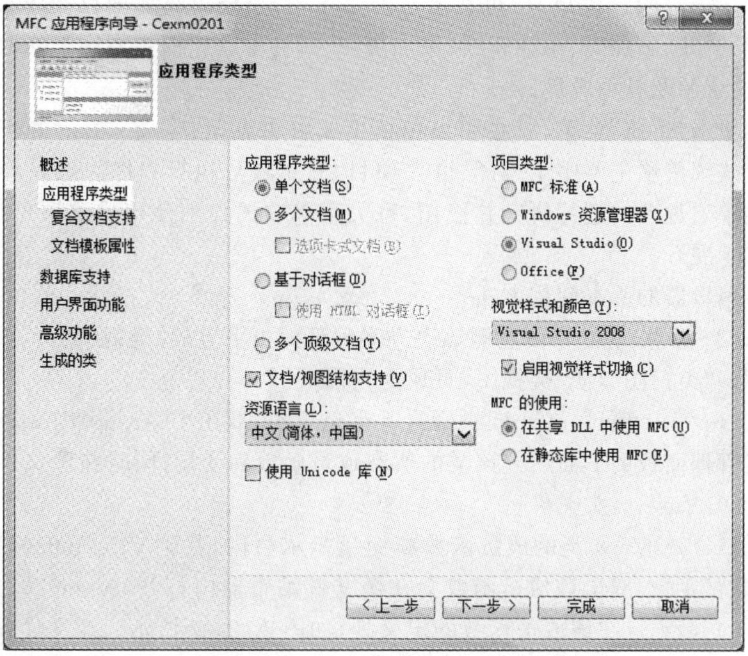

图 A.2-5　MFC 应用程序向导界面

2）菜单栏的变化

新建项目完成之后，Visual Studio 2010 集成开发环境的界面就由图 A.2-3 所示的起始界面转变成图 A.2-6 所示界面。后者与前者不同之处在于：图 A.2-6 所示界面的菜单条中，新增了“项目”和“生成”两个菜单。

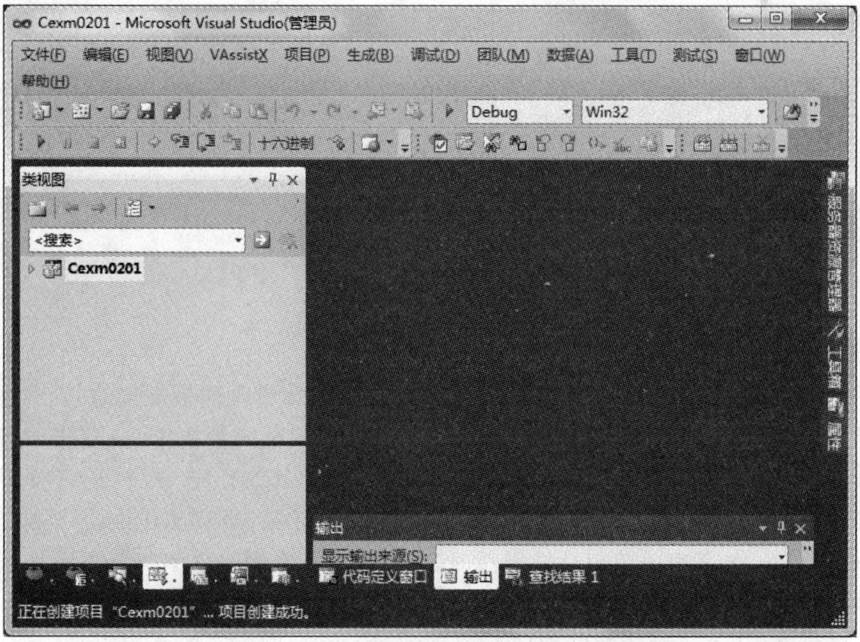

图 A.2-6　新建项目后菜单栏变化

- 用鼠标单击"项目"菜单，便可在展开的菜单中，呈现出与那项目操作有关的若干菜单项，如类向导、添加类、添加新项、添加资源、属性等。它们主要用于修改项目所包含的各种类、资源及各种属性。
- 用鼠标单击"生成"菜单，就会引出包括生成解决方案、生成 Cexm0201 等在内的菜单项。这些菜单项主要用于编译、链接项目，并生成可执行程序。感兴趣的读者可以对这些菜单项逐条的进行研究并使用，有关菜单项的详细使用方法请见正文相关章节，在此不予展开。

3）源文件编辑器的基本使用方法

- 在图 A.2-6 中，单击界面左侧解决方案管理面板下方的"类视图"页，或者单击菜单项"视图">"类视图"，使"类视图"页成为当前页。
- 双击 Cexm0201 项目，展开该项目的所有包含类，双击 CCexm0201View 类，此时在解决方案管理面板的下面展开该类的所有成员函数和变量，同时在源文件编辑器内打开 Cexm0201View.h 头文件。
- 在 CCexm0201View 类的成员函数和变量显示栏内，找到 CCexm0201View 类的 OnDraw 成员函数，双击该成员函数会在源文件编辑器内打开 Cexm0201View.cpp 源文件，并把光标定位在该成员函数的定义处，如图 A.2-7 所示。源文件编辑器采用的是多标签页显示技术，每个源文件占用一个标签页，用户可以在多个标签页之间灵活切换。
- 把鼠标移动到需要编辑的语句处，用键盘即可输入新的语句或对原有语句进行修改，这里对 OnDraw 成员函数的输入参数进行修改，并增加了一条文字输出语句，使修改后的函数如下所示（注意：其中粗体部分为作者修改部分）：

```
void CCexm0201View::OnDraw(CDC* pDC)
{
    CCexm0201Doc* pDoc = GetDocument();
    ASSERT_VALID(pDoc);
    if (!pDoc)
        return;

    // TODO: 此处为本机数据添加绘制代码
    pDC->TextOutA(10,10,"Hello World");
}
```

4）资源文件编辑器的基本使用方法

- 在如图 A.2-7 所示界面中，单击界面左侧解决方案管理面板下方的"资源视图"页，或者单击菜单项"视图">"资源视图"，使"资源视图"页成为当前页；双击 Cexm0201 项目，展开该项目的所有包含的资源；左键双击 Cexm0201.rc 项，展开该项所包含的所有资源；双击 Dialog 项，展开该项所包含的所有资源；当双击 Dialog 项包含的 IDD_ABOUTBOX 程序关于对话框资源时，该资源文件在源文件编辑器内添加新的标签页并打开，如图 A.2-8 所示。
- 用鼠标选中"关于对话框"，把鼠标移动到该对话框四周有黑色实心小方块处，当光标变成上下或左右的箭头时，按住鼠标左键上下或左右移动就可以改变该对话框的大小。

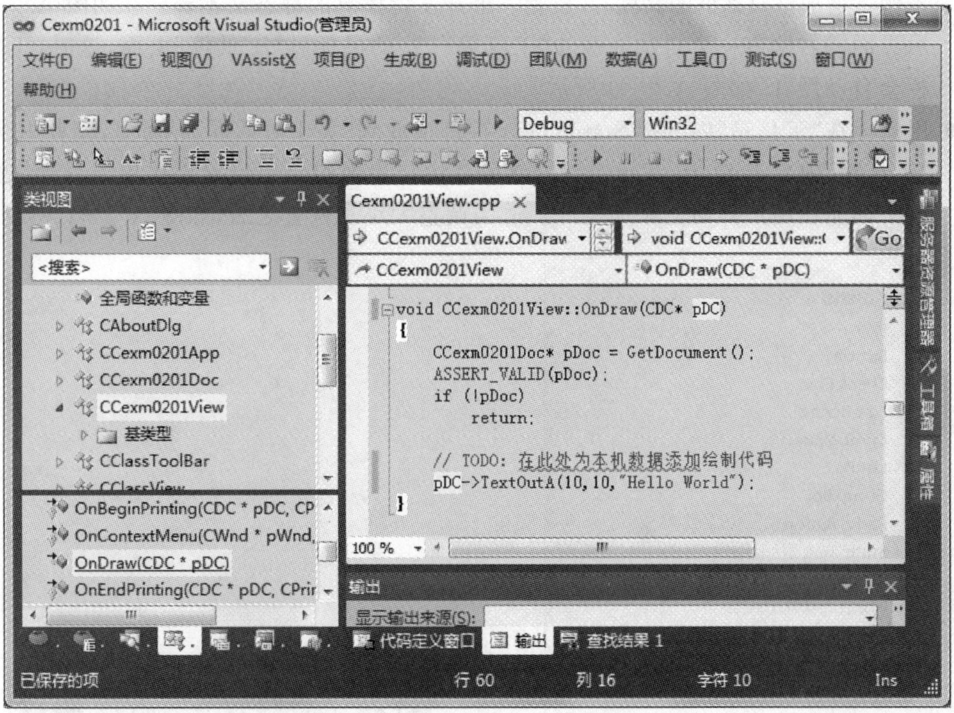

图 A.2-7 集成开发环境的编辑器界面

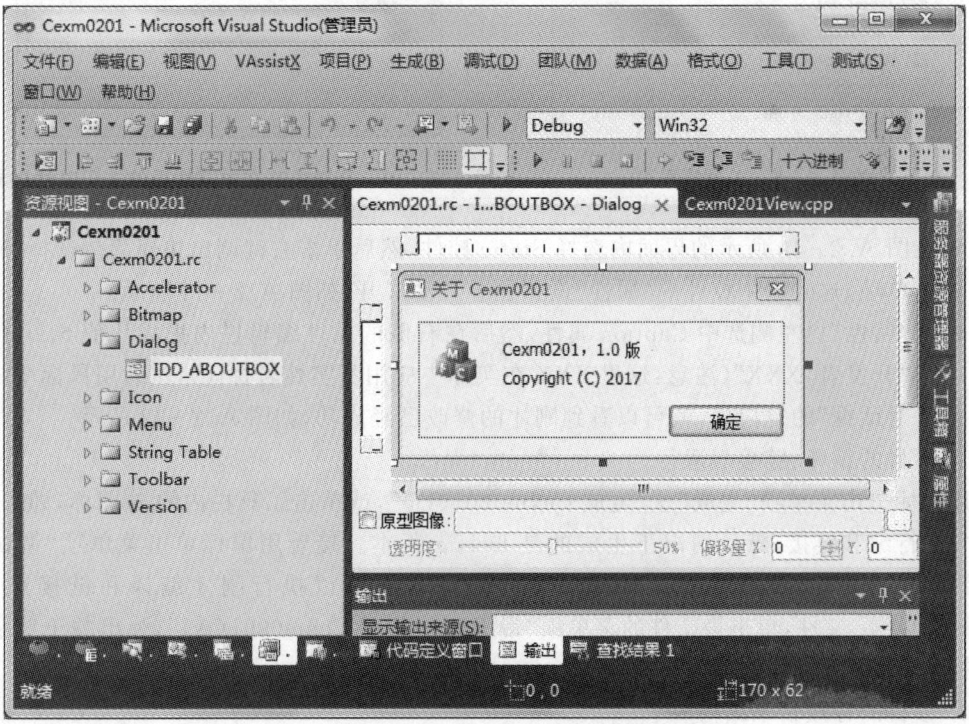

图 A.2-8 资源编辑器界面

本例将增加该对话框的高度，并放置一个开发者信息的静态文本框。在如图 A.2－8 所示界面的右侧有一个自动隐藏的“工具箱”，移动鼠标到“工具箱”上面，这时“工具箱”栏会自动展开，如图 A.2－9 所示。

● 用鼠标在“工具箱”内选择 Static Text 控件拖放到“关于对话框”界面上，或者用鼠标在“工具箱”内单击 Static Text 控件，然后在用户界面内合适位置再次单击鼠标，这两种方法都能在用户界面上添加控件。适当调整大小和位置之后，如图 A.2－10 所示。

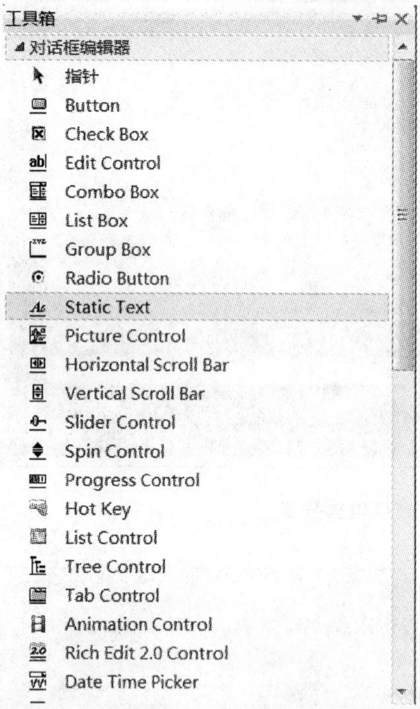

图 A.2－9　工具箱界面

图 A.2－10　新增静态文本控件后的关于对话框界面

● 在图 A.2－10 所示的界面内选择 Static 控件，然后单击右键调出快捷菜单选择“属性”菜单项，这时选中控件的“属性”设置栏会自动展开，如图 A.2－11 所示。

● 在“属性”栏左侧选中 Caption 属性，然后在右侧的属性编辑栏内把默认值 Static 更改为“开发者：XXX”（注意：这里 XXX 在实际中应用真实姓名替代），然后用鼠标单击“关于对话框”的空白处，就可以看到刚才的修改已经成功，如图 A.2－12 所示。

5）项目的编译、链接与运行

用鼠标单击菜单项“生成”>“生成 Cexm0201(U)”，或单击工具栏内的图标，即可对整个项目进行编和链接，默认情况下生成的是 Debug 版本。接着用鼠标单击菜单项“调试”>“开始执行（不调试）(H)”，或按快捷键 Ctrl＋F5，就可以执行刚才编译和链接产生的 Cexm0201.exe 文件，单击该文件的菜单项“帮助”>“关于 Cexm0201(A)”，弹出关于对话框，该运行结果如图 A.2－13 所示。

6）项目的存放目录结构

回到本例的第一部分，在新建项目工程向导中，填写的项目位置为 D:\Mywork\ExampleD，项目名称为 Cexm0201，当项目新建完毕后，会在机器的 D:\Mywork\ExampleD 目录内

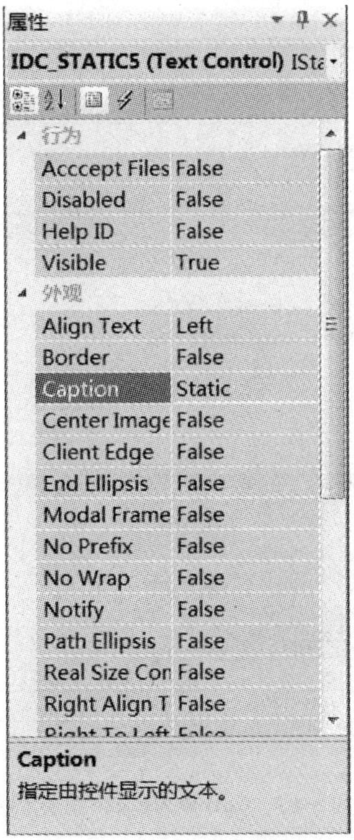

图 A.2－11　静态文本控件属性设置栏界面

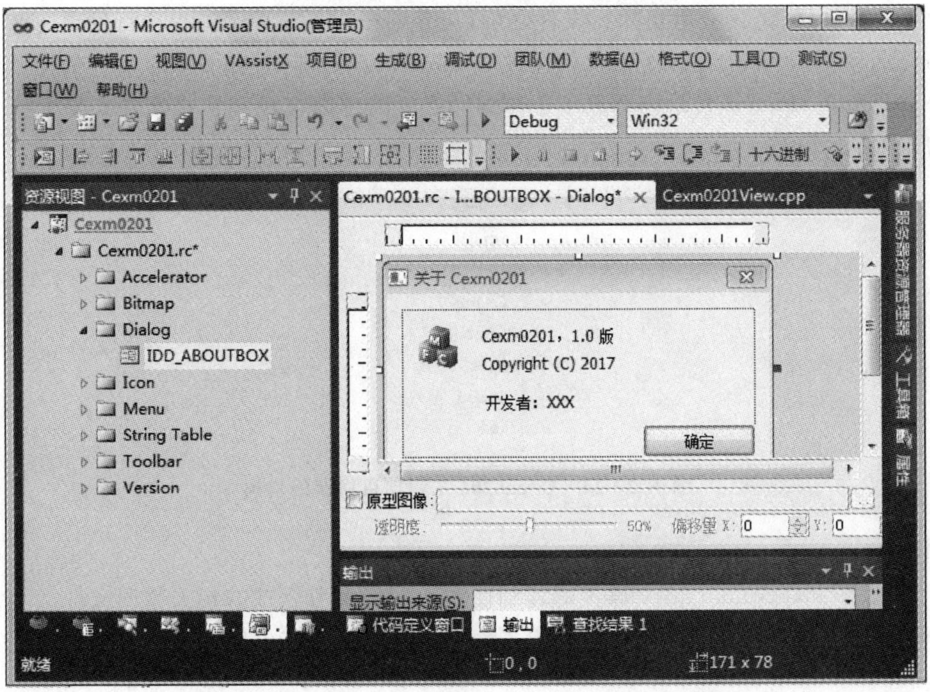

图 A.2－12　静态文本控件“Caption”属性更改后界面

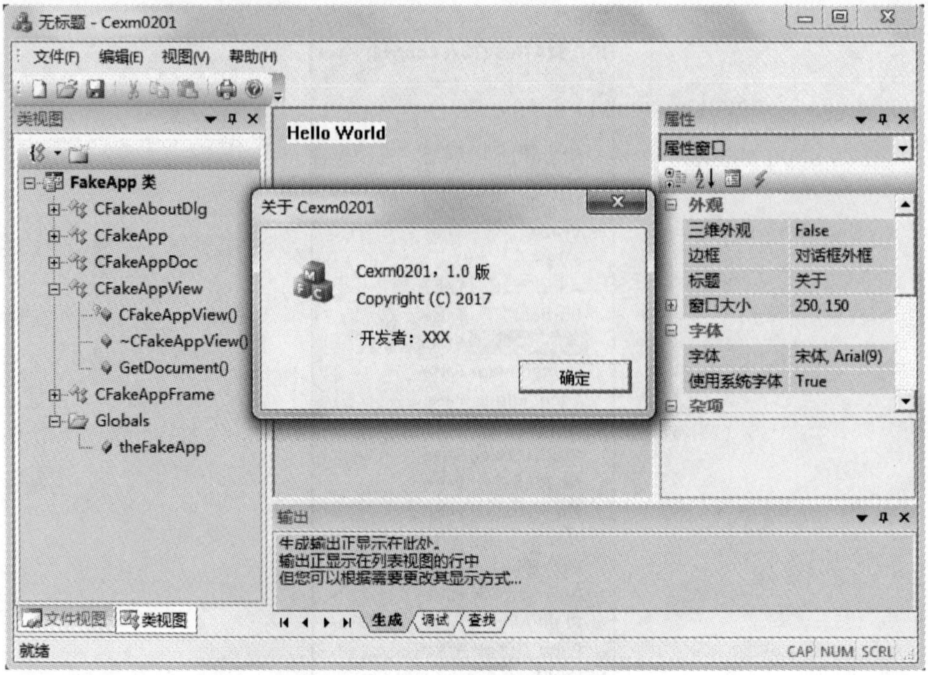

图 A.2－13　Cexm0201.exe 执行后界面

新建一个 Cexm0201 工程项目目录，该目录内又包含了一个 Cexm0201 文件目录，用于存放该工程的各种源文件，包括各种类源文件，其中资源源文件又放在一个 res 的子目录内。当用户对该项目进行编译、链接产生可执行文件之后，又分别在 Cexm0201 工程项目目录内产生了一个 Debug 目录，该目录内存放了可执行文件 Cexm0201.exe，同时在 Cexm0201 文件目录内产生了一个 Debug 目录，该目录内存放了工作编译产生的中间文件和链接文件。整个项目的目录结构如图 A.2－14 所示。

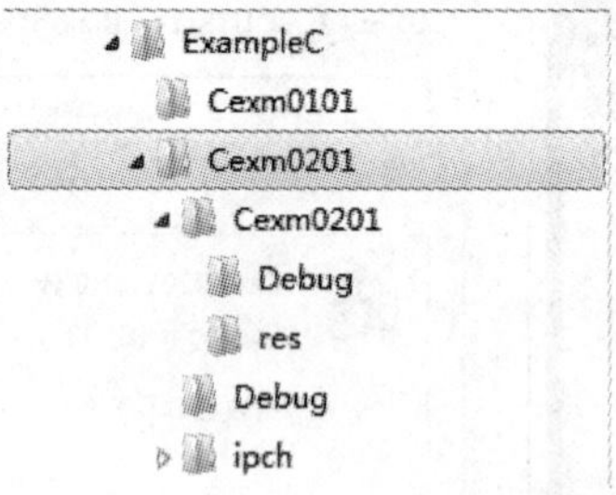

图 A.2－14　Cexm0201 工程项目目录结构树

说明

- 有关 Visual Studio 2010 软件的详细使用说明请参考软件的相关帮助文件。
- 有关 Visual Studio 2010 软件的更多使用案例请参考本书的正文其他章节。

附录 B 索引

说明

- 本索引在分类前提下，对书中所涉函数及命令按英文字母次序的先后编排。
- 读者根据英文关键词从本索引找到使用或说明它们的章节。

B.1 MATLAB 的英文关键词

B.1.1 面向对象编程的函数和命令

B.1.2 面向C/C++的函数和命令

1. mxArray数据接口API库函数

2. mwArray 数据接口方法库函数

3. MEX 文件库函数

4. MAT 文件库函数

5. MATLAB 引擎库函数

B.2 C/C++的英文关键词

参 考 文 献

[1] MathWorks. MATLAB R2017b[CP]. 2017.

[2] 张志涌. 精通 MATLAB R2011a[M]. 北京：北京航天航空大学出版社，2011.

[3] Microsoft. Visual Studio 2010[CP]. 2010.

[4] BjarneStroustrup. C++程序设计语言(特别版)[M]. 北京：机械工业出版社，2010.